中国科学院大学研究生教材系列

高等构造地质学

第一卷 思想方法与构架

侯泉林 编著

科学出版社
北京

内 容 简 介

《高等构造地质学》按照“思想方法与构架—新理论与应用—专题知识与实践—知识综合与运用”思路构思，分四卷先后出版。本书为第一卷，主要涉及科学哲学与地质学思维、地球科学革命的发展过程和启示及板块构造理论的基本框架、主要内容和发展趋势。并对一些前沿性和有争议的问题进行了深入剖析，同时注意与其他相关学科的衔接与延伸。

主要读者对象为高等院校（研究所）地质学专业研究生，也可供本科生及大学教师和科研人员等地质工作者参考。

图书在版编目（CIP）数据

高等构造地质学．第一卷，思想方法与构架 / 侯泉林编著．—北京：科学出版社，2018.8

中国科学院大学研究生教材系列

ISBN 978-7-03-058458-8

Ⅰ．①高…　Ⅱ．①侯…　Ⅲ．①构造地质学 – 研究生 – 教材　Ⅳ．① P54

中国版本图书馆CIP数据核字（2018）第178198号

责任编辑：韦　沁　韩　鹏 / 责任校对：张小霞

责任印制：吴兆东 / 封面设计：北京东方人华科技有限公司

科学出版社 出版

北京东黄城根北街16号

邮政编码:100717

http://www.sciencep.com

北京中科印刷有限公司印刷

科学出版社发行　各地新华书店经销

*

2018年8月第　一　版　开本：787 × 1092　1/16

2025年3月第五次印刷　印张：17 3/4

字数：421 000

定价：128.00元

（如有印装质量问题，我社负责调换）

总　　序

研究生是科学人生的关键阶段，与本科和中学阶段不同，它既有扩充拓展深化知识的功能，又有知识专门化专业化的功能，更有研究创新能力培养训练的功能。我认为教与学的方式可以分为三个层次，不同阶段其侧重点不同。

第一层次：知识传授与汲取——知识拥有；

第二层次：科学问题研讨，解决科学问题能力的培养——知识运用；

第三层次：发现和提出科学问题，创新能力的培养——知识创新。

大学之前，主要是第一个层次；大学阶段要从第一层次扩展到第二层次；研究生阶段要扩展到第三层次，且以第三层次为重点。

只要上了研究生，不管将来是否从事本专业的工作，都要不遗余力地努力学习，因为研究生不仅仅是学知识，更主要的是能力的培养，进而发现自己的发展潜能。不管从事什么工作，能力是通用的。

科学是一种理论化的知识体系，更是人类不断探索真理的一种认识活动。现代社会条件下，科学也是一种社会建制，科学的发达水平、公民的平均科学素养，是衡量一个国家文明程度和综合国力强弱的重要指标。北京大学老校长蒋梦麟先生曾指出："强国之道，不在强兵，而在强民。强民之道，惟在养成健全之个人，创造进化的社会。所谓教育，就是为了达此目的之方法也。"作为知识体系，科学是逻辑连贯的、自洽的；作为活动，科学是不断修正自身，不断发展；作为社会建制，科学是人类文化的最重要组成部分，科学为技术提供指导。科学精神就是实事求是，勇于探索真理和捍卫真理的精神。主要包括：求实精神、创新精神、怀疑精神、宽容精神等几个方面，其中最主要的，是求实与创新，不求实就不是科学，不创新科学就不会发展。著名地质学家孙贤鉥先生指出："业余选手总是沉醉于自己的成绩中，而职业选手——真正的科学家总是看到自己的不足。"要成为一名真正的科学家，必须经受严格的科学训练。

研究生开展研究工作要调研和思考三个问题：

• 为什么要做这项研究？

• 还有其他人在做或做过相关的研究工作吗？已经做到了什么程度？

• 别人是怎样做的？有无借鉴的价值？如何超过前人的工作？

构造地质学有其自身学科特点，主要表现在以下方面：

时间跨度大：地球长达42亿年的变形历史，从前寒武纪变形到现代地裂缝；早期变形可能被后期变形改造、破坏殆尽，造成对早期变形的识别困难，但辨认各期变形特色，建立变形期次、序列，重塑变形历史和过程又是构造地质学的重要任务。

尺度跨度大：从整个地球到晶格位错，以超宏观到超微观构成特色，而且其原理具有普适性，与自然现象最为贴近，这有别于其他学科。因此需要注意：①从更大的区域去理解小区域构造，避免“只见树，不见林”；②正确处理大尺度构造和小尺度构造之间的关系，避免以小代大；③忠实于野外现象，谨防以假乱真。

层次跨度大：上地壳—中地壳—下地壳—岩石圈—地幔—地核；板块构造—大陆漂移—磁条带对称分布—海底扩张—地幔对流—登陆局限性—逆冲、裂谷、走滑断层—地体—层圈构造—地幔柱构造。涉及地球整体及各圈层的相互作用。

应用和服务对象跨度大：涉及固体矿产资源（构造成矿控矿，断层阀模式等）、油气资源（构造圈闭作用）、工程建设（地基和大坝选址）、各类地质灾害（包括地震、滑坡、泥石流等）、环境保护以及全球环境变化（青藏高原隆升与气候关系）等。这是其他学科所不能媲美的。

学科跨度大：构造地质学除自身的知识体系外，还涉及岩石学、矿物学、地层古生物学、地球化学、地球物理学等方面的知识，它不仅记录了历次构造 - 热事件，而且是重要研究手段；构造地质学是地球科学中的上层建筑，起统帅作用。因此，构造地质学家不仅要有深厚的构造地质学功底，而且要有广博的地质学知识和扎实的野外基本功。

在地球科学领域中，各分支学科均拥有稳定的研究队伍，有各自的研究方法和技术手段，建立了各具特色的科学思维方式，能比较得心应手地研究本学科所面临的主要科学问题。然而，随着社会和科学的发展，地球科学家所面临的许多重大科学命题，却往往要求综合性的、跨学科的研究工作。这种以综合（synthesis）为主导的研究工作，已成为地球科学所面临的重大挑战，这正符合构造地质学的学科特点。因此这既是构造地质学和构造地质学家严峻的挑战，同时也是难得的机遇。

随着我国经济实力的提升，我国构造地质学研究也相应取得长足进展，拥有了国际上最先进的仪器设备；研究领域日趋扩展，地壳→岩石圈→软流圈；大陆→大洋；本土→国外；微观→超微观；定性→定量；现象描述→理论创新（如最大有效力矩准则及其扩展、广义断层模式等）。但与国际先进水平相比仍有差距，存在明显不足，主要表现在如下方面：①模仿多于创新，整体表现为跟踪为主，近些年来在有些方面显示出了领先端倪。②缺乏稳定的研究基地，泛泛提出的模式多，公认的模式和新理论产出少。我国拥有各种类型的造山带，但没有一个能够像阿尔卑斯造山带研究的那样精细，它尽管没有太多的年龄数据，但却成为了“构造地质学”的摇篮，构造地质学家的“朝圣地”。③实验和定量研究手段创新偏少，购买国外的先进仪器多，自己研发的装备少。④对方法学研究重视不够，缺乏后劲，近些年来有所改观。⑤知识不够宽厚，基础知识和实践经验明显不足，我们的教材与发达国家相比明显逊色。⑥在广泛利用现代化仪器分析的同时，野外地质有被边缘化或弱化之趋势，年轻地质学家的野外基本功有趋弱现象。⑦学术风气相对浮躁，存在“著书不立说”现象。作为研究生，对这些现象要有清醒地认识，要脚踏实地，力戒浮躁！

“构造地质学”（tectonics）按照研究对象尺度不同，可分为大地构造学（简称“大构造”，geotectonics）、（中小尺度）构造地质学（简称“小构造”，structural geology）、显微构造地质学（简称“显微构造”，microstructural geology），乃至超显微构造地质学（简称“超显微构造”，super-microstructural geology）。本教材侧重于小构造，但同时注重与大构造以及显微构造的衔接和延伸。此外，考虑到目前研究生通常对某一学科知识掌握的比较好，但对学科知识的综合运用相对薄弱的情况，力图使本教材能体现思想性、综合性、系统性、实用性和前沿性。

广义的“构造地质学”是地质学科的核心和基础，俗称地质学的三大件之一（三大件是指构造地质学、岩石学、地层古生物学）。构造地质学科本身有其独特的一面，它不仅具有很强的知识体系，而且具有明显的哲学色彩，其思想方法独特，涉及面宽，有较强的探索性。所以有人说“构造地质学”是地质学的统帅性学科。鉴于此，本教材的结构按照“思想方法与构架—新理论与应用—专题知识与实践—知识综合与运用”思路构思，分四卷先后出版。

第一卷　思想方法与构架：科学哲学与地质学思维方式、地球科学革命与启示、板块构造学的基本内容和思想方法。

第二卷　新理论与应用：以岩石变形理论为基础，以最大有效力矩准则的分析和应用为核心，进而探讨广义断层模式和岩石不同变形准则的联合与应用问题等。

第三卷　专题知识与实践：构造形迹（面理、线理等）、构造岩石特征、逆冲推覆构造、伸展构造、走滑构造、韧性剪切带、变质核杂岩等。

第四卷　知识综合与运用：碰撞造山带及其大地构造相分析方法、造山带研究中的若干问题、造山带研究实例分析、构造作用与成矿等。

此外，针对容易混淆和误解的一些问题，或者当前使用中有些混乱的概念，以附录的方式附于每卷之后，以便学生学习和讨论。

按说研究生不应有固定教材，而是随着学科的发展而不断修正和补充，所以与其说是教材倒不如说是参考教材更为贴切。研究生的专业课程并没有统一的教学大纲，这为各个大学和教授本人根据具体情况和自身特色因材施教提供了空间。本教材主要是作者在中国科学院大学（简称“国科大”，原中国科学院研究生院）地球科学学院多年讲授“高等构造地质学”研究生核心课程、“碰撞造山带研究方法”和“板块边缘地质学”等研究生研讨课程，郑亚东教授讲授的“构造地质学新进展”以及作者在河南理工大学开设的“构造地质学系列讲座”等的基础上，经不断修正、补充完善综合而成。因涉及内容较多，不同专业研究生可根据需要选择不同部分阅读。本教材若能为研究生在课程学习阶段提供参考、有所裨益，作者就已很感满足，除此之外并无其他奢望。本教材并未邀请名师作序，主要担心书中会有错误和不妥之处，影响大师之声誉。教材中若有任何错误和问题均由作者本人负责。

这里要特别感谢中国科学院大学地球与行星科学学院的吴春明教授和闫全人教授，还有中国科学院地质与地球物理研究所的王清晨研究员，是他们的多次鼓励才使我下决心撰写本教材。本教材实际上是整个学科组集体劳动的成果，在各卷的前言中会分别予以致谢。本教材得到了多个研究项目的支持，主要包括：国家重点研发计划“深地资源勘查开采”重点专项（编号：2016YFC0600401）、国土资源部行业科研专项项目（编号：201211024-04）、岩石圈演化国家重点实验室开放课题（编号：开 201605）、国家自然科学基金重点项目（编号：41030422；90714003）、中国科学院战略性先导科技专项项目（编号：XDA05030000）等。

这里要特别感谢我的博士生导师，中国科学院地质与地球物理研究所的孙枢院士和李继亮研究员、硕士生导师钟大赉院士；我在北京大学进修时的指导老师郑亚东教授和刘瑞珣教授；我的构造地质学启蒙老师，河南理工大学的康继武教授；博士后阶段的合作导师，中国科学院高能物理所的柴之芳院士等，他们的学术思想和科学精神都深深地影响着我。遗憾的是，在第一、二卷书稿成稿之时，恩师孙枢先生和康继武先生不幸辞世，谨以本教材寄托哀思！

书中一些观点仍存在争论或还很不成熟，有些内容仍在讨论和完善之中。作者认为，这正是研究生教材与本科生教材的不同所在。此外，由于作者水平所限，疏漏和错误之处一定不少，恳请读者和广大师生不吝指教，以便今后修正完善。

于中国科学院大学雁栖湖校区

2018 年 4 月

前　言

“思想方法与构架”，顾名思义包括“思想方法”和“思想构架”两方面内容。前者主要涉及科学哲学、地质学思维、地球科学革命和启示；后者主要涉及板块构造理论的基本框架、主要内容和发展趋势。之所以这样构思，主要基于以下方面考虑。

（1）地质学在科学哲学中应有自己独立的位置。地质学特别是构造地质学具有浓厚的哲学色彩，板块构造学说的创立引起了一场气势恢宏的地球科学大革命，其之于地球科学，与原子结构的发现之于物理学和化学、进化论之于生命科学一样，同等重要，它深刻地改变了我们观察这个世界的方式。但是在科学哲学中并没有地质学的位置，或者说科学哲学家们认为地质学没有自己独立的逻辑术和方法论。我每年讲授这门课时，都要面对和思考这个问题，认为这是一种误解。这部分内容篇幅不大，但作为全书内容的灵魂引子，旨在唤醒地质学家，特别年轻学者要有成为科学大师的志向和胆略，应有更高地站位和思考，不仅仅是做些具体研究工作而已；另一方面也希望哲学家能正确认识地质科学，在科学哲学中给予地质学应有的位置。本部分内容主要体现在第 1 章。

（2）科学哲学对自然科学研究具有重要指导作用。板块构造学说引起地球科学革命的同时，库恩的《科学革命的结构》一书也问世（Kuhn，1962），开创了科学哲学的新时代。用活动论思想的板块构造学说取代固定论思维的槽台学说符合库恩提出的用新范式取代旧范式的科学革命过程。库恩认为，科学革命到来之前必然有科学危机阶段。近年来，地质学科发展迅速，新观点层出不穷，所以总有人认为自己提出了新的范式。这到底是新一轮地球科学革命到来之前的危机响应，还是幻觉式思维？因此，认识和了解科学哲学对科学研究的指导作用，有助于地质学家尤其是青年学生不狂躁、不低沉，更加理性地审视科学的发展，潜下心来做好自己的研究工作。这一部分内容篇幅不大，意在强调通过了解地球科学革命过程，认识科学的发展规律，主要内容体现在第 2 章以及第 1 章部分内容。

（3）清晰的思想构架是走向成功的关键。构造地质学知识浩瀚、内容纷杂，以致给学生造成“构造地质学”难学，望而生畏的错觉。因此对初学者在思想上构筑清晰的板块构造框架和脉络，对进一步内容充实和学习深造很有帮助。鉴于此，本部分内容由浅入深，循序渐进，旨在既培养学生的兴趣，又不至于产生畏难情绪。这部分是本教材的重要内容，主要体现在第 3 章。

（4）扎实的基础知识是做好科研工作的前提。没有雄厚的基础知识积累，任何思想和理想都只能是空想。这部分是本卷的核心内容，占了较大的篇幅，主要介绍板块构造的基本内容和思想。对一些前沿性和有争议的问题进行了深入剖析，同时注意与其他相关学科的衔接与延伸，如岩石学、地震学、地幔柱学说等。主要内容体现在第4章。

板块构造学内容十分丰富，涉及面广，因篇幅所限并未对板块构造学的所有内容作全面介绍，而是根据我多年来的教学经验，对学生容易混淆或误解的内容进行了着重解剖和介绍。

在章节安排上，按照“科学哲学与地质学思维—地球科学革命与启示—板块构造学概论—板块构造学各论”的顺序编排，体现从思想到内容、从抽象到具体的循序渐进原则。除参考文献外，第1章参阅了中国科学院地质与地球物理研究所李继亮研究员的部分手稿资料；第2章参阅了中国科学院地质与地球物理研究所孙枢院士的部分手稿资料；第3、4章重点参阅了 Frisch 等（2011）的 *Plate Tectonics—Continental Drift and Mountain Building*、Hamblin 和 Christiansen（2003）的 *Earth's Dynamic Systems*（第十版）等国外教材。

本卷由侯泉林执笔和统编，博士研究生石梦岩和程南南帮助查阅资料、清绘图件和全部文字校对。中国科学院地质与地球物理研究所肖文交研究员、中国科学院大学地球与行星科学学院闫全人教授、吴春明教授和柴育成教授，中国科学院大学人文学院尚智丛教授等就一些问题与笔者进行了深入讨论，对书稿提出了宝贵意见，并提供了相关资料；中国科学院地质与地球物理研究所卫巍副研究员和中国科学院大学地球与行星科学学院刘庆副教授、郭谦谦副教授、孙金凤副教授、张玉修副教授、张吉衡讲师、宋国学讲师和博士后研究人员何苗博士、陈艺超博士和陈博博士等就有关内容提出宝贵意见并提供相关资料；中国科学院大学地球与行星科学学院博士研究生韩雨贞、王瑾和硕士研究生赵腾格等，加拿大 Western University 博士生卢茜等帮助查阅资料和其他相关工作。

中国科学院地质与地球物理研究所吴福元院士、中国科学院青藏高原研究所丁林院士、北京大学张进江教授审阅了部分稿件，提出了宝贵意见，使笔者获益良多。在此一并致以衷心感谢！还要感谢中国科学院大学教材出版中心的资助和大力支持。由于作者水平和学识有限，错误和不当之处在所难免，敬请读者批评指正！

侯泉林

于中国科学院大学雁栖湖校区

2018年1月29日

目　录

第 1 章　科学哲学与地质学思维

地质学，尤其是构造地质学具有很强的哲学色彩，反之哲学对自然科学研究具有重要指导作用。

科学哲学（philosophy of science）是以科学活动和科学理论为研究对象，主要探讨科学的本质、科学知识的获得和检验、科学的逻辑结构等有关的科学认识论和科学方法论方面的基本问题。

20 世纪 60 年代气势恢宏的地球科学革命开阔了地质学的研究空间和地质学家的视野，从大陆推进到广袤的大洋（详见第 2 章）。地学革命的同时，科学哲学也取得了重大的发展，其标志是 1962 年库恩的《科学革命的结构》（*The Structure of Scientific Revolutions*）（Kuhn，1962）一书的问世（图 1.1、图 1.2），在科学哲学界和科学界引起了巨大的反响，标志着科学哲学领域中历史主义学派的崛起，是 20 世纪科学哲学的转折点，开创了科学哲学的新时代。该著作的 1962 年版 1980 年被翻译为中文版；1970 年再版后，2003 年又被翻译成中文版（图 1.2）。此外，一些中国学者对库恩“科学革命的结构”进了精辟的诠释和论述（尚智丛和高海云，2002）。

图 1.1　哲学家 Thomas S. Kuhn

图 1.2　Thomas S. Kuhn《科学革命的结构》1962 年英文版和 1980 年、2003 年的中文版

1.1　范式与科学革命

托马斯 S. 库恩（Thomas S. Kuhn，1922 ～ 1996 年）是美国著名科学哲学家和科学史家，20 世纪最博学、最有影响的学者之一。其《科学革命的结构》尽管篇幅不长（中译本只有 18 万字）却震撼了国际学界，被公认为是现代思想文库中的经典名著。自此之后，科学哲学分化日甚，科学史、科学社会学研究也因之发生巨大变化。然而，我们也应注意到，库恩是理论物理学博士，所以在他的著作中常以物理学为例进行哲学分析。

库恩指出："科学的进步不能被简单地理解为一个在实验的推动下，更精确的概念逐渐取代不精确概念的过程，而是科学范式的竞争与更替。"为此，提出了两个重要概念："范式（paradigm）"和"不可通约性（incommensurability）"。

《科学革命的结构》出版之后，科学就很少被人们看作是需要逻辑分析的静态知识实体了。科学哲学家们开始更加谨慎和仔细地考察科学的历史发展，并且也日益关注于科学活动的重复性。提出类似观点的还有著名哲学家保罗·费耶阿本德、诺伍德·罗素、汉森和斯蒂芬·图尔明。但是没有一个人能像库恩这样对科学史进行了详细的研究，也没有一部著作能达到《科学革命的结构》那样的影响力。

1.1.1　范式

库恩在《科学革命的结构》一书中首次明确、大量使用"范式"（paradigm）的概念。他的"范式"是指在特定时期内，根据科学共同体的理论体系和心理特征所制订的一整套原则、理论、定律、准则、方法等，是一个包括科学、哲学、社会、心理等多重因素在内的综合体，是科学共同体所共有的全部规定。这是一种逻辑上不能再分的功能单位，它在科学的进化和发展中具有非同一般的作用。

首先，库恩以范式作为科学的划界标准和开展科学活动的基础。

究竟什么是科学，科学研究的基础和出发点是什么？库恩一反传统的可证实性和可证伪性的划界标准，冲破“科学始于观察”的古典经验论，指出科学之所以成为科学就在于范式的形成。库恩把科学发展分为“前科学”“常规科学”“科学革命”三个基本阶段。他认为历史上每一个研究领域在成为一门真正科学的过程中都经历了“从前科学到科学”的过渡。“从前科学到科学”的转变，其标志是科学研究者获得一种共同的范式。

库恩认为，在“前科学”阶段，科学家对于他们所从事的学科的原理、概念甚至观察现象的描述，都完全不一样，而且经常发生争论。在那个时期，某个领域有多少名重要的科学家，就有多少种理论。例如，电学的“前科学”时期：“在那时候，几乎有多少重要的电学实验家……对电的本质就有多少看法。”富兰克林正是适应这一要求，把关于电现象的各种观点、概念纳入一种占统治地位的自然观中，消除了各种观点、概念无拘无束运动和变化的状态。富兰克林的工作，为大多数电学工作者提供了一致采纳的一般性原理和假设，提供了应用这些假设的定律和技术。在富兰克林及其后继者的努力下，电学家才有了一个共同的范式，他们的工作才有了一定的方向。这时，电学才成为科学。

地质学也是如此，在赫顿（James Hutton，1726 ～ 1797 年）和莱伊尔（Lyell Charles，1797 ～ 1875 年）之前，对地球表面的岩石和山脉的认识莫衷一是。18 世纪末叶赫顿提出“均变说”，认为现代地质过程在整个地质时期内，以同样方式发生过，据此能够用现在观察到的现象去解释过去的地质事件，在地学界赢得了广泛的支持，并成为地质科学的基础；19 世纪初叶莱伊尔在掌握了大量第一手地质资料基础上，撰写了《地质学原理》四卷，应用现实主义原则特别是“将今论古”方法，提出了“渐进论”，并证明地球表面的所有特征都是由难以觉察的、作用时间较长的自然过程形成的，地壳岩石记录了亿万年的历史。此后地质学才有了自己的范式，成为科学。而后的槽台学说、板块构造学说则是范式的更替。

再如，亚里士多德以前的动力学、阿基米德以前的静力学、布朗以前的热学、玻意耳以前的化学等，在没有共同的范式以前都是“前科学”。只有获得了共同的范式，它们才能在各自的领域成为科学。

库恩把范式作为科学的划界标准，对科学研究有着十分重要的指导意义。在他看来，范式是科学发展状况的测量器和指示器。它作为科学家在某一专业或学科中所具有的共同信念或思维模式，不是着眼于已有的知识内容，而是着眼于未来的活动。范式是活生生的行动指南，是一定领域内进行科学研究的纲领。范式不仅规定了该领域内科学家共同的基本理论、基本观点和基本方法，而且为他们提供了共同的理论模型和解决问题的框架。这就为科学步入常规状态奠定了基础。

其次，范式是科学共同体的形成机制。

库恩认为，只有在某一学科出现了占统治地位的范式时，各种对立的学派才趋于消失，统一为一个学派。这时，科学的发展才有可能，科学事业才能大踏步地前进。这主要在于范式能够把一些坚定的拥护者吸引到一起并为他们留下各种有待解决的问题，使某一科学领域的研究方向与研究方法得以确立，其特定的认识主体——科学共同体也在范式的凝聚下得以诞生。

范式首先是某种科学成就，是包括一整套的信念、理论、方法与仪器设备的有机整体，是科学认知活动中必不可少的工具，它将那些处于混沌无序状态的认识成分统一起来，凝聚成一种统一的“概念容器”。它可以把已有的科学成就表达为一定的语言陈述，并通过语言形式传播出去，使某个人或少数人所独有的信念被更多人所具有，达到集体共享。这种共享的成就“使科学家……可以高度集中到共同体所关心的最微妙、最深奥的自然现象中去”“谁如果不肯或不能同它协调起来，就会陷入孤立，或者依附到别的集团里去。”这就是说范式通过凝聚作用将科学家的注意力集中在某一问题上，把一批坚定的拥护者吸引过来，把他们原来杂乱无章的科学活动集中到同一方向上去，形成共同的信念，并把科学研究工作者凝聚成同心协力的共同体。

再次，范式是科学认识的工具。

范式具有两个显著的特点，一是它足以把一批坚定的拥护者吸引过来，站在同样的立场上观察、分析问题；二是它为这些拥护者留下了各种有待解决的问题，并且提供了解决问题的途径。这就是说，范式对科学家的心理或知觉有定向作用，甚至对科学共同体的研究工作和目标也有定向作用。这种定向在一定程度上限制了科学工作的范围，使科学研究日趋深入和细致。这与没有范式的“前科学”时期形成了鲜明的对照，那时的工作是杂乱无章、海阔天空的活动，很难获得扎实可靠的成果。范式产生以后则使科学研究工作成为有目的地活动，科学研究的计划性、组织性加强了。科学家依靠范式中的科学定律、科学概念及科学理论提供的难题和可接受性解法进行定向研究，从而实现和维持了“常规科学”，并使它走向细致化、精确化和深刻化。例如，牛顿定律就使得 18 世纪和 19 世纪的物理学家集中精力去注意研究质量与力的问题，从而推动了经典物理学的深入发展。在范式的限制下，科学工作者有目的地进行观察和实验并同逐次的尝试性假说相结合，发现、搜集科学事实，以便进一步说明范式框架内的理论，解决它的某些含糊不清之处，解决以前引起人们注意的问题，促发一些特定的定律的发现。例如，库仑的电荷引力定律，成功之处就在于他制造了一种专门仪器来测量两个点电荷之间的力，而这一设计依赖于这样的认识：每一个电流体粒子都超距作用于其他每一个粒子。库恩在《科学革命的结构》中指出：“正是这些因为信仰范式而产生的限制，对科学的发展却是不可缺少的。由于集中注意狭小范围中比较深奥的问题，范式会迫使科学家仔细而深入地研究自然界的某一部分，否则就不能想象。”正如板块构造理论吸引了数以万计的科学家集中于活动论的研究一样。

最后，范式是科学革命的内在动力。

库恩关于科学革命的基本思想是：科学革命不是累积性的。从旧范式到新范式，并不是后者补充、发展或包容前者，而是旧范式被破坏或抛弃，让位于新范式。“拒斥一个范式的决定总是同时也就接受另一个范式的决定。”库恩认为，这是科学革命的本质所在和必然性所系。当“常规科学”长期解释不了应当解决的难题时，危机就出现了。这时，原范式理论的规则宣告失败，需要寻求新的范式。危机的出现，标志着旧的范式理论已无法调整和修补，以及它将为新发明的理论所代替。库恩指出：“危机的意义就在于，它可以指示更换工具的时机已到来。”库恩这里所说的“工具”就是指的范式。

与“范式”紧密联系的概念是“科学共同体”。库恩在“再论范式”一文中指出，“范式”概念无论在实际上还是在逻辑上都很接近于“科学共同体”。“范式是，也仅仅是一个科学共同体成员所共有的东西，反过来说，也正是因为他们掌握了共同的范式才组成了这个科学共同体”。

科学共同体作为科学认识的主体，主要是由一些学有专长的科学家组成。他们接受的教育和训练是共同的，他们探索的目标是共同的，他们培养自己接班人的方式也是共同的。在共同体内部，交流比较充分，专业方面的看法也比较一致。同一共同体成员阅读同样的文献，而且理解也差不多；不同的共同体由于范式不同，专业交流就存在障碍。根据不同的范式，共同体可以分为许多层次；全体自然科学家可成为一个共同体；低一层次的是主要的科学家专业集团，如物理学家、化学家、天文学家、地球科学家、动物学家等各自组成的共同体；再低一层次的共同体是更为专门的科学共同体，如有机化学家甚至蛋白质化学家、固态物理学家和高能物理学家、射电天文学家和地质学家等共同体。如此可以进行无穷的划分，共同体的层次是无限的。但是，无论科学共同体的层次有多少，它作为生产和证明科学知识的单位这一点是毋庸置疑的。科学事业就是由这样一些共同体所分别承担并推向前进的。

库恩认为在两个相互竞争的范式的选择中，科学共同体起着至关重要的作用。他承认在范式或理论的选择中，“客观标准”，如准确性、一致性、广泛性、简单性和有效性等，是重要的，但是，“理论的选择不仅决定于这些共有的标准，而且取决于一些随个人经历和个性不同而各异的特异因素”。这些特异因素就是科学家个人的社会心理方面的主观因素。这些非理性因素在范式中的存在，导致不同范式之间不可通约，即非此即彼，不可兼容，这就是范式的“不可通约性”。

1.1.2　科学革命

库恩《科学革命的结构》一书的主旨就是要描述科学进步的基本模式，这一模式被他称为“科学革命”。

逻辑经验主义认为科学知识是以经验为根据的归纳上升和直线式积累的过程，波普尔证伪主义强调的不是知识的数量积累，而是科学理论（假说）的交替。库恩认为，只看到积累或只看到交替都是片面的，都不合乎科学史的事实。逻辑经验主义者看不见科学史中非累积的发展阶段，即“科学革命”的阶段；证伪主义者则忽视了科学中受传统束缚的常规活动，却用那仅仅间断地出现的破坏传统的活动即“科学革命”来代替整个的科学活动。为了克服这两种进步观的片面性，库恩对哥白尼革命和 20 世纪物理学史作了细致的研究，创立了关于科学发展的“科学革命”模式。其理论的一个主要特点是，强调科学进步的革命性质，这里的革命意味着放弃一种理论结构并代之以另一种不相容的理论结构。

库恩认为科学的发展模式是：“前科学—常规科学—科学危机—科学革命—新的常规科学。”

“前科学”是指一门学科内多种范式都在形成的时期，各种范式相互竞争，没有哪一种范式成熟到足以战胜其他范式，取得主导地位。当一门学科内某一范式发展成熟，取得主导地位之后，科学发展就进入“常规科学”阶段。

“常规科学”是库恩用以表征科学家团体在范式的指导下不断积累知识的过程。库恩把“常规科学”的研究工作比喻为“解疑难”。解疑难的途径是多种多样的，这使得科学研究丰富多彩。例如，对于能量守恒和转化定律的揭示，就是在 19 世纪三四十年代由五个国家，六七种不同职业的十几个科学家，从蒸汽机效率、人体的新陈代谢、电磁的转化等不同的侧面独立地发现的。再如，地质学中的地幔柱假说，是基于对大洋岩石圈板块内部热点的解释而提出来的；大陆动力学是基于大陆岩石圈与大洋岩石圈差异，所以起源于大洋的板块构造学登陆后对一些问题的解释遇到困难而提出的。但是，这些理论或认识等仍然是在板块构造理论指导下对一些具体问题或某侧面的认识和扩展，即常规科学发展过程中的“解疑难”，并非新的范式。

库恩把“常规科学”的研究活动分为理论研究部分和收集事实部分。他指出，“常规科学”活动充满着按照范式办事的正常活动与违反范式预期的反常现象之间的矛盾。库恩关于“常规科学”的论述，表面看来似乎有使科学家的常规研究显得保守，缺乏生气的弊端。但是如果结合科学史实来分析，就必须承认，这种“常规科学”不仅存在，而且从内容和时间上来说都占据了科学活动的很大部分。正是有了范式严密规定下的“常规科学”研究，才使科学家集中精力，细致而深入地研究自然界的某一个局部，使科学研究从定性阶段过渡到定量阶段，从而使科学家共同体通过扩充范式应用范围和提高其精确程度，而逐步完善范式。

库恩把“常规科学”阶段看作是一个有始有终的过程，而推动这一过程的动力则是科学家对范式信仰的程度在科学研究过程中的反映。当某一研究领域的科学家团体坚持不懈地在常规研究中用范式去指导“解疑难”活动，去调整反常，而且研究的成果往往证实范式的权威作用和地位时，范式的权威几乎是不被怀疑的。但是，由于任一范式都不能穷尽真理，随着常规研究的深入，科学家们必然会遇到一类反常，它的出现不仅使科学家无法用范式调整，而且随着这类反常出现的频率增高，科学家会敏感地意识到这类反常构成了对范式的根本威胁。这时，“危机”来到了。一切调整均属无效，唯一需要的是寻求一个新的范式来替代旧范式，科学发展进入到革命时期了。

“科学革命”是从“危机”开始的，库恩指出：“危机的意义就在于，它可以指示更换工具的时机已经到来。”一般说来，触发“科学革命”的导火线都是科学发现。库恩认为科学发现是一个在时间和空间上不断扩展的复杂过程。他特别强调容易被人忽视的一点是：科学发现不是发生在某一特定时间、某一地点和某一人身上的单一事件。每一项重大的科学发现都要求科学家对原有范式做理论上和观念上的调整。当这些调整越来越明显的时候，我们可以把它看作是“科学革命”。由于库恩把“科学革命”视为新范式替换旧范式的过程，而范式又是由理论体系、研究规则、方法和哲学观点等构成的，因而范式的变革必然会引起科学理论体系的变革，引起科学家的认识论和方法论方面的变革，因而可以说是科学界的一场深刻的革命。

新的范式取代旧的范式之后，科学发展就进入到在新范式指导之下的“新的常规科学”时期。这之后的发展就会出现新的危机，并由此引出“新的科学革命”。科学就是在这样一个循环往复的过程中不断进步的。

这就是库恩提出的科学进步的模式。“前科学—常规科学—科学危机—科学革命”四阶段是这一模式的基本结构，也就是所谓的“科学革命的结构”。

库恩主张科学研究必须同时发展两种思维方式，一种是自由奔放的发散式思维；另一种是受一定传统制约的收敛式思维。科学家在“常规科学”时期的“解疑难”活动是收敛式思维的活动，使研究细致化、深入化。而“科学革命”时期的范式转换，则是科学家运用发散式思维的活动。此时的思想活动不再受范式的束缚，可以借用各种理性与非理性因素，包括社会、心理因素等。库恩强调，科学研究要在这两种思维方式之间保持必要的张力。

1.2　范式的启示与地球科学哲学

“范式”的特征：库恩在科学发展历史的研究中总结出，科学不是从量变到质变，不是由于研究成果的积累导致新的飞跃，科学的进步是一个“范式”对另一个“范式”的更替即革命，且新旧“范式”之间具有不可通约性，不可兼容。尽管库恩没有对“范式”简明扼要的定义，但他赋予“范式”的两个基本特征十分鲜明。其一是“范式”的科学成就空前地吸引和凝聚了一批坚定的拥护者，把他们原来杂乱无章的科学活动集中到同一方向上去，使他们致力于“范式”的深刻化、精确化和外延的展拓，形成共同的信念，并把科学研究工作者凝聚成同心协力的共同体；其二是“范式”的成就为它的拥护者留下了无限的有待解决的科学问题，并且提供了解决问题的途径。这两个特征可以使我们深刻理解难以用语言和文字表达定义的“范式”的内涵。

“范式”的启示：由于库恩是物理学博士，在他的科学哲学著作中援引的实例大都来自物理学、化学和天文学，只在个别地方提到赫顿（Hutton）和莱伊尔（Lyell），所以基本上没有涉及地球科学。然而，用“范式”来看待地学革命，我们可以引申出很多新的见解。地学革命中，“板块构造”范式以其众多的事实和空前的说服力更替了“槽台”范式，空前地吸引了数以百万计的坚定的拥护者，同时也为其拥护者留下了诸多有待解决的科学问题和发展空间。“板块构造”范式留下了无限的有待解决的科学问题如前所述板块构造学说出现后遇到的一些问题。深海钻探计划、大洋钻探计划、岩石圈计划、全球地学断面计划、国际地质对比计划等，是针对全球问题的国际合作计划，是范式留下的一级层次的科学问题；还有许多针对地区性问题的各种国际合作研究，应该属于二级层次的科学问题；各国国内制定的一些大型研究计划，可以归于三级层次的科学问题。这些问题的研究，对于“板块构造”范式的深化、广化、精确化和精细化都会起到重要的作用。

应该避免的两种倾向：就目前地球科学而言，现行的板块构造学说正处于“新的常规科学”发展阶段，所开展的研究工作属“常规科学”活动，是“解疑难”过程，并未出现反常现象，对现行范式也未构成威胁，更未看到发生危机的迹象。因此，有两种倾向应该尽可能避免。其一，由于地质学具有地区性，容易形成一种“打一枪换一个地方，写一篇文章”的凑数作风。这种作风，既浪费智力，又浪费资源，而对“常规科学”发展贡献很小。其二，有的学者认为，板块构造学说已到了危机阶段，要创造高于板块构造的新学说，甚至认为自己已提出了新的范式。如果了解了库恩有关科学发展模式“前科学—常规科学—科学危机—科学革命”，明白什么是范式指导下的常规研究，什么时候出现异常，什么时候出现危机，什么时候“新的科学革命”的时机到来，就会更加理智和冷静。这有利于准确把握和抓住发展机遇，取得更大的成就。

地球科学哲学研究：地学革命是一场规模巨大、气象恢宏、群星灿烂的科学大革命。这场革命改变了地球科学家的世界观，具有深邃的思想深度。然而，在任何一本科学哲学著作中，都没有论述这样一场科学革命。有这样一个值得深思的问题：“20 世纪，物理学、生物学、天文学和地球科学都发生了科学革命。其中，地学革命的声势和规模最大，然而，地学革命对整个科学界的影响最小。其原因是什么？如何才能使地学在整个科学界起到重大作用？”这个问题的存在，实际上与科学哲学家对地球科学的偏见有关。自地学革命以来，在国外的论文中，只查阅到一篇从哲学角度分析地质学的论文，就是当时任科罗拉多大学哲学教授的 Robert Frodeman（1995）在 *GSA Bulletin* 上发表的“Geological Reasoning”一文。在这篇文章中，Frodeman 首先指出，科学哲学家们普遍认为地质学没有自身的独立的逻辑术和独立的研究方法，这是因为科学哲学家们认为地质学是物理学的衍生学科。因此，地质学只要运用物理学的逻辑术和研究方法就足矣，不必进行单独的科学哲学研究。Frodeman 认为这是不对的，这不仅曲解了地质学，也曲解了科学。Frodeman 提出，地质学推理具有两个鲜明的特征：其一，地质学是解释性科学；其二，地质学是历史性科学。地质学的解释性使它既具有实验分析科学的特点，又需要释经学（Hermeneutic）的方法。地质学的历史性使它既需要自然科学的观测与分析，又需要运用社会科学的历史学思维。于是，地质学就不像物理学那样，只要分析哲学学派的哲学与逻辑术即足可胜任。地质学的哲学分析，则必须把分析哲学学派与大陆哲学学派的哲学和逻辑术结合起来，才能完成其哲学分析，地质学与物理学之间有不可通约性。以此，Frodeman 认为，地质学是把各种逻辑术紧密结合在一起的优秀（preeminent）的综合学科。Frodeman 的分析既有说服力，又鼓舞人心。遗憾的是，没有看到科学哲学家后来的讨论和响应。

我国的科学哲学家如白屯（2003，2005）、欧阳志远（1998）和刘郦（2003）等，都曾为地质哲学或地球科学哲学发表过论文。殷切希望既具有地球科学背景，又具有雄厚哲学知识的复合型人才尽快成长起来，在国际上扭转科学哲学对地质学或地球科学的偏见，使地球科学哲学在科学哲学界蓬勃地发展起来，享有其独立的位置。

板块构造学说范式，改变了地质学家的世界观，也使地质学真正成为一门成熟的科学。生长在这个时期的地质学家应该感到幸运、感到幸福，应该尽力为地质事业作出一份贡献。

1.3 地质学的思维方式

李继亮（2010）认为对比和联想是地质学的重要思维方式。

将今论古：莱伊尔的“均变论”（uniformitarianism）提出“现在是认识过去的钥匙”。这就是说，我们认识和解释古代的地质现象和地质过程，可以参照和对比现代出现的地质现象和现在进行的地质过程。在《地质学原理》问世一百多年和经历了 20 世纪的地学革命之后，尽管已经确证了许多突变（灾变）地质事件，但“现在是认识过去的钥匙”（将今论古）仍然是地质学的重要方法论和基本原理。近些年来，的确有背离这一基本原理的现象和趋势，臆想一个过去的模式，且认为不能用现在地球表面的山川去认识过去的地球，如认为过去某一地质时期地球表面只有海，而没有洋云云。一百多年来，浊流沉积、碳酸盐岩滩、海下平顶山（guyot）、海沟内侧增生楔冲断构造和大洋中脊等现代地质现象的发现与观察都对解释地质历史起了重要作用，都是遵循了将今论古的这一地质学基本原理。因此，将地质历史上的地质现象和地质过程与现代对应现象和过程进行对比，我们才可能对地质历史获得合理的解释。

地槽没有现代对应物。在地槽概念长期应用过程中，也不曾有人寻找到过认识地槽的“现在”钥匙在哪里。据说，当许靖华先生还是一个学生的时候，就致力于发现地槽的现今模型。他没有找到地槽，取而代之的是发表的一篇文章“地壳均衡作用与一种地槽成因理论”（Hsü，1958）。文章没有赞扬地槽理论，而是要埋葬它，并试图消除这一概念的神秘感。

直到地槽概念沿用了一百多年之后的 1972 年，经济古生物与矿物学家协会，召开了“现代与古代地槽沉积作用”讨论会（Dott and Shaver，1974）。会上，若干世界顶级的地质学家认为地槽的现代对应物是坍塌大陆隆、海沟、弧前盆地或者混杂带，各抒己见，莫衷一是。因此，地槽究竟应该沉积什么沉积物，沉积层序如何展布；地槽究竟是引张沉降还是挤压沉降，也是各持己见。于是人们认识到，这是一个既不符合均变论法则，内涵又含混不清的概念，它的提出本身就不符合“将今论古”的地质学基本原理，预示着地槽理论遇到了严重地危机。最终于 20 世纪 80 年代，地质学界彻底废除了这个术语，地球科学革命取得成功。需要强调的是，不论过去、现在，还是将来，都不能背离“将今论古”这一地质学的基本原理。

类比分析：是把新的研究地区与已经深度研究的经典地区相对比。这种方法也是一种古老的方法。早在 1922 年，Argand 就在他的名著中将喜马拉雅造山带与阿尔卑斯作过对比，肯定了喜马拉雅的碰撞造山带特征，划分了喜马拉雅的构造单元。Hsü（1991，1995）运用大地构造相概念，把阿尔卑斯的主要构造单元模式化。有了这种模式化对比，我们不必查阅浩如烟海的阿尔卑斯文献，也不必为哪种 Deck 或者 Schuppen 代表阿尔卑斯造山带的主要构造单元绞尽脑汁，只需要将我们研究的造山带的构造岩石组合与相应的大地构造相作比较，就可以划分出构造单元。这就大大地方便了其他造山带与阿尔卑斯的对比。对照这些构造单元，许靖华等（1998）编制了“中国大地构造相图（1 ∶ 4000000）”，划分出 180 个构造单元。为了更细致、更方便地进行这种对比研究，李继亮（1992a）把碰撞造山带的大地构造相划分了 6 个相类，15 个相，并把这种方法运用到识别元古宙造山带（李继亮等，1990）、多期造山作用发育的地区（李继亮，1992b），乃至全中国的造山带研究，并以大地构造相概念为基础编制了“中国板块构造图”（李继亮，1999）。实践证明，大地构造相分析是对比造山带和划分碰撞造山带大地构造单元的有效方法（详见第四卷）。

总之，将所研究地区与世界上经典地区如构造地质学的摇篮——阿尔卑斯造山带的“类比分析”研究，是进行造山带乃至构造地质分析的重要手段。

思 考 题

1. 如何理解科学哲学对自然科学研究的指导作用?
2. 为什么地学革命对整个科学界的影响如此之小?
3. 地球科学是否具有自己的哲学体系?
4. 范式出现反常、威胁和危机有哪些征兆?
5. 地质学的思维方式是什么?
6. 怎样才能使地学在整个科学界起到重大作用?

参考文献

白屯 . 2003. 论现代地学系统思维的创新 . 系统辩证学学报，11（2）：48 ～ 52

白屯 . 2005. 认识复杂的地球 . 自然辩证法研究，21（8）：1 ～ 13

李继亮 . 1992a. 碰撞造山带大地构造相，见：现代地质学论文集（上）. 南京：南京大学出版社 . 9 ～ 29

李继亮 . 1992b. 中国东南海陆岩石圈结构与演化研究 . 北京：中国科学技术出版社 . 1 ～ 315

李继亮 . 1999. 中国板块构造图，中华人民共和国国家自然地图集 . 北京：中国地图出版社 . 115

李继亮 . 2010. 求索地质学 50 年 . 地质科学，45（1）：1 ～ 11

李继亮，王凯怡，王清晨等 . 1990. 五台山早元古代碰撞造山带初步认识 . 地质科学，25（1）：1 ～ 11

刘郦 . 2003. 地学革命的哲学意蕴 . 中国地质大学学报（社会科学版），3（1）：61 ～ 63

欧阳志远 . 1998. 地学哲学的学科地位及其范畴 . 自然辩证法研究，14（5）：23 ～ 27

尚智丛，高海云 . 2002. 西方科学哲学简史 . 太原：山西教育出版社

许靖华，孙枢，王清晨等 . 1998. 1 ：4000000 中国大地构造相图 . 北京：科学出版社 . 1 ～ 155

Kuhn T S. 2012. 科学革命的结构，第四版 . 金吾伦，胡新和译 . 北京：北京大学出版社

Argand E. 1922. La tectonique de l'Asie. 13th Congress Geologique Internationelle Bruxelles，171 ～ 372

Dott J R H，Shaver R H. 1974. Modern and Ancient Geosynclinal Sedimentation. Society of Economic Palaeontologists and Mineralogists，Special Publication. 19：1 ～ 300

Frodeman R. 1995. Geological reasoning：geology as an interpretive and historical science. Geological Society of America Bulletin，107（8）：960 ～ 968

Hsü K J. 1958. Isostasy and a theory for the origin of geosynclines. American Journal of Science，256（5）：305 ～ 327

Hsü K J. 1991. The concept of tectonic facies. Bulletin of Technique University Istanbul，44：25 ～ 42

Hsü K J. 1995. The Geology of Switzerland-An Introduction to Tectonic Facies. Princeton：Princeton University Press. 250

第 2 章　地球科学革命与启示

在 20 世纪 60 年代早期，板块构造理论的出现引发了地球科学的一场革命。认识到整个地球表面处在持续的飘移中，已经深刻地改变了人们观察这个世界的方式。毫无疑问，板块构造对地球科学，与原子结构的发现对物理学和化学，或者进化论对生命科学同等重要。对于板块构造学说，人们对其内容会记忆犹新，但对其发展过程随着时间的推移，往往会变得模糊。然而，对其产生和发展过程的了解和认识的意义是不言而喻的，不仅使人了解其发展过程，还可以启发思考。

两大里程碑：近代自然科学的每一门学科，自发端以来至今都有几个发展的里程碑。对地质学而言，则有 18 世纪末叶至 19 世纪初叶的奠基时期；20 世纪 60 年代至 70 年代初的地球科学革命时期。两大里程碑的说法，是指地质学的发展全局而言，二者之间还有一些其他的重要理论成就，地质学的各个分支学科还有自己的重要理论成就（如构造地质学中 Ramsay 的岩石应变测量；沉积学的浊流等）。

关于板块构造理论的产生，不同的资料有不同表述。Moores 和 Twiss（1995）的《大地构造学》中有一张“板块构造模式发展年表”（表 2.1），比较简洁、明了，本章大致参照此表顺序进行论述。同时，为了使读者感受到当初的情景，尽量使用一些第一手资料。

2.1　地槽学说回顾

为了更加清楚地认识地球科学革命的过程，简要回顾一下地槽学说。

从地质学开始萌芽直到 20 世纪前期，地质学只研究陆地上的岩石和沉积物，对洋底所知极少。世界各大山系逐步成为地质学家关心的重点地区。美国地质学家 Hall（1857 年）指出，在美国阿巴拉契亚曾经有边沉积边沉陷的长条形堆积盆地，最厚处的岩层达 4 万 ft（12km）。Dana（1873 年）确认了这一发现，将其命名为地槽（geosyncline）。19 世纪末以后，地槽假说得到美欧地质学家的普遍接受，并在世界各地广为传播和发展。如图 2.1 所示，这种沉积底面向下拗的构造在地质学里称为向斜（syncline），为了表示其规模巨大，地质学家加了前缀“Geo-”。“Geosyncline”意为“地向斜”，中文译为“地槽”。

表 2.1 板块构造模式发展年表（据 Moores and Twiss，1995 修改）

年份	大陆地质	海洋地质 地球物理	大陆漂移	磁学与 古磁学	地震学	发展状态	
1995						新范式 (Paradigm)	成熟期(历史期)
1990							
1985							
1980							
1975							
1970	Asilomar会议：板块构造与造山作用					地质学革命 地震学革命 海洋地质革命	革命
	混杂岩	地震学与新全球构造/球体上的构造/全球证实扩张					
		计算机大西洋并合/VMM假说			地震图		
1965					岩石圈	综合	
					转换断层		
		Hess的洋盆历史		磁反转年表	震源机制		
1960			大陆漂移与 地球膨胀	太平洋磁带条	世界标准地 震仪观测网		
		破裂带					未成熟期(前历史期)
	浊积岩的 深水成因	世界裂谷系			低速带		
1955				极移轨迹		危机	
		薄洋壳			世界范围的 倾斜地震带		
		薄沉积物					
1950		大洋探测					
		西太平洋地形					
		盖奥特					
1945	北美地槽				山根		
1940		雷达，声纳				早期的综合	
	Hess的早期综合						
1935		Tectogene					
1930	更多的Steinmann 三位一体	海沟区的 负重力			倾斜地震 带–日本	早期的问题	
			AAPG拒绝 Wegener	磁极反转			
1925							
1920							
1915			Wegener 大陆漂移说		核幔识别		
	阿尔卑斯的俯冲						
1910				磁性反转的 熔岩流	莫霍不 连续面		
1905	Steinmann三位 一体–深海沉积						
						老观点	
1900	地槽模式						

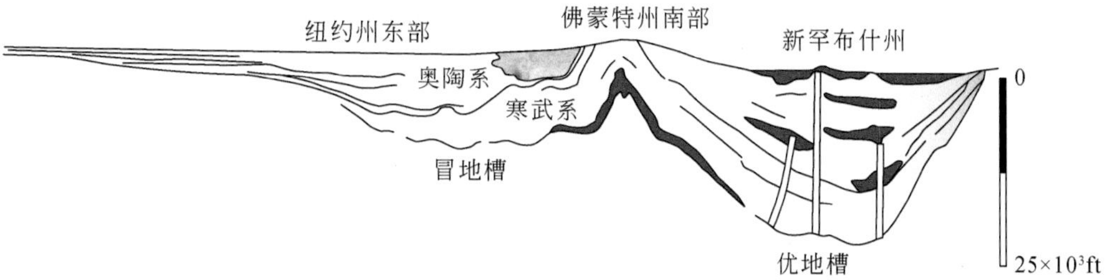

图 2.1　北美阿帕拉契冒地槽和优地槽（据 Kay，1951）

在地槽学说广为传播的过程中，也始终遇到一些困扰：按照现实主义原理（将今论古原则），过去的地质环境应有现代的相似物，但始终没有能找到大家信服的证明。直到地槽概念沿用了一百多年之后的 1972 年，经济古生物与矿物学家协会，召开了“现代与古代地槽沉积作用”讨论会（Dott and Shaver，1974）。会上，若干世界顶级的地质学家认为地槽的现代对应物是坍塌大陆隆、海沟、弧前盆地或者混杂带，各抒己见，莫衷一是。因此，地槽究竟应该沉积什么沉积物，沉积层序如何展布；地槽究竟是引张沉降还是挤压沉降，也是各持已见。谁也说不清，地槽究竟系何物？现代的地槽是什么样子？无法满意地解释地槽形成及其随后变形的原因。因此有人指出，地槽造山理论无法说明山脉是如何造成的。于是人们认识到，这是一个既不符合均变论法则，内涵又含混不清的概念。在 20 世纪 80 年代，地质学界彻底摒弃了这个术语。

地槽学说统治了地质学长达百年，如果无视地槽学说长期面临的大大小小挑战，那就根本无法理解在 20 世纪 50 ～ 60 年代还十分耀眼的学说，竟然会在 70 年代崩盘。

2.2　地槽学说的挑战

2.2.1　来自魏格纳的挑战

1910 年的某一天，魏格纳（Alfred Lothar Wegener）把目光落到墙上的世界地图时，意外地发现大西洋两岸海岸线惊人的一致。也有人说，在魏格纳之前已有多人注意到这一现象。但谁都不否认，深入研究大西洋两岸古生物、地质学和古气候学等资料的吻合性的，魏格纳是第一人。魏格纳于 1915 年出版《海陆起源》一书，提出大陆漂移说，直接挑战固定论思潮。此时年仅 35 岁。

诚然，在魏格纳之前确实有人注意到大陆，尤其非洲和南美洲，是否曾经像积木拼图玩具一样拼贴在一起，如法国的 Antonio Snider-Pelligrini（1858 年）则是最早研究这一问题的科学家之一。在他的 *Creation and Its Mysteries Revealed* 一书中展示了如何看待大陆分离前拼贴的状况［图 2.2（a）］，并引用了一些北美洲和欧洲的化石证据。但在当时来说，这一思想无论对于科学家还是公众来说都过于牵强和超前而没有受到重视，直到 50 年后被魏格纳再次提起。

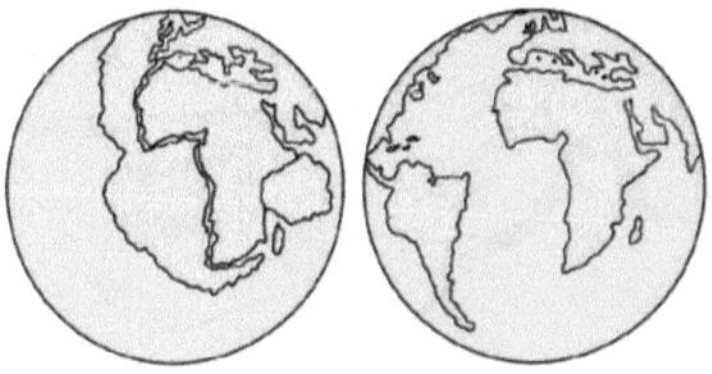

(a) Antonio Snider-Pelligrini制作的大陆漂移思想图(1858年)

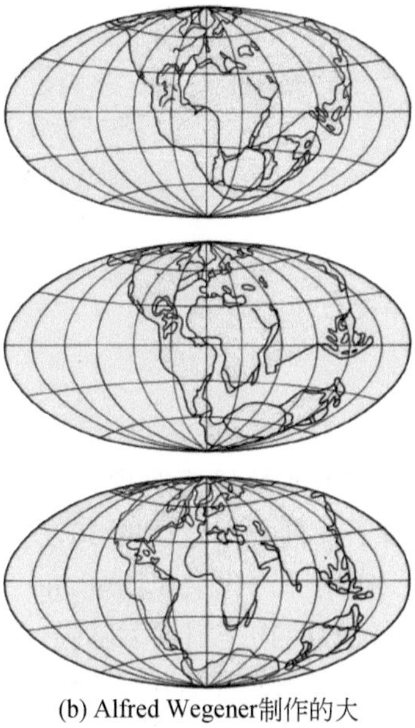

(b) Alfred Wegener制作的大陆漂移思想图(1915年)

图 2.2　最早的大陆漂移思想图（说明见正文）

（a）Antonio Snider-Pelligrini（1858）；（b）Wegener（1915）认为现在大陆以漂移方式跨越洋壳联合在一起形成原始大陆即泛大陆

由于多方面的科学论证，以及能够解释地质学当时遇到的一些疑难问题，魏格纳的大陆漂移说在地球科学界引起了震动。《海陆起源》一书于 1920 年、1922 年、1924 年和 1929 年多次再版，并被译成多国文字。魏格纳恢复了晚石炭世的泛大陆（即联合大陆），周围为泛大洋所包围。中生代以来，泛大陆发生分裂，开始形成大西洋和印度洋，分裂后的各个陆块逐渐漂移到现在的位置［图 2.2（b）］。魏格纳的学说不仅解释了大西洋两岸海岸的吻合性，而且更好地解释了煤田、冰川沉积、古动物区系和古植物区系的分布（图 2.3、图 2.4）。魏格纳的学说动摇了固定论的基础。有人形容，当时魏格纳在德

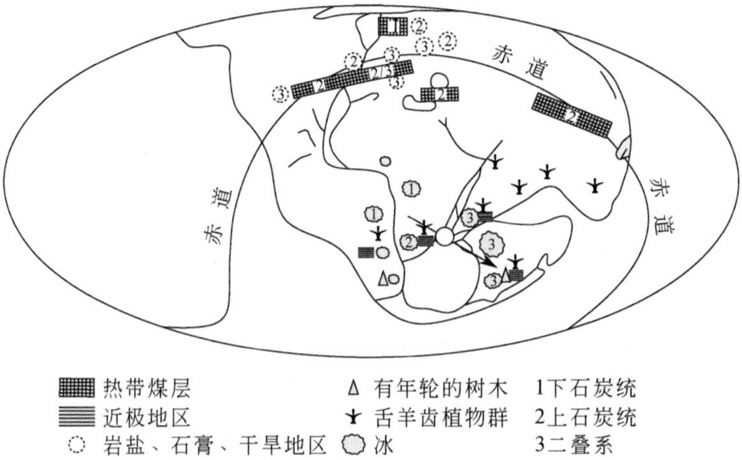

图 2.3　石炭－二叠纪的气候证据分布图（据 Wegener，1915）

国汉堡北面 Grossborstel 的简易住宅，成为一些感兴趣的科学家的“朝圣”地，来访者络绎不绝。这充分表明这一学说的吸引力。

魏格纳的学说既引起世界范围的兴趣，但也遭到许多人怀疑与反对。1926 年 11 月，美国石油地质学家协会（AAPG）在纽约举行的一次学术讨论会上，大陆漂移成为争论的焦点，不同观点的交锋达到一个新的高潮。在 14 位主要发言人中，5 人赞成漂移说、2 人有保留地支持、7 人反对。魏格纳本人出席了那次会议。会议最终的结果是拒绝了魏格纳的学说。反对者中有当时美国地质界的多位“权威”人士，因此魏格纳的艰险是可以想象的。魏格纳的学说受到攻击的关键是关于大陆漂移的驱动机制。魏格纳主张是极移力和潮汐牵引力，两种力的作用使大陆从高纬度向赤道方向移动并向西漂移。这也成为英国著名地球物理学家 Jeffreys 攻击的焦点。Jeffreys 通过计算表明，这两种力要比推动大陆漂移所需要的力小好几个数量级。因此，他断言大陆漂移是不可能的。

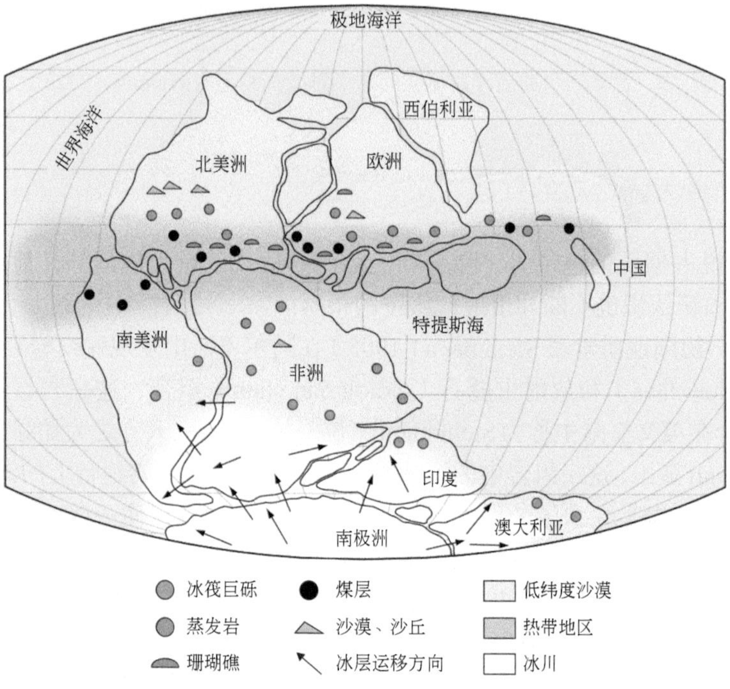

图 2.4　300Ma 的古气候证据分布图（据 AAPG；转引自 Hamblin and Christionsen，2003）

魏格纳本人并不气馁。1929 年，他的代表作在修改后出了新版，但地学界对该书的反映也今非昔比。大陆漂移作为一种可行的模式，在北美洲和欧洲的大部分地区可以说已经死亡。“好像北半球有自尊心的地质学家都不甘心以自己的声誉冒险，去发表关于大陆漂移的长篇大论的文章”。但魏格纳激情犹在，当他听说格陵兰的测量资料说明该岛向西移动时，他毫不犹豫地率队前往考察，然而不幸于 1930 年在严寒的冰天雪地中遇难，年仅 50 岁。——地球科学的巨大损失！

只要是科学事实，终究不致于被扼杀殆尽。大陆漂移说在南半球仍得到支持，南非地质学家 A. Du Toit 1937 年出版了《我们的游移的大陆》便是一个明证。即使在欧洲，也继续有人在思索着。著名的苏格兰地质学家 A. Holmes 在 1928 年写道：“目前，重要的问题是，与其证明魏格纳是错误的，不如去确定大陆漂移究竟是否发生过，而且，如果发生过，那又是何时和如何发生的”。他设想固体地幔可以发生热对流，提出地幔对流是大陆漂移的驱动力（图 2.5）。

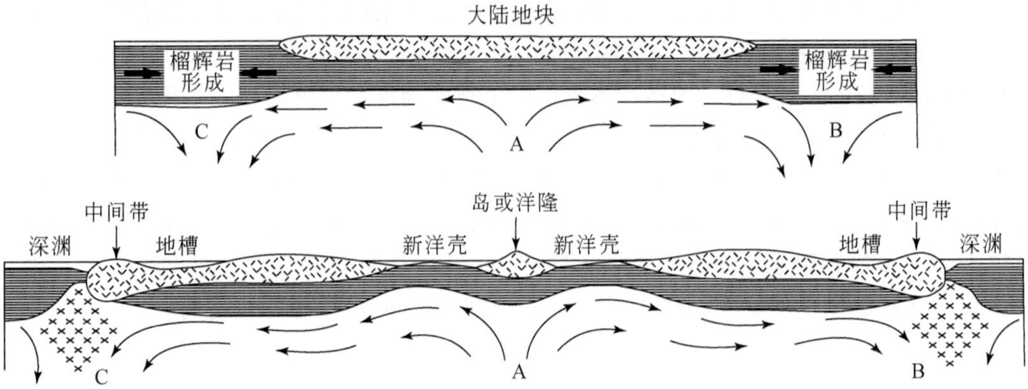

图 2.5 大陆漂移和新洋盆形成的壳下对流机制（据 Holmes，1928）

2.2.2 来自大陆地质的挑战

在地槽假说占据统治地位时，除受到大陆漂移假说的重大挑战外，地球科学其他各方面的新发现和新认识也不断冲击地槽假说的根基。

三位一体：德国地质学家 Steinmann（1905）在阿尔卑斯山发现蛇纹岩（serpentinite）、枕状熔岩（pillow lava）和放射虫燧石（radiolarian chert）组合，这一岩石组合分布相当普遍。这一组合在英文文献中称为 Steinmann 三位一体，而欧洲人称之为蛇绿岩套（ophiolite suite）。Steinmann 提出，这一组合中的沉积物是在快速沉降的大陆地台上的深水中堆积的，而蛇纹岩和枕状熔岩是深水区的侵入岩和喷出岩。这样的认识使一些欧洲人认为地槽形成于大陆间的深水区，而不是 Hall 提出的大陆上的浅水。到 20 世纪 30 年代，Steinmann 三位一体发现得更多，因而受到更多的关注（三位一体的详细讨论见第 4 章 4.1）。

推覆构造（nappe）：地槽模式遇到的另一个问题是无法解释阿尔卑斯的“纳布”构造（nappe，推覆体）所反映的地壳的巨大缩短。据此奥地利地质学家 Ampferer 和 Hammer（1911）提出 Versch-luchung 假说，即俯冲假说。他们主张欧洲地台向阿尔卑斯地槽之下俯冲。这一见解表明坚持垂直运动的固定论假说是不合适的。但偏执的苏联固定论学派甚至主张根本不存在推掩距离很大的纳布构造，并扣上唯心主义的帽子。

复理石（flysch）：复理石建造较早就受到地质学家的注意，那种厚度巨大的、单调的砂岩、页岩互层被看作是地槽发育阶段的典型沉积。苏联学派在地壳垂直运动的成见下，认为砂岩与页岩的交替，是水体深浅的交替，而水体如此频繁的深浅交替，则是地壳垂向振荡运动所导致。20 世纪 50 年代，通过现代沉积、古代沉积和模拟实验，揭示了浊积岩（turbidite）的深水成因，同时也解开了复理石的成因之谜，即复理石是巨厚的海相浊积岩。浊积岩成因的新观点，被视为沉积学的革命，同时也对槽台学说提出了挑战。

混杂岩（mélange）：20 世纪 60 年代，一个重要的发现是对加利福尼亚海岸山脉弗朗西斯科杂岩研究的突破，提出了“混杂岩”模式（图 2.6）。后来的板块构造模式证明，弗朗西斯科混杂岩是碎裂的太平洋洋壳被挤上了北美大陆的西缘（图 2.7）。

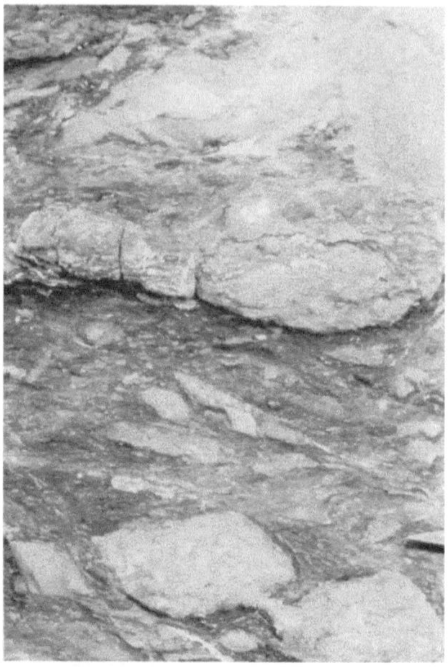

图 2.6　美国加利福尼亚州圣西米恩（San Simeon）附近的弗朗西斯科混杂岩（据 Condie，1997）

上部大的绿岩碎块（变玄武岩）、底部的杂砂岩碎块被剪切变形的蛇纹石和绿泥石基质所包围

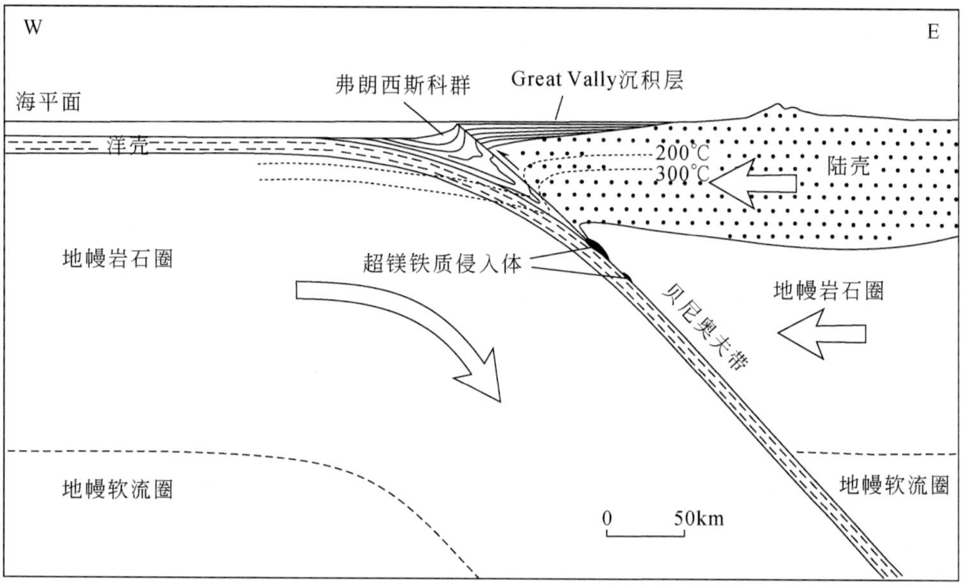

图 2.7　美国加利福尼亚州的古贝尼奥夫带（据 Ernst，1970）

2.2.3　来自海洋地质的挑战

20 世纪早期以前，地质学家只研究大陆，对海洋一无所知。地质学奠基时代的重要

代表人物莱伊尔曾指出，地质学研究的重要局限之一是对洋底的无知。这一现象不能看作是地质学家的无能。海洋地质与地球物理的发展表明，新技术的发展对科学的发展水平有决定性影响。

负重力异常：早在19世纪50～60年代，根据重力测量就提出了地壳均衡原理（isostasy）。20世纪30年代初期，荷兰地球物理学家F. A. Vening-Meinesz开始研究海洋地区的重力，他和他的团队取得了惊人的发现：加勒比海及印度尼西亚的深海沟为负重力异常。这不符合地壳均衡原理，好像是有什么东西在这些地带把地壳往下拽。这些观察产生了一种概念，即地壳向下弯入地幔，这一现象是由水平挤压造成的。A. Holmes主张，地幔对流的下降流造成这一现象。由此认为，在大地构造中有均衡以外的力量起着重要作用。

海底平顶山（guyot）：讲到20世纪40年代的海洋地质工作，不能不首先提到一位传奇式人物——H. Hess。第二次世界大战期间，他在美国海军服役。传说他甚至在深海区也从不间断地操作声波测深仪，全然不顾临近可能埋伏有敌人的潜艇。有一次，他随舰艇横渡太平洋，向马里亚纳群岛、菲律宾和硫磺岛一带运兵。船上的回声测深仪记录到一连串的圆形海底山（图2.8），它们从平坦的海底上拔地而起，高逾数千米，四周陡立而顶部平坦。Hess对海底平顶山的形成过程做了长时间的思索，直到他提出海底扩张假说以地幔对流机制来解释海底地形时，才给出了一个满意的解释（见本章2.3）。

洋壳厚度：第二次世界大战以后，美国和英国开始扩大海洋地质工作。美国有Scripps、Woods Hole和Lamont（后称Lamont-Doherty）等海洋研究机构。英国有剑桥的E. O. Bullard和M. N. Hill的研究团队，工作遍及全球。但其工作主要集中在北大西洋和北太平洋。Scripps的地震学家R. W. Raitt（1956）发现洋壳厚度薄而均匀，到处都在5km左右（表2.2、表2.3）。按照固定观点，认为大洋同大陆一样古老和持久，但Raitt等却发现洋底的沉积物比固定论模式预期的薄得多。

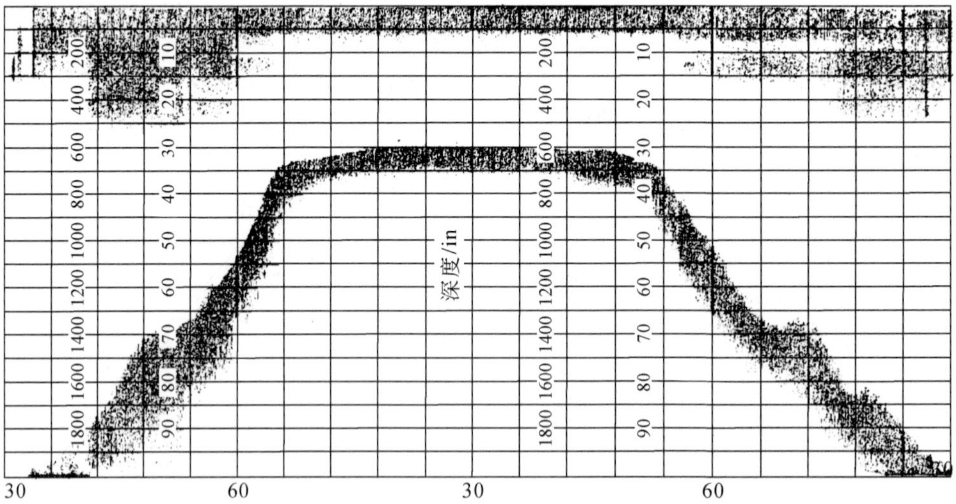

(a)

图2.8 海底平顶山（guyot）剖面图（据Hess，1946）

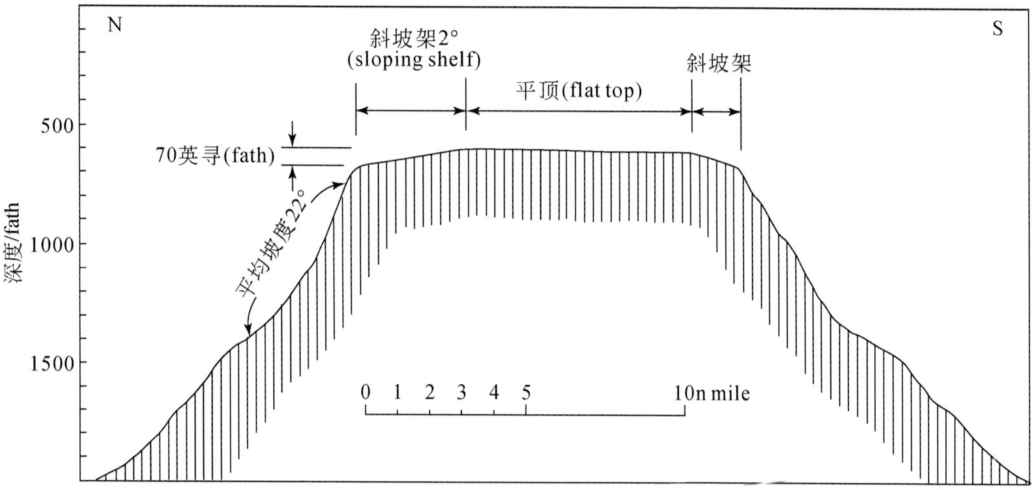

(b)

图 2.8　海底平顶山（guyot）剖面图（续）（据 Hess，1946）

（a）声波探测仪记录；（b）解释图；1fath ≈ 1.8m

表 2.2　中太平洋波速和南回归线波速（据 Raitt，1956）

1. 中太平洋波速			
位置	第二层 /（km/s）	第三层 /（km/s）	第四层 /（km/s）
M1	5.88±0.23	6.96±0.08	8.41±0.43
M2	5.97±0.25	6.88±0.09	8.05±0.12
M3	…	6.70±0.10	…
M4	5.76±0.37	6.74±0.10	…
M5	6.32±0.20	6.79±0.05	…
M6	…	6.58±0.15	8.24±0.12
M7	6.04±0.29	6.73±0.07	8.15±0.12
M9	4.26±0.44	6.57±0.20	7.92±0.12
M10	4.81±0.37	6.92±0.13	8.28±0.09
M11	4.86±0.27	7.02±0.15	…
M12	4.92±0.22	6.63±0.06	…
M13	6.24±0.10	6.83±0.06	…
M14	4.39±0.23	6.92±0.10	8.42±0.12
M15	5.16±0.16	6.56±0.15	8.28±0.21
平均值	5.38	6.77	8.22
标准偏差	0.73	0.15	0.17

续表

2. 南回归线波速			
位置	第二层 / (km/s)	第三层 / (km/s)	第四层 / (km/s)
C1	4.15±0.06 5.59±0.08†	6.90±0.10	8.09±0.23
C2	4.98±0.11	7.10±0.08	8.16±0.03
C3	5.73±0.09	6.72±0.40	8.14±0.12
C5	4.55±0.76*	6.43±0.30	8.14±0.06
C6	5.37±0.33	6.55±0.32	8.51±0.43*
C7	5.00±0.57	7.04±0.04	8.42±0.29
C8	5.17±0.29	6.92±0.08	7.71±0.21*
C9	3.93*	6.42±0.06	8.25±0.12
C10，11	5.31±0.35	6.69±0.33	8.29±0.10
C12	4.49±0.65*	6.68±0.19	8.77±0.12
C13	5.77	6.75±0.08	8.17±0.13
C14	4.64±0.28*	6.45±0.13	8.21±0.11
C15	4.48±0.10	6.81±.26	8.43±0.28
C16	5.51±0.36	6.69±0.20	8.34±0.09
C18	5.04±0.24	6.91±0.06	8.14±0.20
C19	5.22±0.26	6.69±0.10	8.00±0.05
C20	4.35±0.12*	6.48±0.17	8.12±0.07
C21	4.82±0.27	6.88±0.07	7.66±0.04*
C22	5.11±0.54	7.03±0.09	7.36±0.22*
C23	6.02±0.15	6.90±0.14	8.30±0.28
C24	4.92±0.86	6.84±0.16	8.21±0.10
C25	5.78±0.25	6.90±0.03	8.16±0.06
C26	4.52±0.21	6.78±0.08	8.46±0.20
平均值	5.09	6.67	8.25
标准偏差	0.52	0.20	0.18

* 未参与平均值和标准偏差计算。

† 在埃尼威托克岛（Eniwetok）观察到的与第 2 层波速相近的层位。

表 2.3　中太平洋洋壳厚度表（据 Raitt，1956）

中太平洋层厚				
位置	第一层 /km	第二层 /km	第三层 /km	总厚度 /km
M1	0.26	0.93	6.24	7.43
M2	0.17	1.42	4.31	5.90
M3*	0.31	0.70	…	…
M4	0.45	0.35	…	…
M5	0.57	1.16	…	…
M6*	0.20	0.72	4.42	5.35
M7	0.32	0.81	4.14	5.27
M9	0.24	2.27	4.70	7.22
M10	0.34	2.21	5.66	8.22
M11	0.42	2.18	…	…
M12	0.40	2.59	…	…
M13	0.62	1.57	…	…
M14	0.57	2.60	3.14	6.31
M15	1.07	1.90	5.69	8.66

* 假设第二层波速为 5.99km/s。

大洋中脊：早在 20 世纪 20 ～ 40 年代，在大西洋、印度洋和太平洋陆续发现海岭的存在。1956 年，M. Ewing 和 B. C. Heezen 指出，世界大洋洋底有一条绵延 64000km 的中央海岭系。在大西洋和印度洋，边坡较陡称之为洋中脊；在太平洋位置偏东且边坡较缓，称之为东太平洋洋隆。洋中脊较相邻的深海平原高出 2 ～ 3km。他们还发现大西洋中脊的轴部有一条深达 1 ～ 2km 的纵向裂谷把中脊当顶劈开。其他洋中脊也有中央裂谷存在，因此称之为“全球裂谷系”［图 2.9（a）］。Heezen 认为大洋中脊上中央裂谷的产生，可能就是澳大利亚大地构造学家 S. W. Carey 主张的地球膨胀作用的结果。1957 年 3 月 26 日，当 Heezen 在普林斯顿大学报告关于裂谷系的发现时，当时任地质系主任的 Hess 说：“你动摇了地质学的基础”。Hess 则主张用地幔对流机制来解释大洋中脊裂谷系（见本章 2.3）。

转换断层：20 世纪 50 年代后期至 60 年代初期，Scripps 的 H. W. Menard 在太平洋和大西洋地壳中发现了长达数千千米的破裂带（图 2.10）。随后，J. Wilson 提出它们是一类新的断层——转换断层，是板块构造的重要组成部分。

地热流：早在 19 世纪，通过对火山的研究，建立起地热流的概念。1935 年，美国建立了一个委员会，收集矿井岩石热导率的资料，剑桥大学的年轻地球物理学家布拉德（E. C. Bullard）参加了这项工作。第二次世界大战期间，布拉德考虑海底宜于进行地热测量，因为那里没有季节变化，温度稳定，不必钻很深的孔。后来，布拉德来到了美国的 Scripps。当时人们认为，地热热源主要来自花岗岩中放射性元素的天然放射作用，大陆具有较厚的地壳和大量的花岗岩，但海洋的地壳极薄，而且主要由玄武岩组成，玄武岩释放出来的放射性热量甚微。因此，人们设想，洋底的热流值应当比陆地小得多。

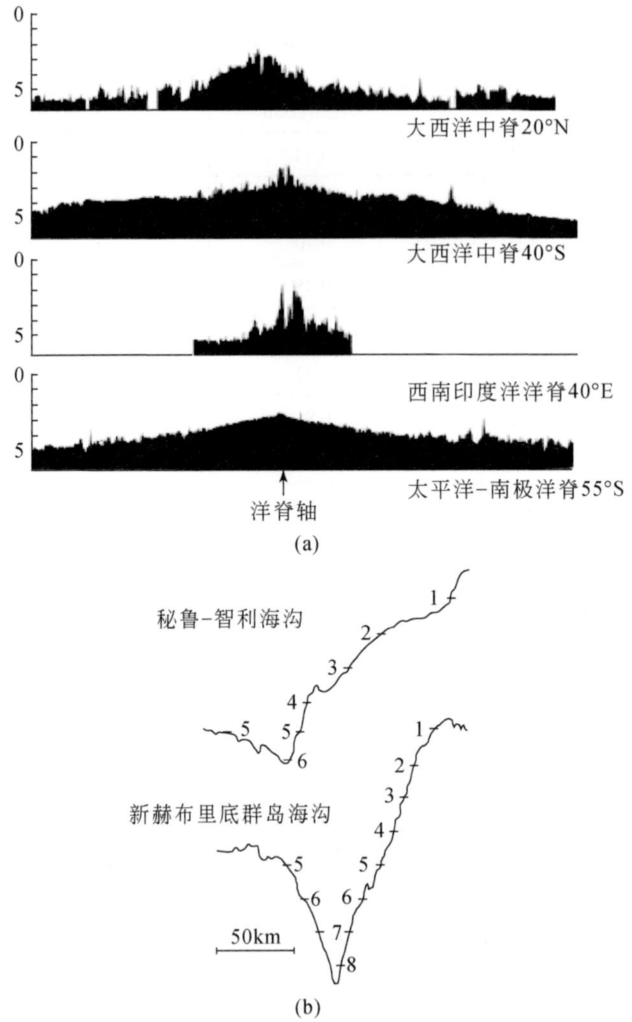

图 2.9　大洋中脊（a）和海沟（b）地形剖面图（据 Heezen and Hollister，1971）

（a）大西洋中脊 20°N 附近、40°S 附近，西南印度洋洋脊 40°E 和太平洋–南极洋脊 55°S 附近，洋脊轴部地区地形剖面图，水深（km）垂直方向放大约 60 倍（Heezen，1962）；（b）地形探测仪记录剖面：［太平洋］秘鲁–智利海沟 12°S、78°W，新赫布里底群岛海沟（New Hebrides Trench）12°S、166°E，水深（km）垂直方向放大 22 倍（Menard，1964）

布拉德在 Scripps 遇到了正在找工作的、退伍的美国青年军官亚瑟 • 马克斯威尔，他们联合发明了一种热流探针。几年后，布拉德、马克斯威尔和雷菲尔发表了令人吃惊的结果。结果表明，通过太平洋地壳由地球内部释放出来的热流，几乎与陆地热流相仿，亦即约为预期值的十倍。这一热流值显然太高了，不可能是玄武岩地壳中放射性元素释放出来的。而且地幔的温度梯度也不够陡，不足以通过热传导产生如此大量的热能。因此，简单的地热分析表明，大洋底下必有某种形式的热对流存在。随后，Scripps 的青年科学家理查德 • 冯 • 贺岑和日本人上田诚也，又在太平洋进行了更多的热流测量。他们发现，在洋底的某些隆起带，诸如东太平洋洋隆和大西洋中脊，洋底的热流值甚至更高，而在海沟地区则比正常值还要低（图 2.11）。这种热流分布体制表明，热流应是从洋隆或大洋中脊处上升，而从海沟处向下流的。

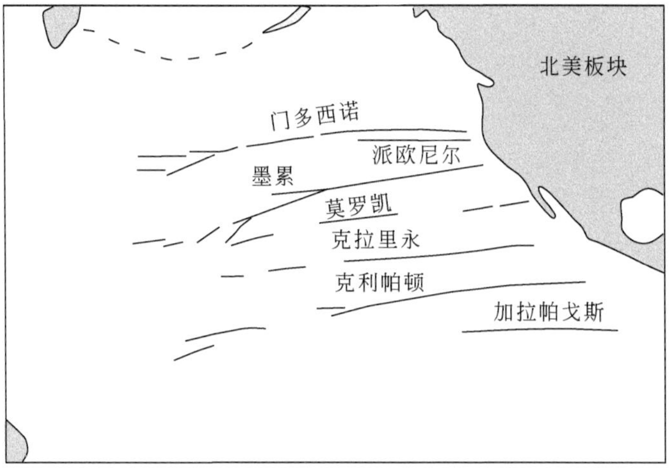

图 2.10　太平洋东北部海底断裂带（据 Menard，1955）

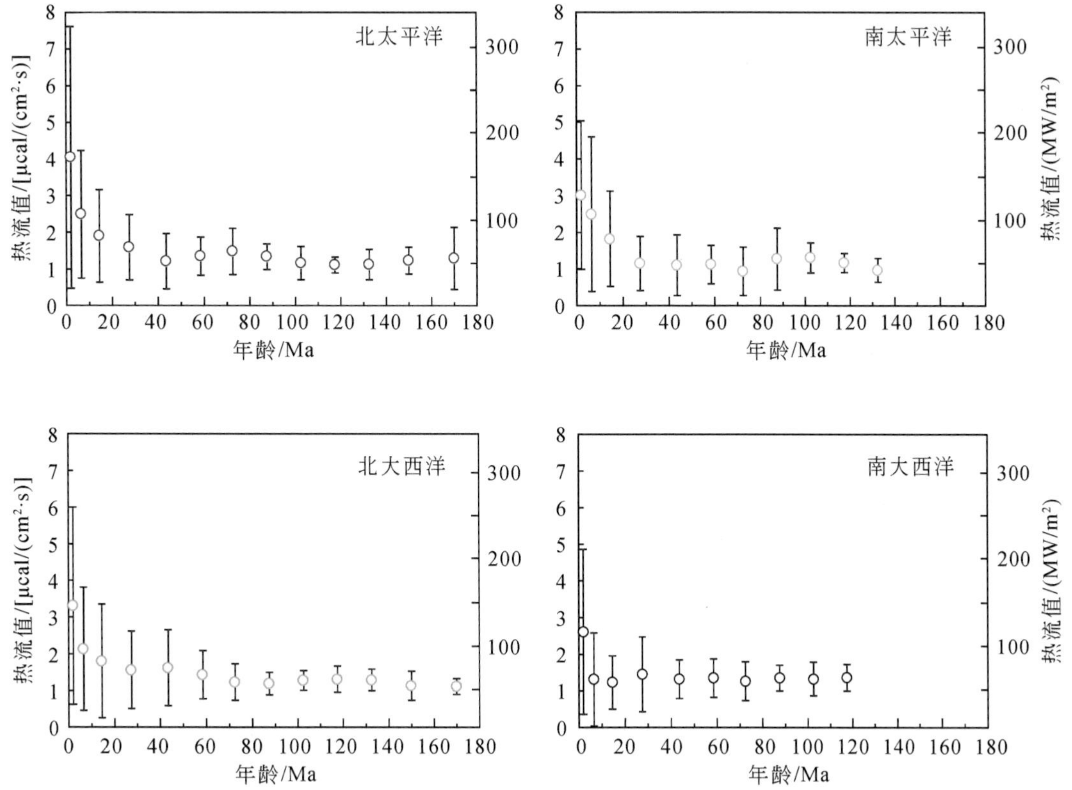

图 2.11　五个主要大洋和边缘盆地的平均热流值和标准差对年龄分布图（据 Sclater *et al.*，1980）

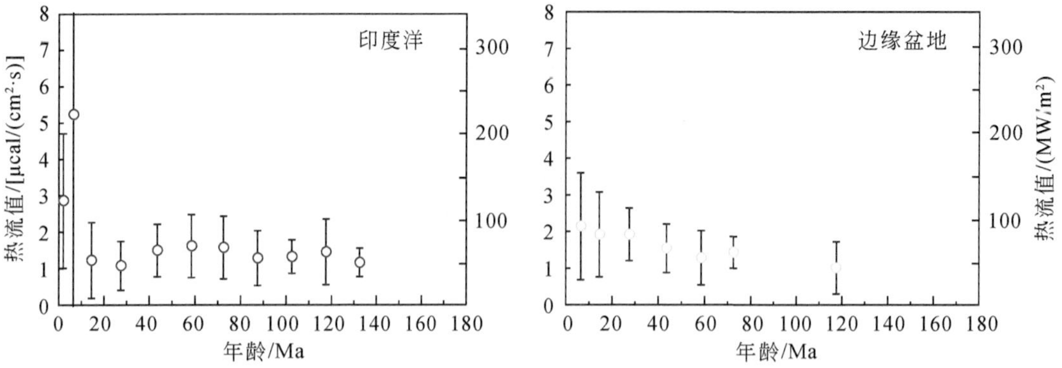

图 2.11　五个主要大洋和边缘盆地的平均热流值和标准差对年龄分布图（续）（据 Sclater *et al.*，1980）

2.2.4　来自磁学和古地磁学的挑战

有关岩石磁学的研究开始得很早。1906 年，Brunhes 发现有些火山岩的磁极与邻近地层的磁极恰好相反。这个发现开创了后来地磁年表的先河。1909 年，法国 B. 布容测量法国中央地块火山岩的天然剩磁，也发现了磁性倒转现象。20 年后，松山在研究日本火山岩时，也观察到了同样的极性倒转现象。20 世纪 50 年代，一些研究天然剩磁的学者，试图利用天然剩磁来确定地磁极曾否有过变动或大陆可曾漂移。那时，魏格纳的大陆漂移假说已被压抑得几乎没有了声音。英国的 P. M. S. Blackett、E. Irving 和 S. K. Runcorn 却提出欧洲和北美有不同的极移路径，其最简单的解释是大陆之间曾经相对移动，这对固定论又是一击。1962 年，Runcorn 编辑出版了《大陆漂移》论文集，希望促使地球科学界对已被遗忘的漂移论重新予以注意。但传统学派依然表示怀疑、冷淡和不加理睬。1964 年，美国地质调查局的 A. Cox、R. Doell 和 G. B. Dolrymple 在 *Science* 上发表地球磁场反转的文章，解释了磁场反转的时间和频率（图 2.12）。

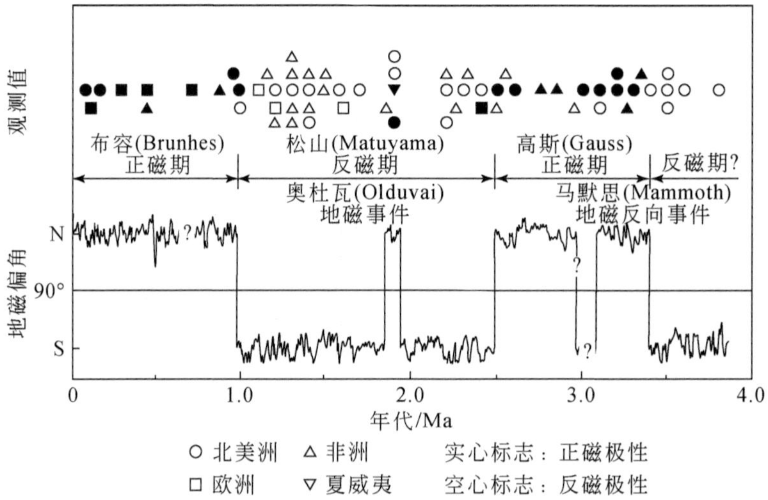

图 2.12　火山岩磁极与年龄关系图（据 Cox *et al.*，1964）

2.2.5　来自地震学的挑战

地震学的研究对了解地球作出过重要贡献。1909 年，南斯拉夫地震学家 Mohorovicic 发现地壳底面 P 波速度急剧增加（5.6km/s 增到 7.7km/s，后以他命名的莫霍不连续面）。1914 年，德国地震学家古登堡（B. Gutenberg）首次认识了地球的核－幔结构。1928 年，日本地震学家瓦塔第（K. Wadati）认识到日本列岛之下的地震震源沿着一个倾斜的平面作带状分布，该带从日本以东开始向西倾斜延展（图 2.13）。这也是固定论模式难以作出解释的。20 世纪 40 年代后期至 50 年代早期，美国地震学家贝尼奥夫（H. Benioff）发现沿太平洋周边存在倾斜的地震带，深深插入地幔（图 2.14），证实了瓦塔第的发现。

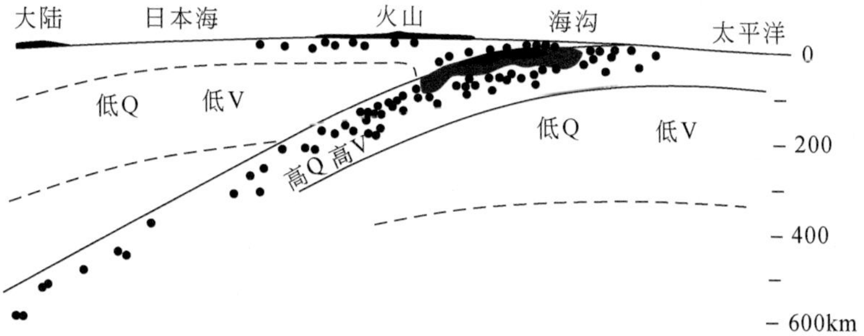

图 2.13　日本岛弧地区的贝尼奥夫带与 Q 值分布（V 代表地震波速度）（据 Wadati，1928）

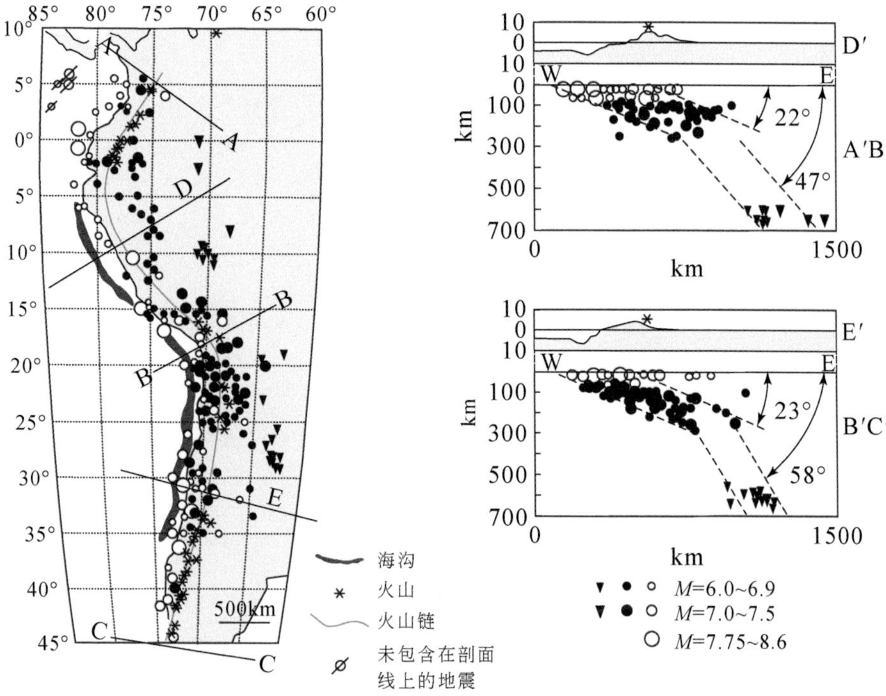

图 2.14　南美地震分布平面图和剖面图（据 Benioff，1954）

D′ 和 E′ 对应左侧平面图中 D 和 E 所示剖面，纵向比例扩大；平面图被分为 AB 和 BC 两部分，在剖面中简化表示为 A′B′ 和 B′C′

由以上的叙述可以看出，20 世纪 50 年代晚期是地球科学危机四起的时代，也是地球科学革命的前夜。新的综合开始了！新的“范式”（paradigm）需在新的综合的基础上才能完成，并非提出了新的概念或在某方面有新的认识就能构成新的“范式”。

2.3　地球科学革命的兴起——新的综合、新的范式

2.3.1　洋盆历史：海底扩张说

1960 年 Hess 的一份题为“洋盆的演化”的手稿在科学界流传，并于 1962 年更名为“洋盆的历史”发表（Hess，1962）。这一论文被学术界看作是一次划时代的综合，被誉为地球科学革命的开始。

Hess 对 20 世纪 30 年代以来海洋地质与地球物理的成果以及有关大陆漂移研究的新进展进行了总结，以地幔对流机制来解释海底地形、地质特征及其演化。他强调地幔物质从洋中脊裂谷处上升形成新海底，在对流体的下降翼又返回深部（图 2.15）。盖奥特（guyot）是洋中脊裂谷处的火山岛屿，高出浪基面，波浪的作用使之变为平顶，它们骑在洋壳的传送带上由脊顶向翼部移动（图 2.16）。

Hess 设想整个大洋洋底每 3 亿～ 4 亿年就会彻底更换一轮，由新生地壳所代替。他提出，洋盆是非永久性的，而大陆是永久性的，尽管大陆可被裂解或拼贴，大陆的边部可遭受变形。

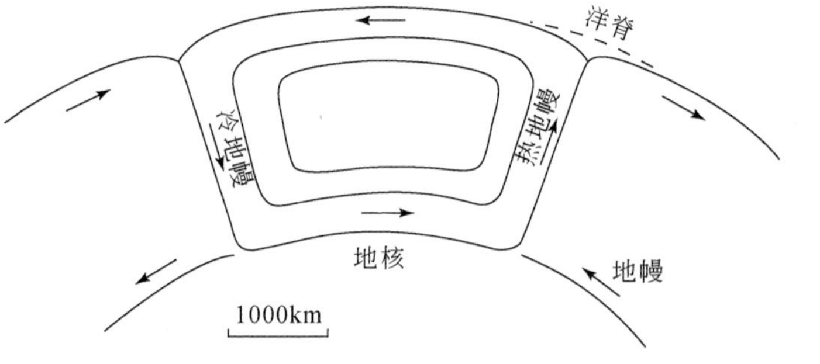

图 2.15　地幔对流环的可能几何图形（据 Hess，1962）

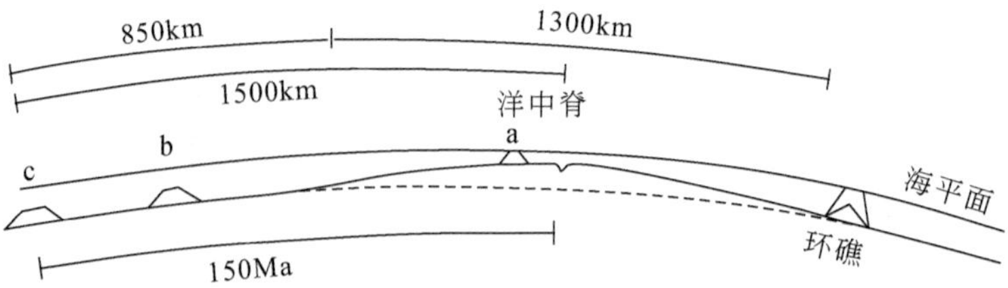

图 2.16　火山峰、平顶山以及珊瑚礁从洋脊旁侧向左右两侧迁移示意图（据 Hess，1962）

2.3.2　大西洋两侧的计算机拼合

1958 年，澳大利亚大地构造学家凯里（S. W. Carey）接受了从洋中脊裂离的看法，并在一个球面上将大陆进行拼接，他提出地球膨胀观点来说明大陆漂移的驱动机制。一次，凯里报告之后，反对魏格纳大陆漂移说最为积极的杰弗里（H. Jeffreys）说，没有从数学上证明这一拼接，拼接的误差有 15° 之多。他认为凡是不能用数字表达的东西都不是科学，只不过是一种游戏。

有趣的是，杰弗里在剑桥大学的继承人布拉德（E. Bullard）在这个问题上取得了突破。1965 年用数字来表达大西洋两岸的吻合关系，他同艾佛雷特（J. Everett）和斯密士，用计算机将大西洋两岸的大陆拼到了一起。布拉德的拼合不是按照海岸线，而是沿海岸线以外的 500 英寻（fath，相当于 900m）的等深线拼合，那个深度才是大陆的真正边沿，是大陆型地壳和大洋型地壳的分界线。这是一项惊人的成果，其吻合是如此的完美，误差不超过 1°（图 2.17）。布拉德的这一工作产生了很大影响。

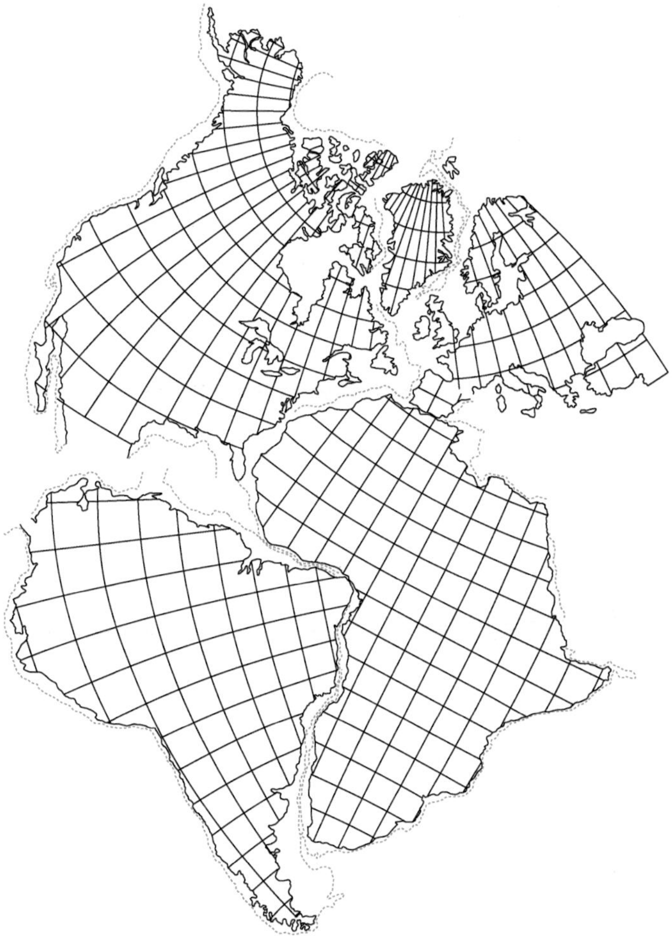

图 2.17　布拉德的板块拼接图（说明见正文；据 Bullard *et al.*，1965）

蓝色虚线代表洋壳 - 陆壳分界线，经纬网格代表海平面以上的大陆

2.3.3 瓦因–马修斯–莫莱假说

20世纪50年代，剑桥大学已大举推进海洋地球物理研究。瓦因（F. Vine）1962年11月乘欧文号考察船参加了印度洋卡尔斯伯格海岭的地磁调查。回校后，他同他的导师马修斯（D. Matthews）反复研读关于海底扩张的那篇论文，并着手解释从印度洋得来的磁测结果，用计算机处理了大批磁异常资料。他们发现，有些洋底地壳经受了正向磁化，另一些洋底则遭到反向磁化，二者各占一半（图2.18）。他们又仔细分析对比了太平洋和大西洋的有关资料，一种崭新的洋底磁异常解释逐渐酝酿成熟了。

瓦因和马修斯认为，海底磁异常条带不是由于磁化强弱不均引起的，而是在地磁场不断转向（地磁极倒转）的背景下，海底不断新生、不断扩张所造成（Vine and Matthews，1963）。地幔物质不断自大洋中脊顶部涌出，形成新的海底，当它冷凝至居里温度以下时，便沿着当时地磁场的方向被磁化；随着海底扩张，先形成的洋底向两侧推开，中脊顶部又涌出新的洋底；如果这时地球磁场发生转向，新形成的海底便在相反的地磁场方向下被磁化，形成与先前形成的海底磁化方向相反的一条海底岩石条块（图2.19）。地磁场反复地转向，新洋底沿中脊顶部不断地形成和扩张，就在洋底留下了一系列磁化方向正反相间的岩石条块，即正异常与负异常相间的条带（图2.20）。洋底磁异常条带就像录音磁带一样录下了地球磁场不断转向的历史（图2.21）。文章中断言："若海底发生扩张，则磁化方向正反交替的岩石就会由中脊轴部向外推移，并平行于洋脊顶峰延伸"（Vine and Matthews，1963）。这就是后来对地球科学产生深远影响的瓦因–马修斯假说。据马修斯后来回忆，最初的想法是他俩在一次喝茶时由瓦因首先提出来的。

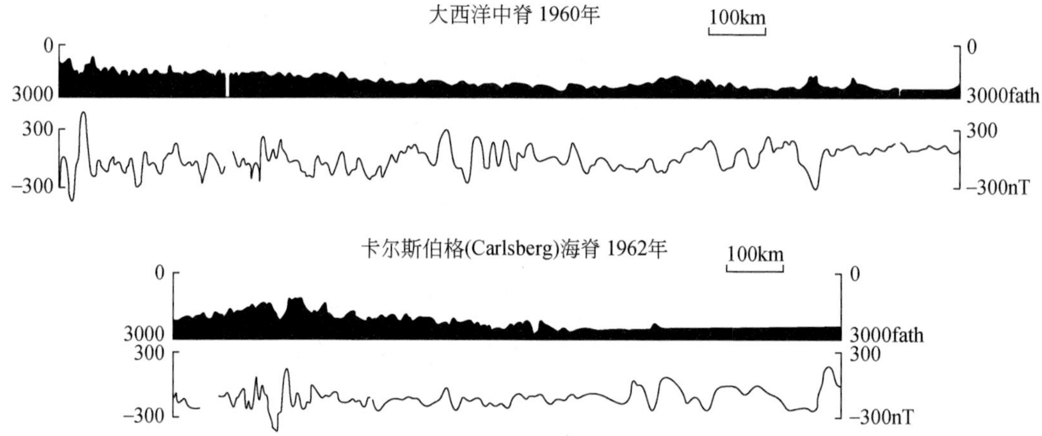

图2.18 中大西洋和西北印度洋水深和相关磁场异常剖面图（据 Vine and Matthews，1963）

上图：从45°17′N，28°27′W到45°19′N，11°29′W；下图：从30°5′N，61°57′E到10°10′N，66°27′E

在这里不能不同时提到加拿大地质调查局的莫莱（L. Morley）和拉罗切里（A. Larochelle）的工作，他们在1963年投稿的论文被两家国际杂志拒登，一家的评审者认为这种概念只适合在鸡尾酒会上谈谈，不能作为科学论文发表。一家拒登莫莱文章的杂志后来发表了瓦因的文章。莫莱的文章直到一年以后的1964年，才在一家影响较小的加拿大出版物

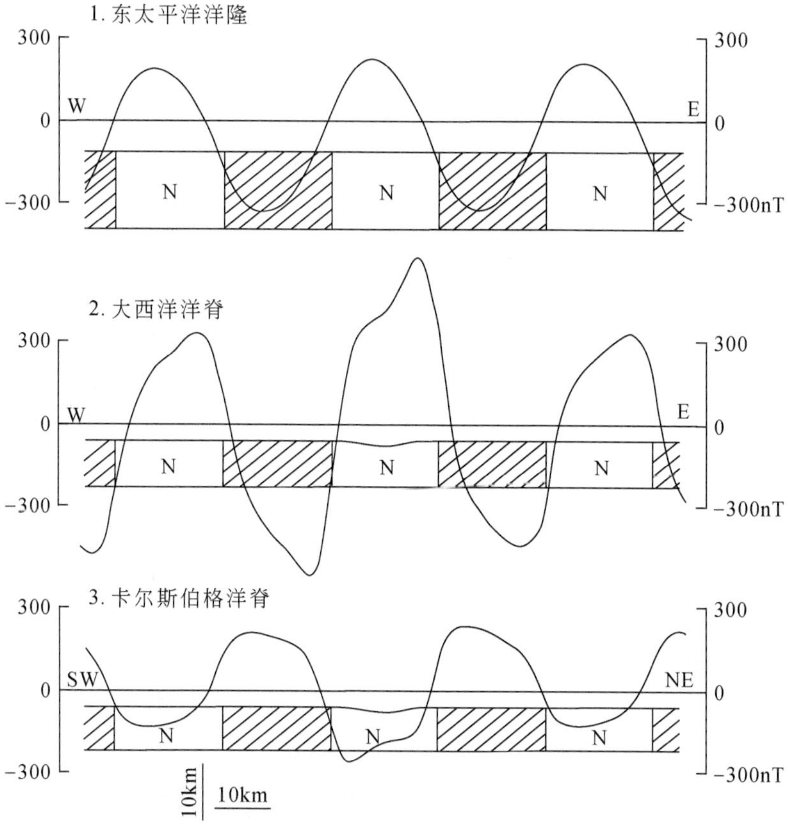

图 2.19　不同地壳模型的磁场分布（据 Vine and Matthews，1963）

标注 N 的地壳段为正向磁化；斜对角线部分为反向磁化

中发表。为了肯定莫莱的贡献，有人主张把这一假说称之为瓦因－马修斯－莫莱（Vine-Matthews-Morley）假说。

Heirtzler 等（1968）对比了大西洋、太平洋和印度洋的磁异常带，发现彼此相当，倒转的次数和持续的时间长短也都相同。这些磁异常线可视为大洋底生长的年轮。后来皮特曼（Pitman）等在这个基础上，并根据海底钻孔数据的校正，制定了磁极年表。距中脊越近洋底的地质年龄越新，越远则越老。1982 年，拉森（Larson）和皮特曼（Pitman）等又作了新的补充，根据磁极年表，编制了三大洋洋底年龄图。

海底扩张假说的建立，表明一场地球科学革命已经酝酿成熟；而瓦因－马修斯－莫莱假说证实了海底扩张，提出了海底扩张机制，吹响了革命的号角，文章成为这场革命的宣言。

2.3.4　球体表面构造发育规则

布拉德等 1964 年开始作大西洋拼接时，应用了 200 年前瑞士数学家欧拉（Euler）提出的一条几何定律：任何一种刚体沿着球体表面的运动，都必定是一种绕轴的旋转运动，也就是说，球体上的某一块可以通过围绕某根经过球心的轴旋转，沿着球面移动到另一方位，即不同位置其绕轴旋转的角速度相同，但线速度是不同的（图 2.22）。对于板块

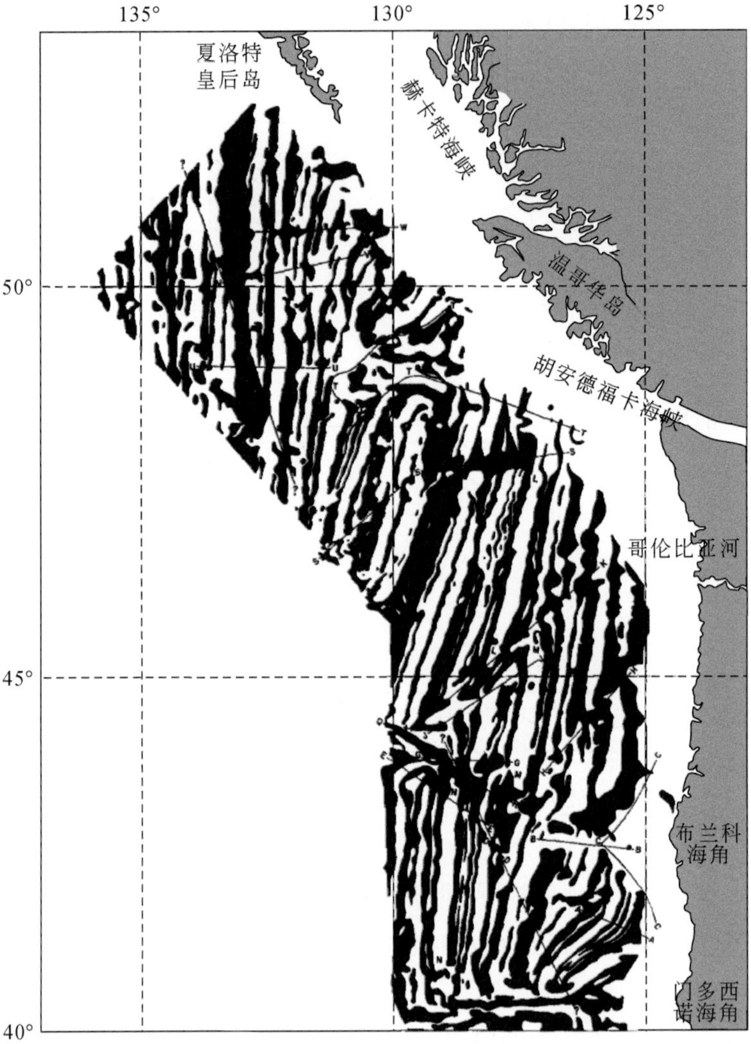

图 2.20 温哥华岛西南部磁场异常略图（据 Raff and Mason，1961）

黑色为正异常区；直线表示断层错位

而言，板块运动所绕的旋转扩张轴，不会正好是地球的自转轴，而是与地轴斜交的轴。扩张轴与地球表面相交的那一点，叫作板块的旋转极或扩张极，也称为欧拉极。

麦肯齐和帕克对北太平洋的研究，检验了板块的旋转运动（McKenzie and Parker，1967）。在这期间，摩根（Morgan）也在独立地研究板块的旋转运动（Morgan，1968）。他考虑横断中脊的转换断层代表了海底扩张（即板块运动）的方向，转换断层理应是以板块旋转极为圆心的同心圆弧（相当于纬度小圈）（图 2.23）。摩根在地图上沿赤道大西洋的一系列转换断层作垂线，这些垂线都是地球的大圆。其结果，除一条例外，所有其他垂线均相交于北纬 58°、西经 36° ~ 37° 附近（图 2.24）。这表明，这些转换断层确系以此为圆心的同心圆弧（转换断层实际上并不是直线，而是追随地球表面呈弧形弯曲的）。这一交点也就是大西洋中央裂谷两侧美洲板块和非洲板块的旋转极，它位于

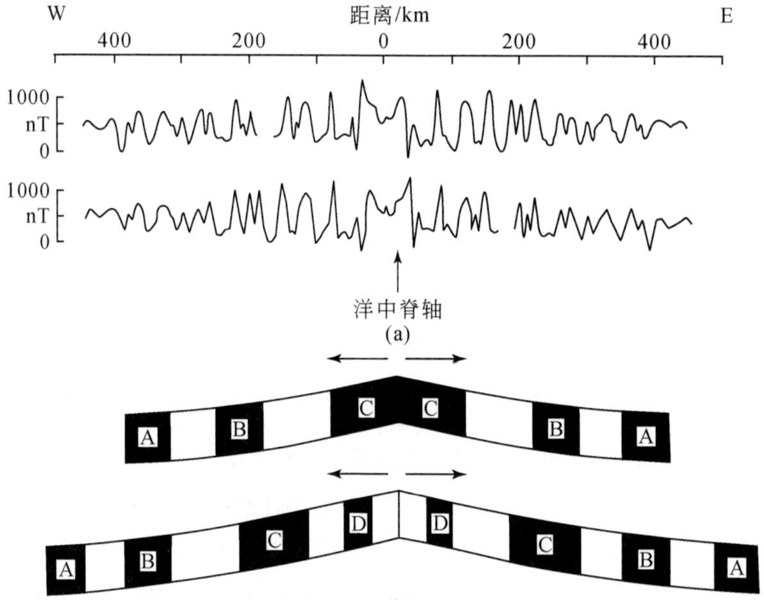

图 2.21　横跨洋脊的磁剖面图（据 Pitman and Heirtzler，1966；Heirtzler *et al.*，1968）

（a）横跨太平洋－南极洋脊磁剖面，表明磁异常关于脊轴对称；（b）理想洋脊剖面，表明正向和反向磁化物质关于洋脊对称

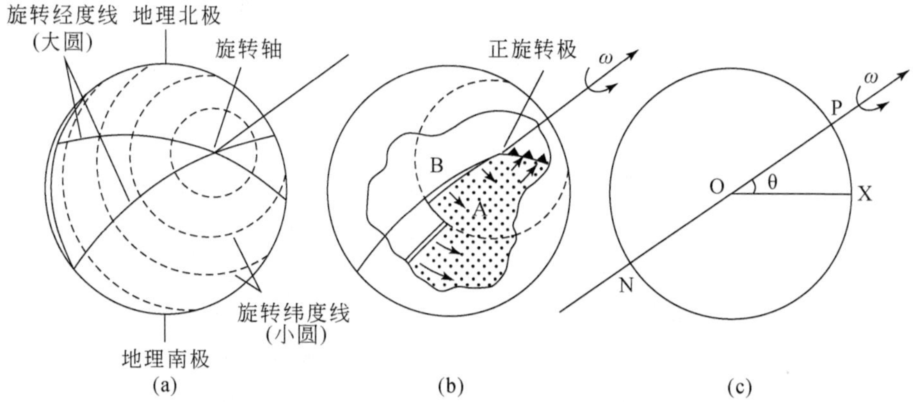

图 2.22　地球表面的板块运动（说明见正文；据 Bullard，1964）

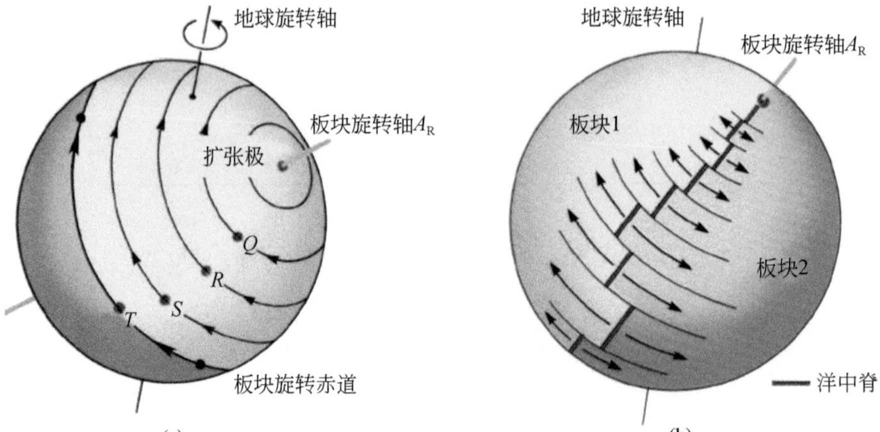

图 2.23 地球表面板块绕轴运动模式图（说明见正文；据 Hamblin and Christinansen，2003）

板块运动所围绕的轴称为扩张轴；轴与球面的交点称为扩张极；板块总是沿着纬度小圆、平行于转换断层、垂直于扩张轴运动。（a）球体表面任何一点的运动都是沿着扩张极对应的纬度小圆做旋转运动；（b）板块 1 相对于板块 2 的运动为绕轴的旋转运动，洋中脊位于经过扩张极的经线上，转换断层位于纬线上，扩张速率在赤道上最大、扩张极上最小

格陵兰的南端附近（图 2.24）。在东太平洋洋隆的南段作同样的分析，垂线也大致汇合于一个 2° 的范围内（71°S，118°E）。这就是南太平洋中太平洋板块与南极洲板块的旋转极，该极位于南极洲内（图 2.25）。摩根把全球划分出十多个板块（Morgan，1968；他当时的用语是 unit 或 block），这是第一幅世界板块分布图（图 2.26）。

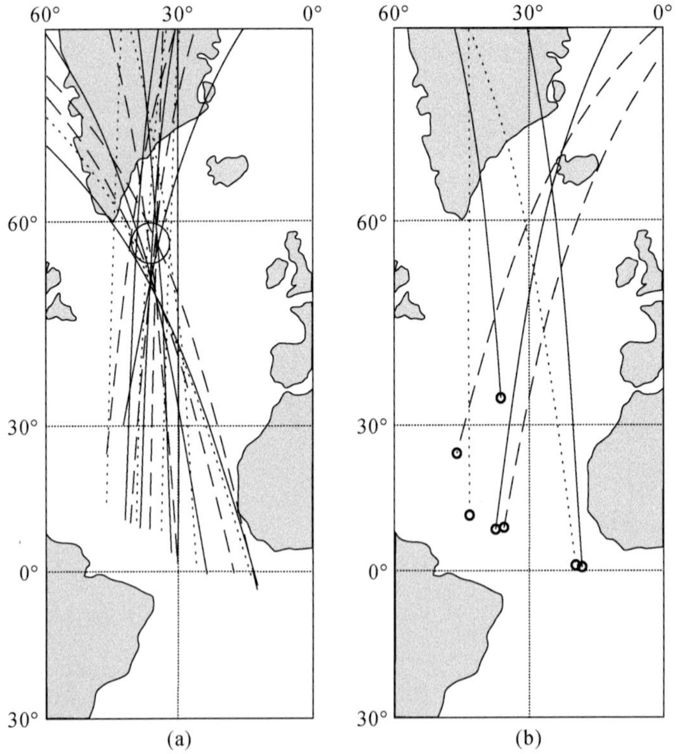

图 2.24 大西洋中脊转换断层的垂线大圆图（说明见正文；据 Morgan，1968）

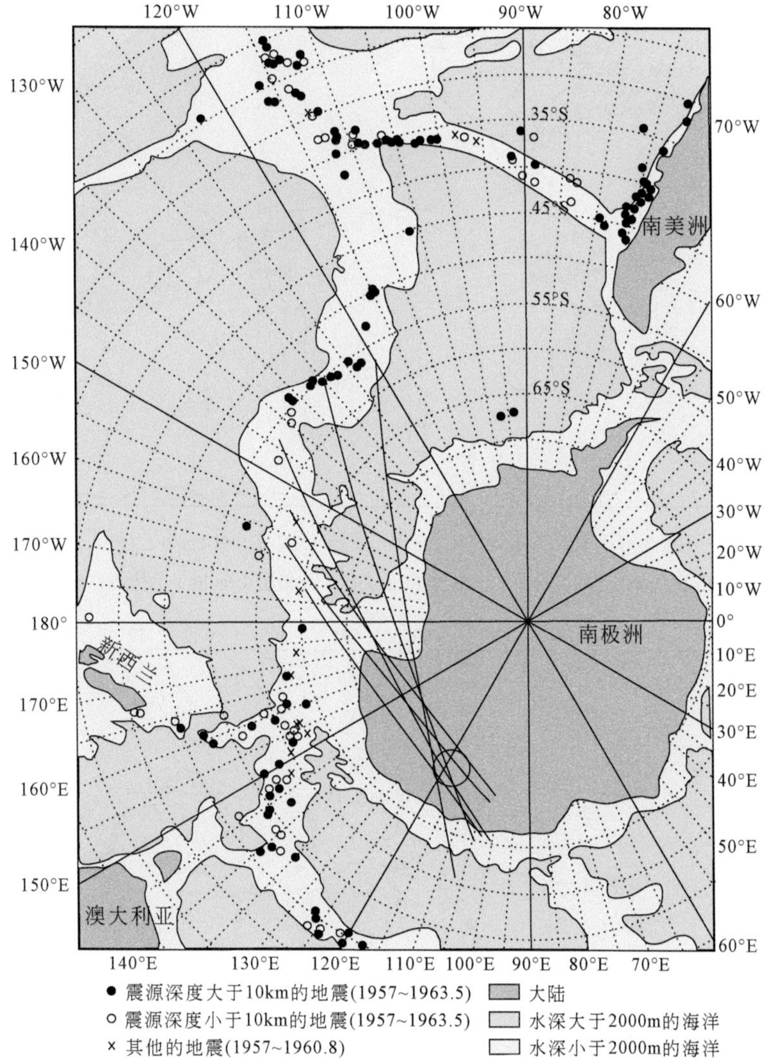

图 2.25　太平洋－南极洋脊转换断层的垂线大圆图（说明见正文；据 Morgan，1968）

垂线交于 71°S，118°E 附近的 2° 范围之内

同摩根的文章一起发表的还有 Lamont-Doherty 研究组的几篇论文。这些文章研究了所有大洋的海底磁异常，并把磁反转年表前推到晚白垩世。后来，勒・皮雄发表“海底扩张与大陆漂移”一文，应用洋底的磁异常条带和磁反转历史，更加定量地判断了过去各大陆的相对位置（Le Pichon，1968）。勒・皮雄把全球概括为六大板块（图 2.27）。

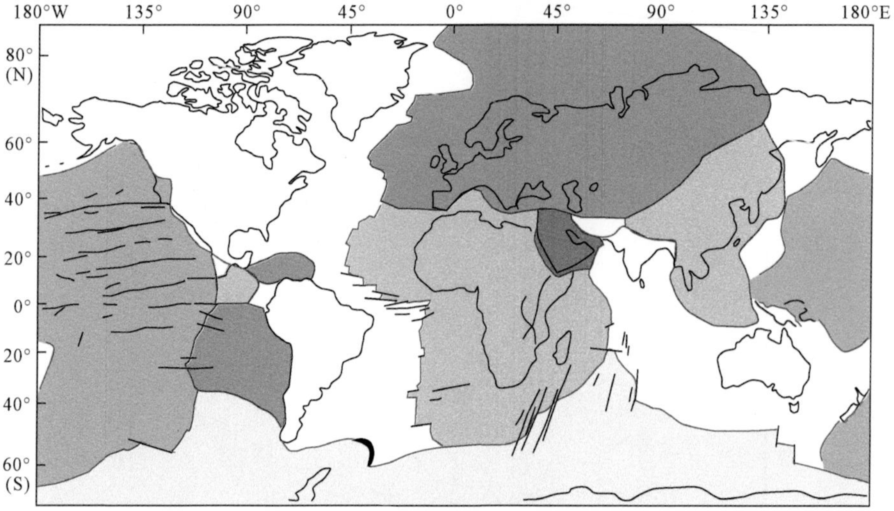

图 2.26 摩根早期板块（unit）划分图（据 Morgan，1968）

不同板块（unit）之间以洋隆（rises）、海沟（trenches）或断层（faults）为边界，红线代表板块边界

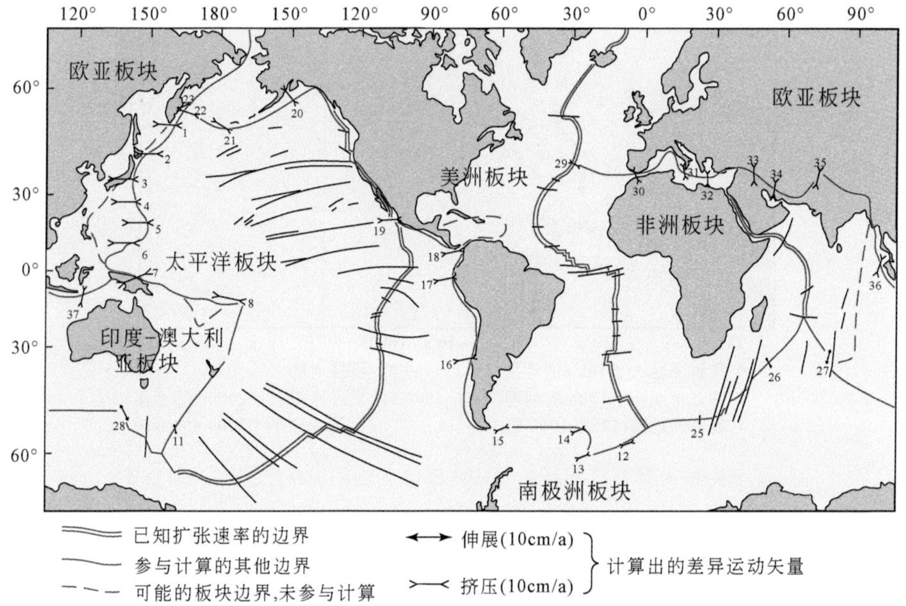

图 2.27 勒·皮雄早期板块划分图（据 Le Pichon，1968）

2.3.5 地震学与板块构造

M. Barazangi 和 L. Dorman 1968 年和 1969 年发表了世界 1961 ～ 1967 年地震图。图件表明，沿大洋中脊浅源地震明显积聚，而在岛弧之下则浅、中、深源地震均有分布，且地震集中在平面状的带中，该带下倾直到 700km 深度（震源机制问题详见第 4 章 4.5）。这些图件清楚表明地球上的构造活动以及强烈形变集中成很窄的带（图 2.28）。这些图件

也充分证实，地球的大地构造特点是板块在球面上作刚性运动，而形变和地震活动集中于板块间相互作用的边界处。

1968 年，哥伦比亚大学的 B. Isacks，J. Oliver 和 H. Sykes 在南太平洋的 Tonga-Kermadec 地区研究地震波传播。他们发现，在岛弧前缘，有一地震波异常高速的、上百千米厚的岩板，沿着地震带伸到弧下的地幔之中（图 2.29）。该文发表以后引起了广泛注意。地震波特点表明这些岩板物质是高强度和高密度的，也是低温的（图 2.30）。后来，他们发现在西太平洋的所有岛弧之下都有相似的倾斜岩板。在倾斜的地震带中，地震的初动方向均同这些岩板向岛弧之下运动相一致。这一结果首次认识到同洋脊扩张作用互补的俯冲作用，并对瓦塔第（Wadati）和贝尼奥夫（Benioff）先前报道的地震丛集于岛弧之下，给出了一种可能的解释。

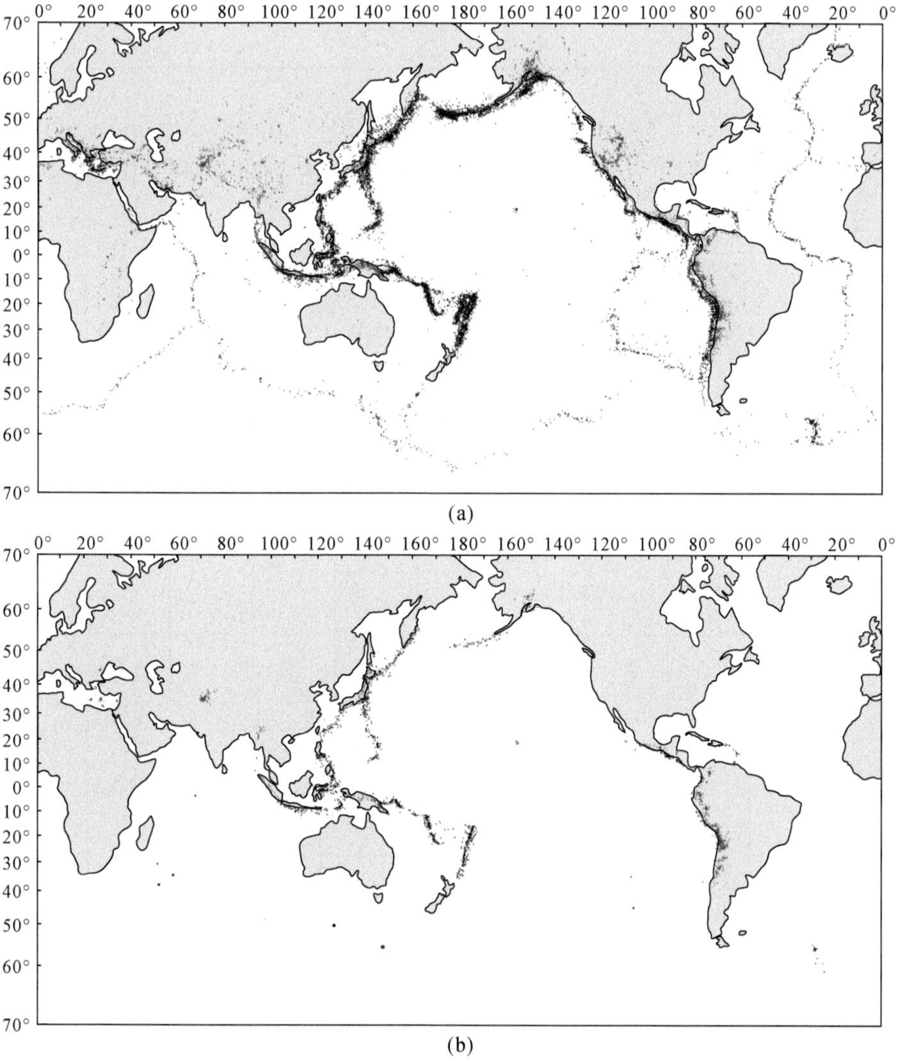

图 2.28　1961 ～ 1967 年世界地震震中分布图（据 Barazangi and Dorman，1969）

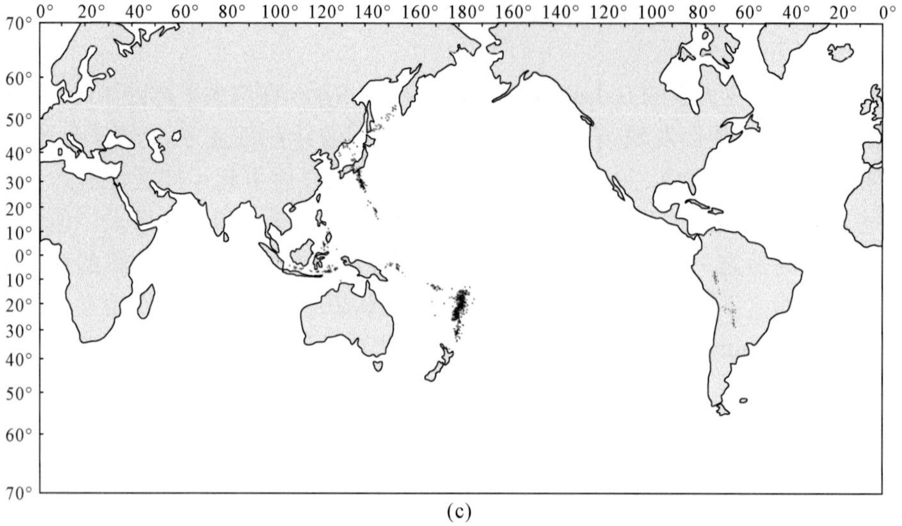

图 2.28　1961 ～ 1967 年世界地震震中分布图（续）（据 Barazangi and Dorman，1969）

（a）所有震中分布图；（b）100 ～ 200km 浅源地震震中分布图；（c）300 ～ 700km 深源地震震中分布图

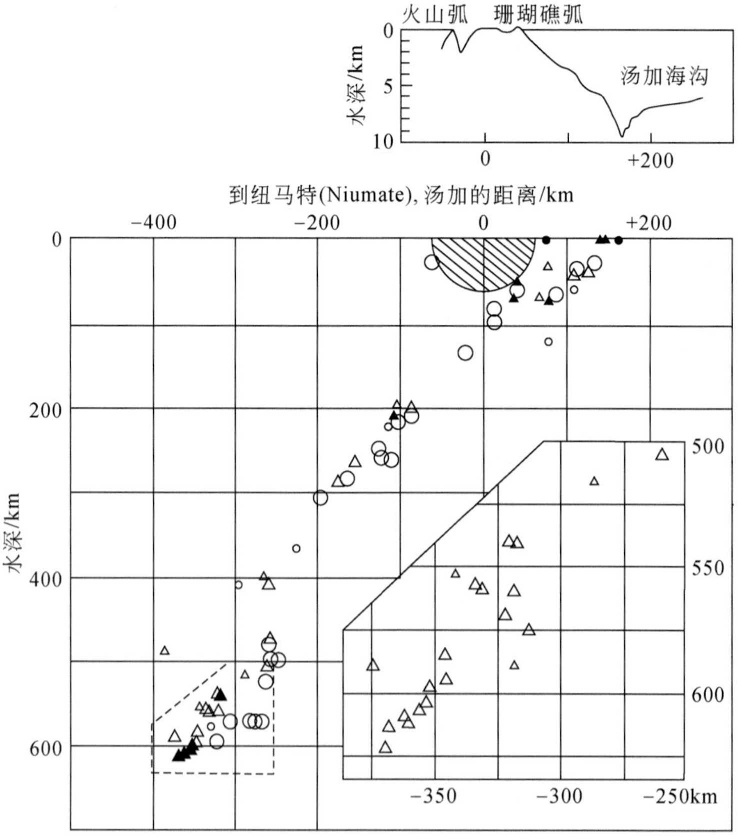

图 2.29　垂直于汤加弧的震中分布剖面图（说明见正文；据 Isacks *et al.*，1968）

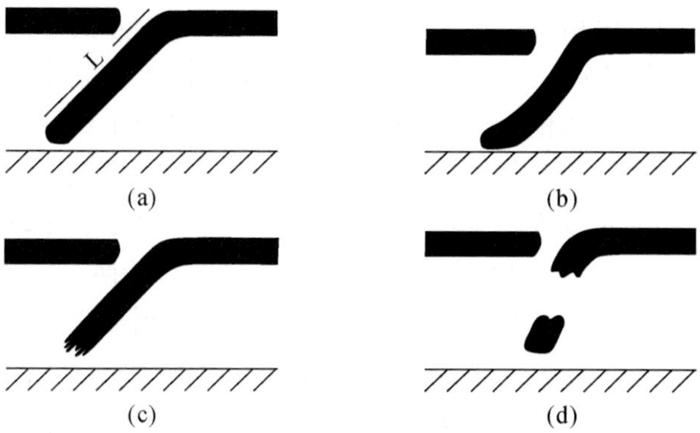

图 2.30　俯冲岩石圈板块的四种可能形态（据 Isacks *et al.*，1968）

黑色代表岩石圈，白色代表软流圈，斜线代表中圈。（a）L 代表最近的海底扩张期间，俯冲板片的下移量，俯冲的岩石圈尚未发生明显的形变；（b）下行的岩石圈遇到了强度更大的中圈，于是在其底部发生形变；（c）地震带的长度取决于板片下行的速度和被上地幔同化时间的长短；（d）由于重力沉降或软流圈内部的作用力，导致下行板片下部发生断离

2.3.6　板块构造与造山作用

1966 年年底，美国地质学会在旧金山举行年会。会上 Cox、Doell、Dalrymole 和 Vine 都做了主旨报告。这次会议标志着美国海洋地质学家和地球物理学家大多数已普遍接受海底扩张与大陆漂移，但还有相当数量研究陆地的地球科学家没有接受这些概念。事情发展得很快。到 1968 年年底，实际上整个北美和英国的地球物理界和海洋地质界都转向了新地球观。尽管当时这一新观点对陆地地质学的应用还不清楚，但地质学家迅速开始看出海底扩张和板块构造对大陆地质的意义。

1969 年 12 月，由迪金森（W. Dickinson）组织的美国地质学会 Penrose 会议在加利福尼亚州 Asilomar 举行。在这次会议上，来自全世界的许多地质学家和地球物理学家聚集到一起，探讨板块构造对大陆地质和造山作用的应用。通过讨论，认为板块构造作用不仅可用于现代构造活动研究，而且适用于古代大陆地质。因此，大陆保存的历史纪录也被综合了进来。例如，认为蛇绿岩是洋壳和地幔的碎块，有些形成于扩张中心；板块的汇聚和陆块的碰撞产生造山构造、浅水沉积与深水沉积的构造并置以及在火山弧和造山带产生岩浆岩和变质岩等。由海洋发展起来的板块构造理论迅速登陆。

很快就弄清楚，大陆漂移不是地球历史短暂的一幕，而是连续的过程。魏格纳的联合大陆是由早先分散的陆块群拼合起来的，魏格纳的假说只是一个长剧中的最后一幕。把地质学研究分割成不同领域的障壁终于被打开了，板块构造理论成为地质学各领域新的“范式”（Paradigm）。到 20 世纪 70 年代全世界几乎所有地球科学家都接受了板块构造学说，地球科学革命取得了最终的胜利。

地学革命开阔了地质学的研究空间，从大陆推进到广袤的大洋。使人们认识到，大洋不是低克拉通，而是新生地壳的策源地，也是新构造最活跃的地区之一。地学革命促进了地质年代学的发展，Rb-Sr、Sm-Nd、Ar-Ar 和单颗粒锆石 U-Pb 等同位素定年技术在这个时期发展起来，同时，裂变径迹、热释光、古地磁等非同位素定年方法也发展起来。

运用这些新技术，人们不仅精确地测定了大洋磁异常条带的年龄，为确证海底扩张和复活大陆漂移说建立了卓绝功勋，而且将大陆古老岩石的定年远溯到40亿年左右。于是各个时代的大陆重建、大地构造格局复原和活动论古地理复原不仅成为可能，而且形成了一个广阔的研究领域。地学革命颠覆了我们以往的地质思维模式，把一个静止不动、逐渐老化（克拉通化）的地质世界，变成了瞬息动变、气象万千、生动活泼的地质景象。地壳有新生、有消减、有消亡；岩石圈有张裂、有汇聚、有转换；软流圈对流，有上升、有下降；还有从核幔边界上升的热地幔柱和从消减带下沉到核幔边界的冷地幔柱，一幅生生不息、川流不止、有声有色的视频影像。地学革命把地质学、地球物理学和地球化学紧密地结合在一起，完成了这项革命的历史重任。从此，这三个学科成为大规模地学研究中三位一体、缺一不可的成员，为学科紧密联合作出了光辉范例。

2.4 启示和思考

著名科学史学家和哲学家库恩提出了研究科学史的现代方法，强调了科学革命对一门学科发展的重要性。一门学科除了正常的发展之外，一次科学革命会从根本上改变该学科的面貌，使之达到人类认识的更高阶段。一些过时的模式、假说甚至理论，被新的模式、假说和理论所取代（Kuhn，1962）。科学革命就是以新“范式”代替过时的“范式”，而且新旧范式之间具有“不可通约性”（详见第1章）。通过地学革命，板块构造理论在20世纪70年代以来已经完全代替了地槽学说，板块构造理论已经使地槽、深大断裂、全球规模的造山幕等观点退出了历史舞台。因此，科学家们把这一新范式代替旧范式的过程称之为地球科学革命。世界的地球科学革命与中国的“文化大革命”（1966～1976年）几乎同期，使中国地质学家错过了参加地球科学革命的绝佳机会，这是中国科学史上的最大遗憾。纵观地球科学革命整个过程对我们有哪些启示，应做哪些思考呢？

2.4.1 创新是科学进步的原动力

基础科学的研究就是要获得新的发现，直到建立新的模式、假说和理论。这就是创新性、原创性的表现形式。板块构造理论形成过程的每一个进展都属于创新性、原创性的成果。每位科学家都有志于创新，但创新必须遵循科学的研究方法。地球科学主要靠野外观察或测量，有时也通过实验去获取“事实”，但观测并不一定都是完善的；通过一次或多次观察，就会提出解释，形成“模式”或者“假说”，但并不都是符合实际和有用的。

地质学中的“模式”，最直观的例子是地质图，训练填图就是要训练判断。两位观察者在同一地区会看到和记录不同的东西，这取决于他们观察事物的敏锐性、兴趣、学识、探寻的目标以及试图检验的模式。如果地质填图是一种完全客观和可复制的训练，那么一个地区填过一次图以后就没有野外工作可做了。事实上，总是有事要做的。弗朗西斯科杂岩的研究，就是一个很好的实例（图 2.31）。老地质图对进一步研究或提出新问题是有用的，但它们不能对今天提出的问题提供答案。但是，填图必须是真实和客观，经得起检验的。

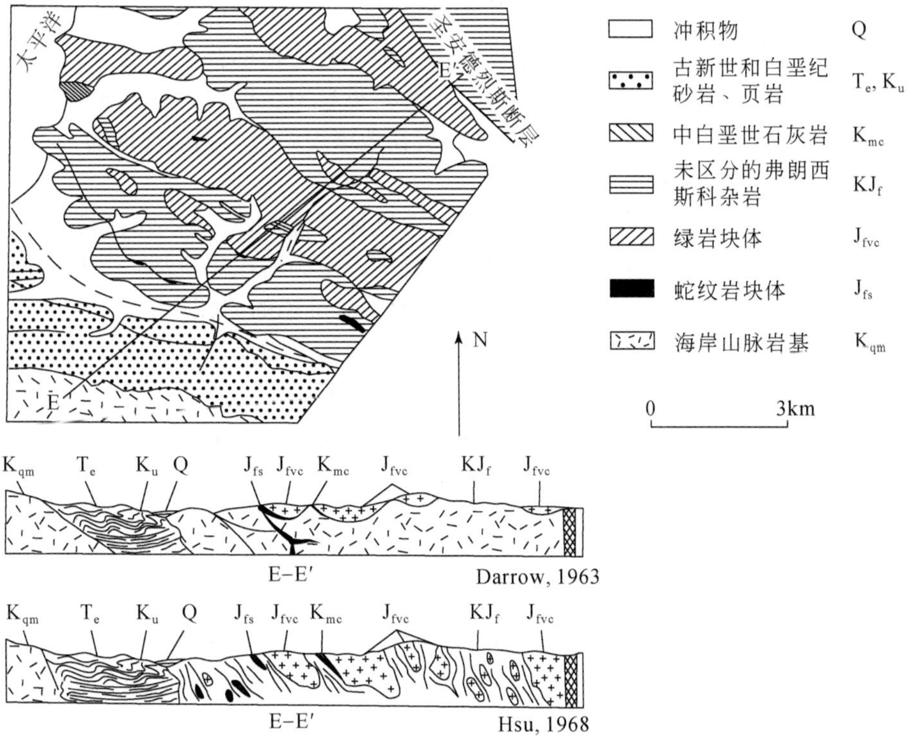

图 2.31　旧金山南部蒙塔拉山弗朗西斯科（Franciscan）地质的两种不同的构造解释

平面图和上面的剖面图均是由 Darrow（1963）按照传统地质理论编制的，认为是层状岩石形成了宽缓的背斜和向斜，蛇纹岩系侵入岩；下面的剖面是许靖华按照混杂带模式编制的（Hsu，1968）

一个好的模式必须具备三项标准：①可检验。它可提供预测，这种预测至少原则上可为观测所证明。理想情况下，这类预测可以指明所研究的过程或系统以往未被认识或未曾料到的方面或情况。②有效力。必须能解释大量性质截然不同的观测。③内容精炼（parsimonious）。同它解释的数据量相比，设想成分降至最小。一个模式或假说，通过反复的证明而被普遍接受就成为理论。

无论是常规科学发展还是“革命”性发展，创新都必须坚持运用上述的科学方法。科学方法是创新的基础。

板块构造理论创立者们在 20 世纪 90 年代回首往事时，发现“和其他事业一样，科学中的成就往往属于最懂得战略战术的科学家，而不是属于最有天才、最有技巧、最有知识或著作最丰富的科学家”。遵循客观规律，运用正确的思想方法，才能达到成功的彼岸。

地槽说的产生有其科学上和思想上的深刻根源。地质学是以均变论和现实主义原则奠基的。奠基者们根据反复的野外观察，指出当代正在改变地球外貌的作用是一种物理过程。物理过程的规律是永恒的，历史上的地质作用应服从同样的物理规律。从 19 世纪中叶以来，这已被视为地质学的普遍原理。但随着时间地发展，逐渐滋长了一种教条主义倾向，对均变论的解释日趋狭隘。在 19 世纪后半期到 20 世纪前半期，一些地质学家用地表状态或地表条件的永恒性代替了物理定律的不变性，从而引申出“海陆永恒”的居统治地位的范式。这就是“固定论”，其典型代表当是“地槽假说”。

当然，地槽假说也是以观察的事实作为基础的，如在线形的槽状凹地中有厚度巨大的堆积物，长期沉降之后褶皱造山回返。世界各地都有地槽的描述和报道，显然也被经常、反复地验证。地表升降的垂直运动也是一种常见现象，但以“海陆永恒”作为理论基础仅是一种想象，地槽的形成机制不清，在现在地球表面找不到现代地槽，不符合“将今论古”的地质学基本原理。

“革命”阶段的创新更要有动摇旧范式的勇气和精神，要有科学的洞察力。从一些事实中看出旧理论的问题，占有大量资料并反复论证检验后提出挑战。魏格纳是按照科学方法进行工作的，逻辑论证也相当严谨，他不是胡思乱想的“狂人”。

Hess 是一位严肃严谨的科学家，他明白他的充满想象力的思想还有待更多的科学发现来证明。因此，他在 1962 年的文章引言中说道：“我的这一设想需要很长时间才能得到证实，因此，与其说这是一篇科学论文，倒不如请大家把它看作是一首地球的诗篇”。事情的发展比 Hess 预料的要快。他的学说成了地球科学革命的先导。

2.4.2 新领域为地球科学的创新提供了机遇

莱伊尔就深感对海洋的无知是当时地质学的一大缺憾。魏格纳时代的海洋地质仍几乎是空白。在这样的情况下，固定论者先入为主地坚持认为大洋和大陆同样的古老有其时代的局限性。

第二次世界大战以后，海洋地质和地球物理研究得到了重视，逐步开展了广布全球的调查工作。海洋地质和地球物理成为地球科学新的热点领域。毋庸讳言，新领域充满新发现的机遇，新领域是产生新科学思想和理论的摇篮，同时新领域也充满着未知、难题和风险。同海洋研究有关的大学和研究机构的一批学者，勇敢地投身茫茫海洋去探寻其中蕴藏的奥秘。其最终的结果是非常辉煌的，也是载入史册的，但也整整花去 20 年左右的时间，经过两代人坚忍不拔的努力。

值得一提的是，1968 年开始的深海钻探计划（Deep Sea Drilling Project，DSDP），由一条著名的深海钻探船“格洛玛（Global Marine）挑战者”号执行任务。这使得海洋地质地球物理研究进入了又一个引人注目的新阶段。为了检验海底扩张理论，原计划安排了两个航次。在第二航次失败之后，任务就落到第三航次上了。1968 年 12 月，第三航次在南纬 30° 左右的大西洋中钻了一排孔，其结果完全证实了海底扩张的理论（图 2.32）。这使得一些坚定的固定论者，转而相信板块构造理论的正确性。深海钻探计划为地球科学的发展作出了许多重大贡献。

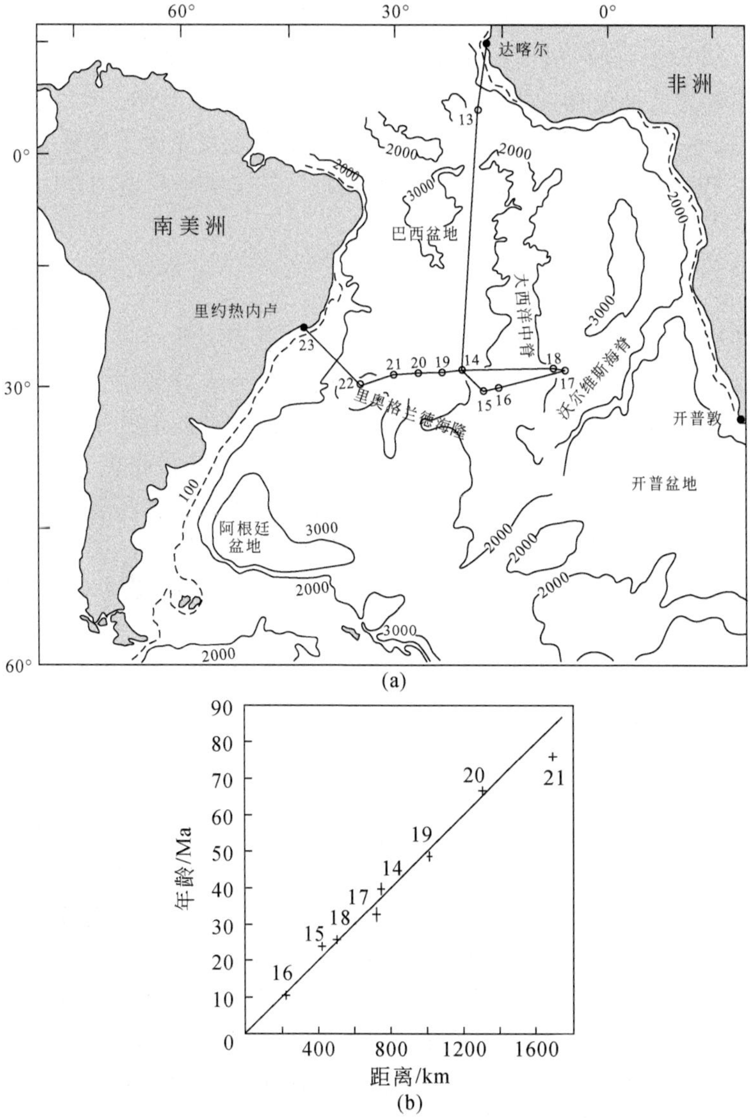

图 2.32　1968 年大西洋深海钻探计划第三航次结果简图（据 Maxwell *et al.*，1970）

（a）钻孔地理位置图，勘探线上的数字代表钻孔位置，等深线上的数字代表水深（单位：fath）；（b）直接覆于海底玄武岩之上的沉积物年龄与距洋脊距离关系图

2.4.3　领域交叉和学科交叉是创新的生长点

20 世纪地球科学革命的一个显著特点是地质学和地球物理学的紧密结合。

瓦因 1962 年对卡尔斯伯格海岭的地磁调查有了新的发现以后，同马修斯一道敏锐地抓住赫斯假说，提出了瓦因－马修斯假说或瓦因－马修斯－莫莱假说。这在海底扩张假说提出后仅一两年。可以说这些假说已完成了海洋地质革命。同样的，在 1930 ～ 1965 年的 30 多年中，地震学的一系列新发现，一方面实现了地震学革命；另一方面，奠定了板块构造的基本划分框架。这些工作是在瓦因－马修斯－莫莱假说提出时或提出后的2～5年中完成的。“革命”阶段的创新速度比正常情况下要快得多。

上述工作都是由地球物理学家和海洋地质学家完成的。1969年开始，大陆地质学家开始急起直追，对造山作用与板块构造关系的创新性研究完成了地质学革命。但大陆地质学家只是在1975年以后才开始全面认识到用板块构造学解释造山作用的巨大潜力。

2.4.4 科学家个人和优秀团队是科学创新的决定性力量

在20世纪板块构造理论形成过程中的创新性工作都是由一些科学家个人和一些优秀研究团队做出的。许多工作事先很难预料最终的结果，也就是说，基础科学研究是没办法预先规划的。如海底扩张说，是由赫斯一个人提出的，在他的手稿传阅过程中，由他的一位朋友迪茨（Dietz）在另一篇文章中论证并冠以“海底扩张理论”的名称。

板块构造理论形成的代表性论文，通常只有1～3位作者联名，有时作者多一些。科学创新者中，有老、有中、有青。瓦因去印度洋做地磁调查，还只是一位研究生，他提出瓦因－马修斯假说时，年方25岁，马修斯是他的导师；魏格纳发表《海陆起源》时只有32岁；赫斯1961年55岁；麦肯齐（McKenzie）1967年25岁；勒·皮雄（Le Pichon）1968年31岁。青年人占有较大比重。年轻人是创新的主体！

2.4.5 技术进步是科学创新的重要条件

20世纪初叶以前，由于技术条件的限制，人们难以获取滔滔洋水之下的地质信息。在17～18世纪，由于一系列海洋测深的失败，有些人甚至怀疑大洋是否有底。20世纪20年代用超声波装置首次对大西洋做了详细的探测。第二次世界大战初期，两项发明对后来的海洋研究发挥了关键作用，一种是声呐（sonar），靠声波从洋底的回声走时确定洋底深度；另一种是雷达，可以使船只在洋面上准确定位。第二次世界大战期间，太平洋数百万里测深剖面的获得，为了解太平洋底的地形取得了宝贵资料。第二次世界大战以后，海洋地质地球物理的快速测量更是倚仗各种先进地球物理仪器以及计算机的使用。而深海钻探（DSDP；大洋钻探）以及综合大洋钻探（Integrated Ocean Drilling Program，IODP），则是集合了地球物理仪器、钻探、船只定位设备以及各项科学测试仪器的最先进装备。

这里要特别提到的是，一些科学家有了某种科学思想的时候，自己或邀请有关专家一起设法设计仪器来进行研究。例如，布拉德为了测量洋底的热流，同马克思威尔一道设计了测温装置——热流探针。20世纪50年代初期，A. D. 拉夫发明了一种船用磁力仪，用来记录海底岩石的磁性。他还努力说服美国的海防当局，借用船只进行试验。1955年，他用新发明的仪器进行了一次调查，绘制了海底的磁性度图。科学仪器对于科学家至关重要，就如同武器对于军人一样。

2.4.6 学术交流是科学创新的催化剂

学术交流非常重要的方式是发表、出版论文和专著。魏格纳的“海陆起源”是以专著的形式出版的，而且多次修订再版。地球科学革命的代表性成果则大部分通过刊物发表，而且多是在国际上影响大的刊物上刊出。

由于论文量很大，仅对1960～1968年期间最重要文章作一小小统计：*Bulletin of the Seismological Society of America*，1篇；*Philosophical Transactions of the Royal Society*，1篇；*Journal of Geophysical Research*，7篇；美国地质学会的论文集，1篇；*Nature*，3篇；*Royal Society of Canada*，*Special Publication 8*，1篇；*Science*，1篇。

由此看出，在刊物上发表文章是最快捷的交流方式。其他还有参加学术会议以及同行间的互相访问交流等。同时还可以看出，地球科学革命过程中尽管论文数量浩瀚，但有影响的文章非常有限，所以一篇文章对科学的贡献关键看其持续影响程度；一个科学家对科学的贡献关键看其深邃的学术思想而非文章数量。也就是说，“著书”与“立说”不能相分离！

思考题

1. 地槽学说为什么能统治地质学达100年之久？
2. 地槽学说都遇到了哪些挑战？
3. 地学革命兴起的艰难历程及启示？

参考文献

李继亮 . 2010. 求索地球50年 . 地质科学，45（1）：1～11

许靖华 . 2006. 搏击沧海——地学革命风云录，第二版 . 何起祥译 . 北京：地质出版社

Ampferer O，Hammer W. 1911. Geologischer Querschnitt durch die Ostalpen vom Allgäu zum Gardasee. Jahrbuch Geologische Reichsanst，61：531～711

Barazngi W，Dorman J. 1969. World seismicity maps compiled from ESSA，Coast and Geodetic Survey，epicenter data，1961—1967. Bulletin of the Seismological Society of America，59（1）：369～380

Benioff H. 1954. Orogenesis and deep crustal structure—additional evidence from seismology. Geological Society of America Bulletin，65（5）：385～400

Bruches B. 1906. Recherches sur la direction d'aimantation des roches volcaniques. Journal De Physique Théorique et Appliquée，5（1）：705～724

Bullard E C，Everett J E，Smith A G. 1965. The fit of the continents around the Atlantic. Philosophical Transactions of the Royal Society A：Mathematical and Physical Sciences，258（1088）：41～51

Carvy S W. 1958. A tectonic approach to continental drift. Symposium on Continental Drift，Hobart，177～355

Condie K C. 1997. Plate tectonics and crustal evolution. Oxford：Butterworth-Heinemann. 282

Cox A，Doell R R，Dalrymple G B. 1964. Reversals of the Earth's magnetic field. Science，144（3626）：1537～1543

Dott R H J，Shaver R H. 1974. Geosynclines. Society of Economic Paleontologists and Mineralogists Press. 11（2）：194～195

Du Toit A L. 1937. Our wandering continents：an hypothesis of continental drifting. Edinburgh and London：Oliver and Byod

Ernst W G. 1970. Tectonic contact between the Franciscan Mélange and the Great Valley Sequence—crustal expression of a Late Mesozoic Benioff Zone. Journal of Geophysical Research，75（5）：886 ~ 901

Ewing M，Hezzen B C. 1956. Mid-Atlantic Ridge seismic belt. Eos Transactions American Geophysical Union，37：343

Heezen，B C. 1962. The deep sea floor. In：Runcorn S K（ed）. Continental Drift. International Geophysical Series，New York and London：Academic Press. 235 ~ 288

Heezen B C，Hollister C D. 1971. The Face of the Deep. New York：Oxford University Press. 659

Heirtzler J R，Dickson G O，Pttman W C，*et al*. 1968. Marine magnetic anomalies，geomagnetic field reversals，and motions of the ocean floor and continents. Journal of Geophysical Research，73（6）：2119 ~ 2136

Hess H H. 1946. Drowned ancient islands of the Pacific basin. Eos Transactions American Geophysical Union，27（6）：875

Hess H H. 1962. History of ocean basins. In：Engel A E J *et al*（eds）. Petrological Studies：a Volume in Honor of Buddington AF. Geological Society of America. 599 ~ 620

Isacks B，Oliver J，Sykes L R. 1968. Seismology and the new global tectonics. Journal of Geophysical Research，73（18）：5855 ~ 5899

Kay M. 1951. North American geosynclines. Geological Society of America，48：1 ~ 132

Kuhn T S. 1962. The Structure of Scientific Revolutions. Chicago：University of Chicago Press

Lason R L，Golovchenko X，Pitman W C. 1982. Geomagnetic polarity time scale

Le Pichon X. 1968. Sea-floor spreading and continental drift. Journal of Geophysical Research，73（12）：3661 ~ 3697

Maxwell A E，Von Herzen R P，Hsü K J，*et al*. 1970. Deep sea drilling in South Atlantic. Science，168（3935）：1047 ~ 1059

McKenzie D P，Parker R L. 1967. The north Pacific：an example of tectonics on sphere. Nature，216（5122）：1276 ~ 1280

Menard H W. 1955. Deformation of the Northeastern Pacific Basin and the West Coast of North America. Geological Society of America Bulletin，66（9）：47 ~ 51

Moors E M，Twiss R J. 1995. Tectonics. New York：W H Freeman and Company

Morgan W J. 1968. Rises，trenches，great faults，and crustal blocks. Journal of Geophysical Research，73（6）：1959 ~ 1982

Morley L W，Larochelle A. 1964. Paleomagnetism as a means of dating geological events. In：Osborne F F（ed）. Geochronology in Canada. Royal Society of Canada Special Publication，8：39 ~ 51

Pitman W C，Heirtzler J R. 1966. Magnetic anomalies over the Pacific-Antarctic ridge. Science，154（3753）：1164 ~ 1171

Raitt R W. 1956. Seismic-refraction studies of the Pacific ocean basin. Geological Society of America Bulletin，67（12）：1623 ~ 1640

Raff A D，Mason R G. 1961. Magnetic survey off the West Coast of North America，40°N latitude to 52°N latitude. Journal of Inorganic Biochemistry，72（8）：1259 ～ 1266

Sclater J G，Jaupart C，Galson D. 1980. The heat flow through oceanic and continental crust and the heat loss of the earth. Reviews of Geophysics，18（1）：269 ～ 311

Steinman G. 1905. Die Schardt'sche Ueberfaltungstheorie und die geolo-gische Bedeutung der Tiefsee-Absatze und der ophiolitischen Massengesteine. Bereichte der Naturforsgungen Geselschaft Freiburg，15：18 ～ 67

Twiss R J，Moores E M. 1995. Structural Geology. New York：W H Freeman

Vine F J. 1970. Sea-floor spreading and continental drift. Journal of Geological Education，18（2）：87 ～ 90

Vine F J，Matthews D H. 1963. Magnetic anomalies over oceanic ridges. Nature，199（4897）：947 ～ 949

Wegener A. 1915. Die Entstehung der Kontinente und Ozeane. Braunschweig：Vieweg. 94

第 3 章　板块构造学概论

板块构造学包括的内容比较多，涉及多个学科，包括地质学、地球物理学、地球化学、地震学、海洋科学等，因篇幅所限，本章择其主要内容和相关科学问题进行简要介绍和讨论。

3.1　板块构造的基本理念

要更好的理解板块构造学说，首先要了解地球的圈层结构及各圈层的性质。

3.1.1　地球的圈层结构

地球是八大行星之一，平均半径为 6370km，自内向外呈层状结构。按照其成分，从内向外地球分为地核（半径 3450km）、地幔（厚 2900km）、地壳（35km 以上）（图 3.1）；按照物理性质，地核分为固态的内核（半径 1220km）和液态的外核，地核之外是固态的中圈（mesosphere），然后被塑性的软流圈（asthenosphere）包围，最外层是漂浮在软流圈之上的刚性岩石圈（lithosphere，厚 100 ～ 200km）（图 3.1、图 3.2）。

岩石圈包括上地幔的顶部（称为地幔岩石圈）和整个地壳（称为地壳岩石圈），厚度 100 ～ 200km。地壳的厚度比较复杂，一般陆壳：>35km（青藏高原最厚达 75km 以上）；大陆型过渡壳：20 ～ 35km；大洋型过渡壳：10 ～ 20km；洋壳：5 ～ 10km（图 3.3）。

3.1.2　板块构造学说的基本思想

• 地球上层在垂向上可划分为物理性质显著不同的两个圈层，即上部的刚性岩石圈（lithosphere）和下垫的塑性软流圈（asthenosphere）；

• 刚性的岩石圈在侧向上可划分为若干大小不一的板块（plate），它们漂浮在塑性较强的软流圈之上作大规模的运动；

• 板块内部是相对稳定的，板块的边缘则由于相邻板块间的相互作用而成为构造活动强烈的地带；

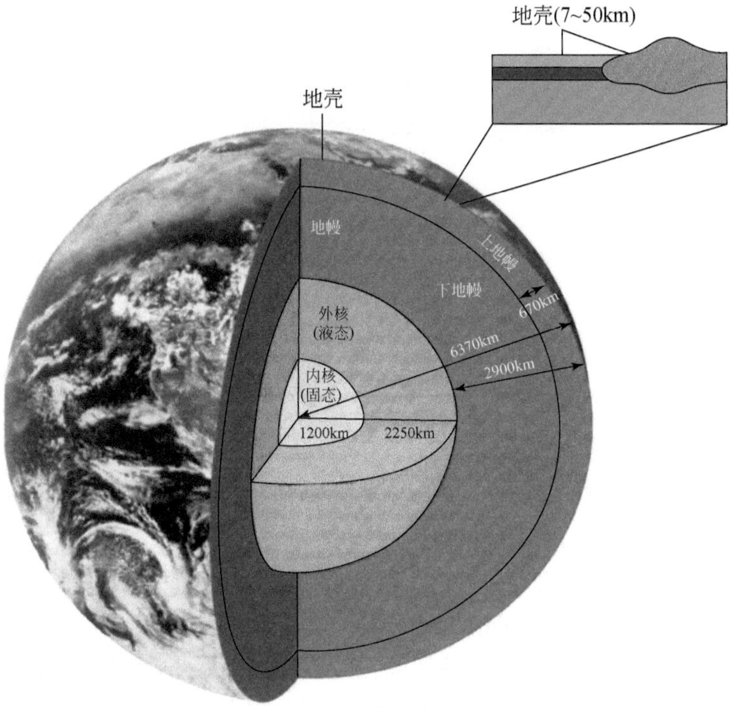

图 3.1　地球的内部结构（说明见正文）

自内向外分为：内核和外核、下地幔和上地幔、地壳

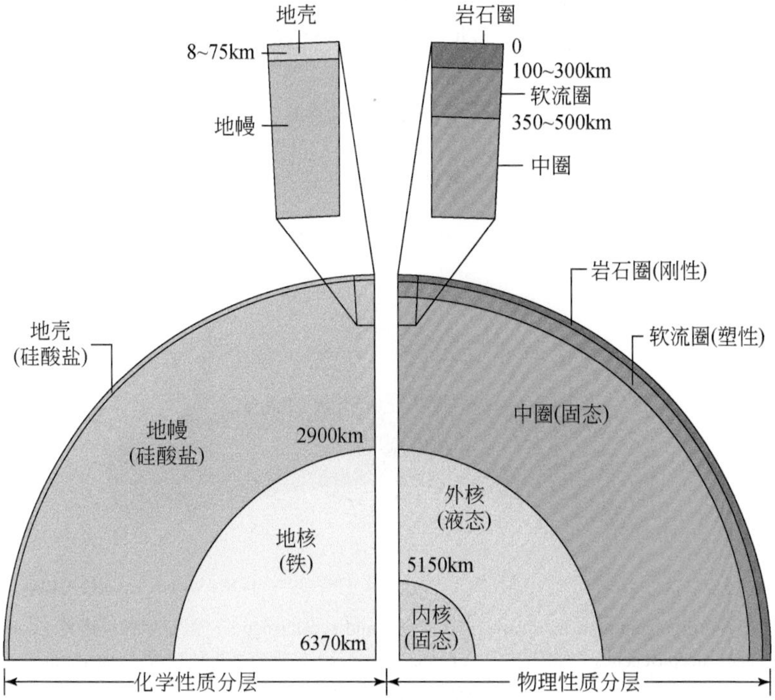

图 3.2　地球的层圈划分（据 Hamblin and Christiansen，2003）

左侧是根据化学性质划分：地壳、地幔、地核；右侧是根据物理性质划分：岩石圈（刚性）、软流圈（塑性）、中圈（固态）、外核（液态）和内核（固态）。除核幔边界外，两者划分的界线并不一致

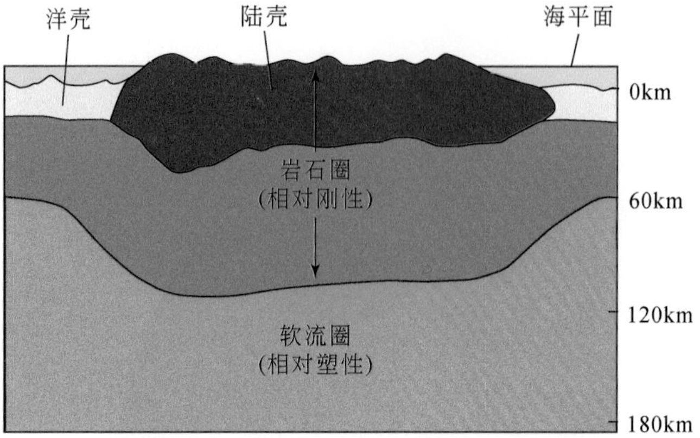

图 3.3 岩石圈的结构

• 板块之间的相互作用从根本上控制着各种地质作用的过程，同时也决定了全球岩石圈运动和演化的基本格局。

从板块之间的相对运动方式来看，可将板块边界分为三种基本类型（图 3.4、图 3.5）：离散型板块边界（divergent plate boundaries），如洋中脊（mid-ocean ridge）、洋隆（rise），板块沿此边界相背运动，新的洋壳在此形成，故又叫建设性板块边界（constructive margins）；汇聚型板块边界（convergent plate boundaries），如海沟（trench）、俯冲带（subduction zone），板块沿此相向运动，洋壳沿海沟向下俯冲消亡，故又称破坏性板块边界（destructive plate boundaries）；转换型板块边界（transform plate boundaries），如转换断层（transform fault），板块沿此边界作相对平移运动，板块既不消减，也不增生，故又称守恒板块边界。

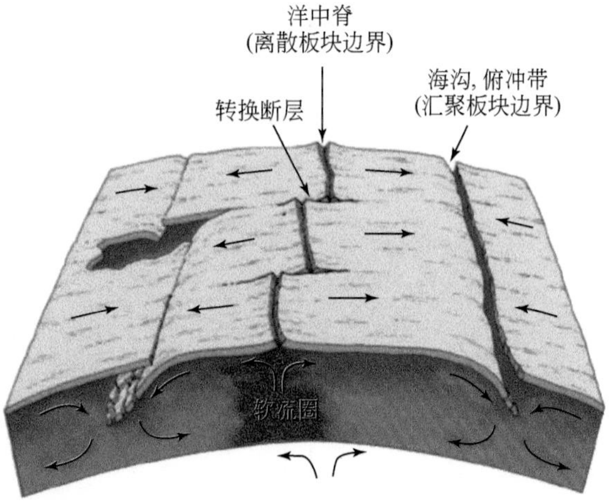

图 3.4 板块边界类型（说明见正文；据 Hamblin and Christiansen，2003）

离散型板块边界（divergent plate boundaries）：洋脊（mid-ocean ridge）；汇聚型板块边界（convergent plate boundaries）：海沟（deep trenches）和俯冲带（subduction zones）；转换型板块边界（transform plate boundaries）：转换断层（transform faults）

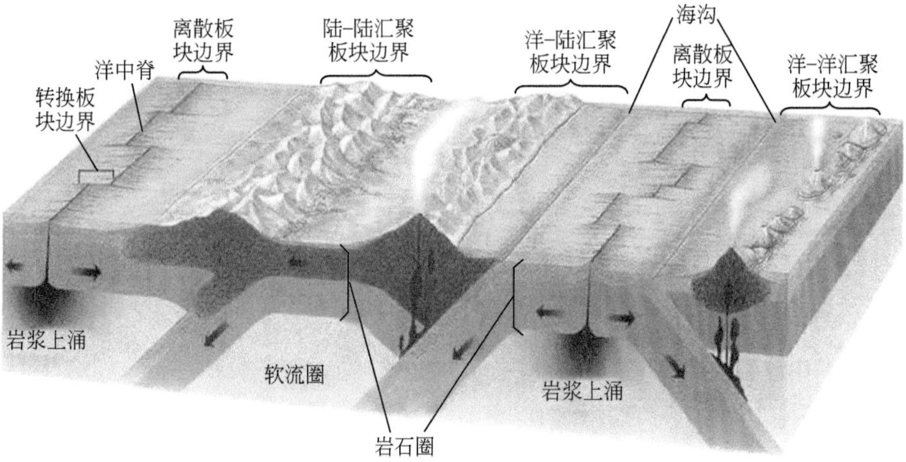

图 3.5　板块边界的基本类型及岩石圈和下伏软流圈的理想结构剖面图

1968 年，法国地球物理学家勒・皮雄将全球岩石圈划分为六大板块：欧亚板块、非洲板块、印度板块（或称大洋洲板块、印度－澳大利亚板块）、太平洋板块、美洲板块（包括北美和南美）和南极洲板块（图 3.6）。此后，在上述六大板块的基础上，人们将原来的美洲板块进一步划分为南美板块、北美板块及两者之间的加勒比板块；在原来的太平洋板块西侧划分出菲律宾板块；在非洲板块东北部划分出阿拉伯板块；在东太平洋中隆以东与秘鲁－智利海沟及南美洲之间（原属南极洲板块）划分出纳兹卡板块和科克斯板块。这样，原来的六大板块便增至 12 个板块以及一些亚板块［图 3.7（a）］，测出了各板块相对运动方向和速度［图 3.7（b）］。

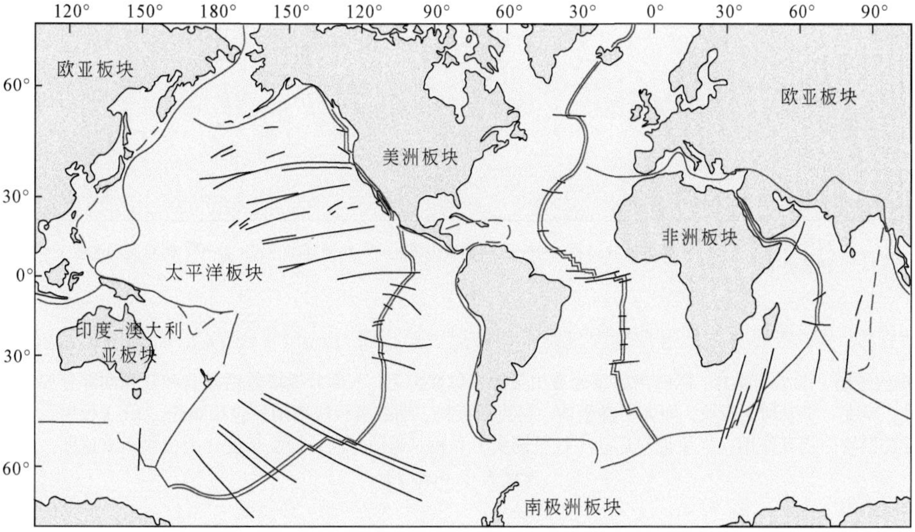

图 3.6　全球六大板块的划分（据 Le Pichon，1968）

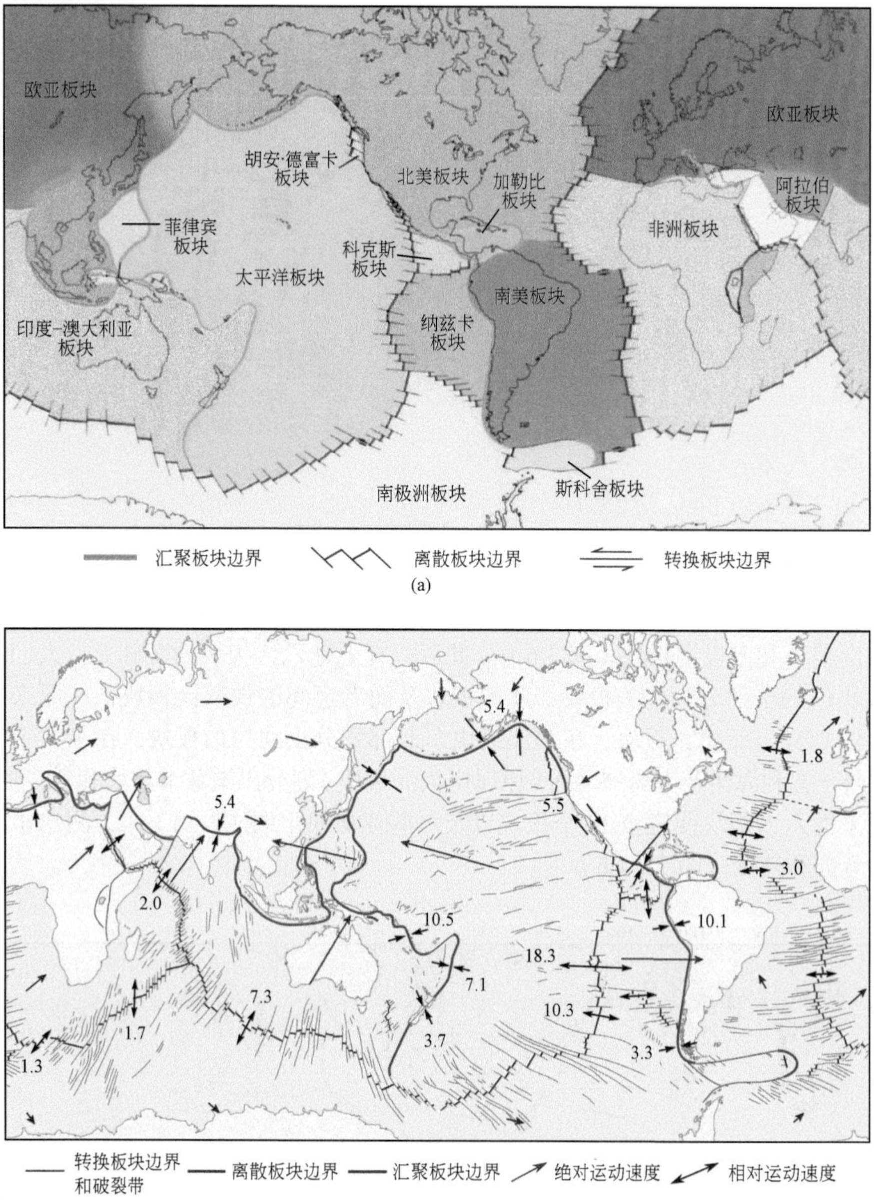

图 3.7　全球板块分布及运动速度简图（说明见正文；据 Hamblin and Christiansen，2003）

（a）板块构造图，展示了洋脊、深海沟和年轻造山带等全球性构造；大部分板块包括洋壳和陆壳两部分如北美板块、非洲板块、印度 - 澳大利亚板块，而太平洋板块、科克斯板块、纳兹卡板块等则只包括洋壳。（b）板块运动速度图，展示了现在板块的相互作用，板块绝对运动（红色箭头）和相对运动方向；箭头长度代表板块运动速度，旁边数字为速度大小（cm/a）

3.2　板块边界的基本类型

3.2.1　离散型板块边界（divergent plate boundaries）

离散型边界即大洋中脊，其两侧板块相背运动，板块边界受拉张而分离，软流圈物质上涌，地幔部分熔融，冷凝形成新的洋底岩石圈，并添加到两侧板块的后缘上，成为板块的一部分。故离散型边界也称为增生板块边界或建设性板块边界。这类边界主要分布于大西洋中脊、印度洋中脊和东南太平洋洋隆。大陆裂谷系具有与大洋中脊类似的特征，进一步发展为离散型板块边界，即大洋中脊（图 3.8）。

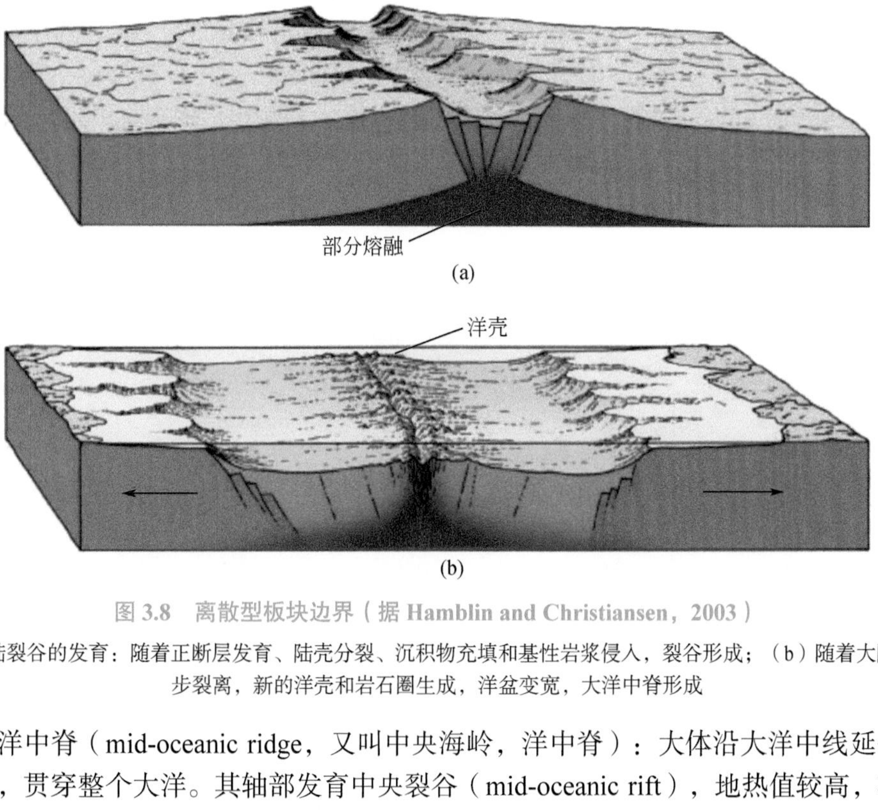

图 3.8　离散型板块边界（据 Hamblin and Christiansen，2003）

（a）大陆裂谷的发育：随着正断层发育、陆壳分裂、沉积物充填和基性岩浆侵入，裂谷形成；（b）随着大陆的进一步裂离，新的洋壳和岩石圈生成，洋盆变宽，大洋中脊形成

大洋中脊（mid-oceanic ridge，又叫中央海岭，洋中脊）：大体沿大洋中线延伸的海底山脉，贯穿整个大洋。其轴部发育中央裂谷（mid-oceanic rift），地热值较高，有浅源地震带和火山带分布，两侧地磁异常条带常具对称性，地壳年龄也随着远离轴部距离的加大而逐渐增大，是一种巨型构造带，板块边界的一种。它是海底扩张中心，新生洋壳的出生地。各大洋均有发育，规模巨大，其面积相当于陆地所占面积，延伸约 7 万 km，海底地貌如图 3.9 所示。个别部分以火山形式升出海面，如冰岛中部出露的大西洋中脊，是地球上唯一的中脊露头。

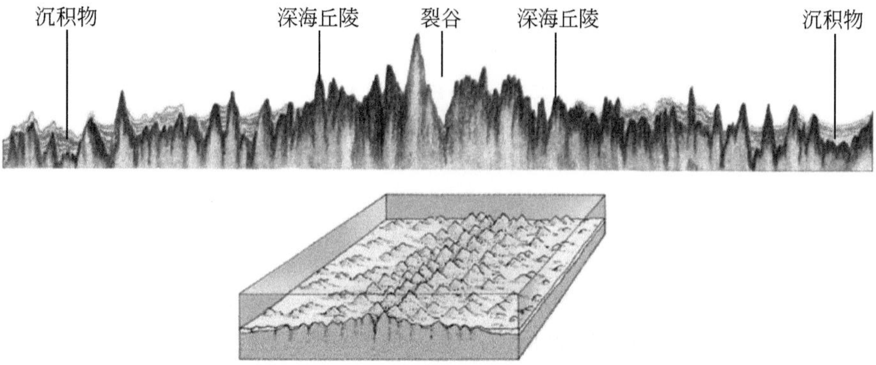

图 3.9 洋脊及周边海底地貌的地震反射剖面（据 Hamblin and Christiansen，2003）

洋脊 500km 长的横断剖面，垂向比例尺被扩大

大洋中谷［mid-oceanic rift（valley），又称大洋中脊裂谷，中央裂谷］：沿洋中脊轴部延伸的巨大裂谷（图 3.9），沿此有浅源地震和高热流值带分布，如大西洋中央裂谷两侧山脉顶部水深 1100 ～ 22m，谷深 1800m，宽 14 ～ 48km，长几百千米。

洋隆（oceanic rise，又叫洋中隆）：海岭的一种，为高出深海平原 1000 ～ 3000m 的海底高地。与洋中脊的区别是，其两翼斜坡比洋中脊平缓，多呈丘陵地貌，在其轴部没有洋中谷发育，如东南太平洋洋隆（图 3.10）。

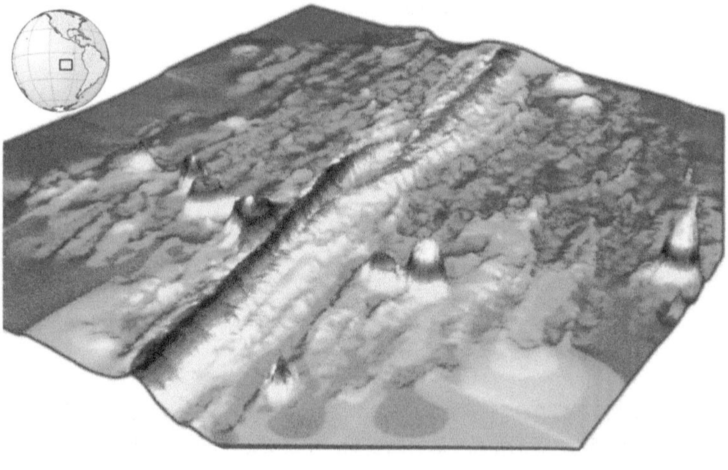

图 3.10 东太平洋洋隆彩色编码地形图（据 Ken C. Macdonald，University of California，Santa Barbara；转引自 Hamblin and Christiansen，2003）

深的洋底为蓝色，向高处依次变为绿、黄、红和白色。剖面长 100km，垂直比例被扩大

目前的洋脊和洋隆，连绵延伸于四个大洋，总长 6.5 万 km。这是板块构造的具体表现，而且有无大洋中央裂谷发育与洋脊扩张速率有关。对于快速扩张，岩浆供应充分，中脊裂谷不发育如东太平洋（图 3.10）；慢速扩张，岩浆供应不足，洋脊高耸陡峻，大洋中脊裂谷发育如大西洋（图 3.9、图 3.11）。

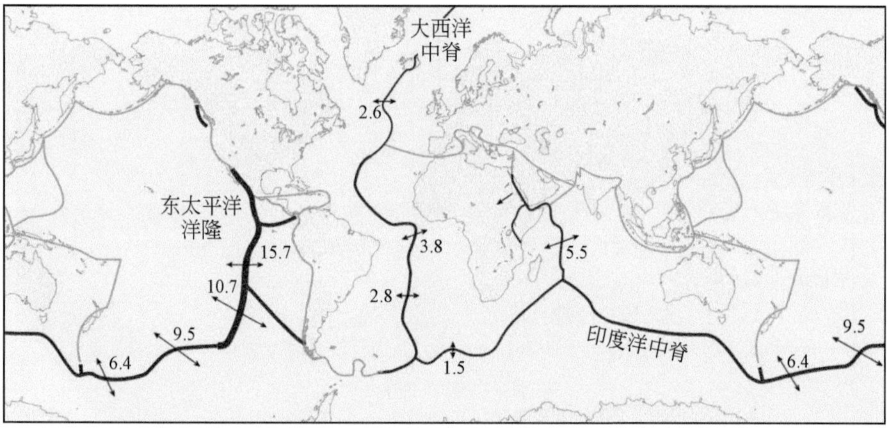

图 3.11 洋脊和洋隆分布图（据 Hamblin and Christiansen，2003）

红色线为大洋中脊，粗细对应扩张速率，数字为扩张速率大小（cm/a）：大西洋中脊扩张速率慢，洋脊高而陡峻，发育深的中脊裂谷；东印度洋中脊扩张速率中等；东太平洋洋隆扩张速率最快，达 15cm/a，相当于大西洋中脊的六倍

大洋中脊的岩浆作用：随着洋脊下方固体地幔的上升，尽管地幔橄榄岩的温度会有所降低，但因其压力减小加之洋脊的伸展作用而发生部分熔融，低黏度的岩浆液滴向上漂浮汇聚，逐渐形成沿着洋脊线性排列的岩浆房。地球物理研究表明，岩浆房可能很窄，只有 1 ～ 5km 宽，但在快速扩张的洋脊下面可达 10km 宽。完全部分熔融部分可能只有几百米到 1km 厚。慢速扩张的情况下，洋脊下方并非总有岩浆房存在。岩浆房的发育和火山喷发的周期性可以很好地解释洋脊的伸展和断裂作用的周期性。通过岩浆房顶板的传导以及其上的海水对流使岩浆房岩浆逐渐冷却，黏滞性较大的岩浆率先在下部发生部分结晶作用，形成超镁铁质堆晶岩，黏滞性较小的岩浆在其上部形成辉长岩（无堆晶结构）。还有一部分岩浆继续向上侵入，随着洋脊的扩张形成岩墙群（dykes），最后一部分岩浆喷于洋底，与海水直接接触，形成枕状玄武岩（pillow basalt；图 3.12）。岩墙群发育与否与洋脊扩张速度有关，如果洋脊扩张速度过慢，大洋岩石圈地幔橄榄岩可能经拆离断层作用直接出露在洋底，从而造成洋壳缺失（详细讨论见第 4 章 4.1、4.2）。

部分熔融残留下来的橄榄岩和辉石岩随着岩石圈的运动而发生剪切变形而形成地幔构造岩（tectonites），也称地幔岩（pyrolite；图 3.12）（详细讨论见第 4 章 4.1）。

深海丘陵（abyssal hills）：洋脊的扩张，周边海底发育大量倾向洋脊的各种规模的正断层，与之相应的是发育一系列地垒和地堑，在地形上主要表现为深海丘陵以及一些对称塌陷的火山口（图 3.13）。

大陆到大洋的演化过程：从大陆到成熟大洋的演化过程可大致分为 4 个阶段：

第一阶段：地幔部分熔融，热液物质上升，陆壳发生隆升，形成热穹窿，从而产生伸展作用造成一系列张裂隙发育，可出现溢流玄武岩［图 3.14（a）］。

第二阶段：地壳伸展减薄，裂谷形成，大陆沉积物充填于下降块段低洼处，玄武质岩浆注入裂谷系统，溢流玄武岩覆盖整个裂谷带，局部可出现新的洋壳［图 3.14（b）］。如非洲裂谷下的岩石圈和地壳减薄，符合重力均衡原理，代表大陆裂谷形成的初期阶段（图 3.15）。

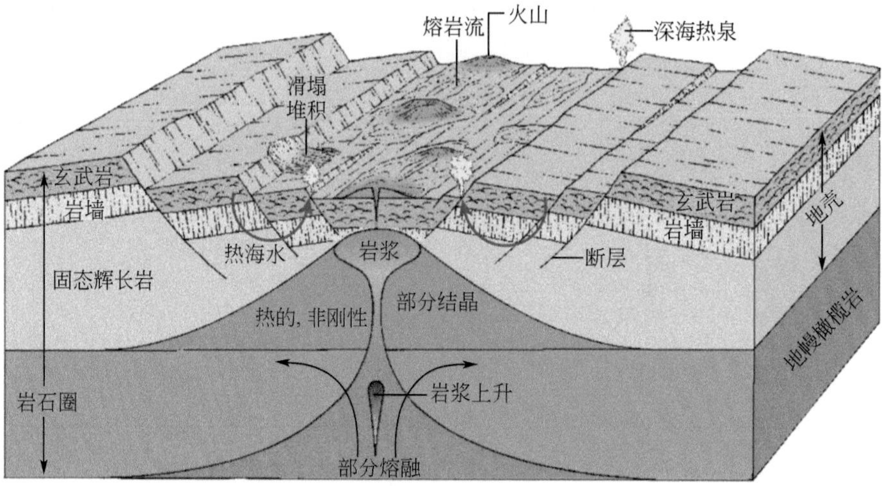

图 3.12 理想的大洋中脊剖面和洋脊形成过程示意图（说明见正文；据 Hamblin and Christiansen，2003）

热地幔上升然后向两侧移动；随着地幔上升，压力减小，部分熔融发生；低密度岩浆因浮力而上升，而且逐渐聚集形成岩浆房（chamber）；渗透到热洋壳中冷海水的传导和对流使热量散失，岩浆沿岩浆房的底和壁逐渐冷却结晶形成辉长岩；随着板块离散，岩浆房顶部发生伸展，席状岩墙穿透至地表；岩浆喷发形成枕状玄武岩，使洋壳加厚；热液流体沿裂隙系统形成海底热泉；沿洋底正断层会发生滑塌堆积

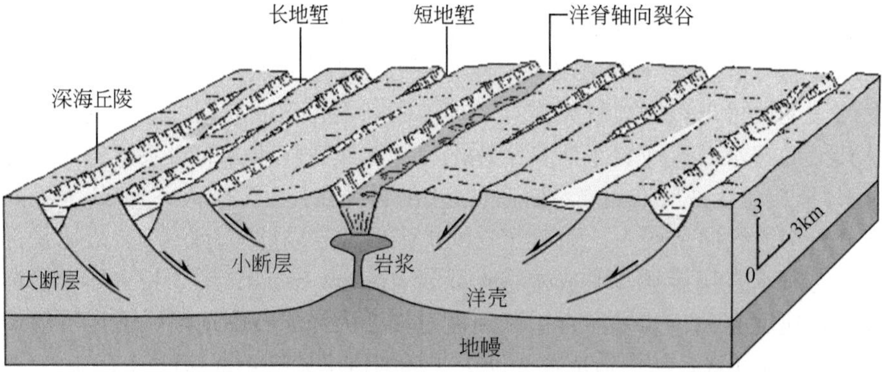

图 3.13 洋脊周边的深海丘陵地形（说明见正文；据 Hamblin and Christiansen，2003）

由断层作用和火山作用在洋脊形成深海丘陵，构成洋底主要地貌形态

第三阶段：随着大陆的进一步分离，裂谷带中新的洋壳和新的岩石圈形成，窄的洋盆开始形成，原来的大陆沉积物残余被保存在新大陆边缘的断凹处［图 3.14（c）］。如红海在一系列倾向裂谷轴部的正断层控制下，陆壳已被拉断，新的洋壳已在裂谷中部开始形成（图 3.16）。

第四阶段：随着大陆的进一步分离，洋盆的进一步加宽，洋脊系统和海底地形形成，海水进入开放环流之中，两个成熟的被动大陆边缘发育（被动陆缘详见本章 3.6），浊流频发，浊积岩发育，有机物丰富，进入成熟大洋期如大西洋［图 3.14（d）］。

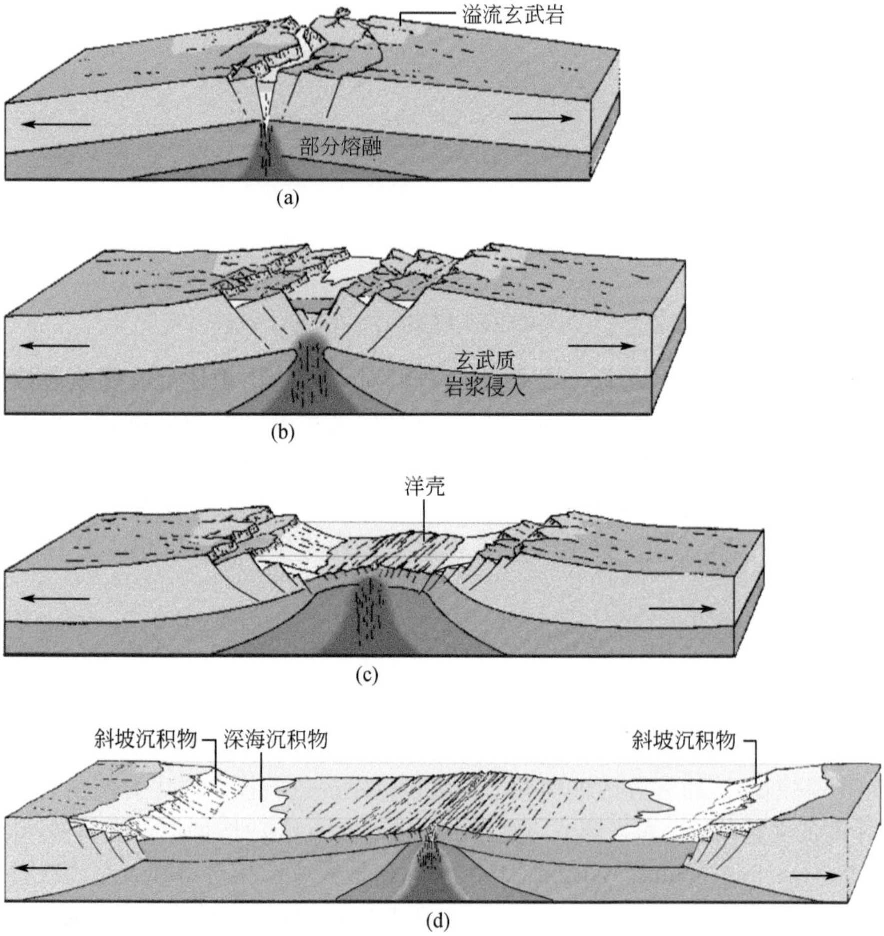

图 3.14　大陆向成熟大洋演化过程示意图（据 Hamblin and Christiansen，2003）

（a）随着大陆下岩浆的上升，地表发生隆起，伸展作用下一系列正断层（红色）发育，大陆裂谷开始形成；陆相沉积物（黄色）堆积于断块凹陷处，玄武质岩浆侵入裂谷系统中；溢流玄武岩（灰色）在裂谷带中大范围喷出。（b）裂谷作用继续进行，大陆进一步分离，为狭窄的洋臂伸入其间提供空间；随着玄武质岩浆的持续侵入，新的洋壳开始形成（绿色），如东非裂谷。（c）随着大陆的进一步分离，新的洋壳和岩石圈在裂谷带中形成，洋盆变宽；残余陆相沉积物保存于新大陆边缘的断凹处，如红海。（d）随着洋盆进一步扩展，进入成熟大洋期，洋脊系统和海底地形形成，两个成熟的被动大陆边缘发育，如大西洋

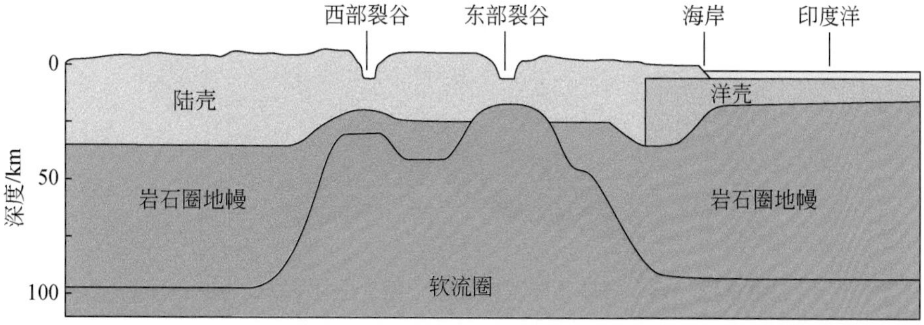

图 3.15　非洲裂谷剖面图（据 Hamblin and Christiansen，2003）

裂谷之下，软流圈已接近地壳底部，只有 25km 深，重力均衡原理；东非裂谷代表了大陆裂谷演化的初期阶段

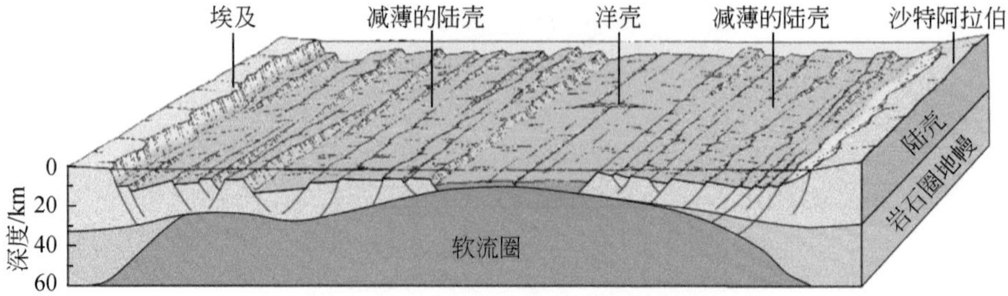

图 3.16 红海深部结构剖面图（说明见正文；据 Hamblin and Christiansen，2003）

大陆壳因一系列铲形正断层的发育而减薄；裂谷中部已形成新的洋壳

总之，从对大洋的形成分析可以看出，我们对大洋的认识还处在探索阶段，有些问题并没有认识清楚如洋脊的扩张速率与洋壳结构关系等。但我们可以认识到大洋与大陆有很大的不同，洋壳的岩石组成和地貌特点主要受洋脊岩浆活动控制；其构造特点受水平伸展作用而不是挤压作用控制，被动大陆边缘主要表现为伸展构造环境；特别是洋壳是由洋脊新生形成，所以与陆壳相比要年轻的多，洋壳一般不超过 200Ma，而陆壳可达 4.2Ga。

3.2.2 转换型板块边界（transform plate boundaries）

大洋中脊被一系列几乎垂直于洋中脊的横向断裂带切割，这些断裂很像在后期把洋中脊错开的平移断层，加拿大地球物理学家威尔逊发现这些横断洋中脊的断裂带不是后期错开洋中脊的平移断层，而是调节两侧洋中脊轴部向两侧扩张所形成的一种特殊断层，即转换断层（transform faults；Wilson，1965）。它是板块作相对滑移（左旋或右旋）的断裂带，是板块边界的一种。这一发现证明了地球表面的板块运动符合欧拉定律。

转换断层是大洋地壳的守恒边界，是横切大洋中脊的剪切断层，转换断层两侧板块相互剪切滑动，通常既没有板块的生长，也没有板块的消亡（图 3.17、图 3.18）。转换

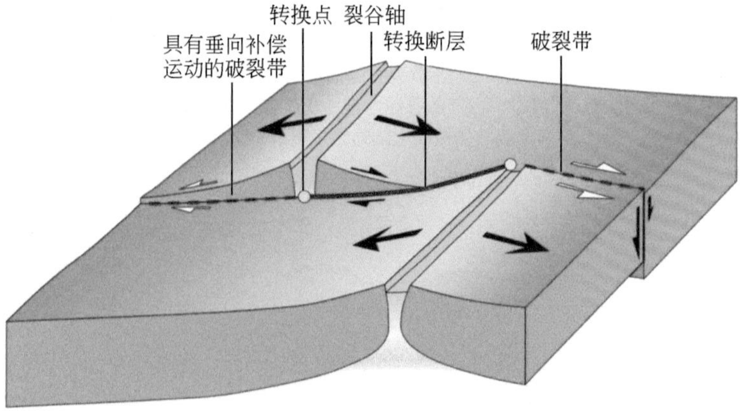

图 3.17 脊－脊转换断层模式图（据 Frisch *et al.*，2011）

板块移离洋脊，而断层活动仅限于洋脊之间部分，构成转换断层，断层两侧的板块沿相反方向移动；然而，扩张脊外侧即转换点之外断层两侧板块沿相同方向移动，实际上走滑位移停止，但发生垂向位移形成破碎带，因为两侧板块年龄不同而导致沉降速率不同

断层一般呈直立状，切割两侧的大洋地壳。转换断层与常见的走滑断层（平移断层）不同（图 3.19）。转换断层活动与大洋中脊扩张同时进行，所以水平错动仅发生在两段洋脊之间部分，浅源地震也发生在该部分，且水平位移的方向与两段洋中脊错动的方向相反，两段洋脊外侧为水平方向的不活动断裂带，但会发生垂向位移形成破碎带，因为破碎带两侧板块年龄不同而导致其沉降速率不同（图 3.17）；平移断层的水平错动不仅发生于两侧标志线之间，而且在两侧标志线之外仍有同样表现，再者其水平位移方向与两侧标志线错动方向相同（图 3.19）。转换断层的走滑位移量在断层两端被与之斜交或垂直的伸展构造（如洋中脊）或挤压构造（如俯冲带）所调节或吸收。这种调节或吸收也正是“转换”的实质所在。

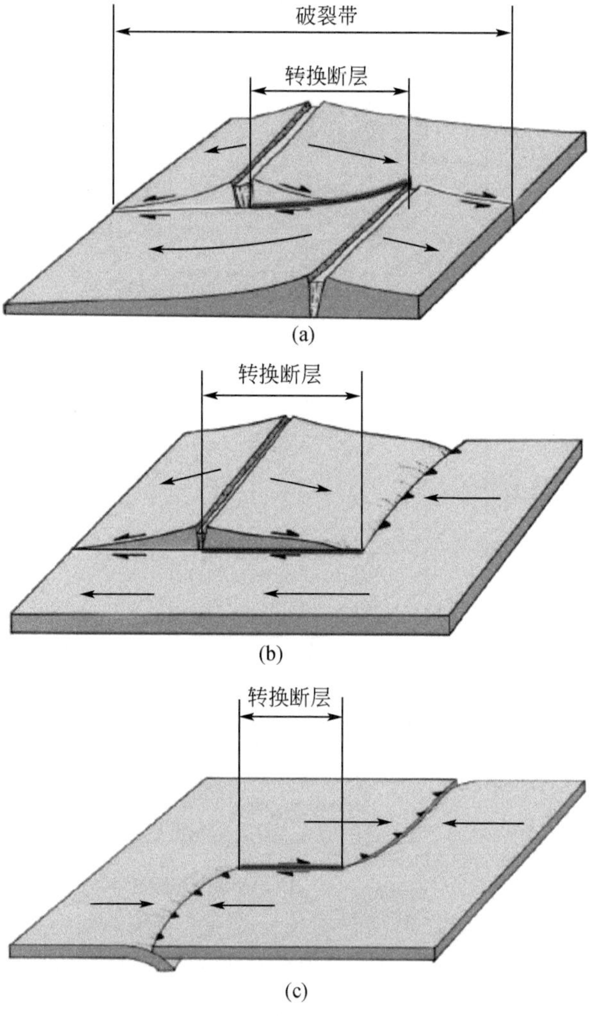

图 3.18　转换断层的基本类型（据 Hamblin and Christiansen，2003）

（a）洋脊 - 洋脊型转换断层（两盘相对运动只发生于两洋脊之间）；（b）洋脊 - 海沟型转换断层；（c）海沟 - 海沟型转换断层

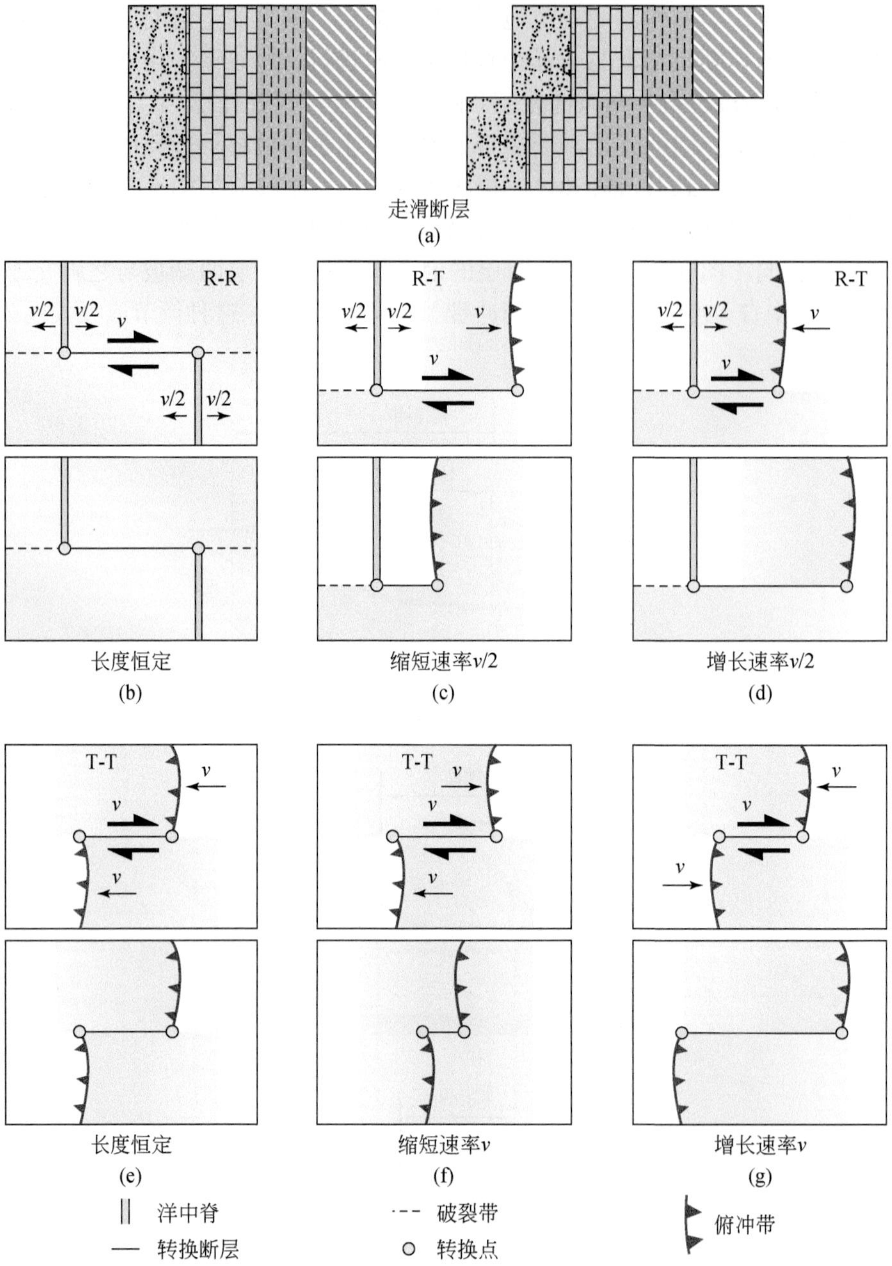

图 3.19　转换断层的类型［（b）～（g）］及其与走滑断层（a）之间的比较（据 Frisch *et al.*，2011）

R. 洋中脊；T. 海沟；*v*. 两板块间相对运动速度，不同类型转换断层转换点之间的距离是会改变的；走滑断层（a）与转换断层［（b）～（g）］的差异：标志线错开的方向相反

J. Tuzo Wilson（1965）认为，转换断层大多数是切穿离散型板块边界，也可以切穿汇聚型板块边界。如此可将转换断层分为三种类型（图 3.18）：①洋脊 - 洋脊型转换断层（两盘相对运动只发生于两段洋脊之间）；②洋脊 - 海沟型转换断层；③海沟 - 海沟型转换断层。但所有情况下，转换断层的走向均平行于板块的相对运动方向，这有助于

识别板块的运动方向。若考虑弧的凸凹方向，推测转换断层有六种类型，即洋脊－洋脊型、洋脊－凹弧型、洋脊－凸弧型、凹弧－凹弧型、凹弧－凸弧型、凸弧－凸弧型，再考虑左右旋之分，可有 12 种类型之多。不同类型转换断层转换点间的距离会发生改变(图 3.19)。

仔细分析图 3.20 可以发现，大洋板块转换边界只是更长的破碎带（fracture zones）的一部分。这些破碎带都是巨大的构造带，其长度可达 10000km，垂直起伏可达 6km，但是非常窄，只有少数几个可达 100km 宽。所有断裂带都是由一系列互相平行的断裂组成，它们在活动的转换断层（图 3.17、图 3.20 红色实线部分）两端继续向外延伸（图 3.17 红色虚线，图 3.20 灰色线段部分）。所以相比之下，活动的转换断层部分是很短的，也只有几百千米，且由复杂变形的洋壳物质构成（图 3.21）。

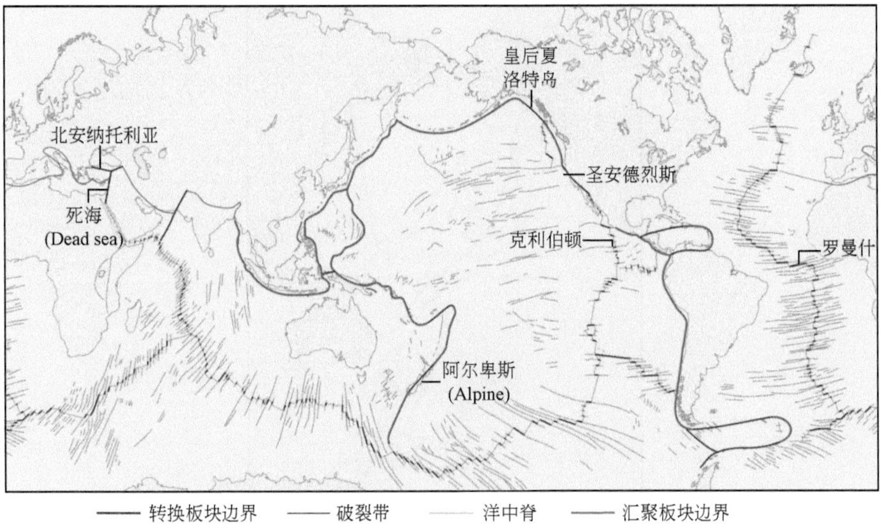

图 3.20　全球主要转换板块边界图（据 Hamblin and Christiansen，2003）

大部分转换断层与洋脊扩张有关；在复杂的板块运动地区，部分转换断层与汇聚板块边界有关

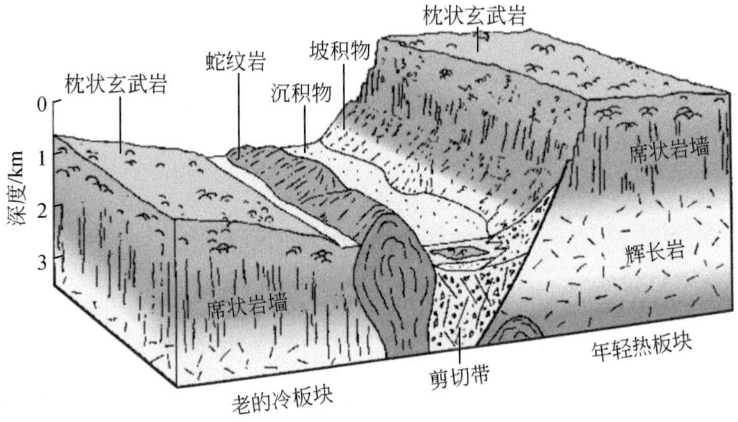

图 3.21　转换断层的岩石构成（据 Hamblin and Christiansen，2003）

枕状玄武岩（pillow basalt）、席状岩墙群（sheeted dikes）碎块组成的构造角砾、大规模蛇纹岩（serpentinite）侵入、夹于沉积物和玄武岩（如枕状熔岩）之间的角砾岩以及坡积物（talus）；年轻热板块比老的冷板块高出 1km 左右

B. E. Hobbs 等 20 世纪 70 年代末对转换断层的含义进行了发展和补充，认为具有转换性质的平移断层的规模可大可小，大者延伸长度可达数千千米，小者仅有数十千米；还认为，这种断层并非是大洋地壳或岩石圈的特有产物，事实上在大陆也有广泛分布并且构造更为复杂，如北美西部的圣安德烈斯断层（图 3.22）。也有人认为中国的郯庐断裂也是一条转换断层，它的左行平移量被大别造山带的强烈挤压变形所调节和吸收，它突然终止于长江北岸而未向南延伸。这一问题十分复杂，也有争议。

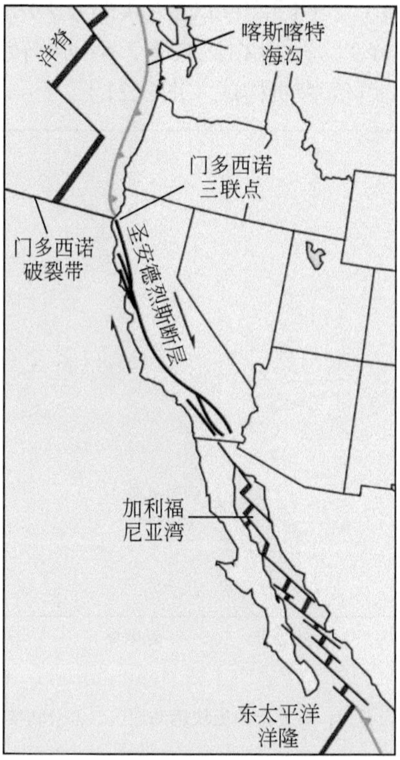

图 3.22　北美西部的圣安德烈斯（陆上）转换断层（据 Hamblin and Christiansen，2003）

圣安德烈斯-加利福尼亚湾转换断层系连接着北部的门多西诺断裂带（Mendocino fracture zone）、喀斯喀特海沟（Cascade trench）和南部的东太平洋洋隆；圣安德烈斯断层系构成了陆上转换断层，横贯加利福尼亚；加利福尼亚湾转换断层系将东太平洋洋隆切成若干段

3.2.3　汇聚型板块边界（convergent plate boundaries）

汇聚型板块边界又称为消亡型板块边界，是两个相邻板块发生相向运动、俯冲、碰撞的位置（图 3.5）。俯冲带（subduction zone），又称贝尼奥夫带（Benioff zone）是指俯冲板块的俯冲部分，即一个大洋板块俯冲到另一大洋或大陆板块之下，相邻板块发生相互叠覆，形成海沟和岛弧系统，俯冲板片逐渐消亡于软流圈之中，也叫 B 型俯冲［图 3.23（a）、（b）］；最终两个板块发生碰撞，即大陆板块向大陆板块下俯冲，也叫 A 型俯冲［图 3.23（c）］。汇聚型板块边界是最为复杂的板块边界类型，具有复杂的地质过程，

包括地壳乃至岩石圈的变形作用、岩浆活动和火山活动、各类变质作用、各种震源深度的地震活动以及重要的成矿作用等。

由于大洋板块比大陆板块密度大、位置低，故一般总是大洋板块俯冲到大陆板块之下。俯冲边界主要分布于太平洋周缘及印度洋东北边缘，沿这种边界大洋板块潜没消亡于地幔之中，故也称为消减带。按照边界两侧的接触板块种类，可划分为三种汇聚型边界类型（图 3.23）：

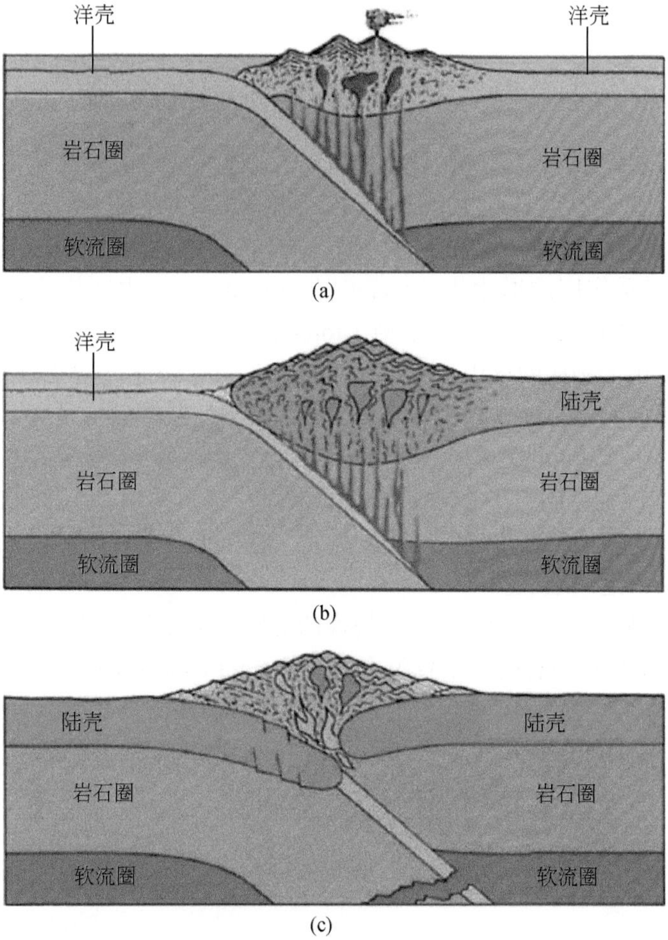

图 3.23　汇聚型板块边界的主要类型（据 Hamblin and Christiansen，2003）

（a）大洋板块 - 大洋板块间的汇聚，如菲律宾岛；（b）大洋板块 - 大陆板块间的汇聚，如南美；（c）大陆板块 - 大陆板块之间的汇聚，如喜马拉雅造山带。汇聚型板块边界的主要地质过程包括：大陆边缘变形成为褶皱山带；山根的高温和高压变质作用；下行板片之上的地幔楔部分熔融，在上行板块上形成安山质火山作用

洋壳（洋）- 洋壳（洋）汇聚型：一个大洋岩石圈向另一大洋岩石圈下俯冲，俯冲至地幔后，因那里温度高压力大，从而引含水矿物脱水，导致上行板片地幔楔部分熔融产生岩浆并喷发至洋底，形成安山质火山岛弧。因而形成海沟（trench）- 洋内岛弧（oceanic arc）- 弧后盆地（back-arc basin）体系，又叫岛弧 - 海沟型，主要见于西、北太平洋边缘如菲律宾岛、日本岛等［图 3.23（a）］。

洋壳（洋）-陆壳（陆）汇聚型（陆）：大洋岩石圈向大陆岩石圈之下俯冲，形成海沟-陆缘弧（continental arc）等体系，又叫安第斯型（或山弧-海沟型）[图 3.23（b）]，主要见于太平洋东南的南美大陆边缘。

陆壳（陆）-陆壳（陆）汇聚型：当大洋岩石圈俯冲殆尽，两侧大陆发生碰撞。在大洋岩石圈的拖拽和惯性作用下，下行板片的大陆岩石圈也会随之俯冲到一定深度，即A型俯冲，在此过程中发生强烈挤压造山作用，形成碰撞造山带[图 3.23（c）]，如喜马拉雅造山带。实际上，该种类型是前两种类型进一步发展的结果。

3.2.4 汇聚型板块边界的主要构造单元

1. 洋-洋汇聚型板块边界的主要构造单元

洋-洋汇聚型板块边界的主要构造单元如图 3.24 所示。由于下行板片受阻而轻微向上弯曲而形成外隆（outer well）；向岛弧方向紧接着是深海沟（trench），经历了一定冲断变形和变质作用的增生楔（accretionary wedge），也叫增生棱柱体（accretionary prism）以及位于增生楔之上的弧前盆地（fore-arc basin），主要接受来自弧和增生楔的沉积物；主要由安山岩构成的火山岛弧（volcanic island arc）和岩浆弧（magmatic arc）；后面则为宽阔的弧后盆地（back-arc basin），因其处于伸展背景，发育一系列地堑式正断层甚至裂谷，如日本列岛展现了洋-洋汇聚的各构造单元（图 3.25），尽管日本岛弧拥有陆壳，被认为是洋-陆俯冲。洋壳的俯冲是个漫长的过程，可持续几亿年甚至更长，随着增生楔的不断增长，增生楔会发生冲断作用，同时大量物质会随着俯冲板片俯冲到地幔深处，有的物质会重新折返回地表。

主要特点：岛弧火山活动为主；大规模的变质作用和花岗岩侵入相对缺乏。

洋-洋汇聚型板块缘有时会发育弧内盆地（intra-arc basin），弧后会保留残留弧（remnant arc），即停止活动的弧，残留弧与前缘弧之间发育仍在活动的弧后盆地（active back-arc basin），残留弧后面保留不再活动的弧后盆地（inactive back-arc basin），即残留弧后盆地。

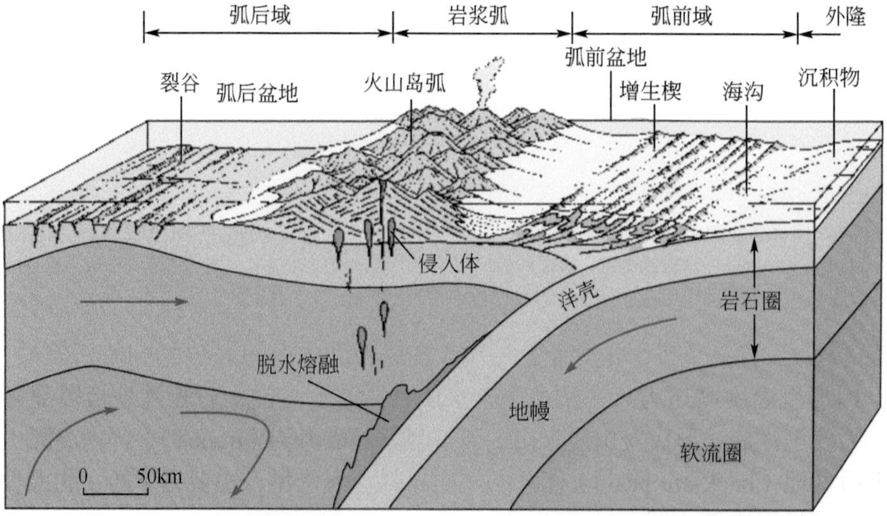

图 3.24 洋-洋汇聚型板块边界的主要构造单元示意图（说明见正文；据 Hamblin and Christiansen，2003）

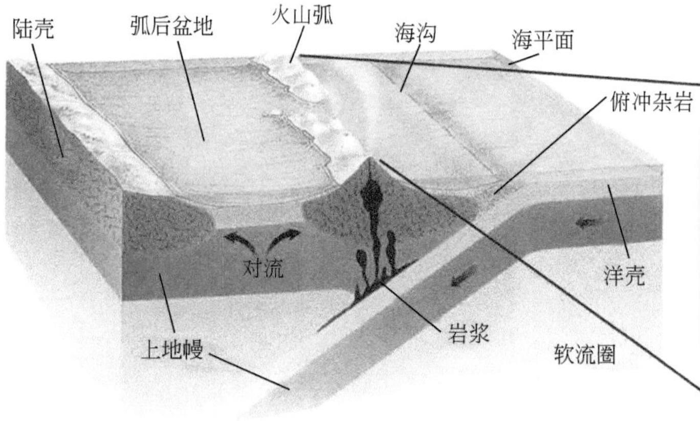

(a)

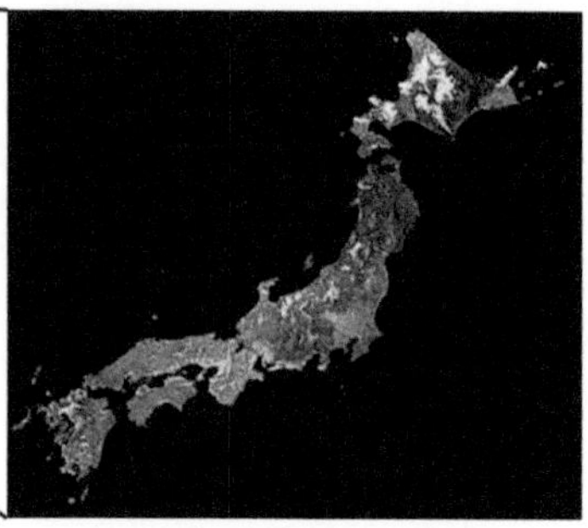

(b)

图 3.25　洋 - 洋汇聚板块边界

（a）洋 - 洋汇聚板块边界构造单元示意图；（b）日本列岛卫星影像

2. 洋 - 陆汇聚型板块边界的主要构造单元

洋 - 陆汇聚型板块边界的主要构造单元与洋 - 洋汇聚型板块边界有些类似之处（图 3.26）。由于下行板片受阻而轻微向上弯曲而形成外隆（outer well）；向岛弧方向紧接着是深海沟（trench），经历了一定冲断变形和变质作用的增生楔（accretionary wedge）以及弧前盆地（fore-arc basin），弧前盆地主要接受来自弧和增生楔的沉积物；火山弧（volcanic island arc）和岩浆弧（magmatic arc）；弧的后缘会发育褶皱冲断带，称为弧背褶皱冲断带（retro-arc fold and thrust belt），有时发育弧背前陆盆地（retro-arc foreland basin）等，如南美大陆边缘显示洋 - 陆汇聚的各构造单元（图 3.27）。

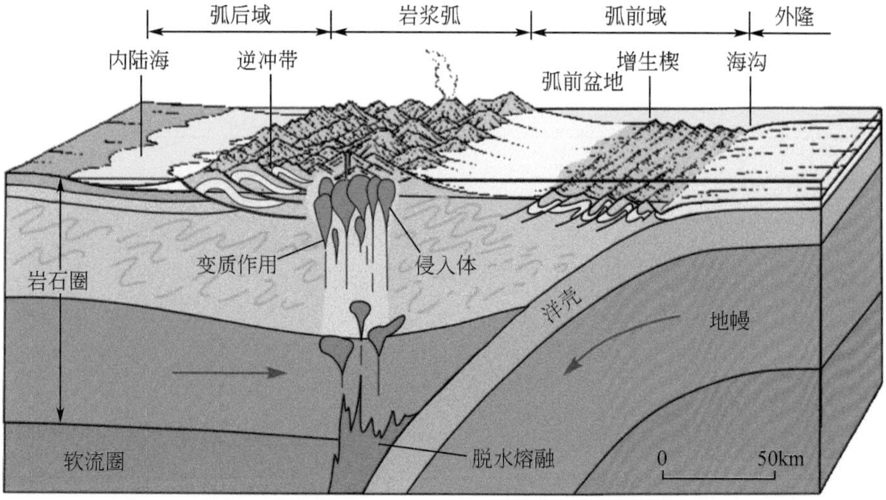

图 3.26　洋 - 陆汇聚型板块边界的主要构造单元示意图（说明见正文；据 Hamblin and Christiansen，2003）

主要特点：大陆边缘变形成褶皱山带；山根会发生高温和高压变质作用；上覆板片地幔的部分融熔，导致岩浆分异作用形成安山质或更酸性的岩浆，火山活动普遍；造山带深部花岗质岩基和变质沉积岩发育，如南美安第斯山根部正在发生变质和变形作用。

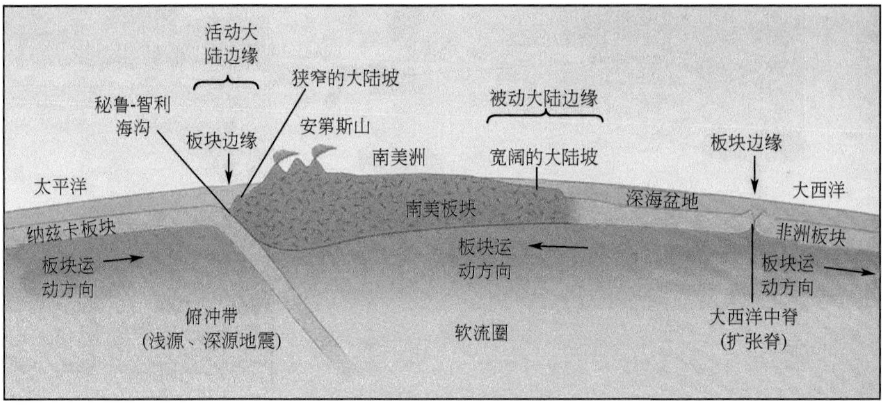

图 3.27　南美大陆活动陆缘和被动陆缘东西向剖面示意图

被动陆缘要比活动陆缘宽阔平坦得多

相比而言，洋－陆汇聚型板块边缘的弧后域（arc-rear area）会发育弧背褶皱冲断带（retro-arc fold-thrust belts）和弧背前陆盆地（retro-arc foreland basins）（图 3.28）。有时洋－洋汇聚也会产生弧背前陆盆地，这可能还与俯冲角度有关（详细讨论见后）。

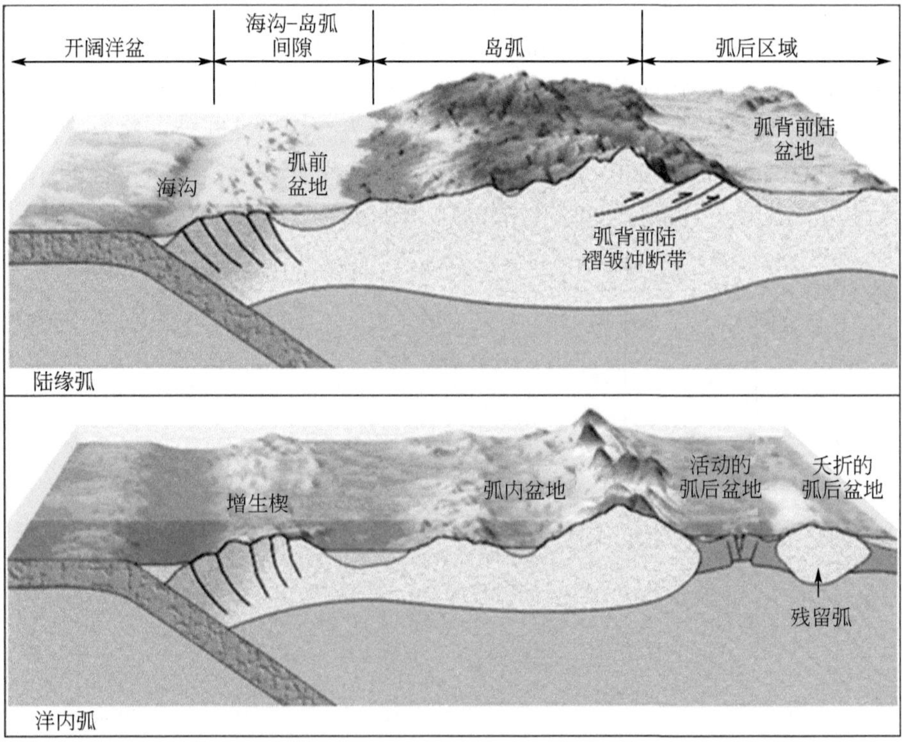

图 3.28　洋－陆汇聚与洋－洋汇聚板块边界构造单元比较示意图

陆缘弧（上图，自左向右）：开阔大洋、海沟、沟弧间隙（包括增生楔和弧前盆地）、弧、弧后域包括褶皱冲断带和弧背前陆盆地（retro-arc foreland basin）；洋弧（下图，自左向右）：海沟、增生棱柱体、弧前盆地、弧、弧内盆地、活动的弧后盆地、残留弧、夭亡的弧后盆地研究表明，仰冲板片的弧后环境是引张还是挤压与俯冲板片的俯冲角度有关。年轻的大洋岩石圈（一般 <10Ma）由于温度高，密度低，相对软流圈而言具正浮力，在浮力的作用下俯冲角度一般比较小，呈低角度平板式被动俯冲，下行板片与上行板片之间耦合比较紧密，导致仰冲板片整体处于挤压状态，形成弧背褶皱冲断带（retro-arc fold-thrust belts）和弧背前陆盆地（retro-arc foreland basins），海沟相对较浅（<8km），又叫智利型俯冲带（图 3.29 下图）；老的大洋岩石圈（一般 >10Ma），随着大洋岩石圈年龄的增长，俯冲板片变质作用不断增强，可达角闪岩相和榴辉岩相变质程度，俯冲板片密度随之增大而产生负浮力（相对软流圈而言），俯冲带被下拽（slab pull）而自发俯冲，俯冲板片发生回转（rollback），使俯冲角度增大（图 3.29 小插图），俯冲板片之上的软流圈物质抬升，在弧后位置产生引张环境，形成伸展型的弧后盆地（back-arc basins），甚至出现扩张脊和洋壳，俯冲带往往形成深的海沟（通常 >8km）如西太平洋的一些俯冲带，又叫马里亚纳型俯冲带（图 3.29 上图）。

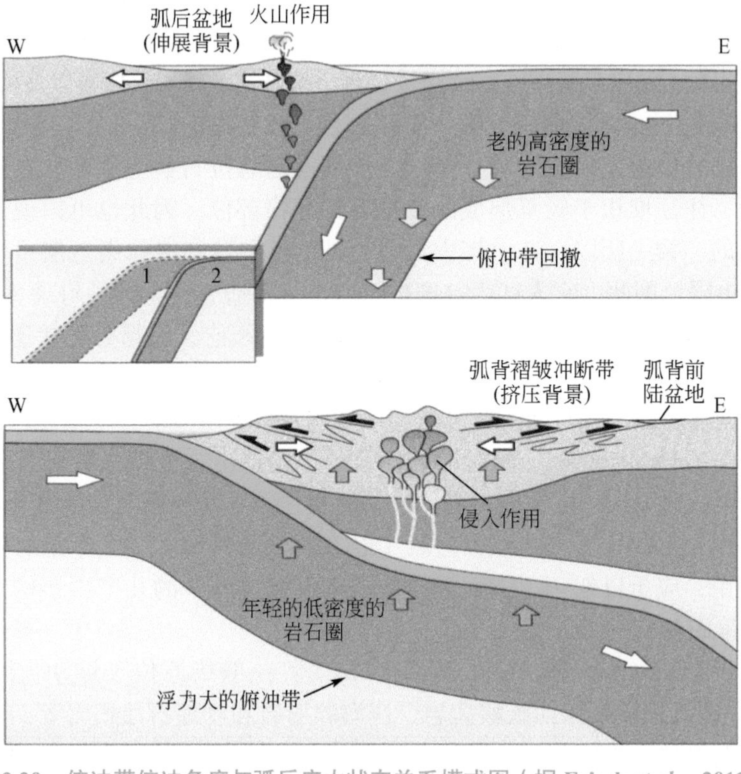

图 3.29　俯冲带俯冲角度与弧后应力状态关系模式图（据 Frisch *et al.*，2011）

上图：马里亚纳型俯冲带，俯冲带向东（后）回撤（小插图），俯冲角度增大，重力作用自发俯冲，俯冲板片之上的软流圈抬升，弧后呈伸展背景，发育弧后盆地（back-arc basin）；下图：智利型俯冲带，年轻的岩石圈俯冲带浮力大，呈平板式（低角度）被动俯冲，上行板片与下行板片耦合紧密，上覆板片整体呈挤压背景，发育弧背褶皱冲断带（retro-arc fold-thrust belt）和弧背前陆盆地（retro-arc foreland basin）

3. 陆 – 陆汇聚型板块边界的主要构造单元

陆 – 陆板块汇聚实际上是俯冲汇聚的进一步发展。由于两个大陆板块密度小，浮力相同或相近，一侧板块难以俯冲到另一侧板块的地幔之中，陆 – 陆板块汇聚实际上是两侧大陆碰撞，因此也就没有外隆、深的俯冲带、海沟、弧等构造单元。取而代之的是以碰撞造山带的方式将两侧大陆拼贴焊接为一个整体。陆－陆汇聚型板块边界的主要构造单元如图 3.30 所示，主要包括周缘前陆盆地、前陆褶皱冲断带、蛇绿混杂带等，在介绍这些构造单元之前，先介绍几个具有重要构造意义的常用概念。

复理石（flysch），又叫复理石建造（flysch formation）：复理石一词源于阿尔卑斯山的复理石地区，是典型的海相浊流沉积。简单地说，复理石就是巨厚的海相浊积岩。其特征是厚度巨大（数千米），几乎连续沉积，少含化石，具有薄层递变层理。主要由泥灰岩、页岩、泥岩、粉砂岩与砂岩、砾岩等组成具有明显韵律层的岩石组合，形成于海洋浊流环境，特别是被动陆缘的复理石即形成于大陆坡之下的深海平原（详见本章 3.6）。因此复理石的存在暗示着洋壳的存在，从这个意义上讲被动陆缘的复理石具有与蛇绿岩同等重要的大地构造意义，属碰撞造山作用之前的产物，因此碰撞造山带中最晚的复理石地层可用于限定碰撞作用发生的下限。因此，有人认为“复理石”属构造名词（参见附录 1）。

磨拉石（molasse），又称磨拉石建造（molasse formation）：同造山作用形成的分选差、磨圆度低的粗大碎屑沉积，形成于近海（部分为海相，部分为陆相或三角洲相）和陆相环境。其特征是厚度巨大，无递变层理，发育交错层理，由砾岩、砂岩、页岩以及泥灰岩等构成。地层剖面上往往是下部颗粒细，一般为海相沉积（如台湾海峡）；向上颗粒变粗，过渡为陆相，与陆相的山间盆地沉积特征不同。周缘前陆磨拉石盆地的磨拉石形成于碰撞造山作用过程中，往往堆积于较早形成的复理石的前锋部位，因此也可以说前陆磨拉石是碰撞造山作用的产物。所以，造山带中最早出现的前陆盆地磨拉石地层可以用于限定碰撞作用发生的上限。因此，有人认为“磨拉石”也是构造名词（参见附录 1）。

前陆（foreland）：修斯（E. Suess，1883）提出的概念，泛指叠瓦状逆冲造山带的外侧，多位于造山带与克拉通的交界部位，通常发育前陆磨拉石盆地。所以，它在空间上标志着造山带的前缘部位；时间上标志着造山作用发生的阶段。

腹陆－后陆（hinterland）：相对前陆而言的，指造山带上覆板片系统，系逆冲系统的根带所在区域，造山作用过程中遭受侧向挤压最强烈、变形最复杂的部分。

以上几个概念是讨论陆－陆汇聚过程中经常遇到的概念，近些年来对这些概念似乎有些模糊或误用，应予以纠正。下面讨论陆－陆汇聚过程中的几个主要构造单元，有关详细的讨论见第四卷。

前陆褶皱冲断带（foreland fold-thrust belts）：一般指原位于被动大陆边缘（详见本章 3.6）的一套沉积体系，如碳酸盐岩、浅海碎屑岩和复理石浊积岩等，在两侧大陆碰撞时形成的线性褶皱、叠瓦式逆冲构造或双重逆冲构造（duplex）带（逆冲方向多与弧后逆冲方向相反；图 3.30），前缘表现为隔档式褶皱（侏罗山式褶皱），称为前陆褶皱带。其上发育周缘前陆磨拉石盆地（peripheral foreland basins；图 3.31），如台湾海峡就是正在发育的周缘前陆磨拉石盆地，盆内充填（海相）磨拉石。因此，前陆褶皱冲断带中复理石地层的结束至磨拉石地层的开始，期间即为碰撞作用发生的时间。

蛇绿混杂带（ophiolitic mélange zone）：碰撞前的大洋岩石圈残片、增生楔物质（含大陆碎片和洋岛、海山物质）、弧前盆地沉积物以及弧物质因两侧大陆的碰撞混杂在一起，并发生强烈挤压冲断变形和变质作用，构成造山带核心部分，见图 3.30 中的蛇绿岩和岩

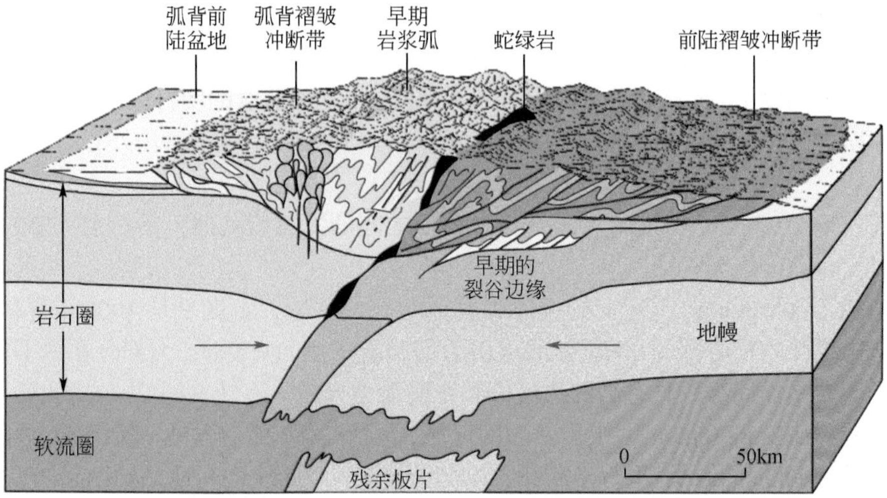

图 3.30　陆 - 陆汇聚型板块边界的主要构造单元（说明见正文；据 Hamblin and Christiansen，2003）

浆弧（参见附录 1）。

弧背前陆褶皱冲断带（retro-arc foreland fold-thrust belts）：碰撞前的弧后盆地沉积物在碰撞过程中发生褶皱冲断见图 3.30 左侧的褶皱冲断带，前端发育弧背前陆盆地（retro-arc foreland basins）；有时也指低角度俯冲阶段的弧背前陆褶冲带。需要说明的是，retro-arc 是指挤压背景的弧后环境，译为“弧背”；back-arc 是指伸展背景的弧后环境，译为“弧后”。

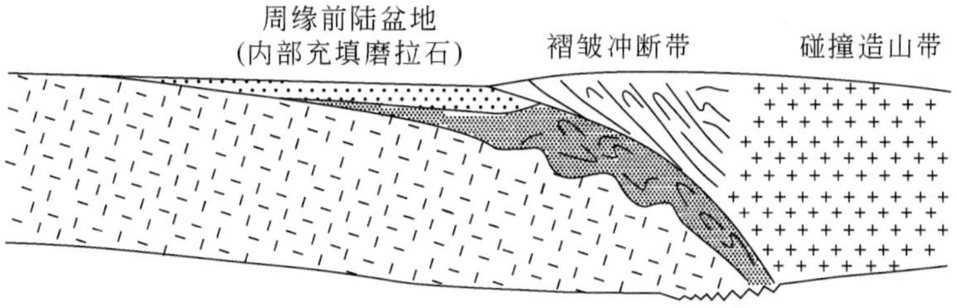

图 3.31　周缘前陆盆地（peripheral foreland basins），盆内充填磨拉石（据 Dickinson，1980）

总之，从上述分析可以看出，俯冲阶段的汇聚板块边缘具有相似的地貌学特征，自下行板片至上行板片方向可大致划分为以下几个地貌单元（图 3.32）。

外隆（outer swell）：下行板块向上弯曲外侧形成的一个小的隆起，高出临近深海平原几百米，也叫海沟外隆。

弧前域（fore-arc region）或弧 - 沟间隙（arc-trench gaps）：海沟至火山弧之间的整个区域，宽 100 ～ 250km，包括：深海沟（trench），即下行板片与上行板片的分界线，向陆一侧是倾角几度的增生楔斜坡，如菲律宾群岛该坡倾角超过 8°，70km 范围内从海拔 -10500m 上升到 -200m，具有低的热流值和负的重力异常。

增生楔（accretionary wedge）：下行板片上被刮削下来的物质堆砌，也称混杂堆积（mélange），包括外来岩块、原地岩块、变形基质等组分，以块体 - 基质结构（block-in-matrix）

为特征（参见附录 1）。

海沟外脊（outer ridge）：又称海沟坡折，增生楔斜坡的顶点即为海沟外脊，多数情况下位于海平面以下，少数在海平面以上如巽他弧、印度尼西亚的明打威群岛（Mentawai）、小安的列斯群岛（Lesser Antilles）、巴巴多斯岛（Barbados）等。海沟外脊有时表现的并不明显。

弧前盆地（fore-arc basin）：外脊与火山弧之间即为弧前盆地，是一个重要的地貌学单元，以发育玻安岩为特征。

火山弧（volcanic arc）：上行板片基底上的高位区域，宽度平均 100km 左右，是岛弧和大陆边缘弧的核心部分，以频繁的火山活动和岩浆活动为特征，大部分在海平面以上，且发育于环太平洋周缘，具有高的热流值和正的重力异常。

弧后域（back-arc region）：火山弧后的区域，包括岛弧、弧后盆地－陆缘弧、大陆台地。

残留弧（remnant arc）：平行于岛弧，由较厚地壳构成的线性高地，火山活动已经停止。

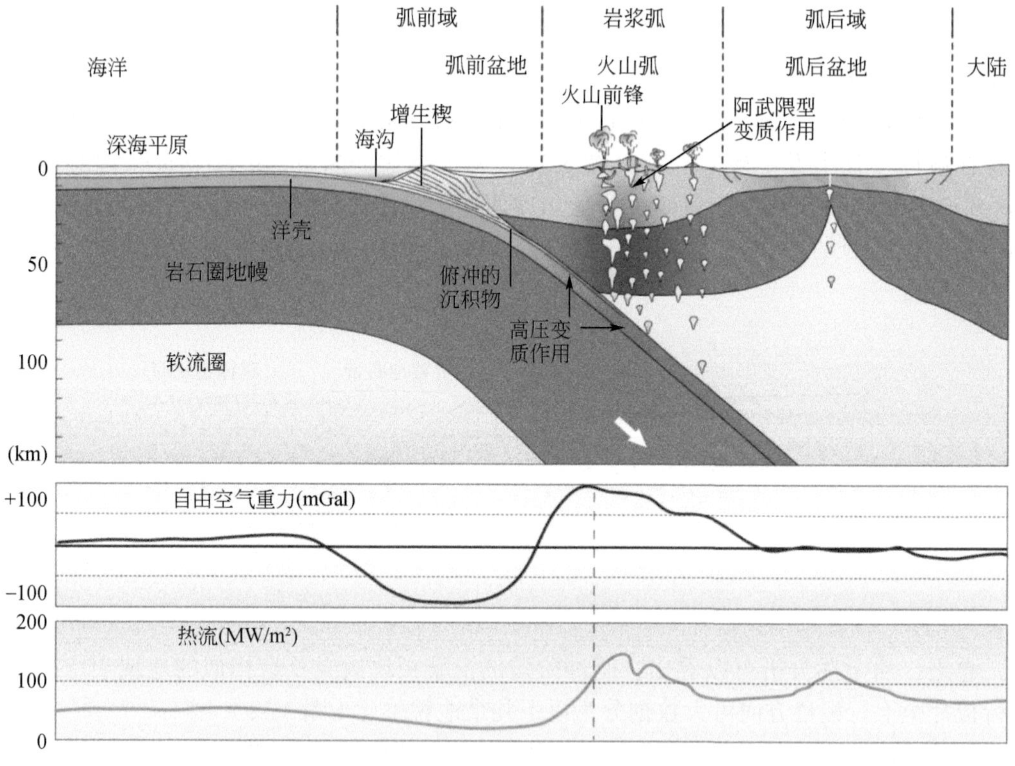

图 3.32　板块边缘结构（说明见正文；据 Frisch *et al.*，2011）

重力和热流值的负异常和正异常，分别对应海沟和俯冲带之上的岛弧［1Gal（galilei）=1cm/s^2（加速度单位）；1mGal = 10^{-3}Gal；MW/m^2=milliwatt per square meter］

现在地球表面可以识别出四种汇聚板块边缘类型（图 3.33）：

第一种：马里亚纳群岛型。大洋岩石圈俯冲于另一大洋岩石圈之下即洋内俯冲，在洋壳上形成火山岛弧体系，即硅镁质岛弧，包括太平洋的马里亚纳群岛和大西洋的小安的列斯群岛［图 3.34（a）］。

第二种：日本群岛型。大洋岩石圈俯冲于大陆岩石圈之下，岛弧在陆壳上形成，即硅铝质岛弧，但岛弧与大陆之间被一具有洋壳的边缘海盆（back-arc basin）相分离，包括日本群岛和东南亚的东巽他群岛［图 3.34（b）］。

第三种：安第斯型。大洋岩石圈俯冲到大陆岩石圈之下，火山弧直接形成在毗邻大陆之上，因俯冲角度小（平板式俯冲），弧后呈挤压环境，所以没有边缘海盆－弧后盆地，大陆边缘直接和后陆（hinterland）相接，尽管弧后可能发育浅的弧背前陆盆地（retro-arc foreland basins），包括安第斯，东南阿拉斯加，西－中巽他弧（包括苏门答腊岛和爪哇）［图 3.34（c）］。

第四种：喜马拉雅型。随着大洋岩石圈俯冲殆尽，因陆壳密度小难以互相俯冲，两侧大陆发生碰撞，导致俯冲停滞，下行板片发生撕裂、断离（slab breakoff），最终形成碰撞造山带，包括喜马拉雅、阿尔卑斯造山带等［图 3.34（d）］。

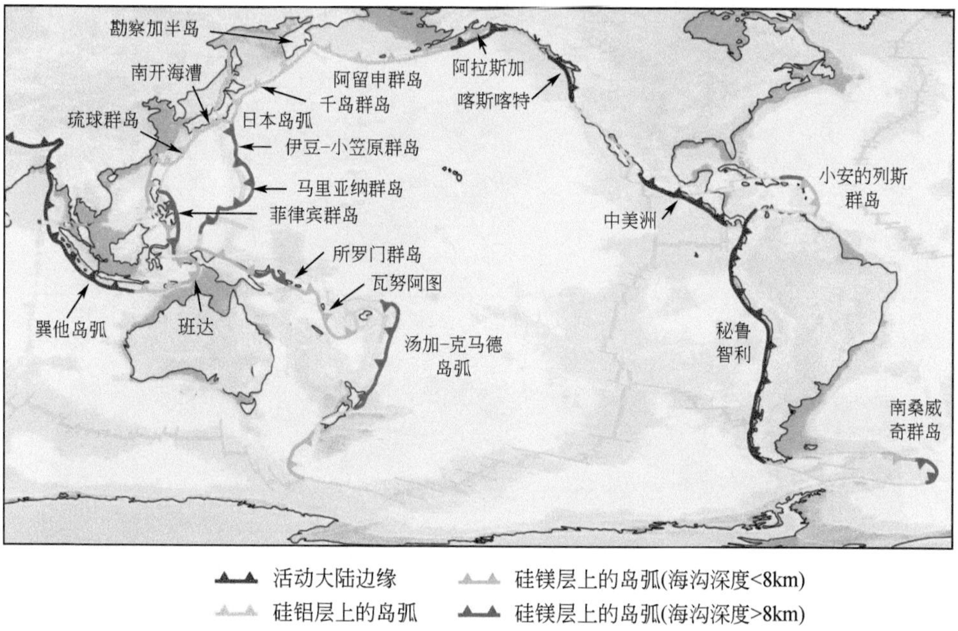

图 3.33　现代地球表面汇聚板块边缘类型分布图（说明见正文；据 Frisch *et al.*，2011）
活动大陆边缘（红色）；硅镁层上的岛弧（蓝色）；硅铝层上的岛弧（黄色）

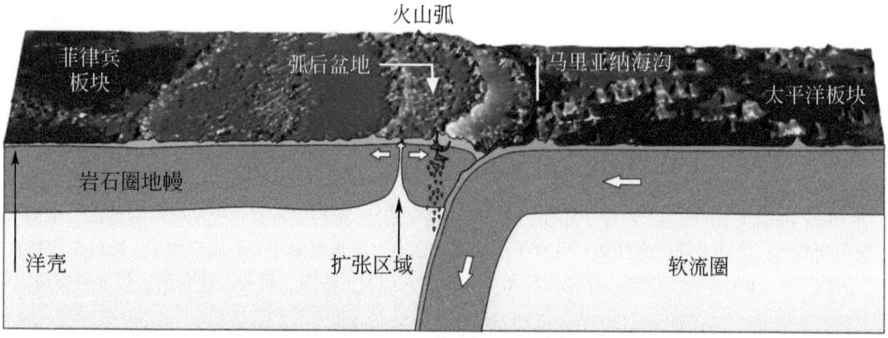

(a) 硅镁层上的岛弧：马里亚纳群岛

图 3.34　不同类型汇聚型板块边界的现代实例（说明见正文；据 Frisch *et al.*，2011）

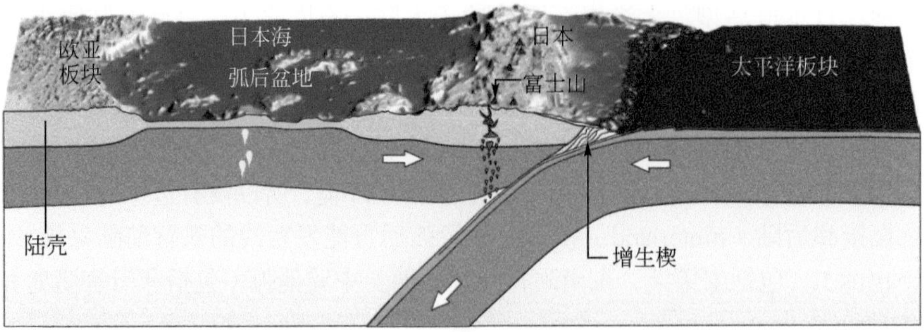

(b) 硅铝层上岛弧：日本岛弧

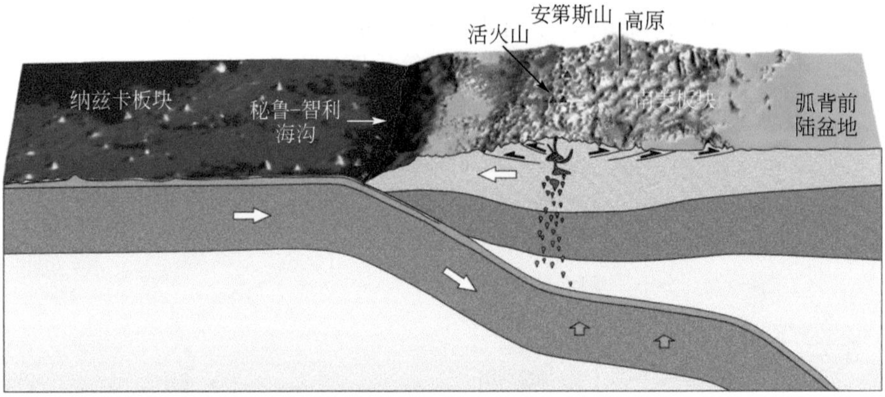

(c) 活动大陆边缘：安第斯岛弧

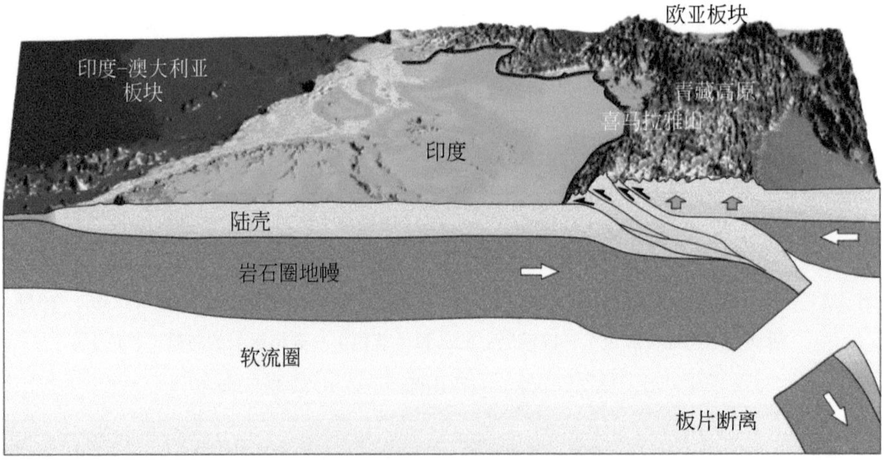

(d) 陆–陆碰撞：喜马拉雅山脉

图 3.34 不同类型汇聚型板块边界的现代实例（续）（说明见正文；据 Frisch *et al.*，2011）

（a）马里亚纳岛弧：硅镁层上的岛弧，发育于洋壳之上，高角度俯冲，弧后发育弧后盆地即菲律宾海（拉张性）；（b）日本岛弧：硅铝层上的岛弧，发育于陆壳之上，较高角度俯冲，弧后发育有洋壳的弧后盆地即日本海（拉张性）；（c）安第斯岛弧：活动大陆边缘岛弧，发育于南美陆壳之上，低角度俯冲（平板俯冲），弧后发育弧背盆地（挤压性）；（d）喜马拉雅型：洋壳俯冲殆尽，两侧大陆发生碰撞，俯冲板片断离，形成碰撞造山带

前已述及，由于陆壳物质密度小，浮力大，很难俯冲到地幔深处。但近些年的研究表明，不管是俯冲阶段还是碰撞阶段，陆壳物质均可能发生深俯冲，尤其是俯冲阶段，陆壳物

质不仅可以俯冲到地壳、岩石圈地幔深处，甚至可以俯冲到软流圈，然后快速折返回地表。大陆深俯冲问题是目前大陆动力学研究的热点。这一过程的动力学机制尚不十分清楚，有待探索！

3.2.5　汇聚型板块边界的应力分析

对墨西哥和中美一带上覆板块弧前域的应力分析发现，汇聚型板块边界的应力状态随时间推移而不断变化（Meschede *et al.*，1997）。压缩阶段是下行板块与上行板块耦合紧密阶段，随后进入的伸展阶段则是上下两板块解耦阶段。伸展阶段，上覆板块边缘地壳变得不稳定，甚至垮塌，导致压缩阶段的逆断层和逆冲断层反转为正断层再次活动。在胡安・德富卡（Juan de Fuca）板块与北美板块边界处可以观察到从板块耦合阶段到随后脱耦阶段的变化。在板块耦合期间，由于能量的不断累积上覆板块边缘呈拱形，直到自然脱耦。脱耦时，上覆板块会突然向下伏板块方向移动，同时伴随沉陷和伸展，引发地震和海啸（图 3.35）。

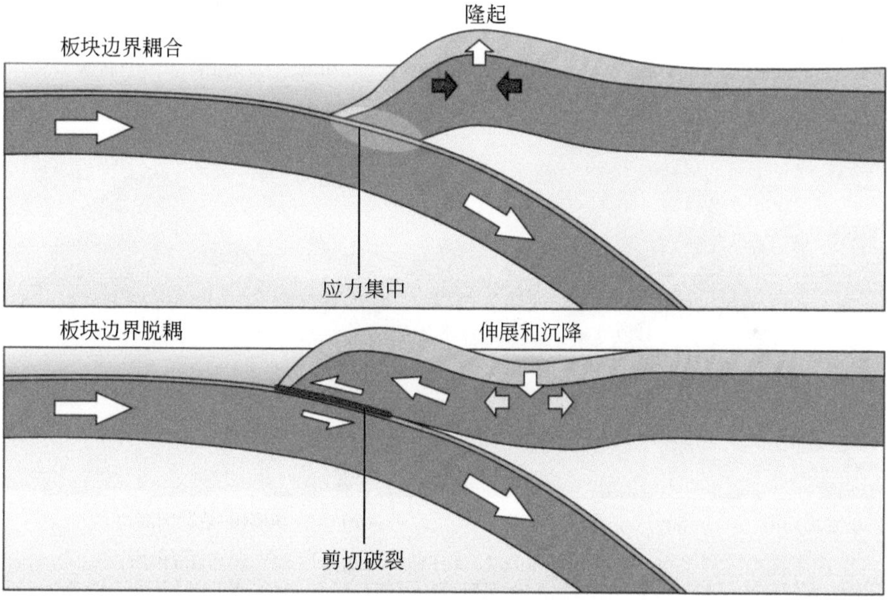

图 3.35　板块边界耦合和脱偶阶段应力状态模式图（据 Hyndman，1996）

胡安・德富卡（Juan de Fuca）板块与北美板块边界耦合阶段应力不断积累；随后突然脱耦，上覆板块边缘向海沟方向迅速移动，引起地震和海啸，如 2004 年 12 月 26 日的巨大海啸

3.3　重要的构造单元

3.3.1　（深）海沟及其沉积物

深海沟是地球表面最大的沉降带，是洋中最深的地带，其沉积物受到构造学上和沉

积学上的双重控制。然而，很少有海沟完全被沉积物所充填，而有些海沟则由于非常有限的沉积物供给而几乎没有沉积物。但大部分海沟的沉积物则不断被俯冲和构造搬运。

注入深海沟的沉积物变化非常大。俯冲的大洋板块表面的沉积物（包括深海平原的远洋沉积物、海洋生物等）随板块运动被携带到海沟；海沟也同样接受其上覆水体的沉积物。其他的一些沉积物则来自邻近的岛弧、弧前域和大陆边缘，以悬移、浊流沉积以及各种滑塌和滑坡沉积为主。这些陆源沉积物横穿大陆斜坡被搬运到海沟，之后还通常被平行于海沟方向的洋流（大洋环流）沿沟搬运很长的距离。因此，大部分海沟是由远洋沉积和陆源沉积，以及由俯冲板块搬运到海沟的沉积物和沉积岩组成。

海沟中沉积物的多寡与沉积物的供应与海沟充填物的缓慢构造剥蚀之间的平衡密切相关。厚的海沟沉积物通常由于低的俯冲速率，伴随慢的构造剥蚀。如果海沟快速充填，那么海沟充填物和海沟形态比较平坦，其表面逐渐过渡到邻近的深海平原，如美国俄勒冈和华盛顿海沟［图 3.36（c）］。相比之下，如果沉积物供应缓慢，或有隆起如弧前外脊比较靠近海沟从而阻挡了上覆板块的物源供应，这时海沟深且不规则，如马里亚纳海沟、汤加和克马德克群岛（Tonga and Kermadec Islands）以及千岛群岛（Kuril Islands）等则属于这种情况［图 3.36（a）］。

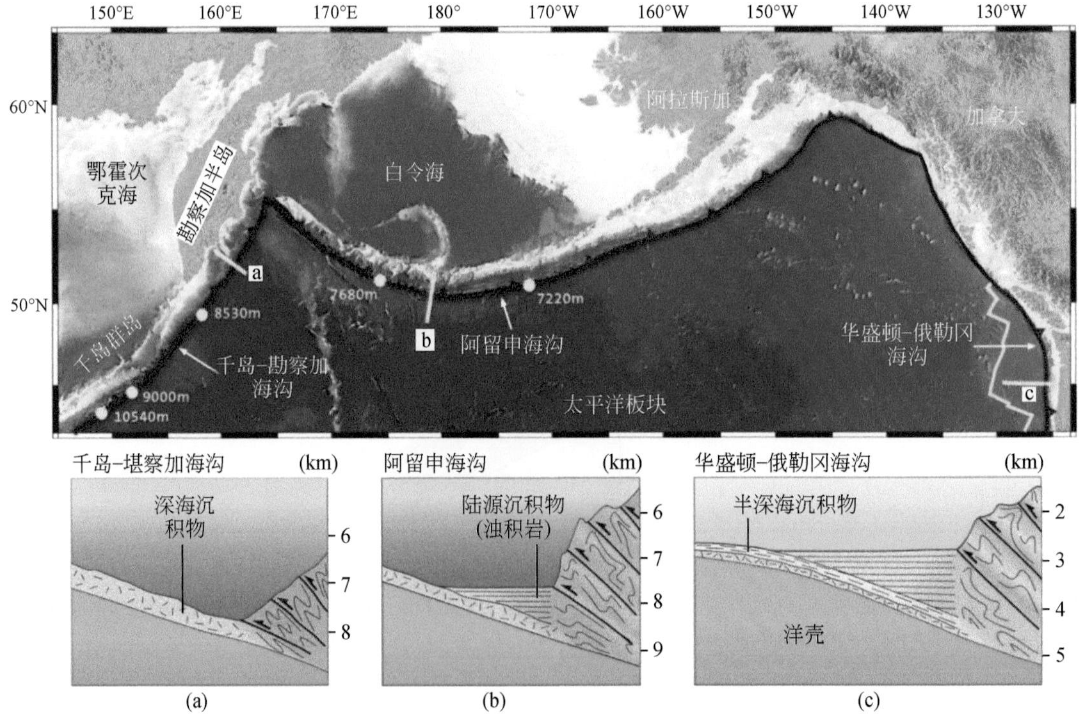

图 3.36 北太平洋海沟系统的沉积物变化（据 Scholl，1974）

（a）千岛 – 勘察加海沟，缺乏海沟浊积岩，沟深 3 ～ 4km；（b）阿留申海沟，平行海沟分布的细碎屑浊积岩为主，沟深 1 ～ 2km；（c）华盛顿 – 俄勒冈海沟，大量浊积岩充满海沟，不显沟形

与沉积物供应有关的深海沟则属北太平洋海沟系（图 3.36）。比较华盛顿 – 俄勒冈海沟、阿留申海沟和俄罗斯千岛 – 堪察加海沟，可以发现沉积物平衡的系统变化。经构造传送至海沟的洋底远洋沉积层厚度自东向西明显增加（图 3.36）。太平洋最老的洋壳之一则

是西北太平洋，因此西北太平洋深海平原上的沉积物也相对东部为厚，且随着俯冲作用被带入海沟。

更新世冰期，厚的浊积岩层序沉积于华盛顿 – 俄勒冈海沟。冰川作用极盛期，海平面下降 100m 以上，又缺乏能阻止自陆地向陆架边缘传送沉积物的壁垒，使浊积岩直接沉积于深海沟。海沟完全被浊积岩充填，使地形上已没有明显表现。因此，浊流可以到达开阔的大洋，且远端浊积岩使远洋沉积层明显增厚［半远洋沉积物；图 3.36（c）］。

阿留申海沟并不是直接由陆源沉积物供给，因为外侧盆地和外脊阻断了沉积物的供应。然而，外脊上紧邻阿拉斯加和堪察加半岛西端的峡谷般缺口使得沉积物以浊流方式搬运至海沟，沿海沟轴向展布。有些地方坡度只有 0.2°，但足以使最细小的沉积物沿轴向得以远距离搬运，可达 1400km。

千岛 – 堪察加海沟通常缺乏海沟浊积岩（有一个地方的沉积物注入到了阿留申海沟），有人称之为饥饿型海沟。相对于邻近深海平原来说，海沟的深度反映了三个地区不同的沉积体制：千岛 – 堪察加海沟深度大约 3 ～ 4km，阿留申海沟 1 ～ 2km，华盛顿 – 俄勒冈海沟并未显示出明显的海沟地形。

3.3.2　增生楔（accretionary wedge）

1. 增生楔的结构与基本特征

增生楔是指俯冲大洋板块上未固结的沉积盖层和一些洋壳碎片（包括洋岛、海山）、大洋中的大陆碎片（continental fragments）等被刮削下来，加之原地沉积物（主要是海相浊积岩和远洋沉积物）和上行板片垮落的碎块以及浊流携带的来自弧区的沉积物和弧火山物质等一起堆积在上行板片前端，形成一长长的楔形体。这种将不同性质、不同时代的岩石，经构造作用混杂在一起而形成的杂乱无章的岩石混杂体，呈“block-in-matrix”特征，以往无确定名称，称为增生混杂岩（accretionary complex）、混杂堆积（mélange；台湾翻译为“混同层”），因形似棱柱体，故又称增生棱柱体（accretionary prism）。所以增生楔是地壳上岩石成分最为复杂的地质体。混杂堆积是板块构造一个重要地质现象，它的存在（出露）表明缝合带或俯冲带的存在，一般认为增生楔底部是缝合带（suture）的位置。

增生楔位于海沟内坡（inner slope）至弧前盆地区域，是地壳上变形最强的地质单元，主要由叠瓦式逆冲断层和海沟斜坡盆地（增生楔顶盆地）组成，增生的沉积物逆冲于斜坡沉积之上（图 3.37 小插图）；与内坡相比，上坡（upper slope）伏于弧前盆地之下，此处逆冲断层产状也会陡一些，并有老的沉积物卷入（图 3.37）。

从俄勒冈（美国西北部）增生楔影像图［图 3.38（a）］可以看出，增生楔像褶皱的地毯，背斜和冲断席互相叠置，同时发育横向的走滑断层。增生楔中各种尺度的褶皱均有发育，轴面与海沟大致平行，倾向与俯冲带一致［图 3.38（b）］，同时，随着增生作用的进行，温度压力升高，伴随着褶皱作用，形成板劈理。一系列叠瓦式逆冲断层发育，大多倾向与俯冲带一致（也会有反向断层发育），切过软弱岩层，形成逆冲岩片，使楔体大规模缩短和加厚［图 3.38（b）］。随着俯冲作用的持续进行，越来越多地被刮削下来的物质

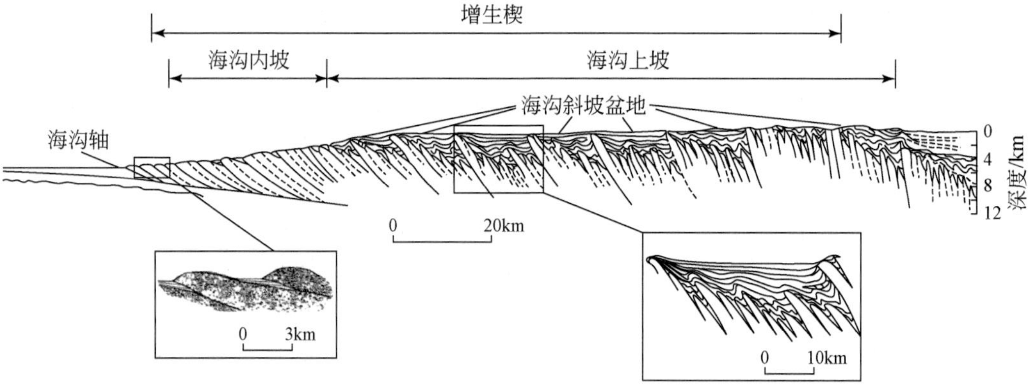

图 3.37 巽他弧区（Sunda arc）增生楔的结构（据 Moore *et al.*，1976）

海沟内坡和弧前盆地分别覆于呈叠瓦状逆冲的增生棱柱体和海沟斜坡盆地之上；增生的沉积物逆冲于斜坡沉积物之上（小插图；右侧小插图为增生楔顶盆地）；与海沟内坡区域相比，弧前盆地之下的逆冲断层产状更陡一些，而且有更老的沉积物卷入其中

堆积于楔形体前缘，使增生楔不断向海沟方向生长，楔体前缘不断增厚变陡，直到失稳而沿着伸展断层坍塌，形成正断层或同沉积正断层。

增生楔的另一特征是外脊（outer ridge）的形成。它是在板块俯冲过程中下行板片沉积物不断被刮削堆叠而成。随着俯冲的持续进行，一部分沉积物被俯冲到了深部成为与俯冲带有关的岩浆的重要原岩；另一部分，有时甚至整个沉积层以及部分洋壳基底被刮削下来，堆积到上覆板块前端或底部，形成增生楔（图 3.39）。从增生楔的生长过程看，被刮削的沉积层通过下部的底垫作用（underplating，详细讨论见后）而不断堆叠抬升。底垫作用使得老的沉积层逆冲于新的沉积层之上，或者说新的沉积层下冲于老的沉积层之下。这不仅可以使楔体增厚，而且对上覆岩层的顶托使地表隆起，形成外脊，这一底垫增生过程已经被沙箱实验所证实（图 3.39 下图）。

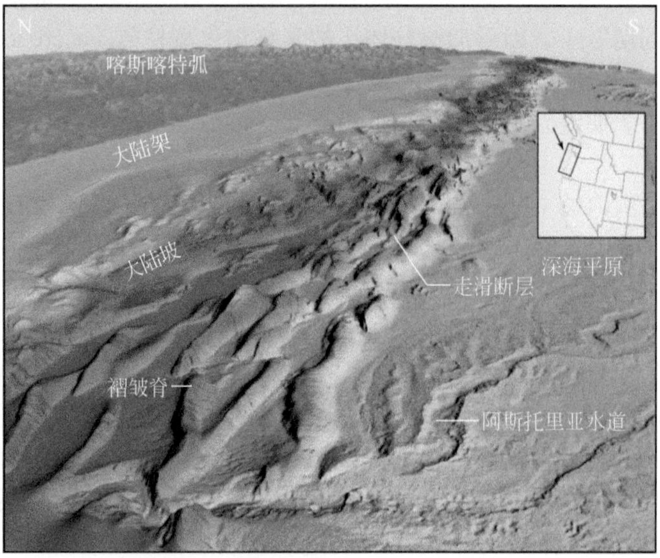

(a)

图 3.38 俄勒冈（美国西北部）汇聚板块边缘增生楔的形成

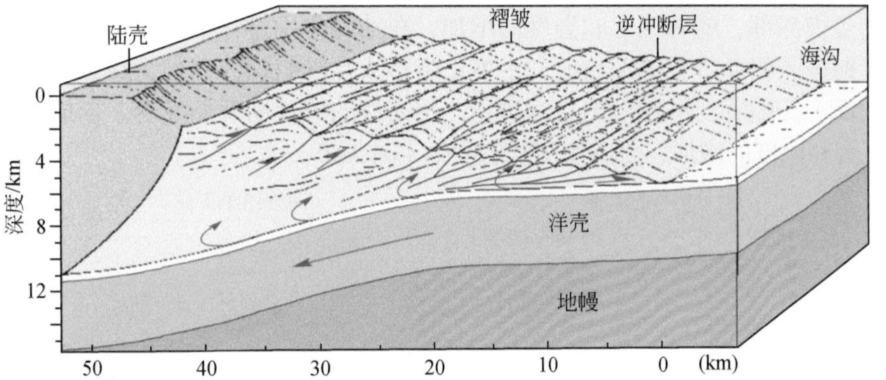

(b)

图 3.38　俄勒冈（美国西北部）汇聚板块边缘增生楔的形成（续）（据 Hamblin and Christiansen，2003）

（a）增生楔声呐影像图。增生楔主要由从俯冲板片上刮削下来的沉积物和火成岩构成，形似褶皱的毯子，脊是背斜，逆冲岩席互相叠置，横向断层为走滑断层；胡安·德富卡板块正向北美板块之下俯冲；（b）根据地震反射剖面勾绘的增生楔内部结构图。刮削下来的沉积物不断底垫到增生楔的底部使之抬升，逆冲断层互相堆叠，其间形成褶皱和增生楔顶盆地

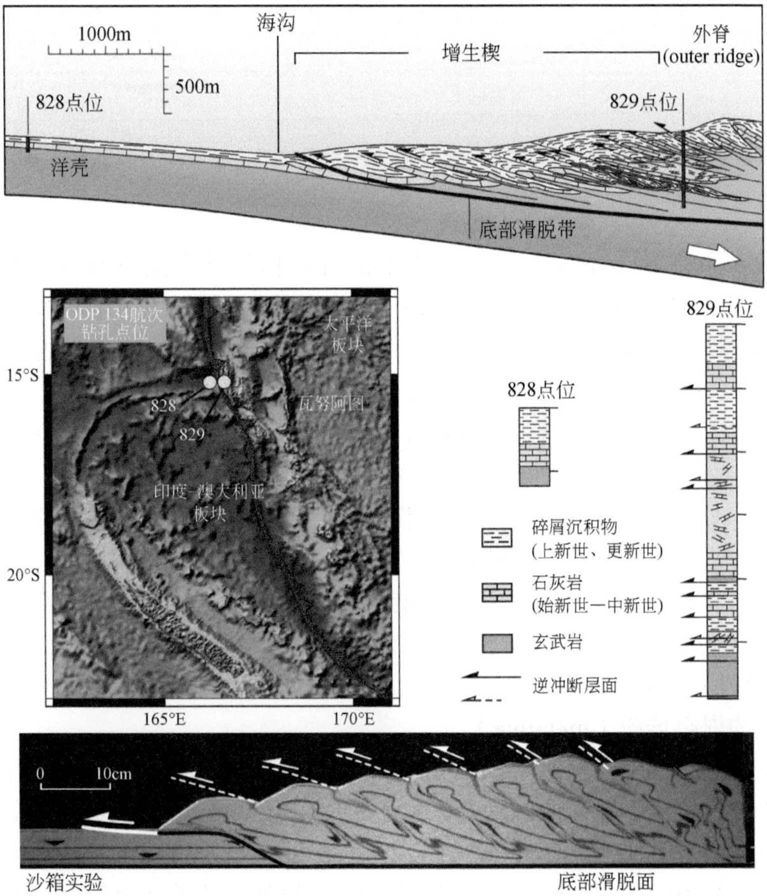

图 3.39　增生楔结构图

上图：西南太平洋瓦努阿图增生楔的结构（据 Meschede and Pelletier，1994），每个逆冲断层均以年轻的岩石置于老的岩石之下为特征，俯冲板块的洋壳物质已被刮削并添加到增生楔之中，碳酸盐岩和玄武岩在逆冲带被强烈剪切，并形成角砾岩；中图：俯冲带平面图和深海钻探计划项目获得的地层柱状图，多条逆掩断层发育（据 Frisch *et al.*，2011）；下图：沉积层序构造叠置的沙箱实验（据 Frisch *et al.*，2011）

在增生楔深部，随着压力和温度的增加，在动力作用过程中岩石会发生变质和变形作用。起初进入俯冲带较浅部位时，沿剪切带形成片状组构，表现为一系列磨光的断层面（擦痕面）。随着变形作用的持续进行，透入性的劈理面开始发育，形成板劈理，而且随着压力和温度的增加，变质作用开始发生（图 3.40）。

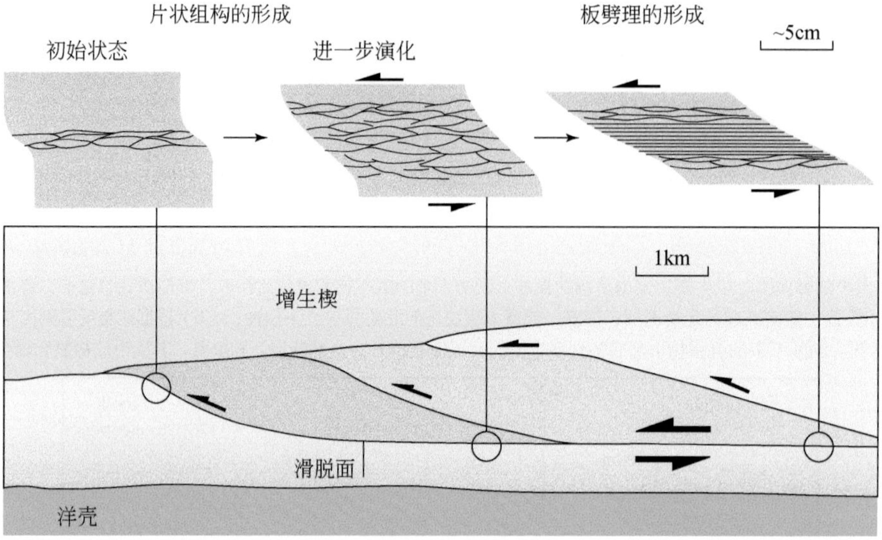

图 3.40　沿增生楔逆冲断层面发育的片状组构到板劈理的形成过程（说明见正文；据 Frisch *et al.*，2011）

前已述及，并非所有的下行板片洋壳上的沉积物都被刮削下来堆积在增生楔中。部分沉积物会直接被俯冲带携带到地壳甚至地幔深部，有些混杂堆积物折返后再次被俯冲下去或底垫于不同部位［图 3.38（b）、图 3.41］。沉积物水平俯冲距离至少可达 50km 以上［图 3.38（b）］。Hamblin 和 Christiansen（2003）认为，俯冲大洋岩石圈上 20%～60% 的沉积物会被俯冲下去，有些可能被带至地幔，甚至核幔边界深处。这就是说，相当一部分混杂堆积物质被俯冲到不同的深度发生强烈变形和变质作用，甚至高压或超高压变质作用，然后通过某种形式如构造作用使其部分折返回地表或底垫于不同深度。这就是我们为什么可以在地表采集到高压、超高压变质岩样品的原因。

在沉积物丰富的俯冲带中，增生楔可能同时向两侧增生，逆冲断层分别与俯冲带同向和反向两个方向逆冲，相应增生楔也分别从下行板块和弧前基底两个方向拆离，底部发生底垫增生作用（图 3.42）。

2. 增生楔的混杂堆积（mélange）

沿海沟陆坡会发生大规模的水下滑坡。此类大规模滑坡已在哥斯达黎加（Costa Rica）的太平洋沿岸、新西兰北北东部的克马德克（Kermadec）海沟得到了探测和证实。推测认为这些滑坡是由俯冲带频繁发生的地震所引发。能干性强的岩石如砂岩等的碎块滑塌嵌入富泥质的松软层中，形成砂、泥岩混合的“块体－基质结构”（block-in-matrix），该类岩石称为混杂堆积（mélange，台湾翻译为“混同层”；图 3.43）。

滑塌岩块，包括一些大的孤立滑塌岩块，到达深海沟后甚至进入俯冲带（图 3.43），因此，被刮削下来的下行板片洋壳岩石（蛇绿岩）和传送到海沟的各种岩石在两个板块

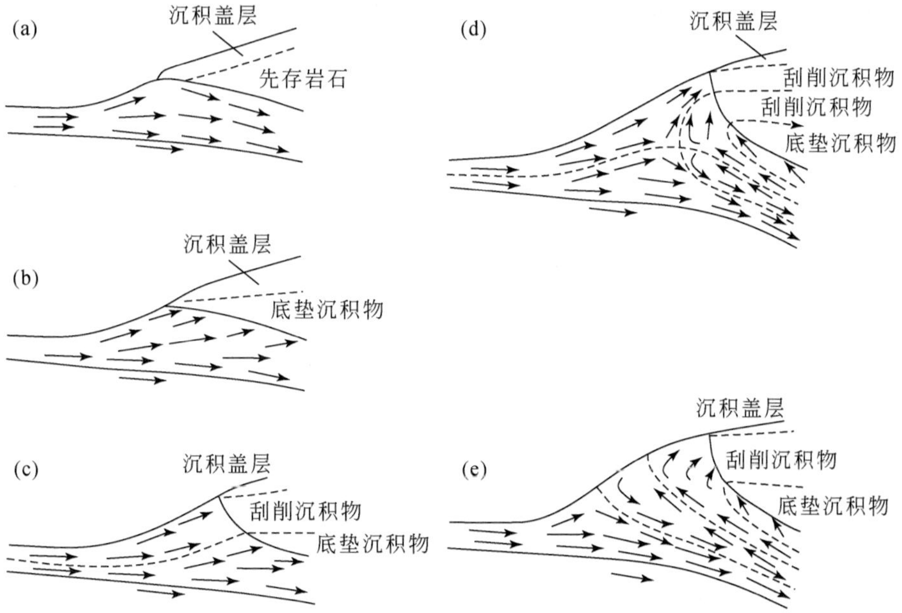

图 3.41　增生楔沉积物流动示意图（据 Shreve and Cloos，1986）

（a）所有沉积物沿俯冲带向下俯冲；（b）部分沉积物俯冲，部分沉积物底垫；（c）刮削的沉积物又被底垫；（d）新加入的沉积物被刮削和俯冲，混杂堆积被底垫、刮削和再俯冲；（e）回返的混杂堆积被刮削、底垫，甚至再俯冲，新加入的沉积物被俯冲

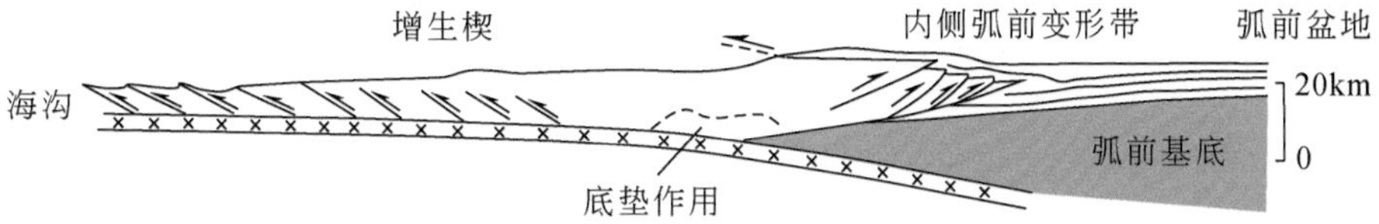

图 3.42　增生楔的双向增生（说明见正文；据 Unruh and Moores，1992；Silver and Reed，1988）

间的构造带混合，各种成分岩石在强烈的构造作用下混杂在一起。巨大杂乱的能干性岩石如玄武岩和坚硬的砂岩岩块（可达数千米大小）嵌入在软的泥质岩和板岩基质之中，构成构造混杂岩（tectonic mélange）。有些混杂岩可能经历了起初的沉积过程和后来的构造过程的混杂作用，称之为沉积－构造混杂岩（sedimentary-tectonic mélange；图 3.43），尽管不同的混杂过程已难以区分。如果混杂岩中蛇绿岩占主导成分则称为蛇绿混杂岩（ophiolitic mélange）。

总之，在增生楔的弧前边缘、斜坡盆地以及海沟内侧等处均会发生重力滑塌，形成混杂堆积（mélange）。下行板片脱水释放的流体向上引起底劈作用，富含流体岩石的上升会把这些混杂堆积的岩石带到地表。增生楔底部背驮式逆冲断层式的底垫上顶作用在地表形成底垫式穹窿构造，在其边部引起重力滑动等，形成混杂堆积（图 3.43）。这种构造一旦形成，沿着不连续薄弱面更容易进一步变形和滑动，如此发展可形成区域性的混杂堆积，如美国加利福尼亚海岸带和意大利亚平宁山脉（阿尔卑斯山脉主干南延部分）等。简而言之，增生楔主要由以海相浊积岩（复理石）为基质，包含各类滑塌岩块和地体，呈典型的岩块-基质结构(block-in-matrix)，并发生强烈变形，有人称为混杂岩(complex)。

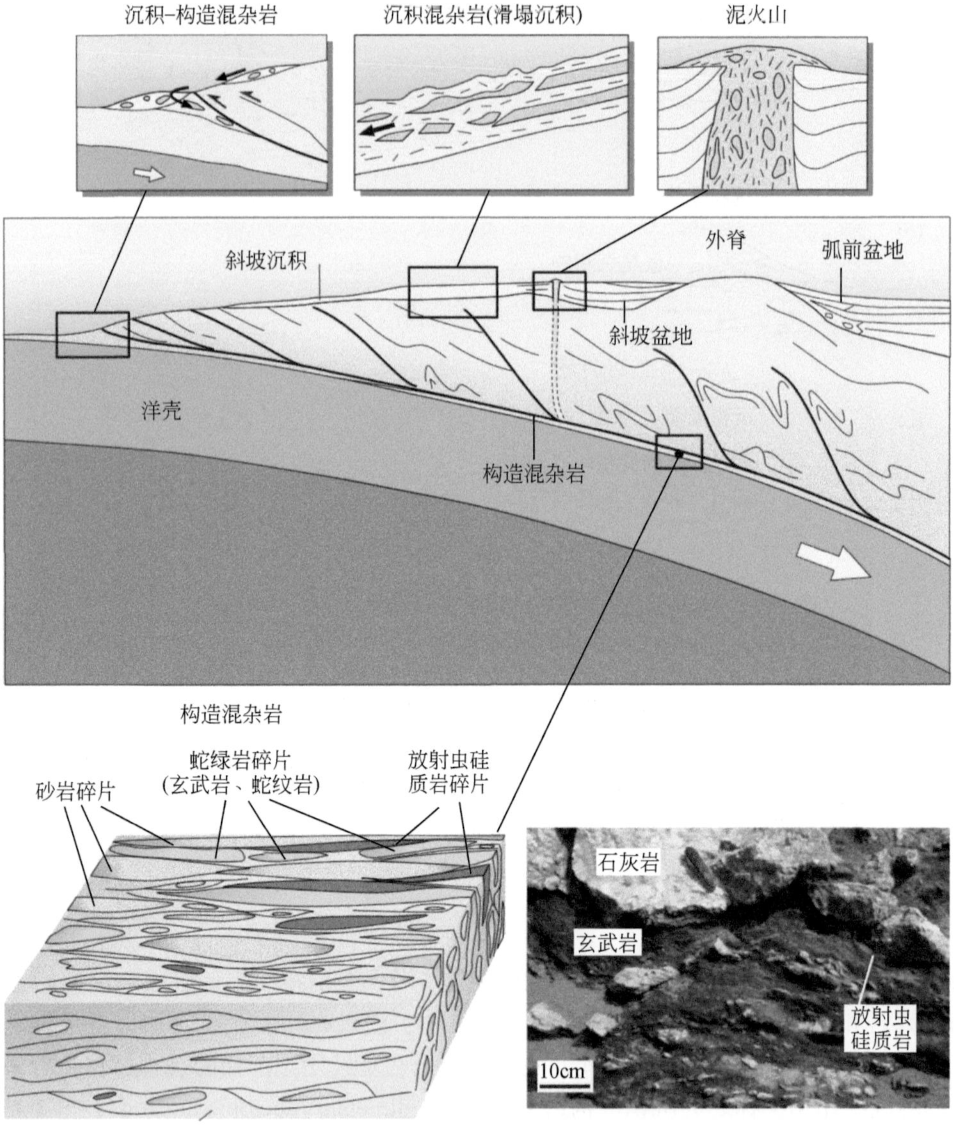

图 3.43　俯冲带和增生楔混杂堆积的形成（据 Cowan，1985）

沿着海沟斜坡或盆地边缘会发生重力滑动；刮削和底垫作用会打乱岩石正常单元，随着流体底劈作用在地表形成穹窿构造，引起重力滑动；背驼式逆冲断层方式的底垫作用的向上扩展也可以引起混杂堆积。插图反映混杂堆积不同部位的变化；露头照片显示典型的混杂堆积结构，即岩块-基质结构（block-in-matrix）；泥火山是高压下沉积物爆发式脱水所致

3. 增生楔形成的动力学过程

增生楔在剖面上形似一个大型的楔形逆冲岩片（图 3.44），其形成和堆叠是个复杂的过程，沉积物和混杂堆积物的刮削和底垫作用是其形成的主要方式。楔体尖部的刮削作用使楔体长度增加，同时降低前锋的坡度。斜坡的稳定性主要由其本身的冲断作用和褶皱作用所控制，不仅发育与俯冲带平行的同向逆冲作用，还同时发育反向逆冲作用，

从而使楔体缩短和增厚。另外，还有一种更为重要的作用方式，即前面提到的“底垫作用”（underplating）。底垫作用过程类似于大尺度的造山带中的逆冲推覆构造，沉积层在缩短的过程中互相（构造）叠置，每一个逆冲断层将老的沉积层叠于年轻的沉积层之上；从另一角度，也可理解为年轻的沉积层下冲（underthrusting）到老的沉积层之下［图 3.39、图 3.44（a）］。双重逆冲作用（duplex）和褶皱作用是底垫作用的重要方式。

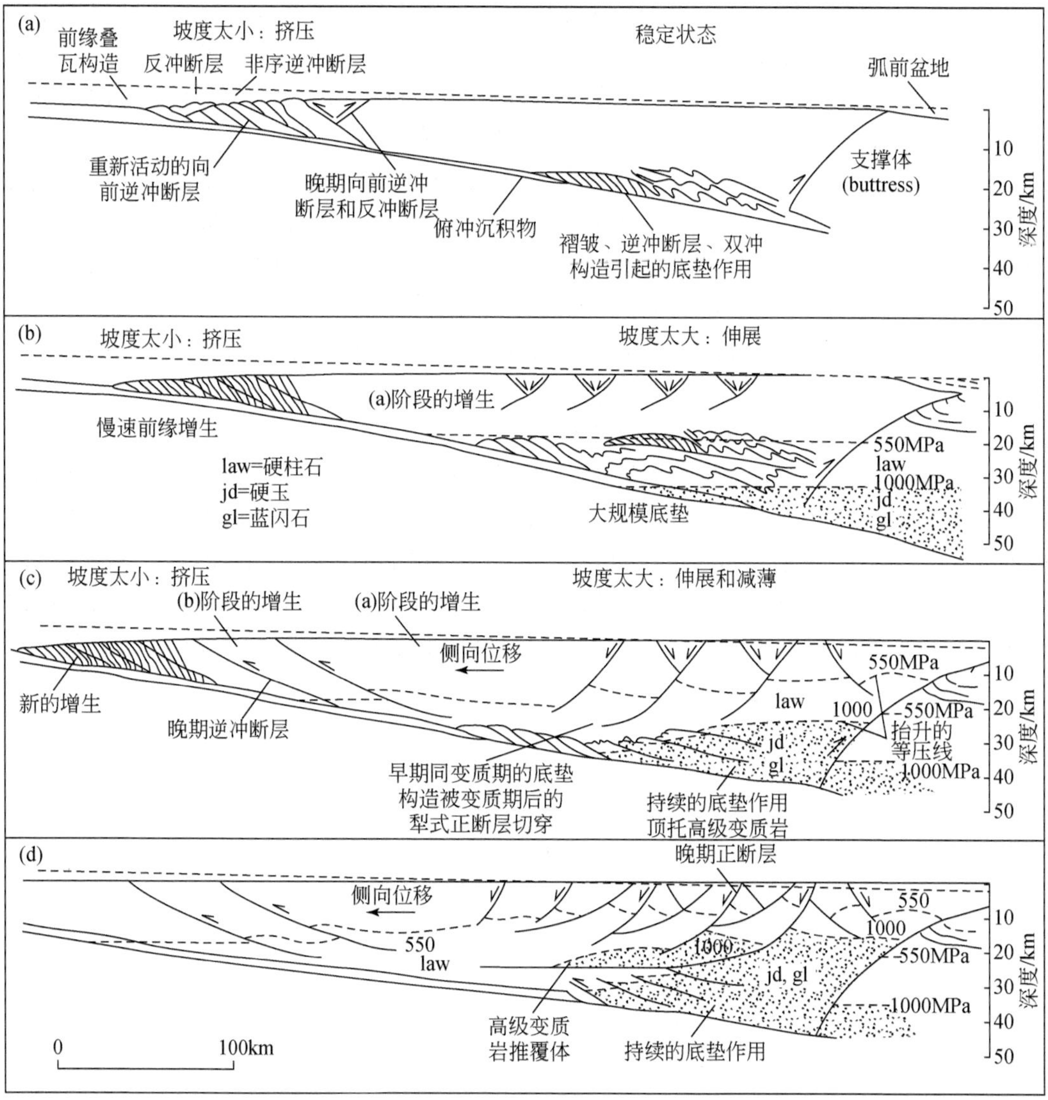

图 3.44　增生楔形成的动力学过程（据 Platt，1986）

（a）增生楔头部，如果坡度过低，楔体缩短和增厚作用主要通过与俯冲带同向的逆冲断层系和反向逆冲断层系实现；双重逆冲构造（duplex）和褶皱作用是楔体深部底垫作用（underplating）的重要方式。（b）楔体后部深处的底垫作用使深部较老的岩石上升，使浅部斜坡变陡。斜坡的陡峭作用引发重力垮塌和犁式正断层发育。黑点区表示经历了 1000MPa 以上的高压作用的岩石。（c）楔体深部底垫作用的持续上升使得增生楔不断生长，从而补偿上部的犁式正断作用和重力垮塌，从而深部岩石不断上升，增生楔在俯冲带上不断生长。（d）如此过程的持续发展形成了浅部复杂的正断层系、深部犁式正断层上的高压岩片，底垫的双重逆冲构造，后期逆冲断层使增生楔前端进一步扩展以及后端的大规模反冲断层随着楔体后部底垫作用的加剧，地表隆升，斜坡变陡，进而引发重力垮塌和犁式正断层发育，使楔体扩展和变薄［图 3.44（b）、（c）］。楔体底部的底垫增厚持续补偿上部犁式正断层和重力垮塌作用导致的楔体扩展和减薄，最终使得深部岩石运移至地表。此外，楔体后部自深至浅的大规模反向逆冲断层可能是深部岩石以及蛇绿岩（详见第 4 章 4.1）就位的重要方式之一［图 3.44（c）、（d）］。从图 3.44 可以看出，这一过程可以使 50km 深，经历 1000MPa 以上高压变质岩回返地表。这一过程可以作为解释增生楔后座部位总是发现高压低温变质岩的重要模式之一。可以看出，增生楔形成过程中，强烈挤压的逆冲断层系、双重逆冲断层系，伸展的犁式正断层系和重力垮塌构造同时发育，构成了增生楔复杂的构造格局，各类构造发挥着不同的作用。

经典的实例是西南太平洋瓦努阿图（Vanuatu）增生楔，钻探揭示出逆掩断层造成沉积层八次重复出现（图 3.39）。俯冲板块上沉积层的厚度只有 100 多米，巨厚的增生楔则是由于强烈的构造叠置所致。相比之下，日本南部菲律宾海板块俯冲于欧亚板块之下，数千米厚的沉积层俯冲到南开俯冲带，沉积层中发育多条滑脱带，但没有切过下伏洋壳，与瓦努阿图的情况类似。沉积层下部大致 1/3 部分不参与到增生楔中，而是随俯冲带俯冲下去，按俯冲深度不同发生不同程度的变质作用。

4. 俯冲侵蚀作用（subduction erosion）

板块俯冲过程中，既可以产生增生如前所述的增生楔横向和纵向的增长，如阿曼湾、日本西南部、北美西部以及加勒比海的小安的列斯群岛（Lesser Antills）等，又可以产生侵蚀作用，即俯冲侵蚀（subduction erosion），如马里亚纳群岛（Marianas）、南太平洋汤加群岛（Tonga Islands）、哥斯达黎加（Costa Rica）以及智利（Chile）等。俯冲侵蚀作用是指板块俯冲过程中将上覆板块底部的岩石刮削下来带入深部的过程（图 3.45）。

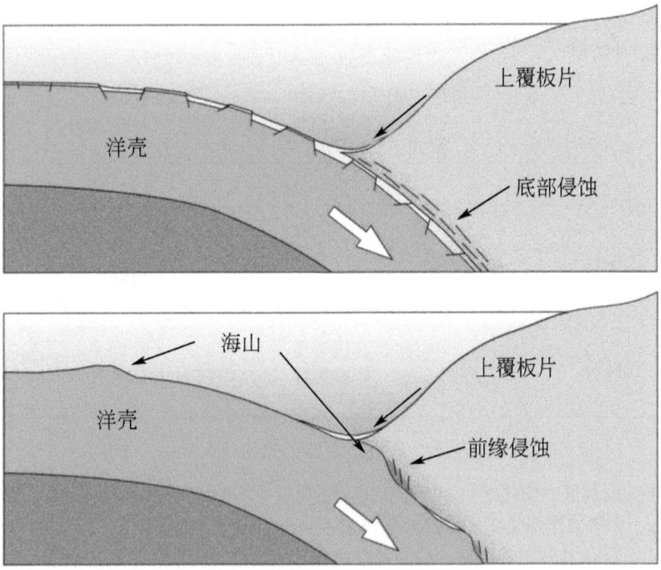

图 3.45 俯冲侵蚀作用（据 Frisch *et al.*，2011）

上图：俯冲板片上的地堑和地垒对上覆板片底部的侵蚀作用；下图：俯冲的海山对上覆板片前缘的侵蚀作用

俯冲板块表面的粗糙程度直接影响着俯冲侵蚀作用的程度。当下行板块进入海沟前发生弯曲，则会因拉张产生一系列平行于海沟的地堑和地垒，表面如此粗糙的下行板片会像奶酪刨一样把上覆板片底部的岩石刮削下来带到俯冲带深部（图 3.45 上图），如西太平洋的马里亚纳弧（Mariana arc）。俯冲板片上的海山、洋岛等也是产生俯冲侵蚀作用的重要方式。一个孤立的海山会把上覆增生楔前缘的物质刮削下来带到俯冲带深部，即前缘侵蚀（frontal erosion）（图 3.45 下图），最好的例子就是太平洋沿岸哥斯达黎加，海山正在俯冲到增生楔前缘之下（图 3.46）。

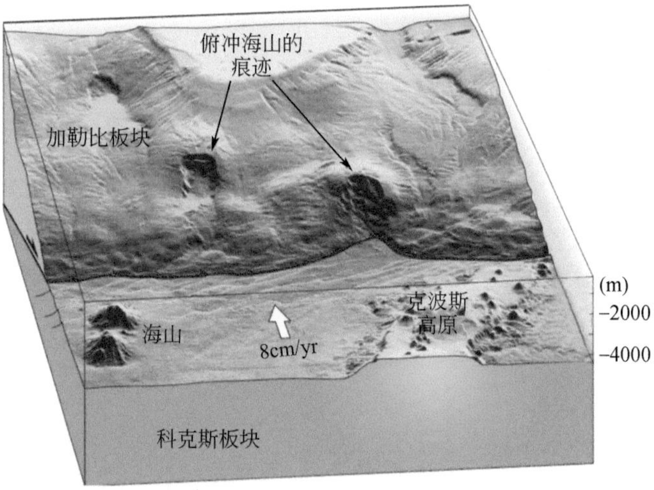

图 3.46　太平洋沿岸哥斯达黎加（Costa Rica）的海山俯冲（据 Von Huene *et al.*，2000）

锯齿状的海山进入俯冲带以后在上覆板块留下深深的痕迹

上行板块的底侵作用使得板块边界向弧的方向迁移，弧也相应向后（陆的方向）移动。这一过程发生于中新世之后的哥斯达黎加和安第斯部分地区（图 3.47）。此处科克斯板块正在以 9cm/a 的速度向加勒比板块之下俯冲，15Ma 以来弧火山前缘已经向后（加勒比方向）移动了约 40km，这与俯冲侵蚀作用造成的缩短量相当（图 3.47；Meschede *et al.*，1999）。由从上覆板块底部刮削下来的物质构成的构造混杂岩沿滑脱带展布，混杂岩被俯冲板块带到俯冲带深部，发生变质作用，有些甚至发生部分熔融成为弧岩浆的一部分。

俯冲侵蚀作用通常有两种情况。一种是俯冲角度比较小，上下两个板块耦合的比较紧，称为智利型，主要包括中美；另一种是俯冲角度比较大，但俯冲带发生回撤（roll-back）弯曲，产生一系列锯齿状地垒，使下行板块表面粗糙，称为马里亚纳型，如马里亚纳、汤加以及日本东北部。此外，孔隙流体在俯冲侵蚀作用过程中也发挥着润滑等重要作用。

3.3.3　增生地体（accreted terranes）

世界范围的研究表明，几乎所有的增生楔中均包含许许多多大小不等的孤立的地壳（洋壳或陆壳）块体，大者可达数百千米甚至更大，各个块体有其独特的来源和演化历史，彼此间呈构造接触关系，每个块体称为一个独立的地体（terrane），意指一个区域或具有

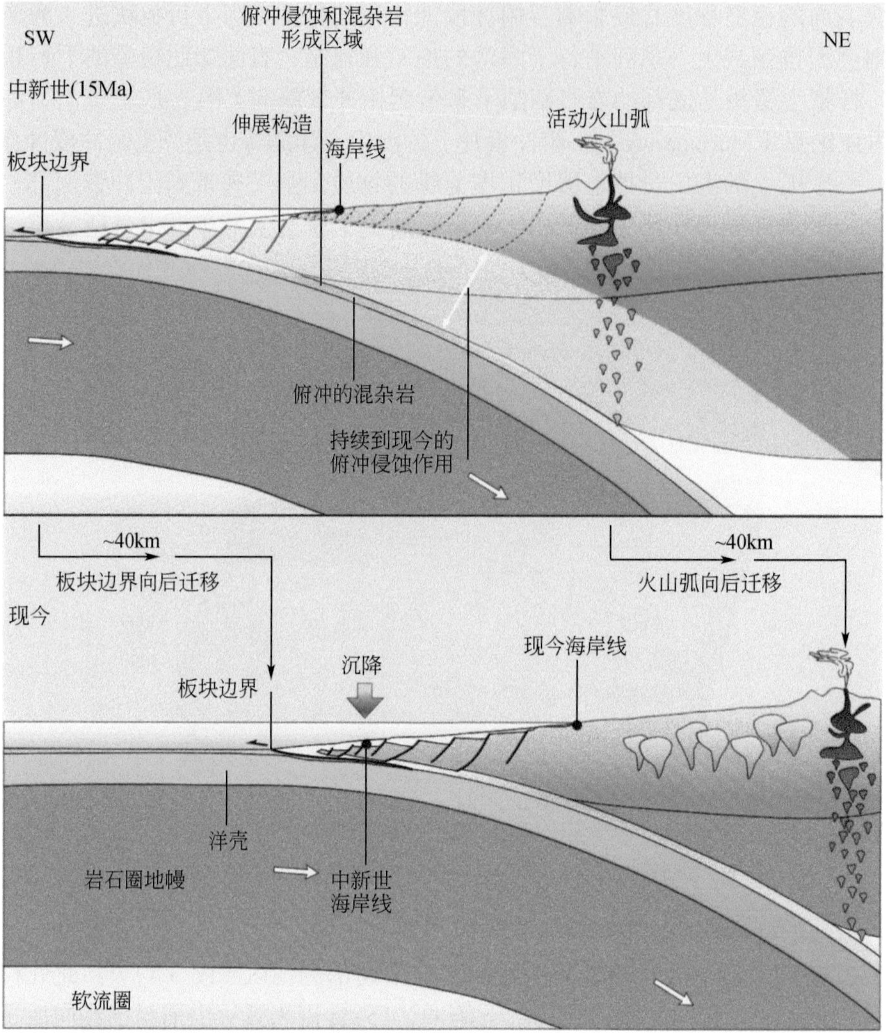

图 3.47 哥斯达黎加板块边缘的俯冲侵蚀作用（据 Meschede *et al.*，1999）

科克斯板块向加勒比板块下俯冲，中新世以来上覆板块的俯冲侵蚀作用使火山弧向后（弧后方向）移动约 40km

相同年龄、构造特征、地层和来源的一套岩石组合，保存于增生楔中，又称增生地体(accreted terrane)。每个地体的大小、岩石组合、化石组合、发展历史以及磁学特征等均截然不同。化石可以指示地体形成的时间和环境；古地磁数据可以指示地体来自数千公里之外的不同纬度。

为什么会有如此多的增生地体呢？从现今地球表层的大洋景观可以看出，大多具有洋岛、海山，以及洋盆相间排列的复杂面貌，呈现典型的多岛洋结构（archipelago），从宏观上讲即为多岛洋（archipelagic ocean）。按照“将今论古”原则，地球历史时期的大洋也应如此。

那么，增生地体主要有哪些类型呢？我们知道，洋底发育大量洋岛（oceanic islands）、海山（seamounts）、洋底高原（oceanic plateau）、平顶海山（guyots）以及大陆碎片（continental fragments）等，比如仅太平洋洋底就发现有 10000 多座海山。它们随着俯冲板块逐渐运移至海沟之后，有些被刮削下来增生到增生楔中，成为增生地体（图 3.48）；有些随俯冲带俯冲下去，有些又折返于不同部位；有些底垫或折返底垫于增生楔底部；还有些，特别是块体比较大者如大陆碎片等，既难以被刮削下来又难以俯冲下去，最后致使俯冲板片断离，海沟后撤（向洋的方向），形成新的俯冲带，使其整体增生到增生楔中，成为增生地体（图 3.48）。当然，在这些地体进入增生楔的过程中，也会有一些地体物质随着俯冲带被带到地壳和地幔深处。俯冲下去的地体物质经受不同程度的变形、变质作用后，部分特别是陆壳物质又会通过各种途径折返回地表。这就是我们为什么会在增生楔或碰撞造山带混杂带中发现各类高压甚至超高压变质岩，特别是陆壳物质的高压、超高压变质岩的原因之一。除俯冲阶段外，碰撞阶段也可能产生此类变质岩，但难度会更大，概率会更低（详细讨论见第 4 章 4.4；附录 1）。

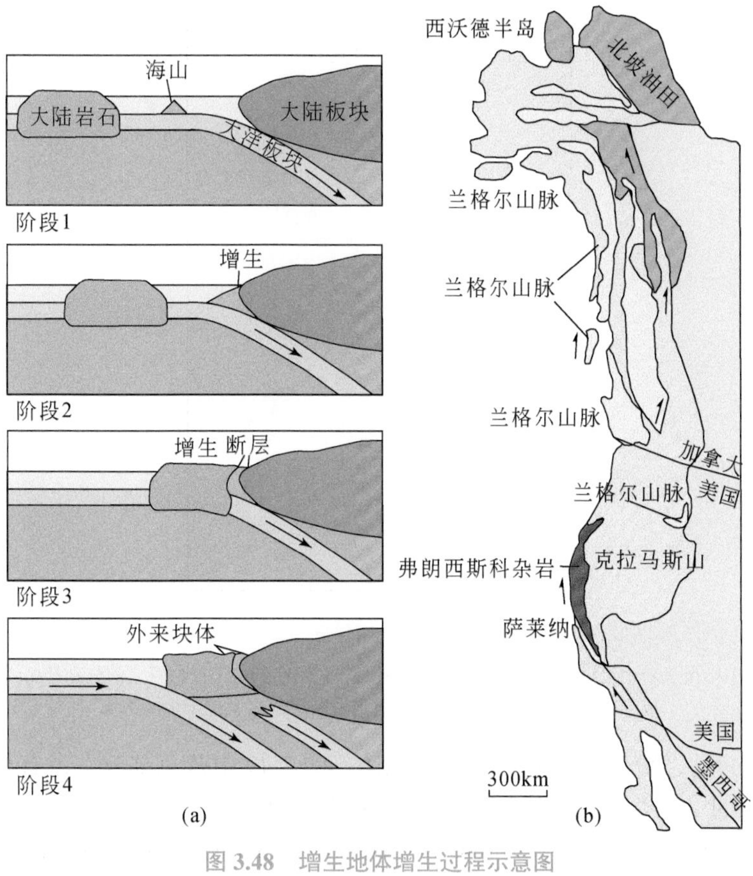

图 3.48　增生地体增生过程示意图

（a）汇聚板块边界的海山和小的陆壳碎片的增生过程；（b）北美西部的增生地体，标以浅棕色和红棕色

北美西部汇聚型板块边缘的增生地体为我们提供了很好的例证（图 3.49）。该地区拥有许多中生代和新生代挤压拼贴在一起的地体，其各自具有自己的结构构造、岩石类型和化石组合。每个地体与相邻块体之间形成明显的对比和反差：一个是与地幔柱有关的古海山残片；另一个可能是形成于巴哈马群岛（Bahamas）的浅海碳酸盐岩；还有

一个是残留弧碎片；值得注意的是还有一些具有变质基底杂岩的大陆碎片（图 3.49）。每个地体之间以大型断层（剪切带）相隔，且有明显的走滑位移。古地磁和化石表明，有些地体源于英国哥伦比亚，向北移动数千千米最后增生至北美西部（Hamblin and Christiansen，2003）。

此外，研究发现，现代大洋中有许多大陆残片和大陆壳的痕迹存在，根据任纪舜等（2015）研究，目前已知大约有 23 处之多（图 3.50），这些大陆残片在俯冲和碰撞造山过程中多以外来地体方式就位于混杂带中。

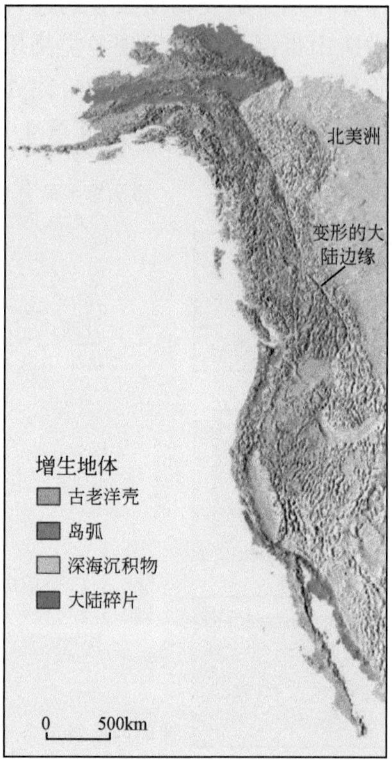

图 3.49 北美西部汇聚型板块边缘的增生地体（说明见正文；据 Hamblin and Christiansen，2003）

北美西部混杂带中中生代至新生代拼贴上来的各类岩石和地体；它们在到达现在位置之前分别是岛弧、裂解大陆碎片，或洋底高原等；增生之后，通过走滑断层使之就位于大陆边缘

需要强调的是，增生楔中的大陆碎片地体（图 3.49 中蓝色部分）占有相当比例，约占整个增生楔的 1/4 ～ 1/3（图 3.49），这就提醒我们，在造山带研究中应注意两种可能的误区。①误将混杂带中的大陆碎片（continental fragments）地体当作成熟大陆块体（continental block/plate），据此将一个本来完整的碰撞造山带分解成若干条支离破碎的造山带；②误认为陆壳高压变质作用与碰撞作用存在必然联系，进而据此判断碰撞事件是否发生。如前所述，这些大陆碎片地体在增生过程中（俯冲阶段），会有部分陆壳物质随俯冲带俯冲到地壳、甚至地幔深处，经历高压、超高压变质作用，然后又通过各种途径（见前所述）折返回地表，也就是说俯冲阶段更容易形成陆壳物质的高压–超高压变质作用，恰恰是碰撞阶段因俯冲板片断离，陆壳物质密度比较小而难以发生深俯冲。

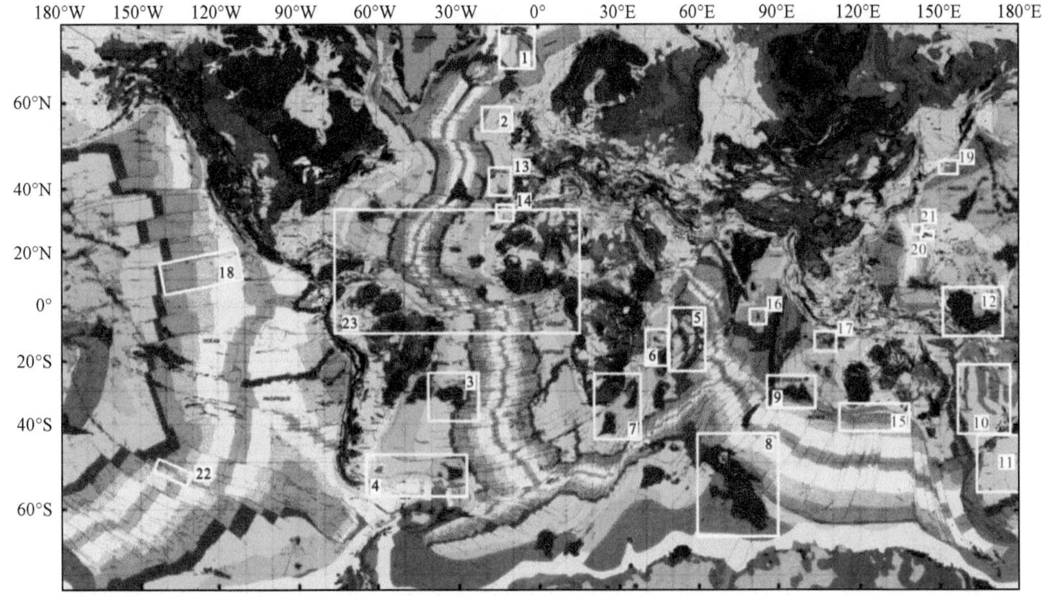

图 3.50　全球大洋中大陆残片和陆壳残迹分布简图（任纪舜等，2015，其中世界地质图据 Bouysse，2009）

1. 扬马延海脊（Jan Mayan Ridge）；2. 罗考尔海台（Rockall Plateau）；3. 里奥格兰德海台（Rio Grande Plateau）；4. 福克兰海台（Falkland Plateau）；5. 塞舌尔海台（Seychelles Plateau）；6. 科摩罗群岛与戴维海脊（Comoro Island and Davie Ridge）；7. 桑摩比亚海岭与厄加勒斯海台（Mozambique Ridge and Agulhas Plateau）；8. 凯尔盖朗海台（Kerguelen Plateau）；9. 布罗肯海脊（Broken Ridge）；10. 洛德豪海脊（Lord Howe Rise）；11. 坎贝尔海台和查塔姆海隆（Campbell Plateau and Chatham Rise）；12. 翁通爪哇海台（Ontong Java Plateau）；13. 伊比利亚深海平原（Iberia Abyssal Pain）；14. 摩洛哥西侧 Seine 深海平原（Seine Abyssal plain of Morocco）；15. 澳大利亚南缘大陆坡脚；16. 东北印度洋 Aphanasey Nikitin 海隆；17. 圣诞岛海山省（Christmas Island Seamount Province）；18. 东太平洋 Clarion 和 Cloppertone 断裂带；19. 千岛 - 堪察加海沟（Kuril-Kamchatka trench）；20. 北马里亚纳海沟与小笠原海沟之间的海隆；21. 小笠原海隆（Ogasawara Ridge）；22. 东太平洋中脊与南极洲中脊之间的 Heezen 断裂带；23. 赤道大西洋古老陆壳岩石

所以在造山带中发现的陆壳高压麻粒岩等高压 / 超高压变质岩的变质年龄并不能代表碰撞事件已经发生（参阅附录 1）。另外，这些大陆碎片不仅拥有古老的陆壳物质，而且拥有大陆型（古老）的岩石圈地幔，在大洋岩石圈俯冲和碰撞过程中多以地体方式就位于造山带混杂带中，从而造成造山带中发育早于造山事件的大陆地壳和地幔岩碎片。这可能是在一些造山带如阿尔卑斯造山带等（Rampone and Hofmann，2012；吴福元等，2014）中发现部分地幔橄榄岩年龄比蛇绿岩的辉长岩成岩年龄早许多的原因之一。

3.4　弧前域的沉积盆地

弧前域包括自海沟至岛弧之间范围，该范围大致有三种类型的沉积盆地，分别是海沟盆地（沟底盆地）、增生楔顶盆地（海沟斜坡盆地）和弧前盆地（图 3.51）。

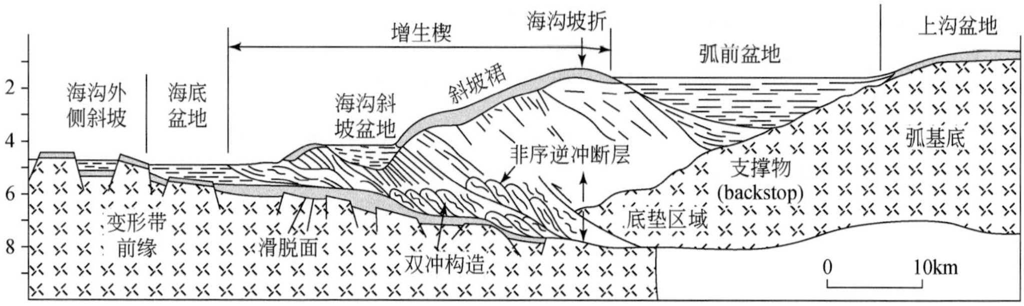

图 3.51 海沟－斜坡－弧前盆地构造示意图（据 Underwood and Moore，1995）

自左向右：海沟盆地（包括海沟外侧斜坡盆地和沟底盆地）；海沟斜坡盆地（包括伸展型的斜坡盆地和冲断型的楔顶盆地）；（隆起）海沟坡折；弧前盆地；上沟斜坡

3.4.1 海沟盆地（trench basins）

海沟盆地位于大洋岩石圈消减带前沿的海沟中，处于俯冲带最前缘位置。海沟向洋一侧的海沟外侧斜坡（outer trench slope）通常发育一系列正断层，发育半地堑式盆地，其成因与大洋板块俯冲引起的上拱（外隆）、张裂作用有关；海沟底部呈断陷式盆地。海沟盆地主要是些伸展性盆地（图 3.51）。

从深海钻井岩心揭露的日本海沟南开海槽的地层和岩性剖面（图 3.52），可以看出海沟轴部砂质浊积岩为主要沉积组分；而海沟边缘的沉积楔状体砂质浊积岩之上，覆盖了较厚的半深海泥岩。所有剖面上都可以见到远源漂移来的火山灰沉积。

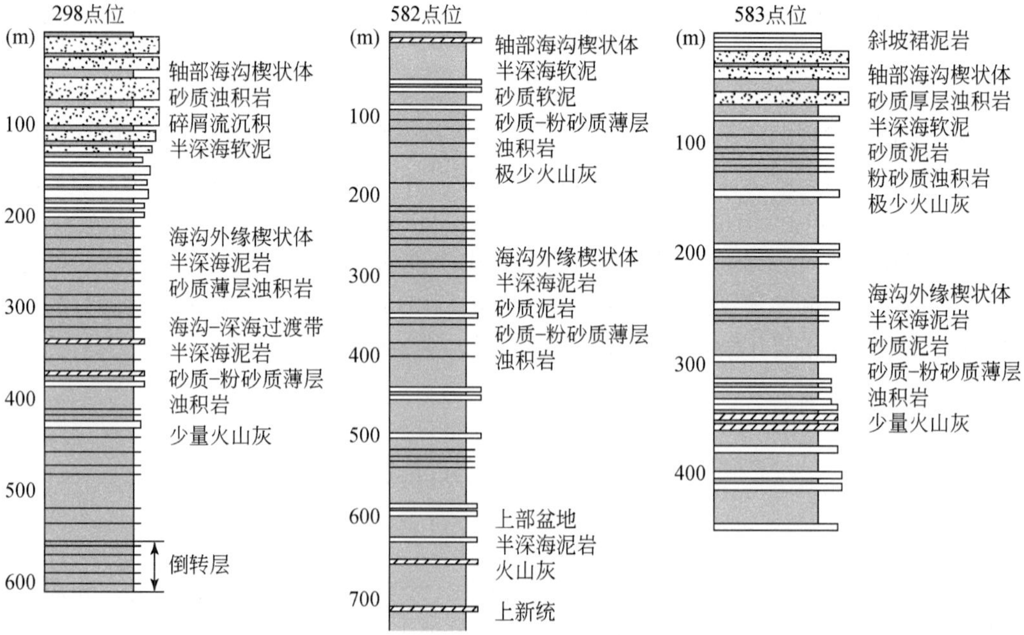

图 3.52 日本海沟南开海槽深海钻三个钻井岩心建立的地层和岩相柱状剖面（据 Underwood *et al.*，2003）

李继亮等（2013）依据若干海沟沉积层序，综合出了海沟沉积相纵向序列（图3.53）。海沟坡半地堑陡坡部位，沉积了坡裾剖面的层序。层序底部是海下峡谷和滑塌沉积的半固结的滑塌堆积。坡裾剖面的中上部沉积了峡谷浊流近源部位的粗粒浊积岩，浊流旋回之间沉积了深海泥岩。泥岩沉积常常受到间歇发生的滑塌堆积的扰动。在半地堑陡坡底部的海沟中央盆地中为海下扇层序。层序下部，沉积了细粒的具有鲍马序列的浊积岩。层序中部主要是海下分支谷道的充填浊积岩。这一部分的上部沉积旋回的粒度比下部更粗，厚度也比下部更大。层序上部也主要是谷道充填浊积岩，只是有滑塌堆积穿插其间。

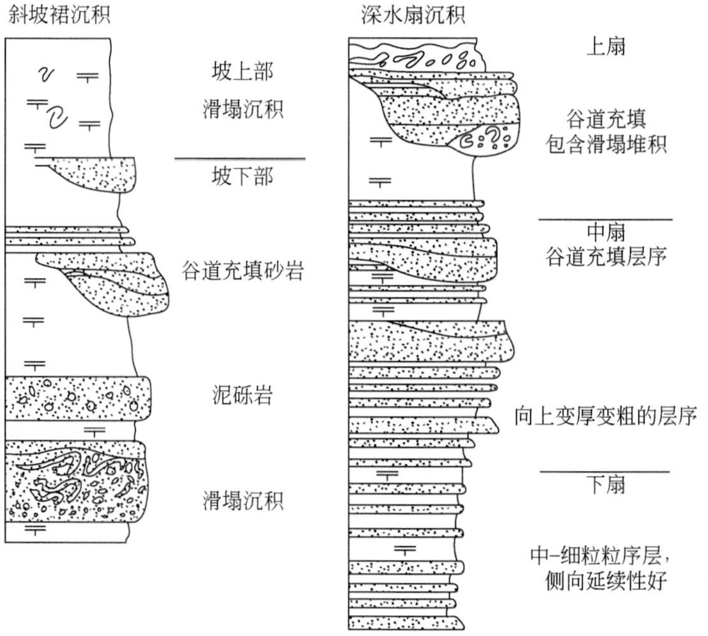

图3.53　海沟盆地的主要沉积环境和沉积相图（李继亮等，2013）

新西兰的早白垩世海沟沉积表现出上述两个层序中的典型岩石：一个是海下扇的薄层浊积岩［图3.54（a）］；另一个是峡谷谷道大型浊流为主、夹有小型浊流沉积的浊积岩［图3.54（b）］。这可以作为鉴识海沟沉积的参考图像。

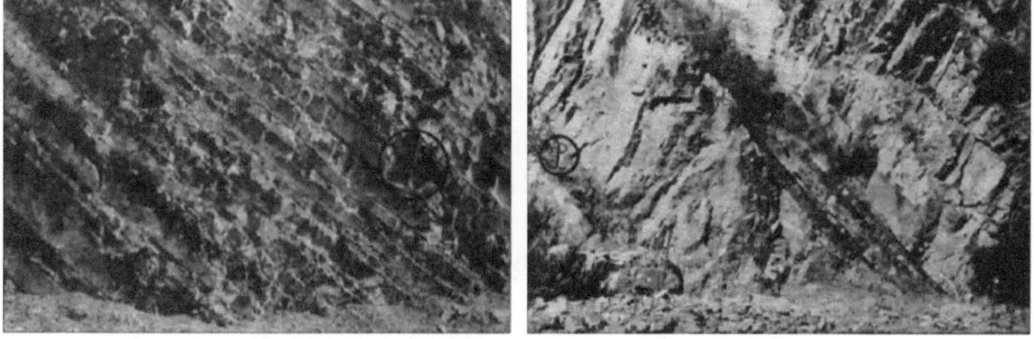

(a)　　(b)

图3.54　新西兰早白垩世海沟的沉积特征（据George，1992）

（a）薄层砂岩为主的浊积岩；（b）厚层与薄层交互的浊积岩

海沟沉积物的物源不仅来自增生楔斜坡和相邻岛弧，也常见沿俯冲带轴向以浊流形式远距离搬运的沉积物，其物源可能来自造山带或陆内（Underwood and Bachman，1986）。例如，在巴巴多斯（Barbados）洋内俯冲带中，厚层增生楔就是由南美克拉通内物源区向北搬运至俯冲洋壳之上，最终刮削、拼贴至增生混杂岩中（Velbel，1985；Larue and Provine，1988）。此外，海沟内碎屑流或滑塌沉积还可能由较老的增生杂岩再沉积而成。

海底多波束回声探测结果显示，海沟外侧斜坡同样发育大量深海峡谷，这些峡谷将洋壳表面的物质（远洋沉积物及海底火山碎屑）以碎屑流或浊流形式带入海沟堆积（图 3.55）。可见，洋壳表面物质同样是海沟的重要物源区之一。

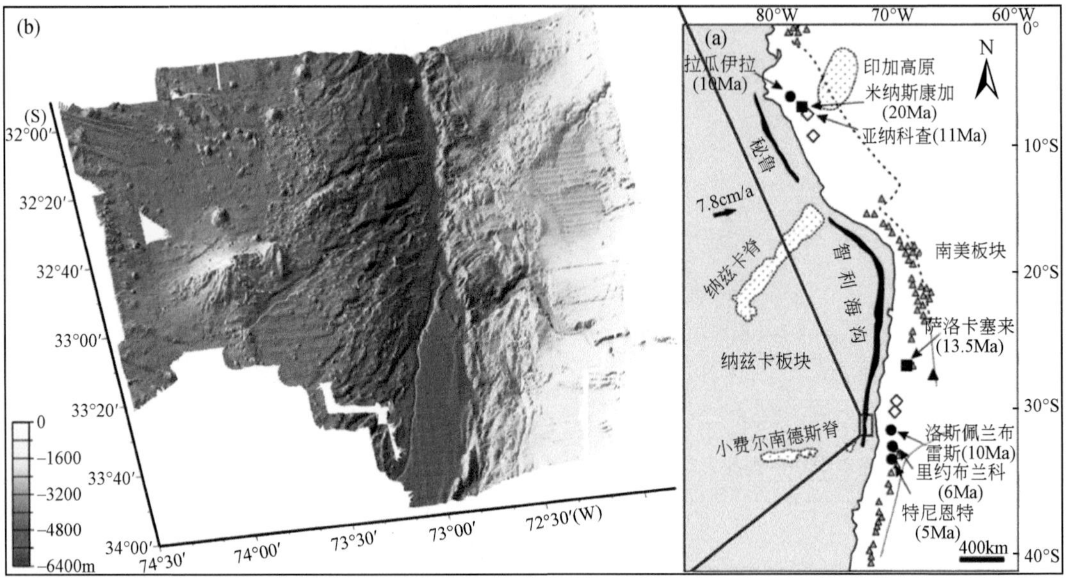

图 3.55　中部智利海沟海底多波束成像图像

（a）中部智利海沟构造位置（据 Cookie and Hollings，2005）；（b）中部智利海沟海底多波束成像（据 Wille，2005），左侧深蓝色区域为洋壳，中间紫色区域为海沟，右侧浅蓝色区域为增生楔，洋壳上凸起部分为海山、洋岛或大洋高原。洋壳和增生楔表面发育大量深海峡谷并汇聚至海沟轴向水道中。海沟盆地是地球上沉积物最为复杂的沉积区域

3.4.2　增生楔顶盆地

楔顶盆地（wedge-top basin）这个术语有两种含义：其一是指碰撞造山过程中前陆褶皱冲断楔顶部没有连通为统一的前陆盆地之前的一系列孤立的冲褶席（duplex）间的盆地；其二是指增生楔顶部冲断席之间的盆地，即具有冲断边界的海沟斜坡盆地（简称斜坡盆地；图 3.37、图 3.51）。为了把两者分别开来，前者称为前陆楔顶盆地，而把后者称为增生楔顶盆地。一般而言，海沟斜坡盆地主要表现为挤压性的增生楔顶盆地，但有时因增生楔的强烈构造底垫作用等，在海沟斜坡上也会出现地堑或半地堑式的伸展性盆地。

增生楔顶盆地的发育及其充填主要受由逆冲构造脊所构成的活动构造脊（tectonically active ridges）所控制，并以此为盆地边界［图 3.56（a）、（b）；Von Huene，1972；Moore and Karig, 1976]。持续的逆冲作用会将楔顶盆地逐渐掩埋，并卷入增生楔中[图 3.56(c)]。

意大利卡拉布里亚（Calabrian）两个楔顶盆地（罗萨那盆地和克罗通盆地）的沉积剖面展示了增生楔顶盆地的沉积序列（图 3.57）。罗萨那盆地和克罗通盆地分别位于卡拉布里亚岛弧的北部和东南部，两个盆地中的剖面都位于中新统基底岩石上，皆可分为两个沉积旋回。第一旋回十分相似，底部为冲积扇和扇三角洲环境的砾岩和含砾砂岩，中部为滨岸环境的砂岩和含化石砂岩，上部为深水盆地的泥岩，顶部是滑塌堆积。两条剖面的第二旋回颇有差异。罗萨那盆地的第二旋回，底部为砂岩和泥岩，向上为泥岩夹薄层粉砂岩，中部为厚层滑塌堆积，上部是泥岩夹薄层粉砂岩；克罗通盆地剖面的第二旋回底部为角砾岩，向上为泥灰岩、粉砂岩夹火山岩透镜体，中部含有薄层滑塌堆积和厚层泥岩，上部是厚层蒸发岩。两个盆地第二旋回沉积作用的差异，反映了楔顶盆地发展演化的多样性。

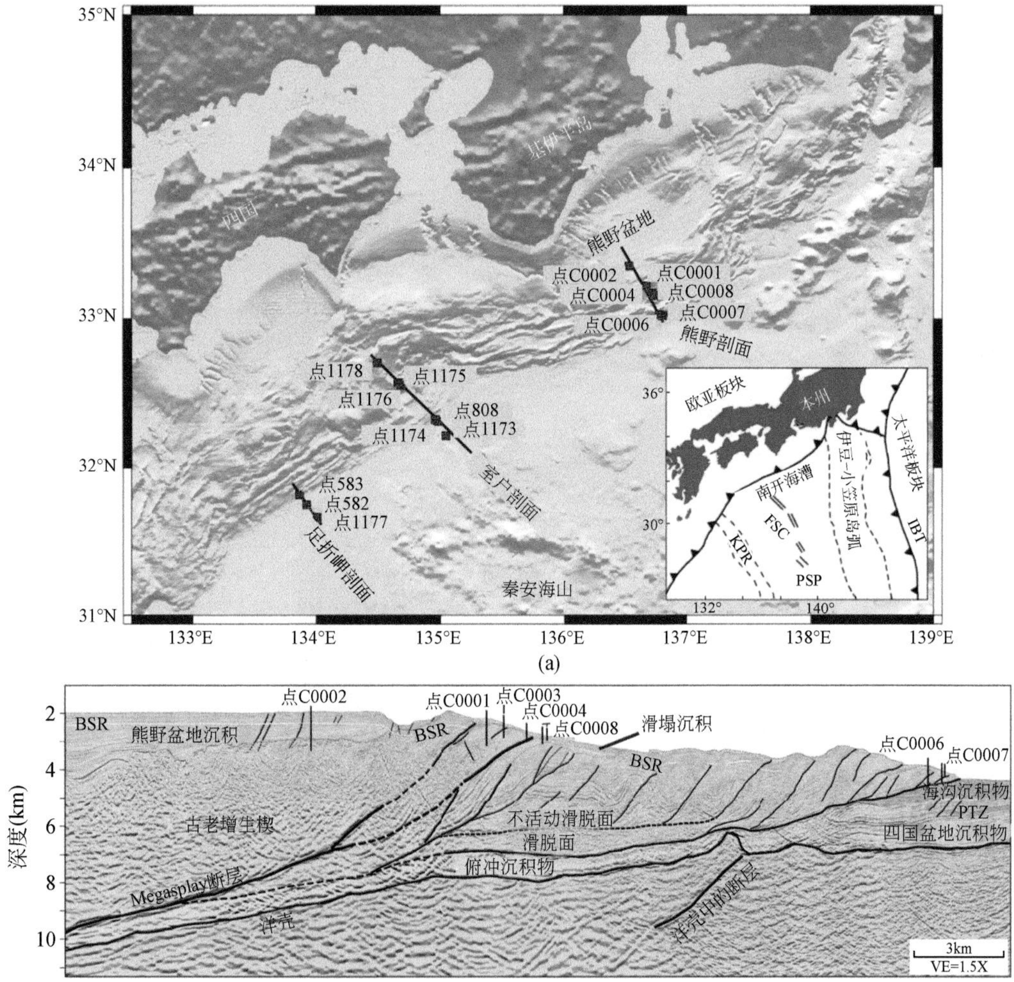

图 3.56　（日本）南开（Nankai）海槽斜坡盆地构造与沉积特征（据 Moore *et al.*，2009）

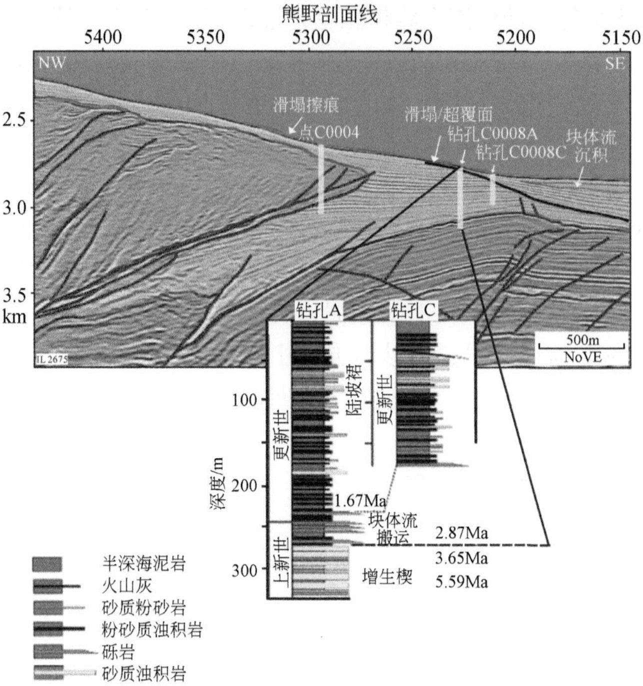

(c)

图 3.56 （日本）南开（Nankai）海槽斜坡盆地构造与沉积特征（续）（据 Moore *et al.*，2009）

（a）（日本）南开（Nankai）海槽钻孔位置；（b）熊野（Kumano）增生混杂岩和增生楔顶盆地地震剖面解译；（c）熊野弧前盆地和增生楔顶盆地构造模式图

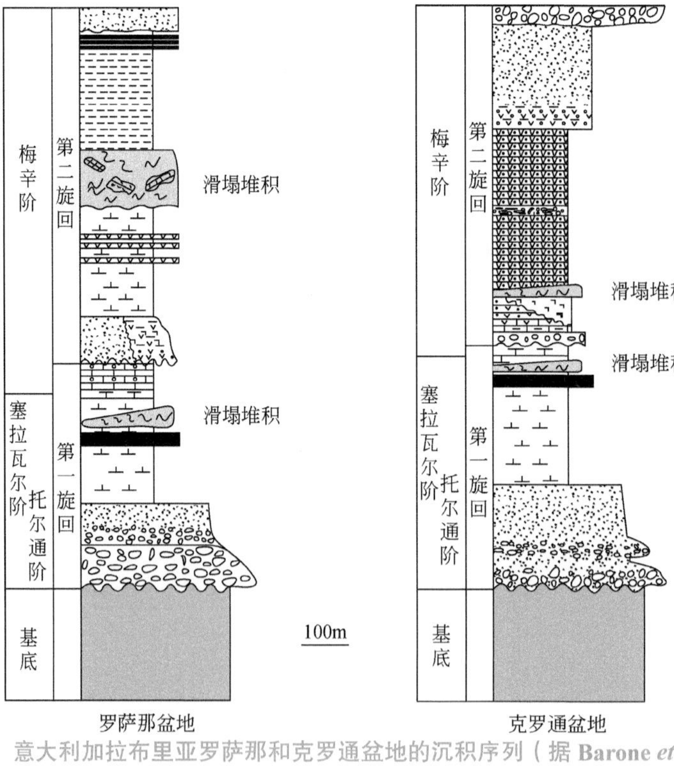

图 3.57 意大利加拉布里亚罗萨那和克罗通盆地的沉积序列（据 Barone *et al.*，2008）

Moore 等（1980）在对印度尼西亚尼亚斯岛（Nias Island）增生楔顶盆地研究的基础上，提出了假想垂向沉积序列模型（图 3.58）。认为这种向上变粗的大型旋回暗示盆地经历了抬升且导致陆源物质供给量增大，海底峡谷促进了大陆架或岛弧物质搬运至楔顶盆地过程。小型旋回则归因于沉积朵体（向上变粗）的进积或侧向迁移以及水道（向上变细）迁移或废弃。

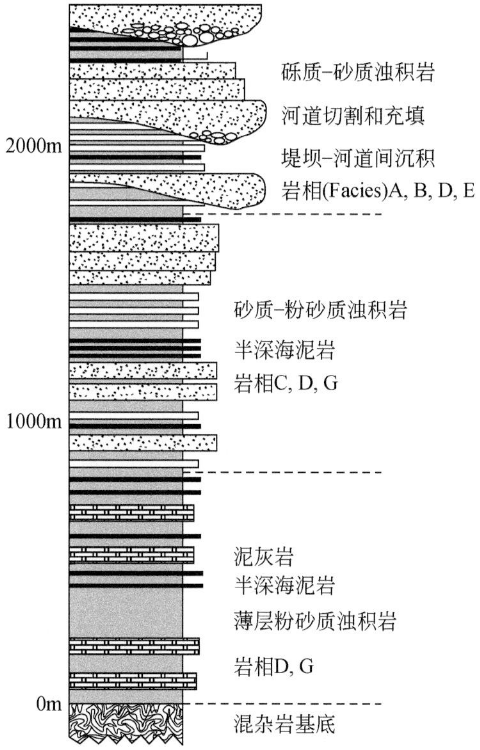

图 3.58　增生楔顶盆地假想垂向沉积序列模型（据 Moore *et al.*，1980）

Underwood 和 Bachman（1982）建立了一套斜坡盆地沉积模式，将之分为四个亚相（图 3.59）。

海底峡谷（submarine canyon）：海底峡谷通常将陆源的粗粒沉积物搬运至斜坡盆地中，其相组合通常为 Facies A、B 和 C，大型峡谷可发育堤岸和溢岸沉积（Facies D、E 和 G），峡谷两侧滑塌所形成的混杂岩（Facies F）。不活动的峡谷可充填斜坡沉积和细粒浊积岩（Facies D 和 G）。

斜坡（slope）：以悬浮沉积的泥岩或页岩组成（Facies G），亦可见薄层细粒浊积岩和滑塌沉积（Facies D 和 F）。

成熟斜坡盆地（mature slope basin）：成熟斜坡盆地指直接接受峡谷供给的盆地，其海底扇一般结构类似，发育从内扇到外扇的完整沉积相组合（Facies A ～ G 均可见）。古水流形态从放射状逐渐过渡为平行于构造脊（tectonic ridge）轴向。随着俯冲过程的进行，逆冲断层活动性会逐渐减弱，成熟斜坡盆地宽度将逐渐加大。

未成熟斜坡盆地（immature slope basin）：未成熟斜坡盆地相沉积为斜坡上部捕获粗

粒沉积物之后所残留的细粒沉积构成。通常位于海沟 - 斜坡下部，其相组合为半远洋细粒浊积岩和泥岩（Facies D、G），亦可见滑塌沉积（Facies F）。“成熟”与“未成熟”是相对于是否直接接受海底峡谷供给而言的。

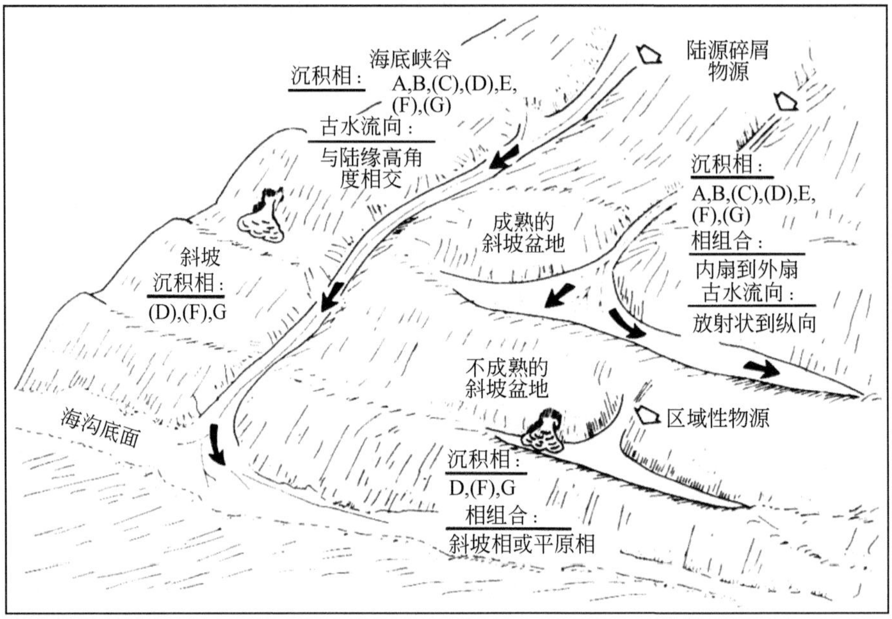

图 3.59　增生楔顶盆地沉积相模式（据 Underwood and Bachman，1982）

实际上，由于增生楔顶盆地的构造沉降特点和盆地沉积与海平面的关系，楔顶盆地的沉积物可以是陆相的，也可能是浅海相，还可能是半深海或深海相。增生楔顶盆地的基底是增生混杂岩。

值得注意的是，增生楔顶盆地是俯冲过程的产物，与碰撞事件无关；而前陆楔顶盆地则是碰撞作用的产物，其沉积物主要为磨拉石建造，所以前陆楔顶盆地中最早的磨拉石地层的时代可作为碰撞事件发生的上限（见附录 1）。另外，碰撞造山作用过程中混杂带上冲断席之间的盆地也常被称为楔顶盆地，应注意概念上的区分。

3.4.3　弧前盆地

弧前盆地位于岩浆弧与增生楔海沟坡折（或叫内侧隆起；外侧脊等）之间的地壳沉降带，是俯冲带弧 - 沟体系中的重要组成部分（图 3.51）。弧前盆地的沉积作用与岛弧火山作用、岩浆作用及俯冲杂岩的变质变形作用是同时发生的，可以包含各种沉积环境，如三角洲、大陆架、大陆坡和海下扇等，通常由巨厚的深海或浅海沉积物和沉积岩构成，其物源既可来自于岛弧，又可来自于海沟坡折。

现代弧前盆地的最好实例即尼加拉瓜（Nicaragua）滨岸的桑迪诺盆地（Sandino Basin）、印度洋的明打威海岭（Mentawai Ridge）与苏门答腊岛（Sumatra）之间的盆地（图 3.60），以及日本本州静冈地区桂川弧前盆地等。桑迪诺盆地接受了约 10km 厚的沉积物，明打威海岭与苏门答腊岛之间的盆地接受了 4 ～ 5km 厚的沉积物，整体为向上变浅的沉积层序（图 3.60）。苏门答腊弧前盆地沉积物尽管主要来自邻近的岛弧，但同样含有大量的海相生物碳酸盐岩，尤其在年轻的浅的层位中。

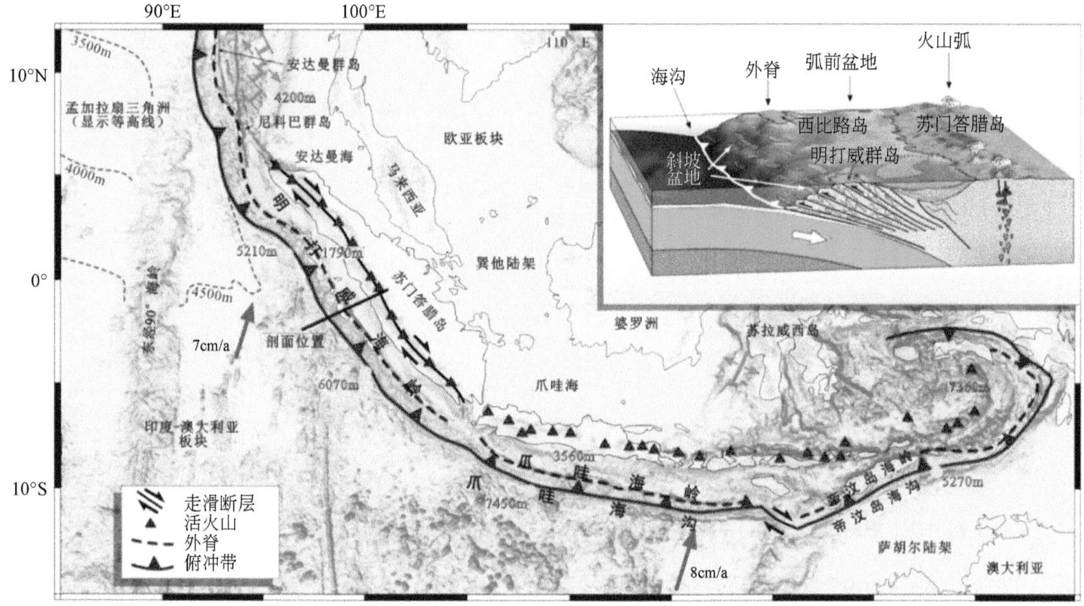

图 3.60　巽他弧（Sunda Arc）弧前盆地的构造位置和剖面图（据 Frisch *et al.*，2011）

苏门答腊（Sumatra）前缘，厚的孟加拉（Bengal）扇沉积物被刮削下来添加到增生楔中，使得增生楔外脊（Mentawai Ridge，明打威脊）露出海面（见小插图）；在爪哇（Java）前缘，海沟和外脊明显较深；在澳大利亚前缘，萨胡尔（Sahul）大陆架地壳正在向巽他弧下俯冲，从而引起外脊（Timor Ridge，帝汶脊）的强烈抬升，标示着（碰撞）造山作用的初始阶段

从日本本州静冈地区桂川弧前盆地的沉积相剖面（图 3.61）可以看出，由于盆地基底地貌和海平面的变化导致了沉积相的复杂格局。弧前盆地的沉积物是在始新世—更新世时期沉积的，其下伏基底为白垩纪—古近纪增生楔的复理石基质。整个弧前盆地沉积系统称为桂川群（Kakegrwa Group），主要由水下扇和斜坡 - 冲积扇组成（Ishibashi，1989），尽管沉积于本州和小笠原群岛两个岛弧的碰撞带，但是没有被大型的断裂或者褶皱扰动。近弧一侧桂川群由下而上分为五个组：野边组（Nobe F.）是弧前盆地初始沉降时的冲积扇和侵蚀谷沉积；大日组（Dainichi F.）为滨面与内陆架沉积；羽贺里组（Ukari F.）是外陆架沉积的生物扰动粉砂岩夹砂岩；油山组（Aburayama F.）上部为滨面沉积，下部是冲积扇；索加组（Soga F.）是河谷与天然堤沉积，上部为凝灰岩。在近增生楔一侧，将桂川群分为三个岩组，下部称为玉里组（Tamari F.），为大陆坡海下峡谷沉积；中部称为觉内组（Horinouchi F.），是桂川群一个主要组成部分，由海下峡谷和海下扇浊积岩组成；上部称为日出贺田组（Hijikata F.），主要由外陆架沉积和凝灰岩构成，上面覆盖了索加组（Soga F.）的谷道与天然堤沉积。桂川弧前盆地表示了深沉降和海进高海平面的沉积环境组合。

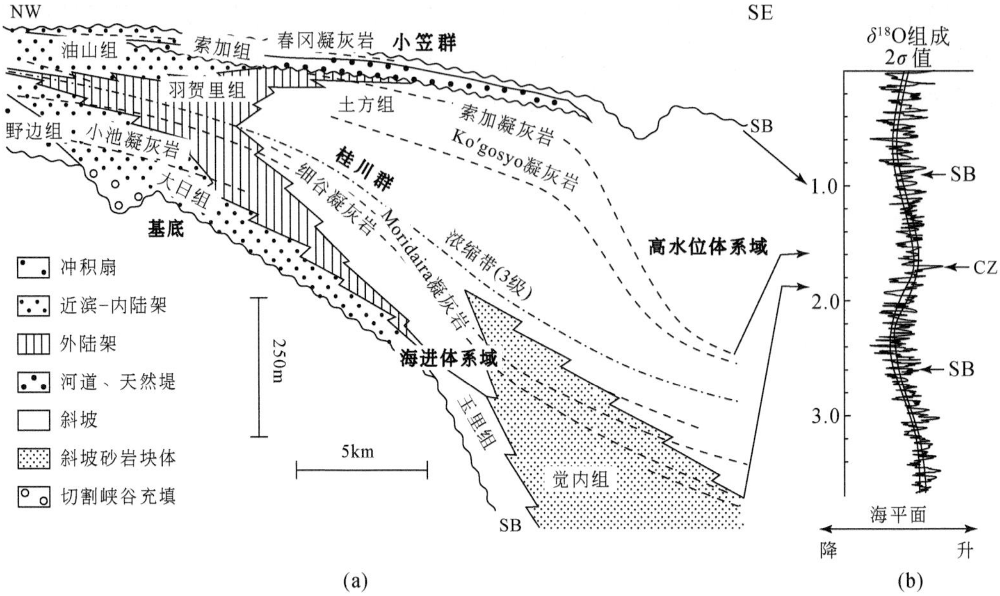

图 3.61 日本本州静冈地区桂川弧前盆地的沉积相剖面（据 Sakai and Masuda，1996）

（a）桂川群上部剖面图；（b）有孔虫氧同位素曲线（据 Williams，1990）。SB. 层序边界；CZ. 浓缩带

Dickinson（1995）建立了理想弧前盆地沉积相模式（图 3.62）。弧前沉积是一套由深变浅的沉积序列，受初始水深、盆地沉积速率和沉积物供给速率控制。自海沟坡折向弧方向细分为四个相带：盆地平原相、浊积扇相、斜坡相、陆架和河控三角洲相。假如初始水深较大，或者发育在洋内俯冲环境下，弧前盆地可能以浊积岩和半远洋沉积为主，陆源供给微乎其微。随着弧前盆地演化趋于成熟（过饱和阶段），河成三角洲相沉积及其相关的浊积扇或者前三角洲斜坡相沉积可能沿轴向发育（图 3.62）。该模式主要适用于过饱和型弧前盆地。对欠补偿型弧前盆地还应考虑海沟坡折和断层作用的影响，例如，Sunda 弧前盆地属于欠补偿型弧前盆地，其向岛弧一侧沉积相组合与 Dickinson（1995）的理想沉积相组合较为吻合；然而在海沟坡折一侧明显受正断层的影响，存在大量增生楔物质供给（图 3.63）。

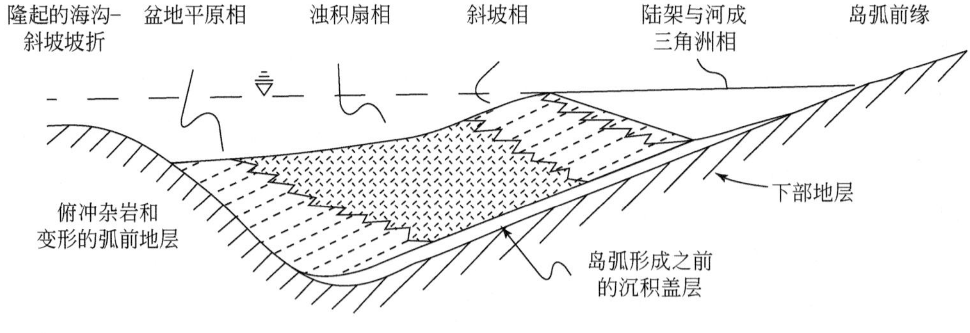

图 3.62 弧前盆地沉积相模式（据 Dickinson，1995）

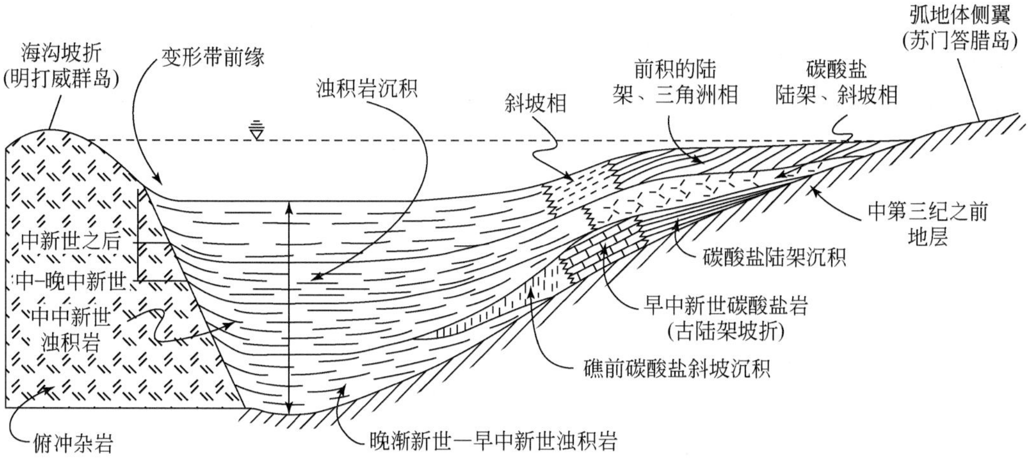

图 3.63　由反射地震剖面解译的巽他弧（Sunda Arc）弧前盆地沉积相模式（说明见正文；据 Beaudry and Moore，1985）

弧前盆地既可位于薄的陆壳之上，也可位于洋壳之上，这与俯冲起初阶段是向陆下俯冲还是洋内俯冲有关。新的俯冲带往往沿陆壳与洋壳的交界部位，即被动大陆边缘发生，因该处通常是构造薄弱带。大陆边缘一般是不规则的，往往凸凹不齐，而俯冲则趋于形成平缓的弓形板块边界。因此，沿着新的板块边界，上覆板块边缘很可能包含有港湾状的洋壳，所以弧前域的地壳既可能是陆壳、也可能是洋壳，还可能二者均有。这种具有洋壳的盆地叫残余（弧前）洋盆（图 3.64）。

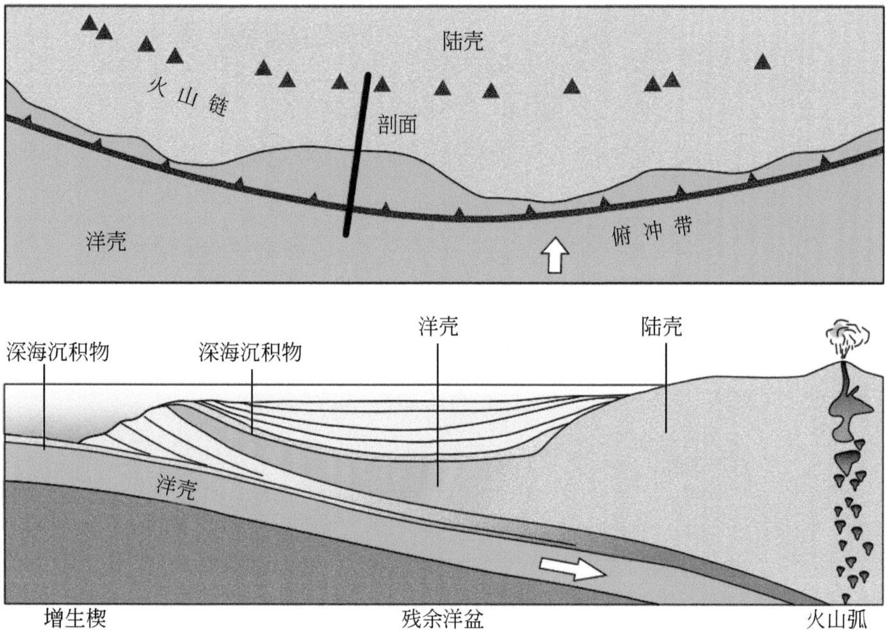

图 3.64　不规则大陆边缘俯冲带上残余（弧前）洋盆的形成（说明见正文；据 Frisch *et al.*，2011）

具有洋壳的弧前盆地可能水体比较深，向弧的方向洋壳演变为薄的陆壳。如果增生楔和外侧脊在汇聚边界发育，这个弧前盆地会显得比较狭窄且迅速被沉积物充填，如西藏的日喀则弧前盆地复理石（图 3.65）。在碰撞过程中，来自弧前盆地基底的蛇绿岩块可能被增生到邻近的陆壳之上，与来自下行板片的蛇绿岩相比，它没有经历高压变质作用，除非由于某种原因如底侵作用将其携带到了俯冲带深部（图 3.65），此时蛇绿岩尽管可能就位于弧前盆地位置，但并不意味着它所代表的洋壳形成于弧前环境，该蛇绿岩也并非属 SSZ 型（详细讨论见第 4 章 4.1）。同样，弧前盆地的沉积物——多为复理石，在碰撞造山过程中进入造山带腹陆，经历强烈变形作用，但因其被俯冲下去的概率非常小，所以很少经历变质作用，如广西那坡早—中三叠世弧前盆地复理石建造富含弧火山物质，强烈变形，各类紧闭平卧褶皱和背形堆垛冲褶席（duplex）广为发育（图 3.66），但几乎没有变质作用。

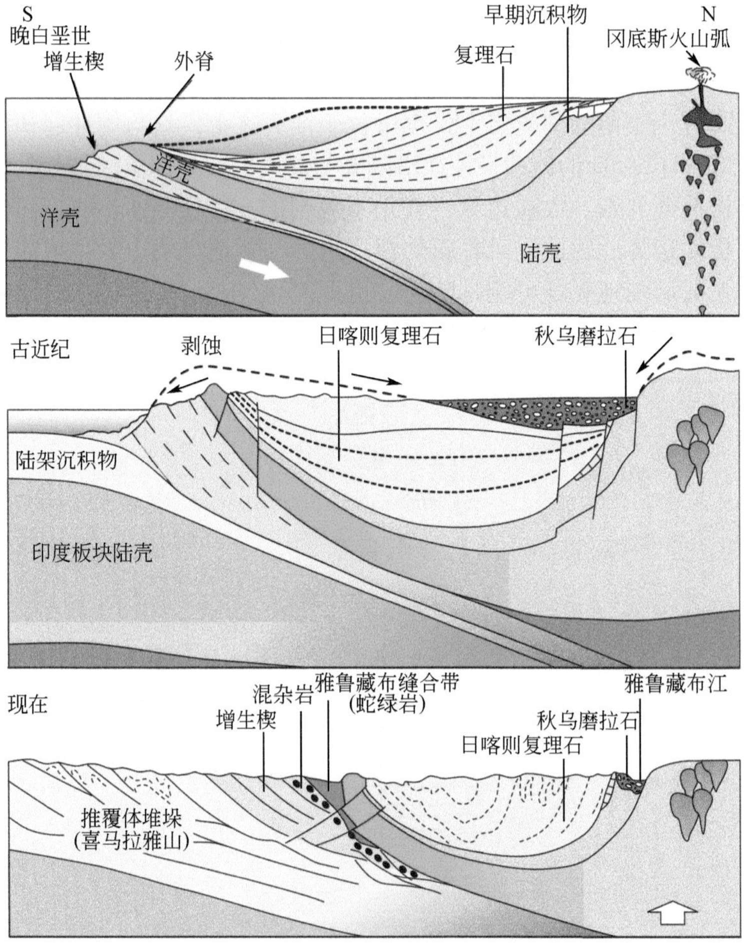

图 3.65 西藏日喀则弧前盆地构造演化（据 Frisch *et al.*，2011）

印度板块向欧亚板块之下俯冲，形成了部分基底为洋壳的弧前残余盆地；在随后的大陆碰撞作用过程中，盆地复理石发生强烈变形，但几乎没有变质作用

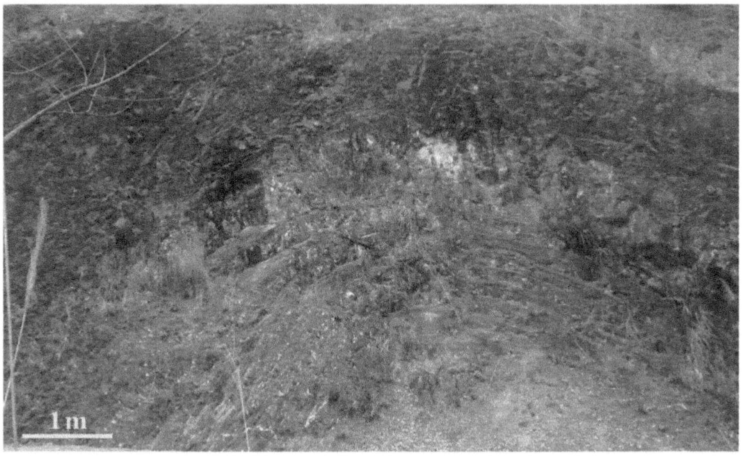

图 3.66　广西那坡早三叠世弧前盆地复理石地层的背形堆垛式冲褶席构造（duplex）
（说明见正文，侯泉林摄于 2015 年）
复理石地层发生强烈变形，发育大量平卧紧闭褶皱，且褶皱进一步挤压变形、堆叠，形成背形堆垛式冲褶席构造（antiformal stack duplex）

3.5　弧背盆地与弧后盆地

3.5.1　弧背盆地（retro-arc basin）

Dickinson（1974）提出弧背盆地（retro-arc basin）的概念，认为它是弧后挤压的前陆盆地。retro 与 back 在英文中是同义词。但是，back-arc basin（弧后盆地）是伸展、扩张形成的，而 retro-arc basin（弧背盆地）是挤压应力场作用下，岩石圈挠曲形成的（图 3.28）。李继亮等（2013b）为了把这两种不同成因的盆地区分开来，把“back-arc basin”译为“弧后盆地”，而把“retro-arc basin”译为“弧背盆地”。

安第斯带弧背前陆盆地的大地构造位置和盆地中的冲断构造如图 3.67 所示。弧背盆地在火山前缘带的背后，由于冲断席的负载，引起岩石圈挠曲而发育为沉积盆地。弧背盆地所在的弧沟系往往位于低角度的俯冲带，导致具有水平挤压的火山弧。弧背盆地的冲断带具有薄皮构造特征。弧背盆地主要出现在北美的科迪勒拉弧造山带和南美的安第斯弧造山带。

跨越智利－阿根廷边界的马尕兰斯（Magallanes）弧背盆地是一个具有代表性的弧背前陆盆地（retro-arc foreland basin）。它具有古生代到侏罗纪的复杂增生弧基底，基底上发育了白垩纪增生弧。白垩纪到新近纪的弧背盆地中沉积了从河流到三角洲、浅海以及深海的各种沉积环境的沉积物（图 3.68）。

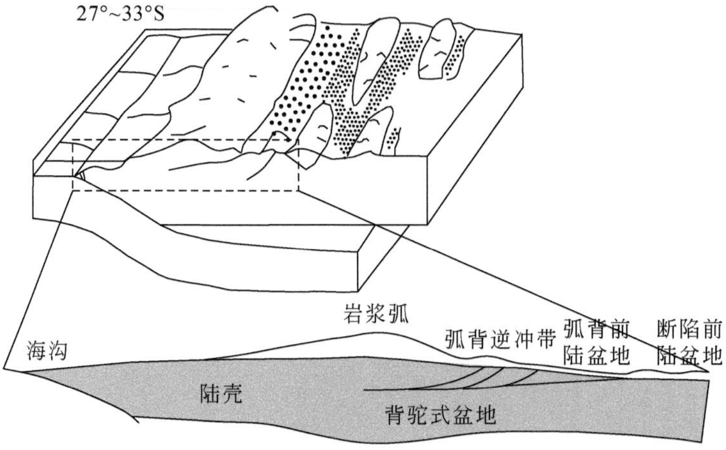

图 3.67 安第斯带弧背盆地大地构造位置和地质构造示意图（据 Allmandinger *et al.*，1990）

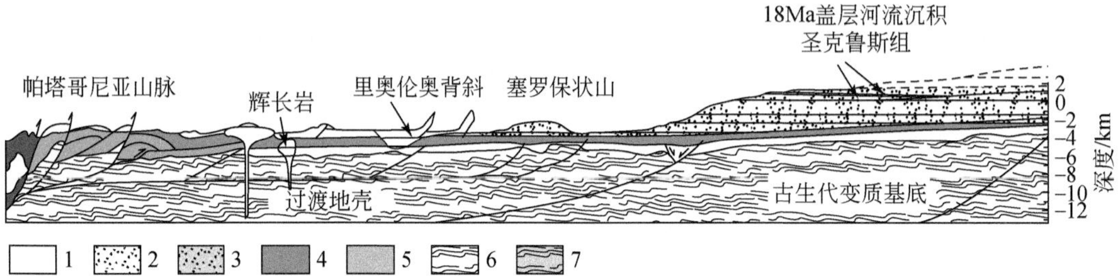

图 3.68 智利 - 阿根廷边界的马尕兰斯（Magallanes）弧背盆地剖面图（据 Fosdick *et al.*，2011）

图中表示了古生代韧性剪切带变质基底、侏罗纪增生杂岩基底和侏罗纪增生弧火山岩基底。1. 白垩纪—新近纪长英质侵入体；2. 晚白垩世—新近纪前陆盆地；3. 上白垩统—新近系深海沉积；4. 下白垩统海相页岩；5. 上侏罗统张裂火山碎屑；6. 古生代变质基底；7. 过渡地壳与准大洋地壳

马尕兰斯（Magallanes）弧背盆地中沉积岩相的分布特点如图 3.69 所示。第一沉积单元（Unit1）由碎屑支撑砾岩相和厚层砂岩相组成。第二沉积单元（Unit2）下部西侧由砂岩与泥岩互层相组成，东侧由碎屑支撑砾岩相和厚层砂岩相组成；第二单元中部西侧由砂岩与泥岩互层相组成，中间与东侧为泥石流砾岩相；第二沉积单元上部西侧由砂岩与泥岩互层相组成，中间和东侧由碎屑支撑砾岩相和厚层砂岩相组成。第三沉积单元（Unit3）全部为碎屑支撑砾岩相和厚层砂岩相。第四沉积单元（Unit4）西侧为砂岩与泥岩互层相，东侧是厚层砂岩相。第五沉积单元（Unit5）最西侧为砂岩与泥岩互层相，其余部分都由碎屑支撑砾岩相组成。

Fildani 和 Hessler（2005）用砂岩碎屑组分的三角图解分析了弧背盆地的沉积物来源（图 3.70）。在图 3.70（a）中，源区投影在再循环造山带区和分割弧区。在图 3.70（b）中，源区投影在混合区、分割弧区和过渡弧区中。投影图表明弧背盆地沉积物的物源主要来自岩浆弧，在搬运过程中，加入了各种再循环的碎屑，构成了弧背盆地的沉积体。

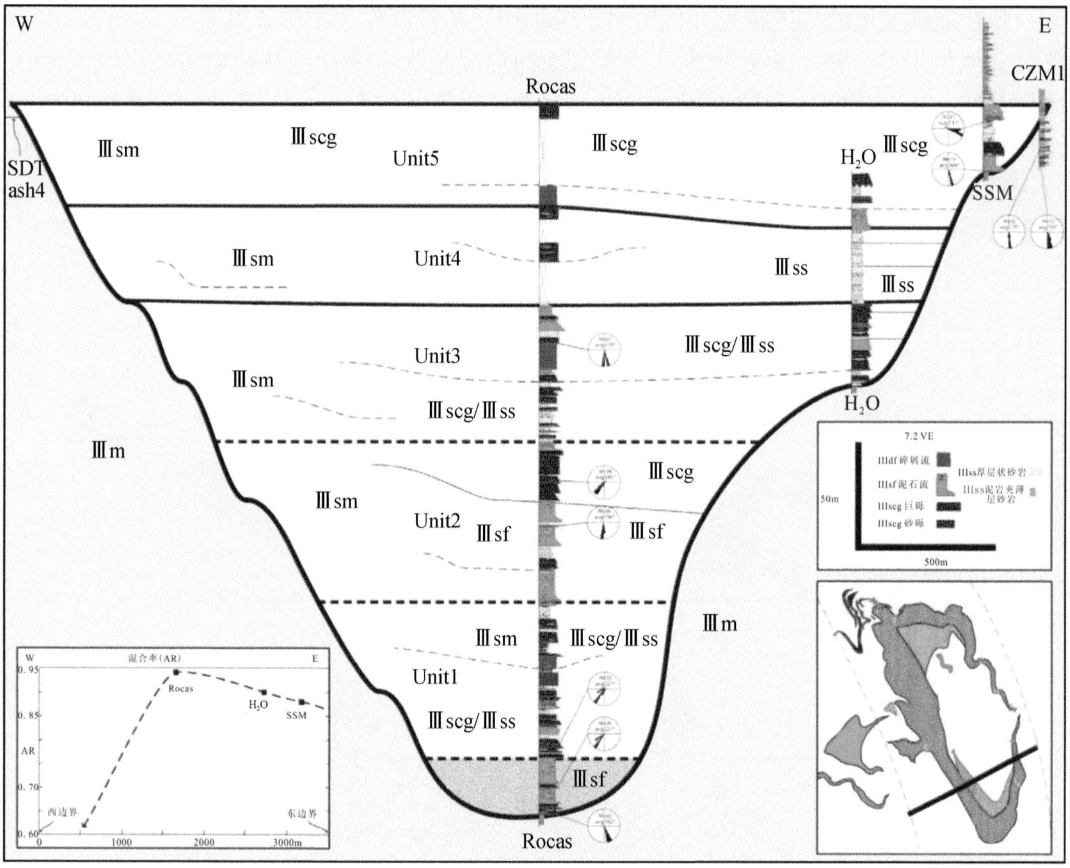

图 3.69　马尔兰斯（Magallanes）盆地沉积单元序列和岩相分布图（据 Jobe *et al.*，2010）

Ⅲ scg. 颗粒支撑砾岩；Ⅲ sf. 泥石流砾岩；Ⅲ ss. 厚层状砂岩；Ⅲ df. 碎屑流砾岩；
Ⅲ sm. 砂－泥岩互层；Ⅲ m. 泥岩夹薄层砂岩

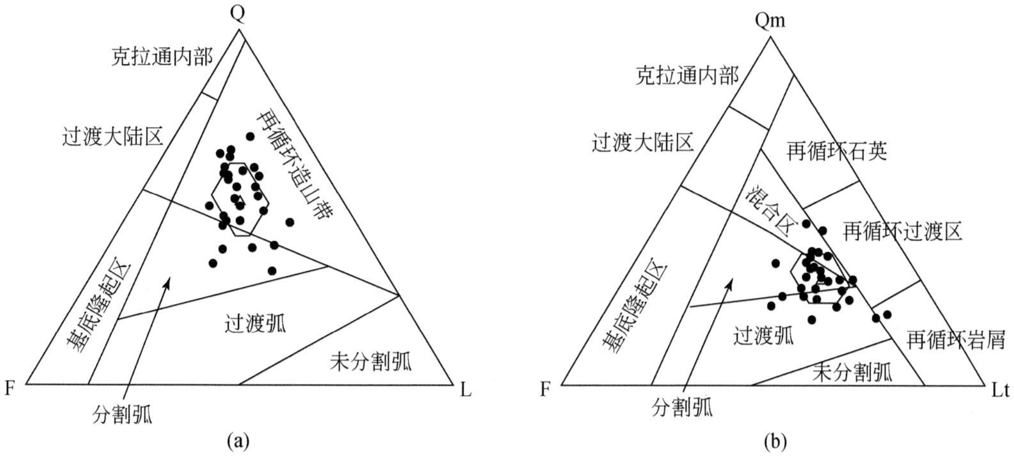

图 3.70　弧背盆地沉积物来源三角图解（据 Fildani and Hessler，2005）

Q. 总石英（Q_m+Q_p）；F. 长石；Lt. 总岩屑（L+Q_p）；Q_m. 单晶石英；Q_p. 多晶石英；L. 岩屑

弧背前陆盆地的构造特点和构造对于沉积作用的控制作用如图 3.71 所示。可以看出，弧背盆地位于一个褶皱冲断带中。沉积盆地的形成是岩石圈受到冲褶席重荷影响发生挠曲引起的。冲褶带的构造变形影响着沉积盆地的发展、沉积环境的变化和沉积物的搬运途径。图 3.71 表示了弧背盆地构造的普遍特征及构造同沉积的关系。但是，对于某些具特殊特点的盆地，如具有特别的沉积深度、特别复杂沉积环境的盆地，可能不尽相符，需要另行研究。

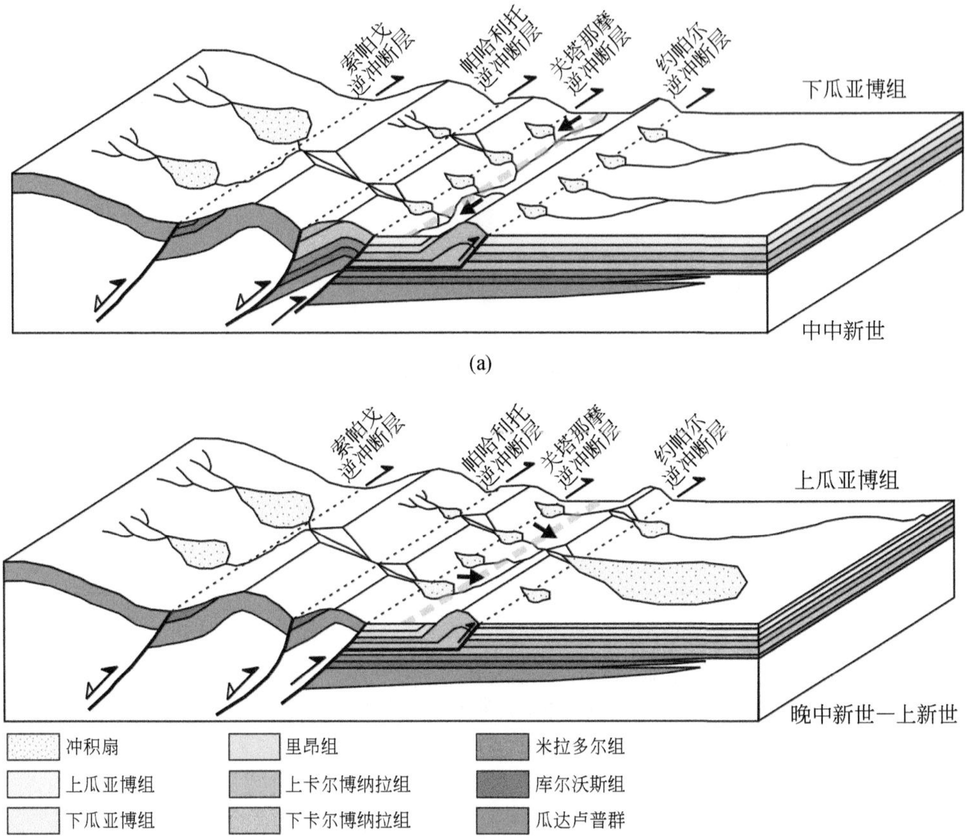

图 3.71 委内瑞拉东部山脉地区弧背盆地构造与沉积格局关系立体示意图（据 Bande *et al.*，2012）

（a）表示中新世早中期冲断前缘前进，背后发生沉积作用，轴部河流搬运方向平行于生长的前缘冲断构造；（b）中新世—上新世，河流、大冲积扇垂直于前缘冲断构造方向搬运沉积物

弧背前陆盆地是一种很特殊的盆地，它们发育在挤压的岩浆弧后。在科迪勒拉弧和安第斯弧发育了许多这种盆地；在西太平洋的岩浆弧则很少有这类盆地。但是，在我国增生型造山带中保留了这种弧背前陆盆地，如青海省海东地区莲花山的奥陶纪弧背盆地（李继亮等，2013b）。

3.5.2 弧后盆地（back-arc basin）

弧后盆地位于弧的后面，与弧相连。现代的典型实例就是日本和日本海，日本构成了弧，而分离日本和亚洲大陆的日本海即构成了弧后盆地（图 3.72）。在日本，向盆地方向岩浆作用逐渐减弱，并且有钾玄质火山岩形成。盆地位于洋壳之上，该洋壳是在具有陆壳的日本岛通过弧后裂解过程从亚洲大陆分离后形成的。

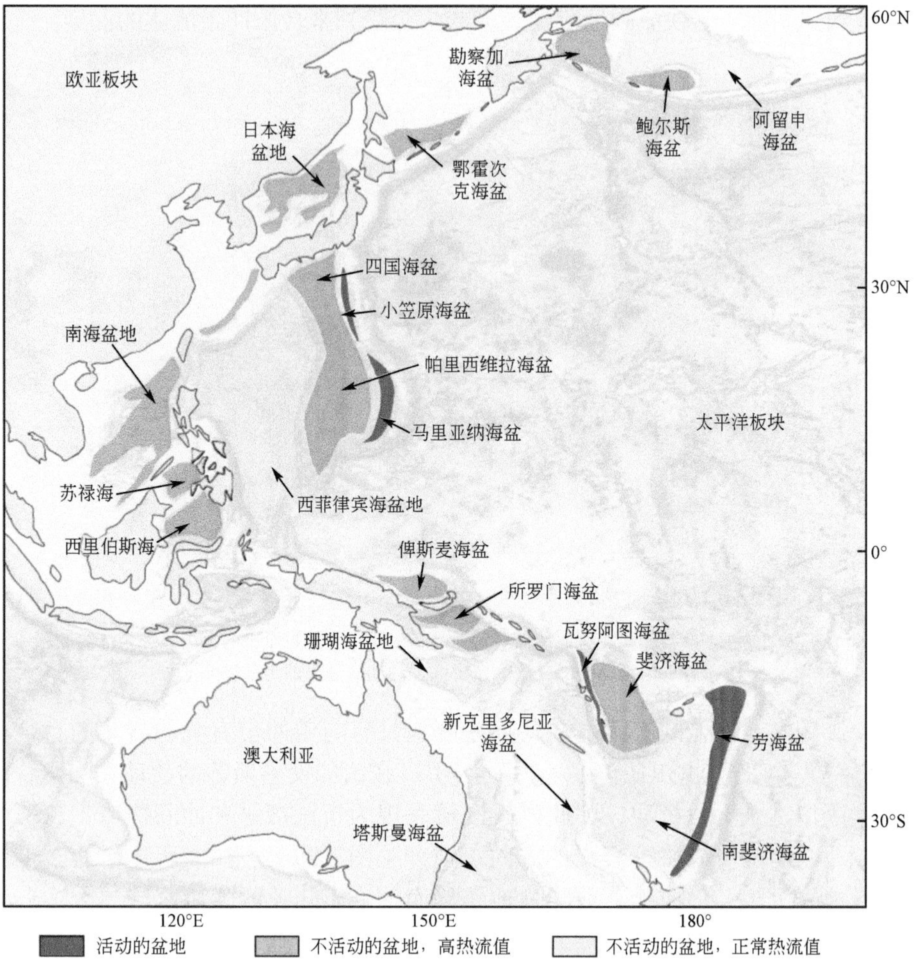

图 3.72 西太平洋弧后盆地分布图（据 Karig，1971）

图中标示了产生新洋壳的活动盆地、不活动的盆地，及其热流值

西太平洋岛弧环大部分是在同一过程中形成的。俯冲带回撤（roll-back）产生的抽吸作用使得上覆板块岩石圈产生伸展。上升的岩浆热使地壳弱化，在岩浆带的后方诱发区域性的裂解。随后，随着软流圈物质的上升，在弧后盆地中形成新的大洋岩石圈。如此构造环境的洋壳是软流圈上升部分熔融产生的，与大洋中脊发生的过程相关。然而，磁条带却只有部分参与了该演化过程，这可能是由于该洋壳是由不规则的和狭窄空间中的

地幔对流所形成。日本海有时又被称为发散型的弧后盆地，因为其新洋壳形成于一个广阔的空间，并非集中于某特定的洋脊上。

若干个现代的弧后盆地正在发生着伸展和海底扩张作用，包括马里亚纳群岛、汤加群岛（图 3.73）以及南大西洋的南桑威奇群岛（South Sandwich Islands）等。汤加群岛的弧后地区，扩张速率达 16cm/a，可与赤道太平洋相媲美。相比之下，马里亚纳弧后地区扩张速率只有 4cm/a。大洋中脊的快速和慢速扩张的过程和特点与弧后盆地的扩张轴相当，快速扩张脊具有平坦的地形，慢速扩张系统具有中心裂谷，地形起伏大，在一些弧后盆地甚至能看到“烟囱”。软流圈地幔楔或多或少会受到来自俯冲带流体的混染。

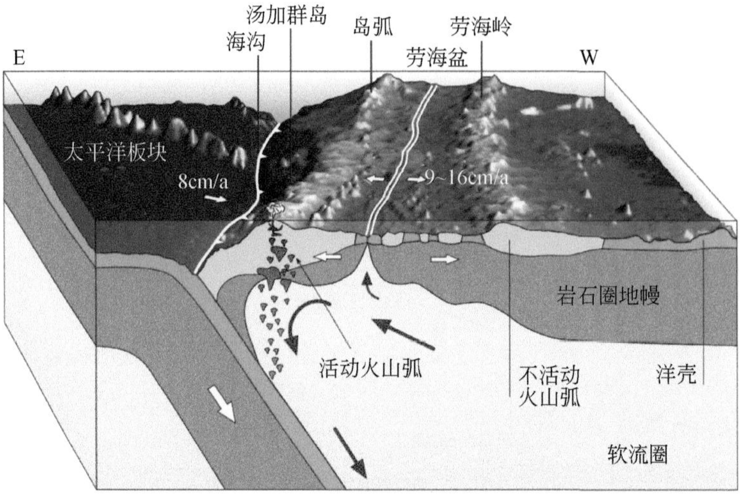

图 3.73　汤加俯冲带的劳（Lau）海盆、劳（Lau）海岭以及与汤加岛弧关系图（据 Frisch *et al.*，2011）

劳海盆是具有年轻扩张轴的正在活动的弧后盆地；弧后盆地的扩张作用已经将原来的火山弧分为活动的和不活动的两部分，不活动的部分称为残留弧，活动的部分即为前缘弧

因此，弧后盆地地壳的玄武岩在某种程度上具有与俯冲带有关的岩浆的特征。在许多方面，它们又类似于 MORB（见第 4 章 4.3）。在诸如安第斯等的活动大陆边缘，大规模的挤压作用传输到上覆板块，因此弧后区域表现为挤压褶皱和冲断构造带，称为弧背褶皱冲断带，向前陆方向（远离弧的方向）逆冲（图 3.29）。如前所述，冲断带堆叠的负载使邻近地壳沉陷，形成弧背前陆盆地。然而，许多陆弧的弧后区域与大洋岛弧弧后区域一样，同样表现为伸展和沉降，如爱琴海就是植根于陆壳上的弧后盆地，表现为积极的弧后伸展（图 3.74）。

弧后盆地的沉积物主要由来自于弧的火山碎屑和火山灰，来自于大陆的沙和泥，以及海相碳酸盐岩。沉积物的厚度变化很大，主要取决于盆地的沉降速率和距源区的距离。远端深水弧后盆地，以火山岩为基底，上覆角砾岩、深海碳酸盐岩、火山碎屑沉积砂岩、凝灰岩等，随着向上盆地的扩大碳酸盐岩增加［图 3.75（a）］。近端浅水弧后盆地，沉积物整体与远端类似，只是含硅酸盐的近源火山粗碎屑物质相对较多［图 3.75（b）］。弧内盆地主要是火山角砾以及泥灰岩，偶有浊积岩和碳酸盐岩，火山基底［图 3.75（c）］。有关弧后盆地沉积特征的详细研究可参阅有关文献，这里不再赘述。

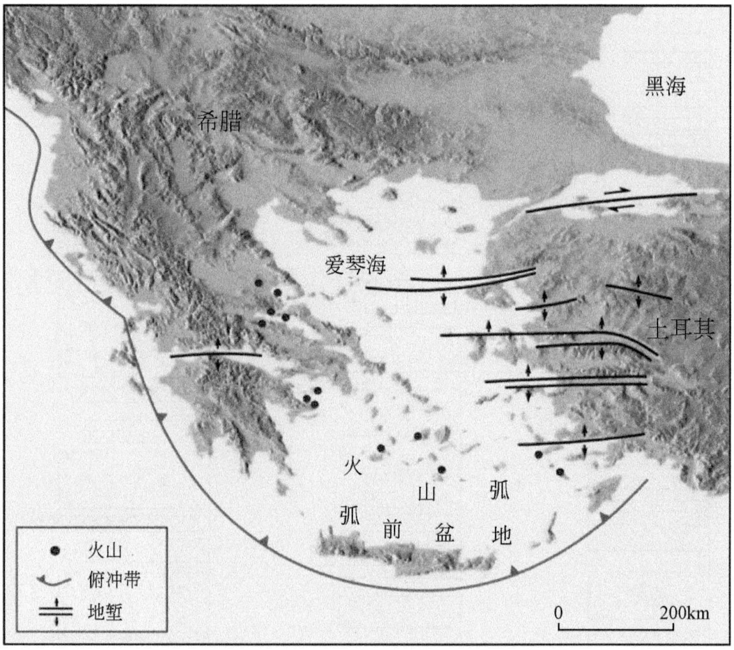

图 3.74 爱琴弧后盆地构造格局（说明见正文；据 Hamblin and Christiansen，2003）
东地中海俯冲带陆壳上发育的爱琴海属伸展型弧后盆地，与洋内弧后盆地一样发育正断层等

3.5.3 弧背盆地与弧后盆地的形成机理讨论

如前所述，现代岛弧的弧后区域多数以伸展背景为主。浅的弧后洋盆通常发育正断层，有高的热流值，而且有活跃的海底火山。伸展作用最终会导致弧后扩张，如西太平洋的马里亚纳和汤加－克马德克弧。有些陆弧的弧后区域也表现为伸展背景如爱琴海（图 3.74）。但确有一些弧后区域表现为以冲断构造和褶皱为特征的挤压背景，如科迪勒拉弧和安第斯弧等。那么，为什么有些弧后区域是伸展环境，而有些弧后区域又是挤压冲断环境呢？其中的原因目前还并不十分清楚。可能的原因是与俯冲角度有关。低角度俯冲往往发生于年轻洋壳，而年轻洋壳温度高密度低浮力大，所以与上覆板块耦合的比较紧密，俯冲作用造成上覆板块的强烈挤压包括弧后区域；而老的俯冲板块因其密度大浮力小，与上覆板块耦合的比较松散，特别是在负浮力作用下俯冲板块回撤，引起弧后区域的沉陷和伸展，甚至扩张。

3.6 被动大陆边缘

被动大陆边缘（passive continental margin）不是板块边界，大陆板块和其相邻的大洋板块同属一个板块，因其具有重要的大地构造意义，故专作一节讨论。

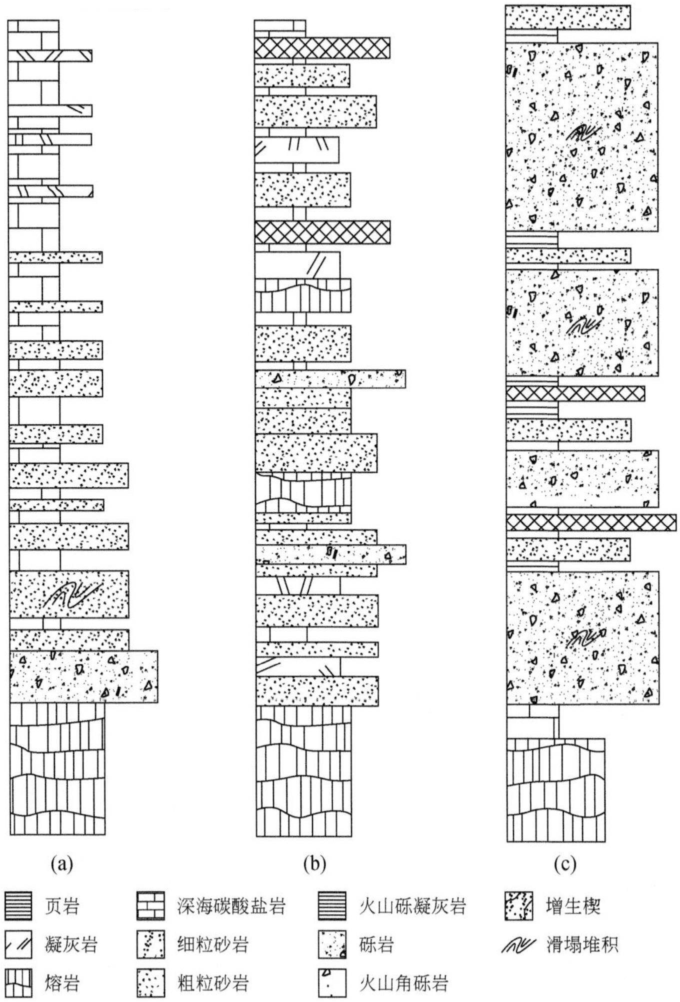

图 3.75 理想的弧后盆地和弧内盆地沉积相组合柱状图

（a）远端深水弧后盆地；（b）近端浅水弧后盆地；（c）弧内盆地

几乎整个大西洋和大部分印度洋周边均为被动大陆边缘（图 3.76），相比之下，太平洋则主要由活动大陆边缘所围限。被动大陆边缘是由大陆裂谷系统进一步发展，将大陆分离，在两个陆块间形成年轻的洋壳，进而在洋壳中形成新的扩张轴，现代实例即红海（详细讨论见第 4 章 4.7）。初始的洋壳与相邻的薄陆壳紧密连接在一起，形成板块内部（板内）边缘。因此，大西洋型大洋中最老的洋壳总是在被动大陆边缘附近（图 3.77）。深洋盆约占整个地球的 40%，是最主要的地壳类型。洋壳上有层不厚的沉积物，平均几百米厚，薄的沉积物说明附近缺乏来自大陆向深海提供的沉积物源。

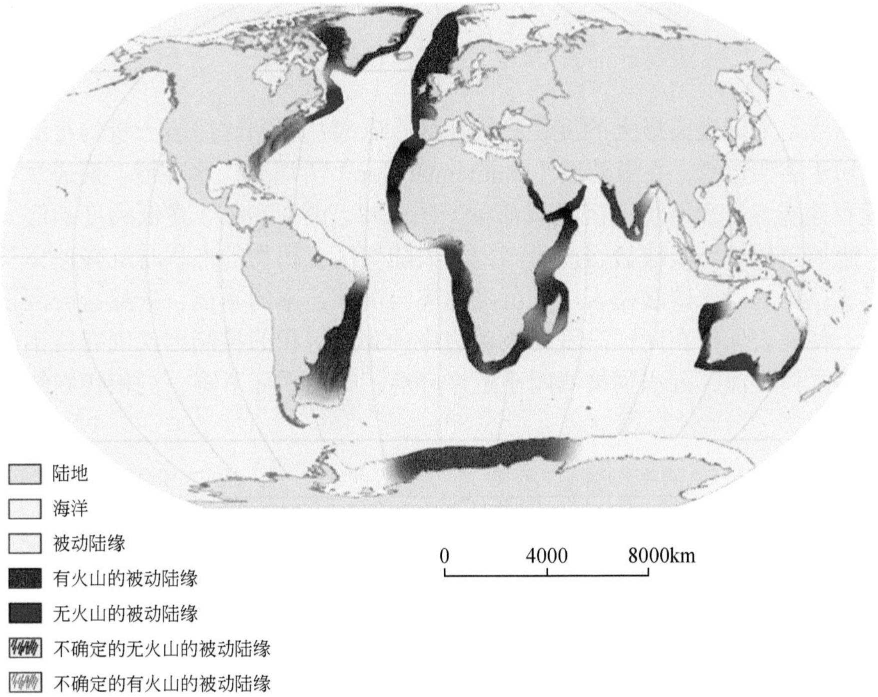

图 3.76　全球被动大陆边缘分布图

有火山活动的被动边缘占有较大比例

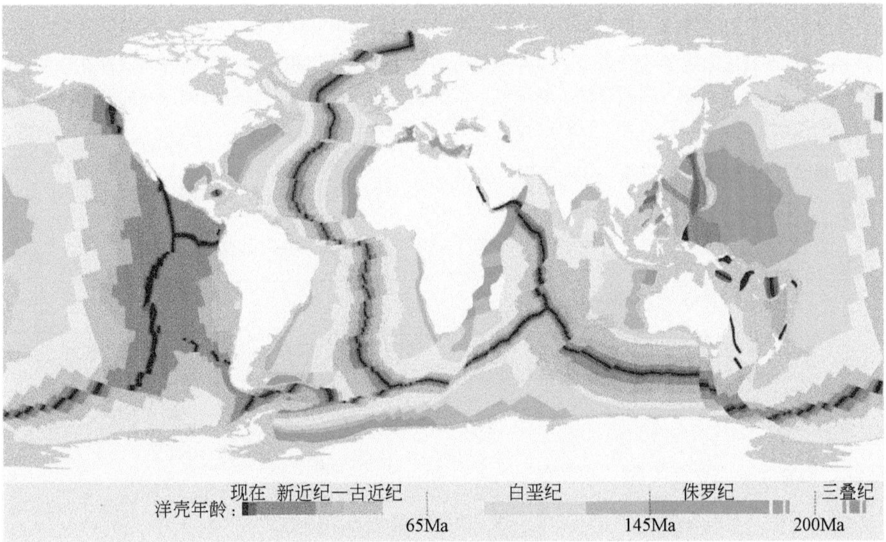

图 3.77　洋壳年龄分布图（据 Frisch *et al.*，2011）

最老的洋壳年龄是侏罗纪，位于西北太平洋（ca.185Ma）和中大西洋边缘（ca.175Ma）；更老的洋壳残片位于地中海，被陆块所围限

3.6.1 被动大陆边缘的沉积圈闭

被动陆缘是地球表面最大的沉积物堆积区，碳酸盐岩和碎屑岩产量均很高。过量的沉积物堆积于陆架边缘，并沿陆坡（continental slop）滑塌于深水环境，形成浊积岩和巨厚的复理石建造，进而增加了沉积载荷量（图 3.78、图 3.79）。在低纬度地区，海水温度较高，碎屑流较少，碳酸盐岩产量高，在大陆架区沉积物的堆积与沉降速率长期保持平衡，形成巨厚的浅水碳酸盐岩层。沉降速率与沉积速率的平衡，碳酸盐岩沉积与沉降保持协调，使地表保持在同样高度。被动边缘的碎屑沉积的控制因素则有所不同。当海平面上升，水体变深，沉积物被圈闭于近岸环境；当海平面下降，沉积物则绕过陆架进入深水区。

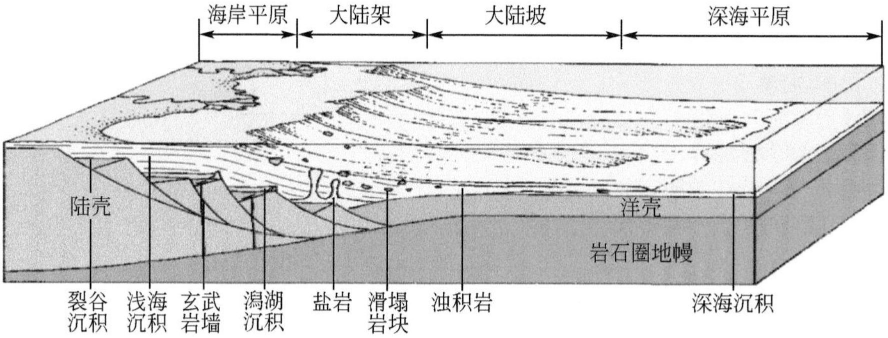

图 3.78 被动大陆边缘立体示意图（据 Hamblin and Christiansen，2003）

裂谷初期的一系列铲形断块限定了陆壳边缘；由冲积扇砾岩为主的大陆沉积物和盐湖蒸发岩保存在窄的地堑中；随着大陆的沉降，生物礁和有关海滩、潟湖沉积不断形成，甚至整个边缘被巨厚的从浅海到深海的沉积物所覆盖；深水浊流形成分选差的泥质砂岩和页岩沉积

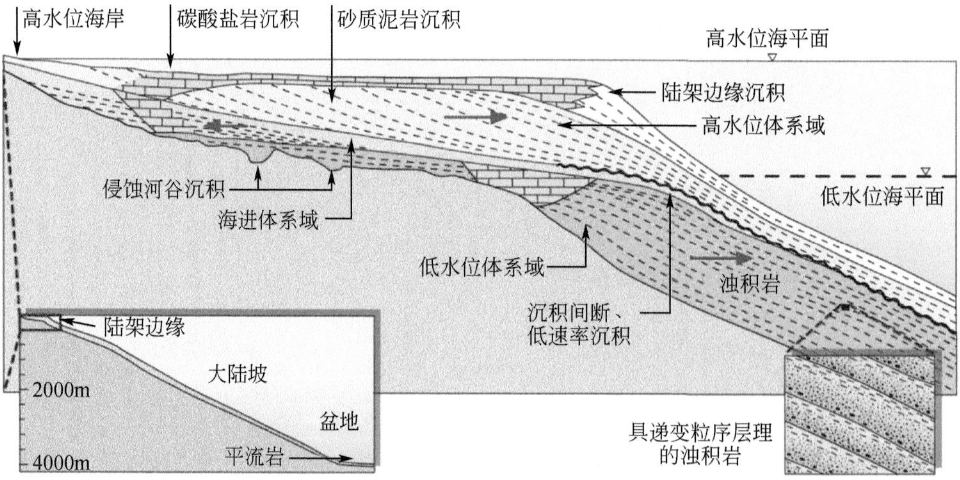

图 3.79 被动大陆边缘沉积旋回示意图（据 Einsele，1992）

每个层序可再细分为若干段，均由海进和海退控制

在大陆裂解的初始阶段，与开阔大洋的连接受到地形的限制，形成独特的沉积矿床。在温暖气候条件下，如果蒸发速率较高会形成盐矿（如红海）。在寒冷潮湿的条件下，局限海的深水区会形成富含有机质的黑色页岩。在狭窄海域，富氧水的循环会导致底部沉积物自由氧的匮乏，以使死亡生物体的有机物发生分解形成腐殖质，在成岩作用过程中形成富沥青的黑色页岩。这些黑色页岩通常是石油和页岩气等的源岩，也说明了为什么被动陆缘是石油、天然气以及煤等化石能源的主要形成区域。

成熟期的被动陆缘是宽阔正常海相沉积区。因其构造相对稳定，所以很好地记录了古海平面的变化趋势。几十到上百米的海平面波动，数万至数千万年的周期性变化均被记录在沉积层中。全球性的周期变化可能与两个因素有关：①板块构造过程和由其引起的板块位置变化；②地球轨道参数。当两个参数同时起作用，将会引起地球历史时期的冰川事件。但如果单个因素起作用，则会形成具有单个事件特征的循环周期。

洋脊的扩张速率控制着洋脊的宽度和体积，进而影响整个洋盆的大小。当洋脊比较大的时候，超大的（洋脊）体积会把海水推出洋盆推向大陆，造成高的海平面；小的洋脊会起到相反的作用。这一旋回大致需数千万年乃至数亿年。海平面的升降循环被称为一级、二级、三级旋回。一级旋回相当于所谓的超大陆旋回。奥陶纪和白垩纪的高海平面是最好的例子，相当于海底迅速产生的超级旋回。第二和第三级旋回分别大致相当于地质时期的纪（Period）和世（Epoch）的时间长度。

3.6.2　被动大陆边缘沉积类型和沉积过程

被动大陆边缘的沉积作用主要由陆源沉积与生物沉积的平衡作用所控制。潮湿气候条件下，碎屑沉积来自陆缘，高产的碎屑供给主要是来自有大规模河流系统的高地，且几乎所有以碎屑沉积为主的陆架沉积物均来自于河流。相比之下，亚湿润性气候条件下，碳酸盐岩沉积形成于碎屑沉积物较少的地区，地势起伏小、缺乏河流。大洋中的碳酸盐岩沉积主要来自生物活动，尤其是浅的、温暖的、循环好的水域。那种钙质生物兴盛的区域被誉为“碳酸钙工厂”。尽管许多深水碳酸盐岩是从浅的邻近陆架通过浊流和重力过程搬运至深水区，但是在有的条件下确有一些碳酸盐岩形成于冷的深水环境。

尽管最终进入大洋的碎屑沉积物是来自陆地，但横跨陆架和进入深水区的沉积物的分配是个复杂的体系域（图 3.78、图 3.79）。在海进过程中，沉积物尤其是砂质沉积被圈闭在海岸环境，尤其是河口和障壁坝系统。在高水位期，大的以砂质沉积为主的三角洲体系覆盖陆架。在低水位期，沉积物绕过陆架被搬运到深水区。极端的例子就是更新世低水位期，撒哈拉沙漠（Sahara desert）西部的沙丘向干的陆架边缘迁移，并在此通过浊流被搬运至深海（Sarnthein and Diester-Haass，1977）。

沉积过程可能引起对陆架的部分侵蚀作用。浊流的侵蚀作用主要是横跨陆架边界的大量沉积物向深水区的快速搬运，将陆坡切割出深深地海底峡谷，尤其在大的河口系统附近。北美东海岸的哈德逊河（Hudson River）河口峡谷即是海底峡谷的现代实例（图 3.80）。更新世冰期，全球海平面较现在低 100 多米，因为大量海水被凝结成了大的冰川。因此，河流会把沉积载荷携带到陆架边缘附近，为浊流的形成提供物质基础。

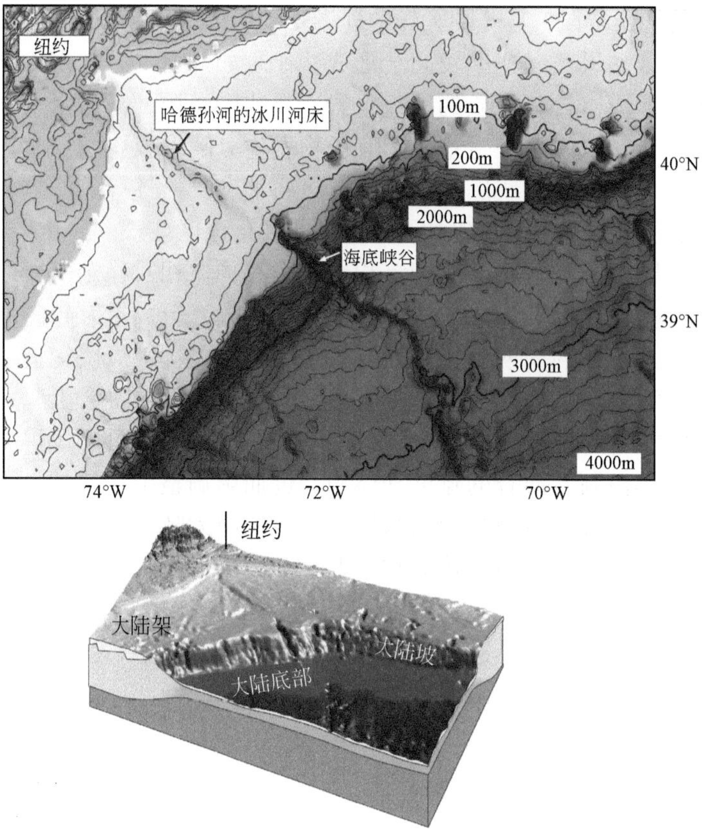

图 3.80 北美被动陆缘哈德孙河（Hudson River）河口海底峡谷（据 Frisch *et al.*，2011）

滑塌和滑塌沉积在大陆架边缘也非常普遍。未固结沉积物孔隙中高的含水量与高的沉积速率相结合形成不稳定的沉积体，进而引起滑塌。该类滑塌沉积物并不分散，相反恰恰像流体一样移动，即使在坡度很小的地方也会发生。大规模的滑塌可发生于坡度不足 1° 到 6° 的陆坡环境。其规模可能相当惊人，新近纪纳米比亚的滑塌范围达数万平方千米（Dingle，1980）。挪威的 Storegga 滑坡是已知地球上最大的滑塌，滑体体积达 5600km^3，发生于 7000 年之前，引发了海啸。

沿陆坡发育的浊积岩系列缓慢地向盆地推进，从而成为大陆斜坡与大洋盆地之间的结合链。有些浊流沉积物会被平行于大陆斜坡沿等高线流动的等深洋流——称为等深流（或叫平流）所改造和再分配，形成平流岩（或叫等深积岩）（图 3.79 小插图、图 3.81）。等深流是由全球大洋循环系统所产生。在高纬度地区，部分是由密度、盐度和温度等引起的流动。其平行陆坡分布主要是因为科里奥利力（Coriolis force）的作用，使沉积物由高纬度向低纬度地区移动。因此，平流沉积在北半球是逆时针（自右向左）移动；南半球是顺时针（自左向右）移动。等深流一般以每秒数十厘米速度流动。

墨西哥湾流引起的逆流可形成平流岩。这是一个很好的现代实例，低纬度地区的强烈蒸发使盐的含量和水的密度增加。当湾流到达北极范围时，因水变冷密度增加而下沉。下沉至洋底的冷水会沿着北美海岸返回低纬度地区，形成等深流，由此搬运的沉积物形

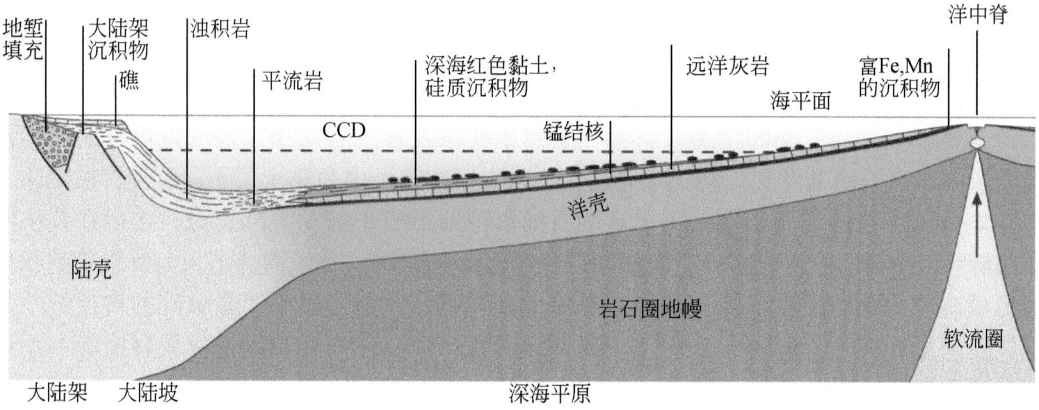

图 3.81　大型洋盆横向剖面图（据 Frisch *et al.*，2011）

图中显示了碳酸钙补偿深度（CCD）；瓦尔特相律；CCD 面之下的洋底以及形成于 CCD 之上的沉积物覆于深海软泥之上，其下为陆源沉积物。CCD 之下的洋底以及早期形成于 CCD 面之上的沉积物被后期形成于 CCD 面之下的深海软泥覆盖，这些沉积物又被更晚期的陆缘碎屑沉积物覆盖

成等深积岩，与末端细粒的浊积岩类似。等深流流向与陆坡浊流流向近于垂直，且会对浊流的细粒沉积物（一般 C—E 段）进行改造，其流向往往会被记录在浊积岩 C 段的沉积构造中。因此，在经过等深流改造的浊积岩中，往往会测量到近于垂直的两组古水流方向，分别代表浊流流向和等深流流向；反之，如果在浊积岩中测量到了两组近于垂直的古水流方向，也佐证了该浊积岩经过了等深流改造，暗示深海沉积环境，如闽西南永安地区早三叠世溪口组浊积岩 C 段就测量到了近于垂直的两组古水流方向（侯泉林等，1995）。

碳酸盐岩对海平面变化的响应与碎屑岩有所不同。以碳酸盐岩为主的陆架区域往往与沉降速率或海平面升降保持一致，形成厚层的石灰岩和白云岩。然而，在海平面低位期，碳酸盐岩被限定在陆架的最外侧边缘（图 3.79）。在海进过程中，碳酸盐岩台地扩大，陆架向陆的方向移动。高水位期，以横跨陆架形成最为宽阔的碳酸盐岩沉积为特征。部分固结的碳酸盐岩可形成陡崖，进而形成大的碳酸盐岩滑块滑至陆坡之下，几十公分至数十米，如闽西南被动大陆边缘发育下三叠统碳酸盐岩的孤立滑塌岩块（Li *et al.*，1997）。

温暖气候条件下的碳酸盐岩台地以沿有宽阔潟湖的陆架坡折形成的岸礁为特征。浅水碳酸盐岩一般以白云岩为主，因为原来的碳酸钙经与富镁孔隙流体间的离子交换，变成了钙、镁碳酸盐（白云石）。发育有岸礁和宽阔潟湖的热带碳酸盐岩台地的近代实例当属北美佛罗里达州东南侧的巴哈马浅滩（Bahama Bank）和澳大利亚东北海岸的大堡礁（Great Barrier Reef），后者长达 2000km 以上。二者均属被动大陆边缘。一个大的含化石碳酸盐岩台地即是东阿尔卑斯的北部钙质阿尔卑斯山（Northern Calcareous Alps）的三叠纪台地。

3.6.3　被动大陆边缘的油气资源

被动大陆边缘含有非常重要的油气资源。烃源岩尤其形成于裂谷阶段，因此时洋盆狭窄，沉积大量富含沥青的黑色页岩，年轻的沉积层不断叠置其上，使之热解开始形成油气。油气生成之后运移到孔裂隙发育的储层岩石中，因其密度低，趋于向地表运移。只要它们在一定深度形成圈闭，就能被勘探发现。断层和盐丘——被动大陆边缘的典型构造，是理想的油气圈闭构造，将油气密封于孔隙发育的岩层中。油气也可以圈闭于褶皱岩层中，当石油上升到背斜顶端储层，下伏岩层致密（多为黏土层），石油将被圈闭。中东地区（阿拉伯半岛和伊朗）丰富的石油资源即形成于被动大陆边缘，之后在扎格罗斯山脉（Zagros，伊朗西部）造山作用过程中被褶皱圈闭。沉积物的沉积与有机物的积累均形成于特提斯的被动陆缘。油源岩是中生代岩石，储集岩层主要是破碎的古近纪—新近纪石灰岩。油气资源主要是由于特提斯洋闭合和阿拉伯半岛与欧亚板块碰撞等一系列构造事件导致的圈闭。

上述地区的油藏圈闭有三种类型（图 3.82）。位于伊朗西部扎格罗斯山脉强烈褶皱岩

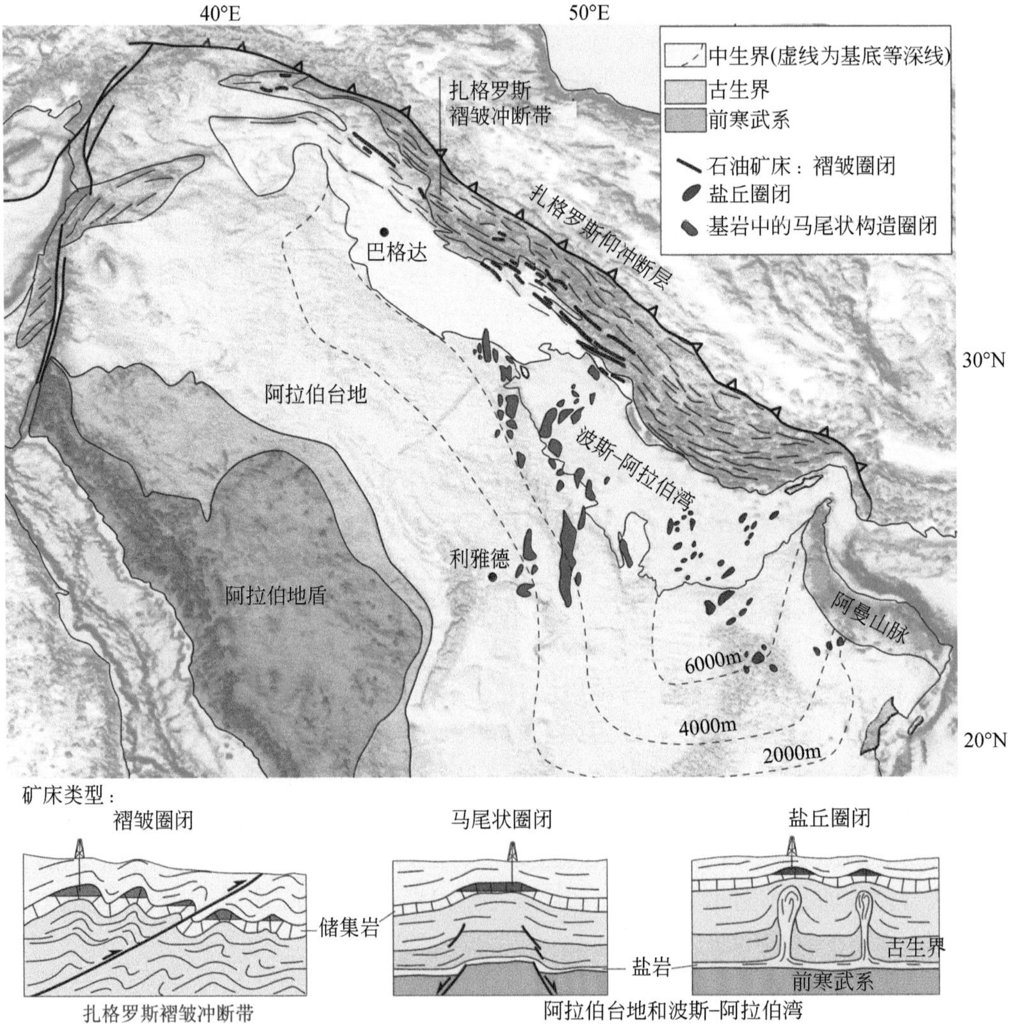

图 3.82　中东油田成藏构造类型模式图（据 Frisch *et al.*，2011）

石油形成于被动大陆边缘，而后因大陆碰撞而变形；不同构造类型的油藏圈闭分别发育于扎格罗斯山脉（Zagros）和阿拉伯台地

层中的许多油田均呈长条形沿 NW-SE 走向的褶皱展布，石油是在背斜褶皱过程中被圈闭的。在阿拉伯半岛和波斯－阿拉伯湾（Persian-Arabian Gulf），油田走向近 NS。褶皱发育于由阿拉伯地盾前寒武纪基底中的正断层所控制的类似于定向展布的地垒构造之上。波斯－阿拉伯湾东部的环形油田形成于早古生代盐矿向上底辟形成的盐丘构造之上。因此，尽管中东这一世界上最大的油田均形成于被动大陆边缘，但是具有不同的成藏构造类型（图 3.82）。

由此看来，大油田的油源岩应主要是海相地层，至少是海陆交互相地层，然后配以恰当的构造作用形成圈闭方可形成大型油田；而陆相地层可能由于有机质丰度相对不足，加之构造和岩性圈闭条件差，难以形成大规模油田。如果如此，曾认为松辽盆地的若干大油田如大庆油田等系由陆相地层形成之认识可能有待商榷。已有资料表明，松辽盆地的油源岩层可能并非陆相地层，至少不全是陆相地层，或者说相当一部分是海相地层（吴贤涛，2014 年面告）。

3.6.4　广阔的深海平原

深海平原是从陆缘到大洋中脊一侧一直是连续的（图 3.81），尽管通常认为其平坦无奇，但实际上其形态复杂，且不时地被大量洋岛、海山和洋底高原以及洋内大陆碎片所打断。大的深海平原通常深 4000 ～ 6500m，且自洋脊向外逐渐下沉变深，其边界由被动大陆边缘或俯冲带所围限。直接沉积于洋壳上的沉积物年龄略小于洋壳本身，进而证明了海底扩张理论。总之，深海平原中的基底沉积层的年龄自洋脊向陆缘逐渐增加，也反映洋壳年龄随着距扩张轴距离的增加而增加。

随着距大洋中脊距离的增加洋壳逐渐冷却，随着年龄增加大洋岩石圈厚度也相应增加，洋底发生沉降。冷却的岩石圈密度较大，自然地向软流圈下沉。进而，软流圈的顶部因冷却而转换成岩石圈地幔，这样老的大洋岩石圈就逐渐地变厚、变重（密度变大）、变深（下沉）（图 3.81）。

洋底的沉降并非以线性方式发生，而是离大洋中脊近的地方沉降较快，在洋壳形成初期的 10Ma 之内平均沉降大约 1000m，随着远离于洋脊沉降速率变慢，如在随后的 26Ma 才沉降了 1000m（图 3.83）。因此，洋底沉降深度是其年龄平方根的函数：

$$A=k\sqrt{t}$$

式中，A 为从洋脊开始沉降的量，m；k 为常数，约 320；t 为洋壳的年龄，Ma（Parsons and Sclater，1977）。

在洋中脊附近，沉降速率随洋脊扩张速率的变化而变化。具有高的扩张速率的洋脊处，在起初的 1Ma 其沉降速率比较高，这是因为软流圈向上流动使洋底漂移速度快，对洋脊有一向上的推动作用。

随着洋底年龄的增加，其深度偏离公式，如太平洋，60Ma 之前基本符合公式，之后其沉降速率比公式预测的要慢。其原因还不是十分清楚，有可能是岩石圈厚度增长速度逐渐变慢。60Ma 时岩石圈厚度大约达到 80km，之后增长的速度就非常慢。

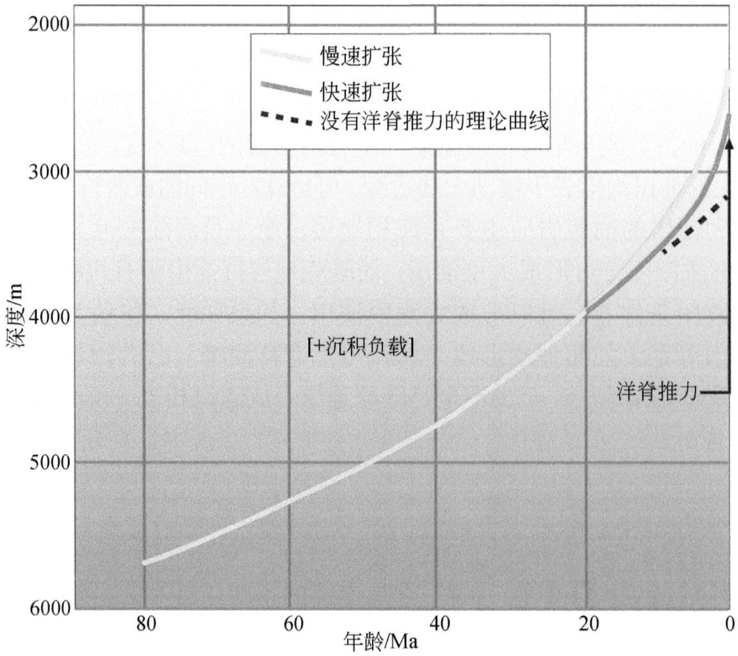

图 3.83　大洋岩石圈随年龄的沉降曲线（据 Frisch *et al.*，2011）

海水深度主要受洋底年龄控制；20Ma 之后的深度与洋脊扩张速率无关

3.6.5　深海平原的沉积物

深海平原沉积物主要是一些非常细的陆源黏土和有机物。前者来自大陆，要么是远端悬浮物质或者是风吹黄土；后者来自海洋环境下兴盛的微生物。微生物拥有的硅质或钙质介壳死亡后不断沉降到海底。陆源物质变化比较大，可来自火山灰、远端浊积物、风吹细碎屑物等。不管是陆源的还是有机的，这些物质均归于远洋物质。邻近大陆的深海区域，沉积物颗粒会粗些，这类沉积物称为半远洋沉积物。深海沉积是被动式的，它往往反映了其形成条件，如气候、附近火山物源以及全球风势等。邻近大陆的深海沉积物来自于大陆，可以反映大陆条件，被称为陆源沉积物（图 3.84）。陆源的、半远洋的和远洋的沉积物界限完全是渐变的关系。

不同的沉积物类型代表特定的沉积相。洋底沉积相的侧向变化反映了不同的沉积条件。随着板块的漂移，洋底条件不断变化，沉积相也会随之变化。暗示侧向上相的变化也同样发生于垂向层序中（图 3.81）。不同类型的相在垂向和横向上的空间关系称为瓦尔特相律，即“在没有大的沉积间断情况下，只有在平面上相互邻接的相才能在纵向上叠置在一起。也就是说，相的纵向相序也是它的横向相带”（Walther，1894）。

深海沉积物展布中，碳酸钙补偿深度（CCD）具有非常重要的作用（图 3.81）。一定深度以下，碳酸钙的溶解量超过来自上部水体钙质生物残留体供应量，碳酸钙被溶解。在如此深度的碳酸钙被溶解主要因为有机物的分解使冷的深部海水富含碳酸。碳酸钙的供应主要来自于在水体上部才繁盛的浮游生物如有孔虫和球藻等，死亡后介壳下沉。

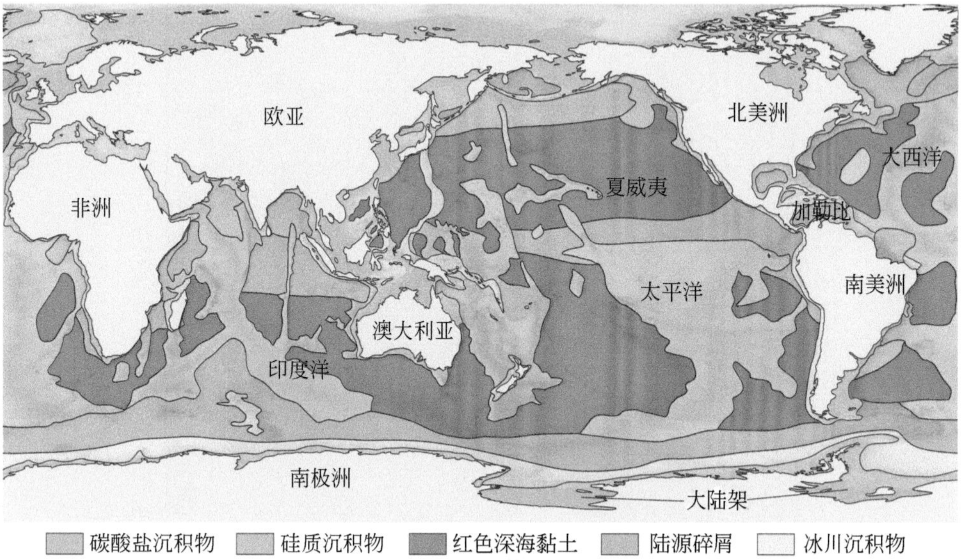

图 3.84 现代全球大洋沉积物分布图（据 Berger，1974；Reading，1986）

海洋表面水体，尤其在温 - 热带气候条件下，碳酸钙是饱和或过饱和的。然而，数千米深的深部水体碳酸钙则是欠饱和的。碳酸钙溶解的深度称为溶跃面，尽管因有机质包裹在碳酸盐物质表面而使碳酸钙的溶解滞后，一旦这种缓冲效应解除，碳酸钙的溶解就会发生。这个碳酸钙溶解发生的深度即为碳酸钙补偿深度，或补偿面（Calcite Compensation Depth，CCD）。

CCD 的深度是变化的。通常赤道地区要比高纬度地区深（图 3.85）。大西洋的 CCD 一般在 4500 ～ 5000m；太平洋在 4200 ～ 4500m。所有大洋赤道附近的 CCD 可下降到 5000m 以下，而亚北极区则上升到大约 3000m。在地质历史时期，CCD 会有波动，如白垩纪和古近纪比现在高 1000 ～ 1500m。温暖的气候和高的火山 CO_2 供应会提高有机物产能，洋中大量生物体的腐烂分解放出大量的 CO_2，增强了海水对碳酸钙的溶解能力，所以 CCD 变浅。晚侏罗世之前 CCD 也比较高，因为很少有碳酸钙浮游生物污染广阔的大洋，所以深水区碳酸钙是欠饱和的。

CCD 的重要意义是其下没有碳酸盐沉积发生。因此，深海平原的深部主要是硅和富黏土沉积物。硅质沉积主要由放射虫（单细胞动物，分泌硅质介壳，生活在赤道地区）或硅藻类（生活在高纬度地区）组成。这些硅的沉积物主要是一些非晶质蛋白石（$SiO_2 \cdot H_2O$），因其不稳定，随着时间推移转变为晶质玉髓，最后转变为细粒石英（SiO_2）。在深海区，硅质沉积物的生长非常缓慢。尤其在赤道区，富营养深水的上升流区含有大量的磷酸盐和硝酸盐，生物成因产物比较丰富。信风使表面的热水向西移动（北半球向南西，南半球向北西），冷水从深部流向陆架区。

在营养欠缺地区，没有其他沉积物，主要是红色深海黏土沉积于 CCD 之下。之所以是红色是因为大洋底流持续提供富氧水，将普遍存在的氧化铁微粒氧化成赤铁矿（Fe_2O_3）。黏土颗粒主要源于经风力跨洋长距离搬运的陆源、火山以及宇宙尘埃物质。

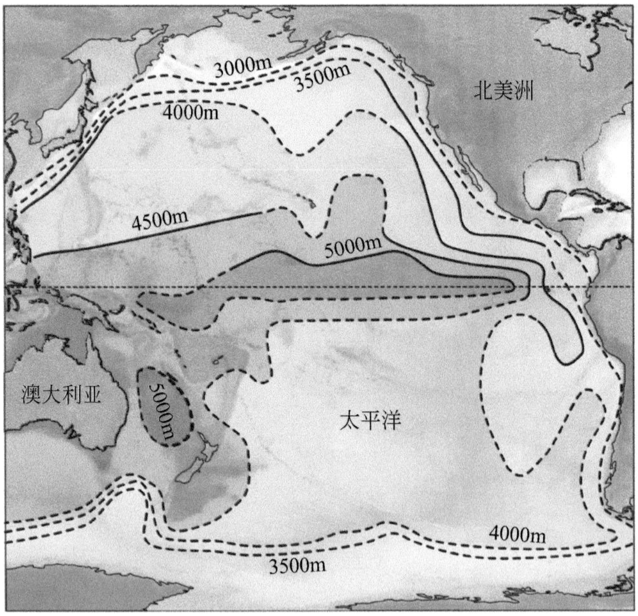

图 3.85 太平洋碳酸钙补偿深度（CCD）分布图（据 Berger，1974）

靠近大陆区域，来自大陆的陆缘碎屑沉积的影响逐渐增大。尤其在被动大陆边缘，这些陆缘物质很容易被搬运到大洋盆地因为大陆坡直接与深海平原相接。在活动陆缘，俯冲带的深海沟和岛弧系统构成了陆缘沉积物向深海搬运的天然屏障。被动陆缘的大的河口前端陆源物质供应量非常大，如恒河布拉马普特拉河（Ganges-Brahmaputra）、印度河（Indus）、尼日尔河（Niger）、密西西比河（Mississippi）以及亚马孙河（Amazon），巨大的沉积扇向深海推进。北极的亚北极地区和北大西洋地区，由冰川形成的冰积物是相邻深海盆地的重要的沉积物源（图 3.84）。

深海的沉积速率较低。较深水的石灰岩沉积速率在 3 ～ 60m/Ma，硅质沉积和红色深海黏土沉积速率在 1 ～ 10m/Ma（Berger，1974），这些都是非常慢的沉积过程。所以放射虫和红色深海黏土沉积经历了很长的时间间隔。相比之下，河口前端的陆源物质供应速度则非常快，可能超过 1km/Ma。

深海洋流的速度可达 10cm/s，只能扬起细的黏土或生物颗粒，搬运至其他地方沉积。洋流作用产生的沉积间断会被记录在沉积物中，尤其高速洋流在洋底高地上形成的侵蚀。大洋底流有大洋表层洋流所控制，这取决于大陆与气候的分布。就一些现代深海沉积物分布的控制因素来说（图 3.84），钙质沉积物被限定在 CCD 面之上，在赤道地区浮游生物非常繁盛，碳酸钙的快速供应使 CCD 面下降，碳酸盐岩分布范围被扩大；硅质沉积主要在海水上升流带，尤其是沿从墨西哥到秘鲁朝西的太平洋沿岸；富放射虫的硅质沉积岩（即放射虫硅质岩）形成于横跨整个赤道地区的 CCD 面之下，在高纬度地区，由硅藻组成的硅质沉积非常广泛，此处 CCD 面被抬高，碳酸钙的产出受到限制；深海平原的广大地区 CCD 面以下主要发育红色深海黏土。

深海黏土的沉积矿物学的变化可以反映其源区位置和形成条件（图 3.86）。蒙脱石是火山灰风化的产物，广泛分布于太平洋，因为太平洋有许多火山岛和与俯冲有关的火山活动；大西洋蒙脱石非常少见因为缺乏火山活动。伊利石是由长石和云母分解而成，从陆源区搬运而后经洋流再行分配。这样它不仅发育于陆地附近，也发育于洋盆中心，尤其在北半球的中高纬度地区更为发育。高岭石主要是热带地区长石风化形成，集中分布于热带海岸。

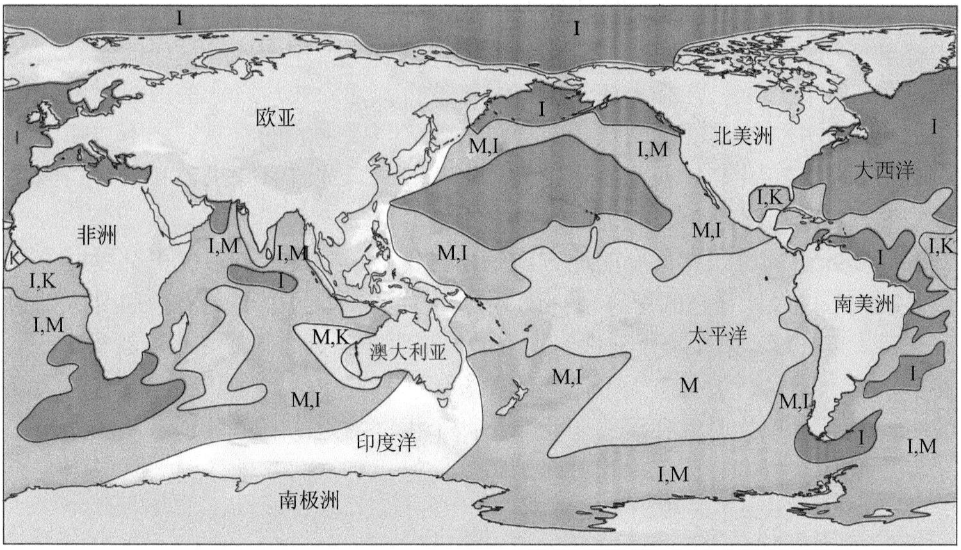

图 3.86　洋中黏土矿物分布图（据 Berger，1974）

M. 蒙脱石；I. 伊利石；K. 高岭石；M，I. 蒙脱石较伊利石等据有优势

3.6.6　大洋传送带上的相变化

洋壳就像一个传送带，形成于洋中脊并从洋脊漂离、沉降，在这一过程中某一点会经历不同水深、纬度和距陆源区的距离等所形成不同的相带。地层中会记录下这些来自不同相带特征的沉积层序。然而，垂向上依次出现的相同样在不同时代洋壳上相并列（即上述的“瓦尔特相律”）。

大洋中脊发育许多黑烟囱和白烟囱（详见见第 4 章 4.3），不规则地分布在薄而富含金属的沉积物中（图 3.81）。大部分暗褐色的沉积物富铁和锰，也含有热水从洋壳中淋滤出来的其他金属。然而，这些金属主要溶解在海水中，然后在远离洋脊的深海平原以锰结核方式沉淀。洋脊的含金属沉积物主要由海水沉淀出来的铁锰氢氧化物微小球粒和富铁黏土矿物（铁蒙脱石）组成。此外，各种硫化物和硫酸盐也有发育。这类沉积在东太平洋洋隆一带尤为普遍。

随着大洋传送带飘离洋脊，细粒的钙质软泥通常沉积于富含金属的沉积物顶部，若有些地方缺失软泥沉积便直接沉积于洋底玄武岩之上。沿平滑快速扩张的洋脊如东太平洋洋隆，钙质沉积累积成一均匀沉积层；在慢速扩张且有明显构造结构的洋脊如大西洋中脊，沉积物充填于低洼处直到形成连续的盖层。根据供应情况，钙质软泥同样含有硅质生物和黏土。

当洋底沉降到 CCD 面以下时，石灰岩要么被硅质沉积物覆盖，要么被红色深海黏土覆盖（图 3.81）。在硅质生物产率高的区域，生物残留体占主导地位，放射虫或硅藻自碳酸盐往上逐渐出现，硅质层与黏土层可能互层。而硅质生物产率低的区域，形成红色深海黏土。大陆附近地区，深海沉积物被陆源碎屑沉积覆盖。如果洋底到达俯冲带，深海沟沉积物的沉积层序随着俯冲作用而结束。

上述的硅质（岩）位于碳酸盐沉积之上的序列并不适用于洋底层序的所有情况。在阿尔卑斯－地中海地区，洋壳形成于中－晚侏罗世，地壳残片以一系列蛇绿岩方式出露于阿尔卑斯山脉中。洋底玄武岩伏于放射虫硅质岩以及随后的石灰岩之下。晚侏罗世从硅质到钙质沉积的变化与钙质浮游生物大爆发相一致。此时有孔虫类和秋石藻类在全世界大洋中繁盛，从而降低了 CCD 面。

洋底传送带上的沉积物最厚的地方就是洋壳年龄最老的地方，沉积物厚度分布与洋壳年龄系统增长以及距洋脊的距离相一致（图 3.87）。因此最厚的沉积物毗邻大陆边缘，尤其是被动大陆边缘。直接覆于玄武岩之上的底部沉积物具有与洋壳相近的年龄。然而，在太平洋的广大地区，远离东太平洋隆的地方沉积物非常薄，尤其红色深海黏土沉积速率非常低。这种沉积物厚度和模式变化与这两个大洋盆地的基本差别有关。大西洋大部分由被动大陆边缘所围限，沉积物可以无障碍地搬运到深海盆地。而太平洋则有无数个岛弧系统和深海沟阻碍了沉积物的搬运路径。

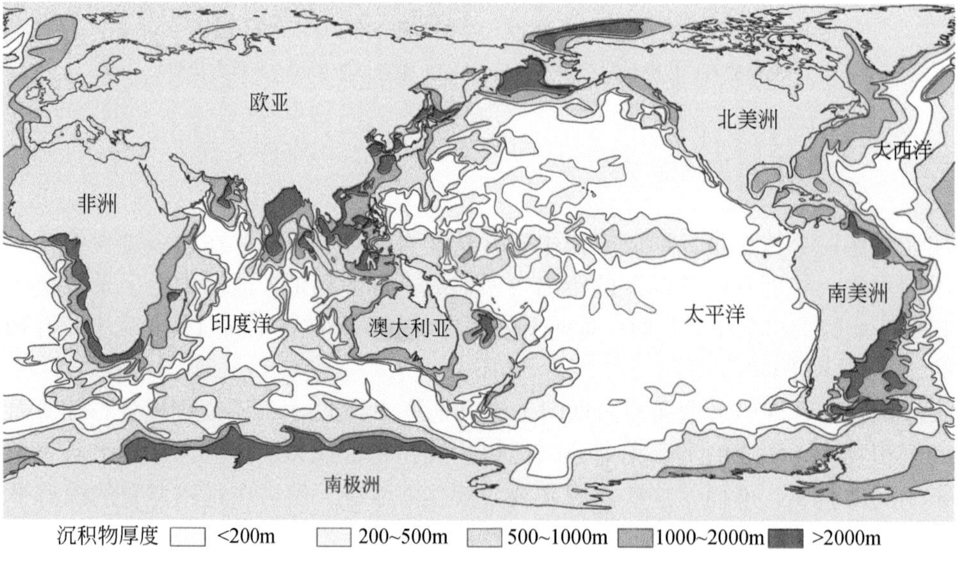

图 3.87　全球洋盆及其相邻陆架沉积物厚度分布图（据 World Data Center for Marine Geology and Geophysics，2003；转引自 Frisch *et al.*，2011）

值得强调的是，被动陆缘的大陆坡向下直接过渡为拥有洋壳的深海盆地。大陆坡以发育浊流沉积，形成巨厚的复理石建造为特征。一旦洋壳俯冲完毕，大陆坡也随之进入俯冲带，复理石的发育也随之停止，所以被动陆缘最晚的复理石地层可作为造山带碰撞事件发生的下限标志（见附录 1）。

3.7　板片窗构造

3.7.1　板片窗构造的概念与特征

Dickinson 和 Snyder（1979）在研究北美西部大陆边缘时，讨论了海底扩张脊与海沟相互作用问题，提出了“板片窗”构造（slab window）的概念。主要指与俯冲带斜交或正交的洋中脊甚至转换断层在向海沟俯冲的过程中，俯冲板片进入热的地幔，并被热地幔包绕，洋脊处新生的岩浆无法冷凝固结，随着中脊的持续扩张作用，会使下行洋中脊两侧的洋壳板片之间形成一个持续加宽的间隙，这个间隙称为“板片窗”构造（有人译为“岩板窗”构造；图 3.88）。事实上，俯冲板片的撕裂和断离也可以形成类似的板片窗构造，本部分主要讨论与洋脊以及转换断层俯冲有关的板片窗构造，其他类型的板片窗构造可以此类推。

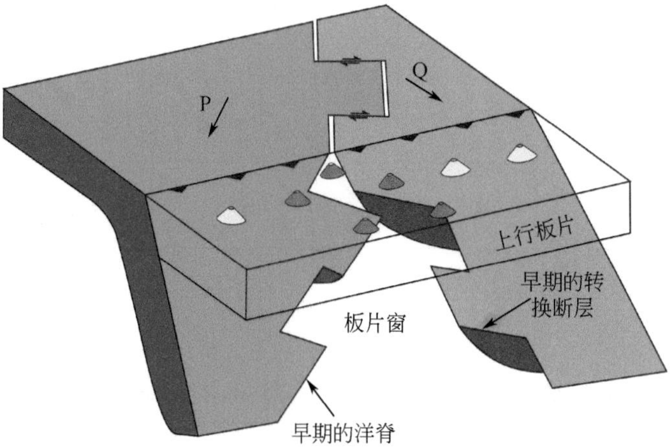

图 3.88　板片窗构造形成模式图（说明见正文；据 Thorkelson，1996）

俯冲进入海沟的洋中脊和转换断层继续扩张，在下行板片中形成一个持续加宽的间隙，即板片窗（slab window）

板片窗通常出现在活动大陆边缘，如太平洋周边俯冲带，尤其是南美和中美(图 3.89)。板片窗一旦形成就会导致下行板块的地幔物质与上覆板块直接接触，改变所在区域的局部地幔循环方式，导致在板片窗上覆板块中出现异常的地质效应（图 3.90），包括异常于普通俯冲带的岩浆活动、变质作用、地貌表现、流体活动、特殊地球物理特征以及成矿作用（Sun *et al.*，2010；马本俊等，2015）。

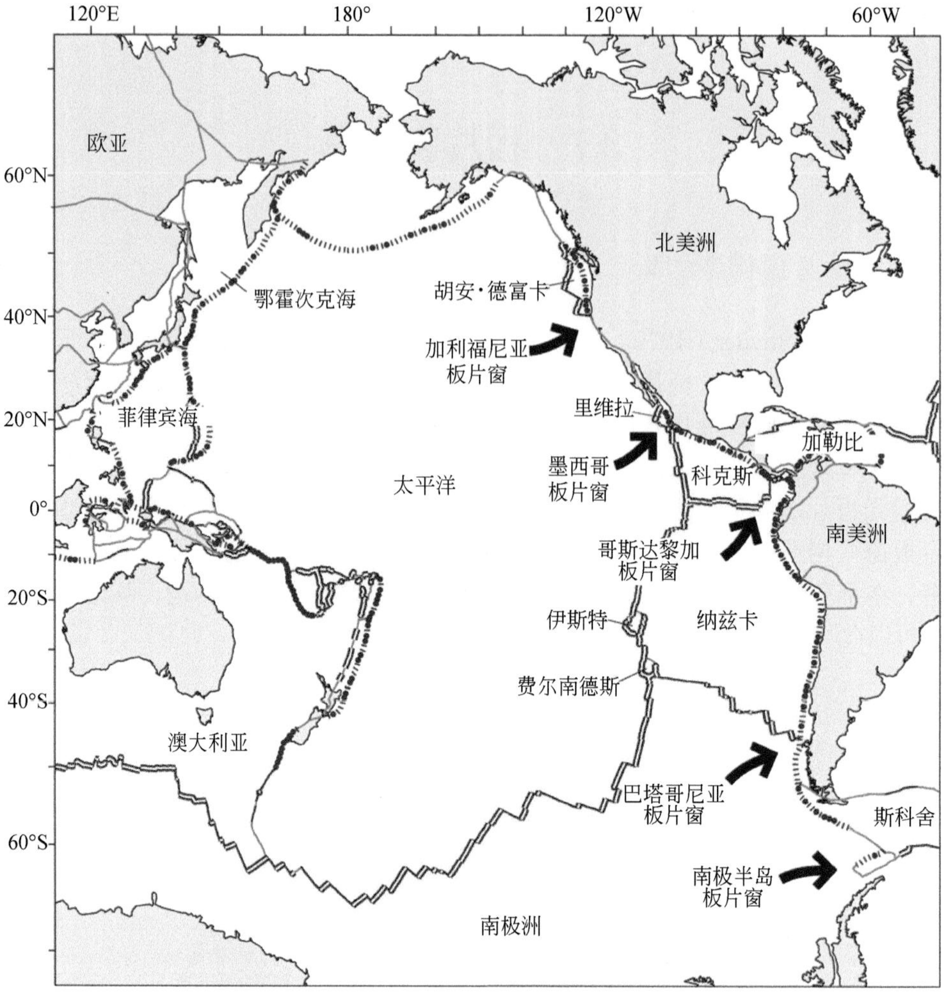

图 3.89 太平洋周边板块构造与板片窗分布图（据 McCrory *et al.*，2009）

图中显示了扩张脊正在插入俯冲带海沟，并在邻近大陆边缘之下形成板片窗构造；双红线：洋脊，多处与海沟相交或正在俯冲；单红线：断裂带或转换断层；点画线：俯冲带海沟；深灰线：其他板块边界

3.7.2 板片窗的形成

在板块俯冲时，当洋中脊与海沟不平行时，便会产生洋盆的不对称消亡现象，最后洋脊与海沟必定会交叉相遇，导致洋脊俯冲（图 3.89）。

我们知道，随着距洋脊距离的增大，洋壳的年龄、厚度以及密度也会逐渐变大。Thorkelson（1996）认为，洋壳年龄小于 10Ma 会产生正浮力，具有正浮力的板片宽度与扩张速率有关；年龄大于 10Ma 的洋壳却具有负浮力。当洋脊到达海沟处，新生板片较为年轻且热，故浮力较大，因此在洋脊俯冲时，较大的浮力作用使得板片俯冲角度逐渐变缓，俯冲速度变慢，甚至中止，但不至于与上覆板块上下连接，也就是说仍然有地幔楔夹在上下板块之间。俯冲板片被地幔中的高温环境所环绕，那么洋脊之间岩浆便不能充

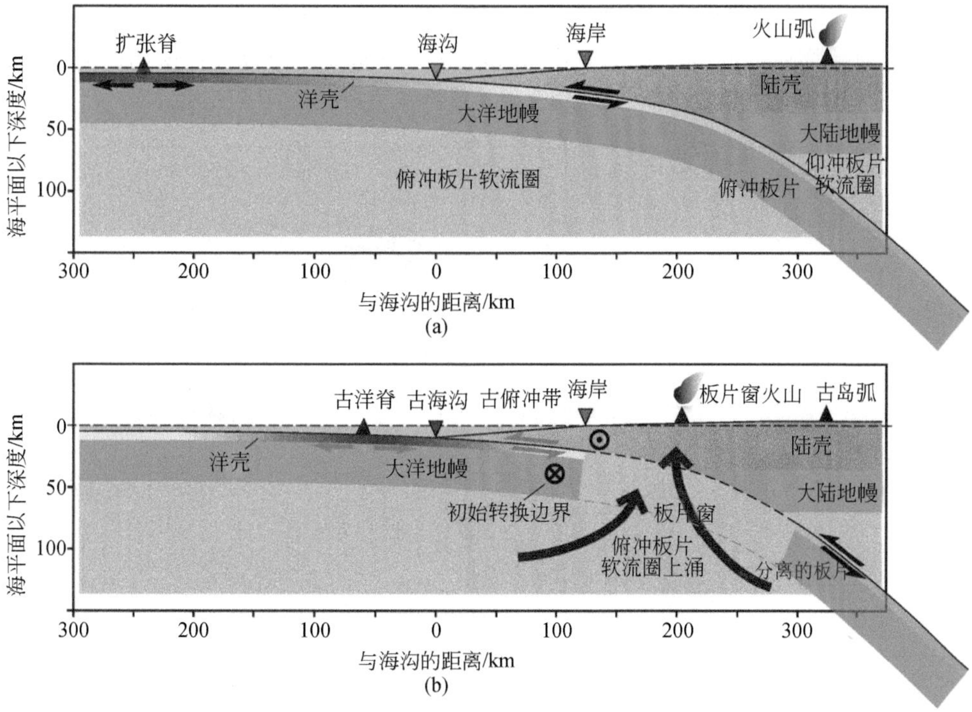

图 3.90　北美西部蒙特利板块俯冲系统和板片窗构造简易剖面图（据 McCrory *et al.*，2009）

（a）太平洋－胡安 • 德富卡－北美板块系统（约 28Ma 之前）；（b）蒙特利微板块下沉过程（约 19Ma 之后）

分冷凝结晶，从而洋脊之间不再生成新的洋壳。此外，离洋脊较远的密度较大的冷板片会继续沉降，在板片保持连续情况下，冷板片部分会拖拽较年轻的板片继续分离。因此，洋脊两侧板片之间的空隙越来越大，最终形成板片窗，如中美的科克斯板块（图 3.91）。此外，热侵蚀作用使得板片窗边缘板片发生部分熔融以及分离板片的俯冲角度或速度的差异，都会进一步促进板片窗的扩大。

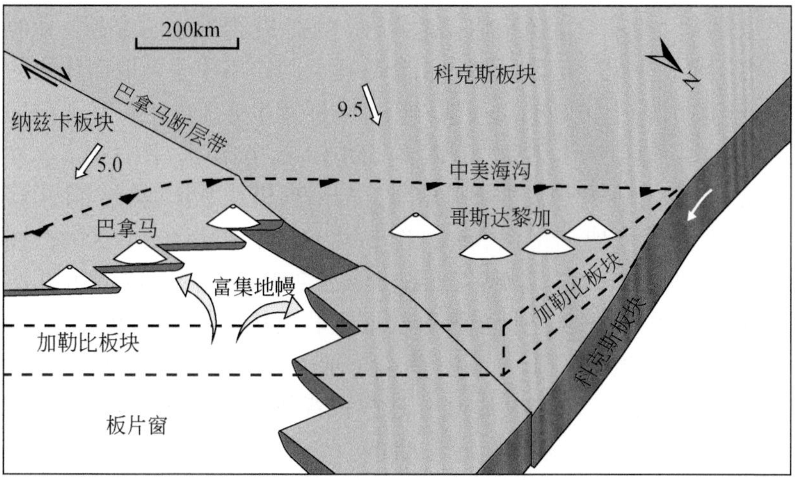

图 3.91　中美科克斯板块洋脊俯冲的板片窗构造（据 Johnston and Thorkelson，1997）

板片窗开启后，将会产生板片空白区，使得板片上下地幔直接接触，从而改变了板块间以及与地幔物质之间的“正常”物质和能量交换模式，导致板片窗构造的上覆板块产生异常的岩浆作用、变质作用、流体活动以及特殊成矿效应（图 3.92）。

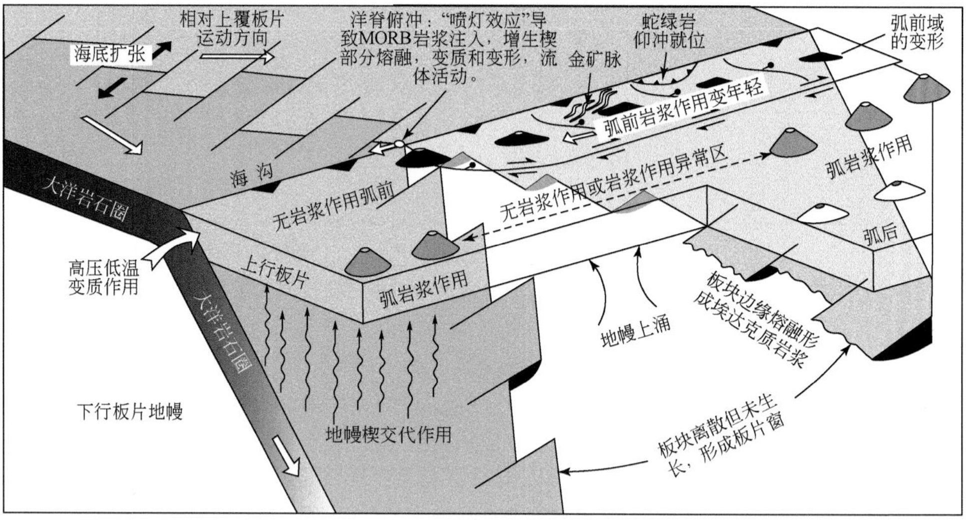

图 3.92　板片窗构造及地质效应模式图（据 Thorkelson，1996；Sisson *et al.*，2003）

3.7.3　板片窗构造的岩浆作用

与板片窗有关的火成岩主要有高镁安山岩、高温钙质埃达克岩以及介于大洋中脊玄武岩（MORB）至洋岛玄武岩（OIB）之间的岩石等类型。

在正常的岛弧环境下（洋脊俯冲前）[图 3.93（a）]，冷的板片俯冲到一定深度，因受热脱水，导致地幔楔水化而发生部分熔融，通常引发中酸性的安山质岩浆活动。板片窗形成后 [图 3.93（b）]，产生窗口间隙，造成物质亏空，下面热的地幔物质就会补充上来。另外，由于板片缺失，板片窗上覆地幔（地幔楔）无法获得多余的水分，从而呈现出干热的特点，地幔楔不再发生水化熔融，使得正常岛弧火山作用中止。取而代之的是下方热的地幔物质上涌到达板片窗上覆地幔。因围岩压力降低发生降压熔融，在弧前区域这些熔体不易受到下地壳物质污染而产生洋岛型玄武岩（OIB）火山作用（图 3.92）。在弧后区，窗口边缘的年轻富 Mg 板片因受热发生部分熔融，与来自板片下伏地幔的降压熔融体混合，形成高 Mg 的埃达克质火成岩 [图 3.92、图 3.93（b）；Kinoshita，2002；Thorkelson and Breitsprecher，2005；Ickert *et al.*，2009；Zhang *et al.*，2010；Tang *et al.*，2010]。

若板片俯冲角度非常平缓，上涌的下伏地幔软流圈物质携带的高热导致窗口上覆地幔发生亏损熔融，产生类似于大洋中脊（MORB）的玄武岩浆作用（Thorkelson and Breitsprecher，2005）。此外，在板片窗上方拉张背景下，幔源碱性岩浆分异或者富含 CO_2 的流体改造形成 A 型或紫苏花岗岩（Zhang *et al.*，2010；Li *et al.*，2012）。更多的情况下，在窗口处，板片上下地幔熔体复杂混合，可能有窗口边缘板片的熔体加入进一步混合，从而形成来源复杂的岩浆岩（Cole and Stewart，2009）。板片窗有时还受到地幔柱侵扰，这会使板片窗上方的岩浆活动更加复杂。同时，岩浆活动在板片窗构造内部也存在着空间差异，如弧前、弧后岩浆岩在岩石和地球化学组成上呈现有规律的变化，这可用来判别一个地区是否存在板片窗。

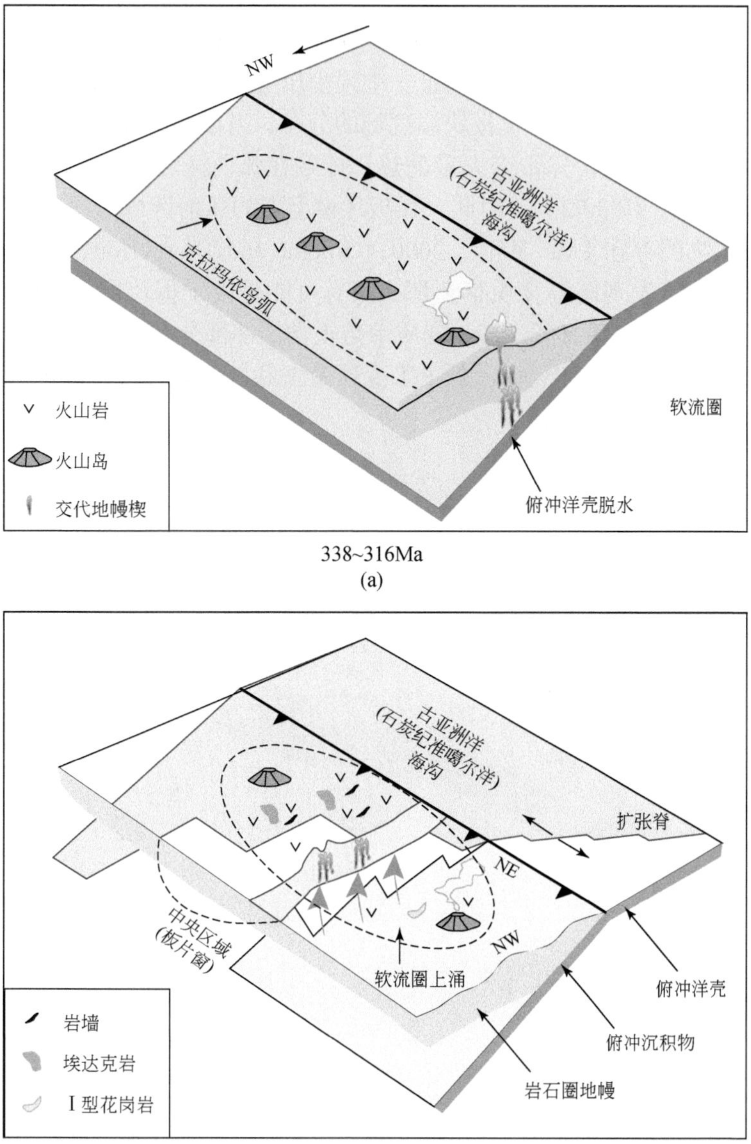

图 3.93　石炭纪至早二叠世西准噶尔地区的岩浆作用模式（说明见正文；据 Tang *et al.*，2010）

（a）板片窗形成之前的火山活动；（b）板片窗形成后的火山活动

3.7.4 板片窗构造的变质作用

在正常岛弧环境下，相对冷的洋壳俯冲到地幔中，地幔楔遭受冷却，导致弧前区域出现异常低的地温梯度；在弧后区域，由于水化作用引起的地幔楔熔体上涌，使热流值变高。这便造成弧前、岛弧、弧后地温梯度依次升高的现象。这些温压分布特征导致弧前区到弧后区依次出现：低温高压变质带—中温中压变质带—高温低压变质带。

板片窗构造的产生改变了上覆板块温度场的分布，当板片窗开启后，造成物质亏空，干热的地幔物质上涌补充，并带来大量的热，导致在弧前区域出现异常高温，从而产生高温变质相（低 P/T；图 3.92）。因此，在板片窗上方的弧前区域可以发现红柱石和硅线石等高温变质矿物的存在（van Wijk，2000；Groome and Thorkelson，2009）。所以，如果在俯冲带弧前区域发现高温变质带，那么很有可能是由于板片窗构造的存在而引发的地质效应。板片窗产生高温（低 P/T）变质带与正常俯冲部分在空间上组合成双变质相带组合，如日本岛弧中西部的 Ryoke（低 P/T 变质带）和 Sabangawa（高 P/T 变质带）双变质带（图 3.94；Iwamori，2000）。

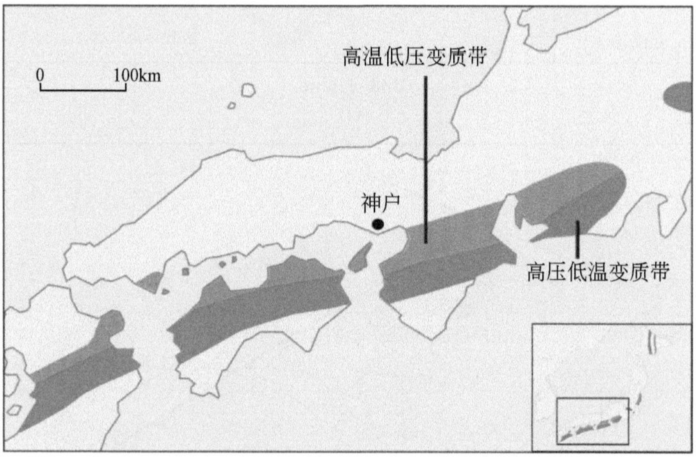

图 3.94 晚新生代日本岛弧西部地区的双变质带（说明见正文；据 Iwamori，2000）

3.7.5 板片窗构造的成矿作用

Goldfarb 等（1998）统计了同造山期的金矿分布带，发现几乎全部都分布在环太平洋大陆增生边缘。这些地区在地质历史时期可能都存在洋脊俯冲的历史，这些事实都说明洋脊俯冲是形成金矿脉的一种构造过程（Haeussler *et al.*，1995）。Sun 等（2010）指出很多大型、超大型斑岩铜、金矿都与洋脊俯冲密切相关，环太平洋地区是世界上探明的超大型斑岩铜、金矿聚集的地区，其中东太平洋沿岸中、南美洲的智利、秘鲁等地分布着多个正在俯冲的洋脊，多数洋脊俯冲带都形成了大型、超大型斑岩铜、金矿（图 3.95）；而西太平洋的洋脊俯冲的数量少、规模小，相应的斑岩铜、金矿的规模和数量都明显少于东太平洋，造成了环太平洋地区斑岩铜、金矿分布不均一的特征（图 3.95）。其原因在于，在洋脊俯冲过程中，热的、年轻的洋壳容易发生部分熔融形成埃达克岩，由于铜、金是中度不相容元素，其在洋壳中的含量远比地幔和陆壳的平均丰度高，因此，洋壳部分熔融形成的岩浆具有系统偏高的铜、金含量，有利于形成斑岩铜、金矿床。

一般年轻的、热的俯冲洋壳才会发生脱水熔融形成埃达克岩熔体（Defant and Drummond，1990；Peacock *et al.*，1994）。考虑到洋脊的特殊结构和性质，显生宙以来，洋脊俯冲应该是俯冲洋壳部分熔融形成埃达克岩的最佳地质过程。如果埃达克岩确实与斑岩铜矿有着密切的成因联系，那么埃达克岩，确切地说是俯冲板片部分熔融，是洋脊俯冲与斑岩铜矿之间的桥梁（Sun *et al.*，2010）。

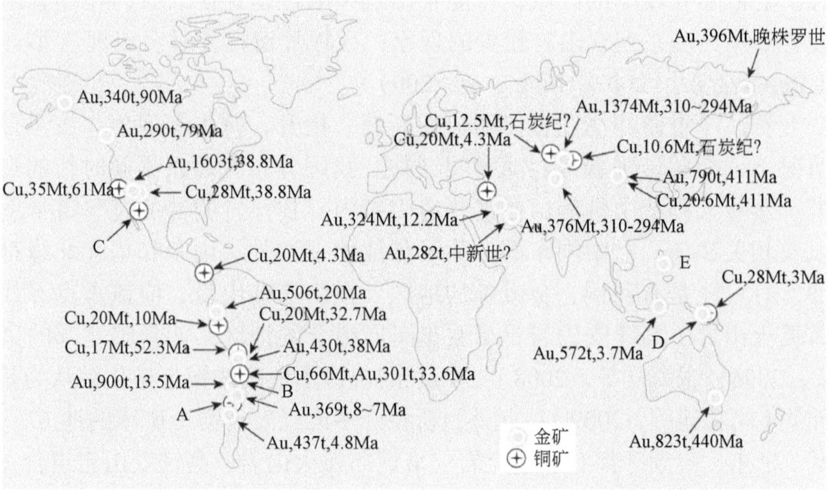

图 3.95　大型、超大型斑岩铜（金）矿床分布图（说明见正文；据 Sun *et al.*，2010）

A，B，C 为铜成矿省；D，E 为金成矿省。A. 智利中部成矿省（El Teniente，Río Blanco-Los Bronces，Los Pelambres）；B. 智利北部成矿省（Chuquicamata，La Escondida，Radomiro Tomic，Rosario，El Salvador，El Abra）；C. 西南亚利桑那成矿省（Cananea，Lone Star，Morenci-Metcalf，Pima，Ray）；D. 巴布亚新几内亚成矿省（Grasberg，Ok Tedi，Panguna，Frieda River）；E. 菲律宾成矿省（Far South East-Lepanto，Tampakan，Atlas，Sipalay）

在我国长江中下游区域发育多种金属成矿带，如金、铜、铁、锌、铅、钼等矿床，还发现了埃达克岩交代地幔橄榄岩成因的富铌玄武岩，认为这些成矿带与侏罗纪—白垩纪岩浆活动有关，并且这些岩浆活动的形成与地质历史时期的洋脊俯冲有一定关联（Ling *et al.*，2009）。

3.7.6　问题讨论

虽然洋脊俯冲十分有利于俯冲洋壳部分熔融，而洋壳部分熔融则对形成富铜初始岩浆相当有利，但并不是所有的斑岩铜矿都与洋脊俯冲有着直接的关系，其他能够发生俯冲洋壳部分熔融的过程，如平板俯冲、新生洋壳俯冲、板片撕裂部位以及俯冲板片的边缘，也可以产生埃达克岩和相关的斑岩铜矿及其相关矿床（Sun *et al.*，2010），如秘鲁的 Minas Conga 斑岩铜金矿床和 La Granja 斑岩铜钼矿床在空间上与纳兹卡（Nazca）洋脊俯冲的位置上有几百公里的偏差（图 3.92）。当然也不是所有洋脊俯冲都形成斑岩型铜金矿床，例如厄瓜多尔的 Carnegie 洋脊的俯冲带就尚未发现超大型矿床。也许是因为这里的洋脊俯冲才刚刚开始，还没有出现大规模俯冲洋壳部分熔融，而且该区板块俯冲的角度仍然很大，上覆陆壳也没有明显的变形。与此形成鲜明对比的是，Juan Fernández 洋脊俯冲的俯冲角度很小，而且明显造成了上覆陆壳的变形，是世界上斑岩铜金矿床最集中的地区（Sun *et al.*，2010）。

对于古老的洋脊俯冲，由于洋脊本身已经消失，判断是否存在洋脊俯冲需要从仰冲板块入手。首先是岩石组合：洋脊俯冲在形成埃达克岩的同时，会出现高镁安山岩和富铌玄武岩（Aguillon-Robles *et al.*，2001；Bourgois and Michaud，2002；Viruete *et al.*，2007），对于上覆陆壳较厚的区域，可能会出现中酸性富铌质岩石；在洋脊附近由于脱水较少，会有岛弧钙碱系列安山岩较少的现象；在板片窗拉开时会出现 A 型花岗岩和钾质火山岩（Benoit *et al.*，2002；Ling *et al*，2009）。

从构造上看，洋脊俯冲往往会伴随剪切断裂、抬升、拉张等现象，在洋脊与俯冲带不垂直的情况下，相关岩浆岩带会随时间迁移。我国分布着多条不同时代的造山带，如中亚造山带、秦岭大别造山带等，在这些造山带内寻找洋脊俯冲的迹象将帮助我们寻找斑岩铜矿以及相关矿床。在中国东部，除了长江中下游外，山东和华北北缘都可能经历过洋脊俯冲，有可能是有利铜、金成矿的地区。在中亚造山带，应该重点寻找有埃达克岩、富铌岛弧火山岩、高镁安山岩、A 型花岗岩组合的地区，如新疆北部的富蕴县等地（Niu *et al.*，2006；张海祥等，2008）、西准的包古图地区的铜金矿化被认为是与石炭纪洋脊俯冲有关（唐功建等，2009）。此外，新疆许多已经发现铜金矿床的地方，如喇嘛苏、阿希、土屋－延东、赤湖等都有埃达克岩、富铌岛弧火山岩、高镁安山岩组合（王强等，2006），这些是否是洋脊俯冲的产物，还有待研究。

板片窗构造理论是板块构造理论的进一步完善和补充，但板片窗构造的提出主要是基于矿物岩石学方面的证据，目前也只是初步的推测，尤其缺少直接的地球物理观测。板片窗模型能够对一些“异常”岛弧－海沟体系的特殊地质现象给出更为合理地解释，尤其是在太平洋周边复杂的大陆边缘构造环境的地质解释上发挥了重要作用，这体现了板片窗构造理论的价值和生命力。

思 考 题

1. 增生楔是如何形成的？
2. 俯冲阶段陆壳物质能被带到地幔深处，发生高压－超高压变质作用吗？
3. 俯冲增生与俯冲侵蚀作用？
4. 俯冲侵蚀作用对海沟位置的影响？
5. 增生楔顶盆地？
6. 弧后盆地（back-arc basin）与弧背盆地（retro-arc basin）？
7. 被动陆缘与深海盆地的沉积特征。
8. CCD 面的意义。
9. 板片窗构造及其岩浆和成矿作用？

参考文献

侯泉林，李培军，李继亮等 . 1995. 闽西南前陆褶皱冲断带 . 北京：地质出版社

李继亮，陈隽璐，白建科等 . 2013a. 造山带沉积学系列之一——弧造山带的弧前沉积 . 西北地质，46(1)：11 ～ 21

李继亮，陈隽璐，白建科等 . 2013b. 造山带沉积学之二——弧造山带的弧内沉积 . 西北地质，46(2)：1 ～ 11

马本俊，吴时国，范建柯 . 2015. 板片窗构造研究综述 . 海洋地质前沿，31（12）：1 ～ 10

任纪舜，徐芹芹，赵磊等 . 2015. 寻找消失的大陆，地质论评，61（5）：969 ～ 989

唐功建，王强，赵振华等 . 2009. 西准噶尔包古图成矿斑岩年代学与地球化学：岩石成因与构造、铜金成矿意义 . 地球科学：中国地质大学学报，34（1）：56 ～ 74

王强，赵振华，许继峰等 . 2006. 天山北部石炭纪埃达克岩 - 高镁安山岩 - 富 Nb 岛弧玄武质岩：对中亚造山带显生宙地壳增生与铜金成矿的意义 . 岩石学报，22（1）：11 ～ 30

吴福元，刘传周，许继峰等 . 2014. 雅鲁藏布蛇绿岩——事实与臆想 . 岩石学报，30（2）：293 ～ 325

张海祥，沈晓明，马林等 . 2008. 新疆北部富蕴县埃达克岩的同位素年代学及其对古亚洲洋板块俯冲时限的制约 . 岩石学报，24（5）：1054 ～ 1058

Aguillon-Robles A，Calmus T，Benoit M，*et al*. 2001. Late Miocene adakites and Nb-enriched basalts from Vizcaino Peninsula，Mexico：indicators of East Pacific Rise subduction below Southern Baja California? Geology，29（6）：531 ～ 534

Allmendinger R W，Figueroa D，Snyder D，*et al*. 1990. Foreland shortening and crustal balancing in the Andes at 30°S Latitude. Tectonics，9（4）：789 ～ 809

Bande A，Horton B K，Ramírez J C，*et al*. 2012. Clastic deposition，provenance，and sequence of Andean thrusting in the frontal Eastern Cordillera and Llanos foreland basin of Colombia. Geological Society of America Bulletin，124（1-2）：59 ～ 76

Barone M，Dominici R，Muto F，*et al*. 2008. Detrital modes in a Late Miocene wedge-top basin，Northeastern Calabria，Italy：composition record of wedge-top partitioning. Journal of Sedimentary Research，78（10）：693 ～ 711

Beaudry D，Moore G F. 1985. Seismic stratigraphy and Cenozoic evolution of West Sumatra forearc basin. American Association of Petroleum Geologists Bulletin，69（5）：742 ～ 759

Benoit M，Aguillon-Robles A，Calmus T，*et al*. 2002. Geochemical diversity of Late Miocene volcanism in southern Baja California，Mexico：Implication of mantle and crustal sources during the opening of an asthenospheric window. Journal of Geology，110（6）：627 ～ 648

Berger W H. 1974. Deep-sea sedimentation. In：Burk C A，Drake C L（eds）. The Geology of Continental Margins. New York Heidelberg Berlin：Springer. 213 ～ 241

Bourgois J，Michaud F. 2002. Comparison between the Chile and Mexico triple junction areas substantiates slab window development beneath northwestern Mexico during the past 12—10 Ma. Earth and Planetary Science Letters，201（1）：35 ～ 44

Bouysse P. 2010. Geological map of the world（3rd Edition）. Episodes，33（3）：173 ～ 182

Cole R B，Stewart B W. 2009. Continental margin volcanism at sites of spreading ridge subduction：examples from southern Alaska and western California. Tectonophysics，464（1-4）：118 ~ 136

Cowan D G. 1985. Structural styles in Mesozoic and Cenozoic melanges in the western Cordillera of North America. Geological Society of America Bulletin，96（4）：451 ~ 462

Defant M J，Drummond M S. 1990. Derivation of some modern arc magmas by melting of young subducted lithosphere. Nature，347（6294）：662 ~ 665

Dickinson W R. 1974. Plate tectonics and sedimentation. Society of Economic Paleontologists and Mineralogists，148（2）：315 ~ 316

Dickinson W R. 1980. Plate tectonics and key petrologic associations，the continental crust and its mineral deposits. Geological Association of Canada，Special Paper，20. 341 ~ 360

Dickinson W R. 1995. Forearc basins. In：Busby J C，Ingersoll R V（eds）. Tectonics of Sedimentary Basins. Blackwell Science. 221 ~ 261

Dickinson W R，Snyder W S. 1979. Geometry of subducted slabs related to San Andreas transform. Journal of Geology，87（6）：609 ~ 627

Dingle R V. 1980. Large allochthonous sediment masses and their role in the construction of the continental slope and rise of southwestern Africa. Marine Geology，37（3）：333 ~ 354

Einsele G. 1992. Sedimentary Basins. Berlin Heidelberg：Springer Press. 628

Fildani A，Hessler A M. 2005. Stratigraphic record across a retroarc basin inversion：Rocas Verdes-Magallanes Basin，Patagonian Andes，Chile. Geological Society of America Bulletin，117（11-12）：1596 ~ 1614

Fosdick J C，Romans B W，Fildani A，*et al.* 2011. Kinematic evolution of the Patagonian retroarc fold-and-thrust belt and Magallanes foreland basin，Chile and Argentina，51°30′S. Geological Society of America Bulletin，123（9-10）：1679 ~ 1698

Frisch W，Meschede M，Blakey R. 2011. Plate Tectonics：Continental Drift and Mountain Building. London New York：Springer-Verlag Berlin Heidelberg Press. 1 ~ 217

Goldfarb R J，Phillips G N，Nokleberg W J. 1998. Tectonic setting of synorogenic gold deposit of Pacific Rim. Ore Geology Review，13（1-5）：185 ~ 218

Groome W G，Thorkelson D J. 2009. The three-dimensional thermo-mechanical signature of ridge subduction and slab window migration. Tectonophysics，464（1-4）：70 ~ 83

Haeussler P J，Bradley D C，Goldfarb R J. 1995. Link between ridge subduction and gold mineralization in Southern Alaska. Geology，23（11）：995 ~ 998

Hamblin W K，Christiansen E H. 2003. Earth's Dynamic Systems（Tenth Edition）. New Jersey：Prentice-Hall Inc. 1 ~ 766

Huene R. 1972. Structure of the continental margin and tectonism at the eastern Aleutian Trench. Geological Society of America Bulletin，83（12）：3613 ~ 3626

Huene R V，Ranero C R，Weinrebe W. 2000. Quaternary convergent margin tectonics of Costa Kica，Segmentation of the Cocos Plate，and Central American Volcanism. Tectomics，19：314 ~ 334

Hyndman R D. 1996. Schwere Erdbeben Nach Langer Seismischer Stille. Spektrum der Wissenschaft. 64 ~ 72

Ickert R B，Thorkelson D J，Marshall D D，*et al.* 2009. Eocene adakitic volcanism in southern British Columbia：remelting of arc basalt above a slab window. Tectonophysics，464（1-4）：164 ~ 185

Ismibasm M. 1989. Sea-level centroned shallowmarine systems in the Pho-Pleistocene Kakegawa Group. Shizuoka. Central Honshu，Japan：companson of transgressive and regressive phases. Sedimentary Facies in the Active Plate Margin，345～363

Iwamori H. 2000. Thermal effects of ridge subduction and its implications for the origin of granitic batholith and paired metamorphic belts. Earth and Planetary Science Letters，181（1）：141～144

Jobe Z R，Bernhardt A，Lowe D R. 2010. Facies and architectural asymmetry in a conglomerate-rich submarine channel fill，Cerro Toro Formation，Sierra Del Toro，Magallanes Basin，Chile. Journal of Sedimentary Research，80（12）：1085～1108

Johnston S T，Thorkelson D J. 1997. Cocos-Nazca slab window beneath Central America. Earth and Planetary Science Letters，146（3-4）：465～474

Kang D E. 1971. Origin and development of marginal basins in the western pacific. Journal of Geophysical Research，76（11）：2542～2561

Kinoshita O. 2002. Possible manifestations of slab window magmatisms in Cretaceous southwest Japan. Tectonophysics，344（1）：1～13

Larue D K，Provine K G. 1988. Vacillatory turbidites，Barbades. Sedimentary Geology，57（3）：211～219

Li H，Ling M X，Li C Y，*et al.* 2012. A-type granite belts of two chemical subgroups in central eastern China：indication of ridge subduction. Lithos，150：26～36

Li P J，Hou Q L，Li J L，*et al.* 1997. Isolated olistoliths from the Lower Triassic Xikou Formation in southwestern Fujian and its geological significance. Chinese Science Bulletin，42（2）：137～140

Ling M X，Wang F Y，Ding X，*et al.* 2009. Cretaceous ridge subduction along the Lower Yangtze River Belt，eastern China. Economic Geology，104（2）：303～321

McCrory P A，Wilson D S，Stanley R G. 2009. Continuing evolution of the Pacific-Juan de Fuca-North America slab window system-A trench-ridge-transform example from the Pacific Rim. Tectonophysics，464（1）：30～42

Meschede M，Frisch W，Herrmann U R，*et al.* 1997. Stress transmission across an active plate boundary：an example from southern Mexico. Tectonophysics，266（1）：81～100

Meschede M, Pelletier B. 1994. Structural style of the accretionary wedge in front of the North d'Eentrecasteaux ridge. Proceedings of the Ocean Drilling Program. Scientific Results，134：417～429

Meschede M，Zweigel P，Frisch W，*et al.* 2010. Mélange formation by subduction erosion：the case of the Osa mélange in southern Costa Rica. Terra Nova，11（4）：141～148

Meschede M，Zweigel P，Kiefer E. 1999. Subsidence and extension at a convergent plate margin：evidence for subduction erosion off Costa Rica. Terra Nova，11（2-3）：112～117

Moore G F，Karig D E. 1976. Development of sedimentary basins on the lower trench slope. Geology，4（11）：693～697

Moore G F，Billman H G，Hehanussa P E，*et al.* 1980. Sedimentology and paleobathymetry of Neogene trench-slope deposits，Nias Island，Indonesia. Journal of Geology，88（2）：161～180

Moore G F，Curray J R，Moore D G，*et al.* 1980. Variation in geologic structure along the Sunda forearc，NE Indian Ocean. Tectonic and Geologic Evolution of Southeast Asian Seas and Islands，23：145～160

Moore G F, Park J O, Bangs N L, *et al.* 2009. Structural and seismic stratigraphic framework of the NanTroSEIZE Stage 1 transect. In: Kinoshita M, Tobin H, Ashi J, *et al* (eds). Proc. IODP, 314/315/316. Washington D C: Integrated Ocean Drilling Program Management International, Inc

Moores E M, Twiss R J. 1995. Tectonics. New York: W H Freeman and Company Press. 415

Niu H, Sato H, Zhang H, *et al.* 2006. Juxtaposition of adakite, boninite, high-TiO_2 and low-TiO_2 basalts in the Devonian southern Altay, Xinjiang, NW China. Journal of Asian Earth Sciences, 28 (4-6): 439 ~ 456

Parsons B, Sclater J G. 1977. An analysis of the variation of the ocean floor bathymetry and heat flow with age. Journal of Geophysical Research, 82 (5): 803 ~ 827

Peacock S M, Rushmer T, Thompson A B. 1994. Partial melting of subducting oceanic crust. Earth and Planetary Science Letters, 121 (1-2): 227 ~ 244

Platt J P. 1986. Dynamics of orogenic wedges and the uplift of high-pressure metamorphic rocks. Geological Society of America Bulletin, 97 (9): 1106 ~ 1121

Rampone E, Hofmann A W. 2012. A global overview of Botopic heterogeneities in the oceanic mantle. Lithos, 148: 247 ~ 261

Ranero C R, Huene V R. 2000. Subduction erosion along the Middle America convergent margin. Nature, 404 (6779): 748 ~ 752

Reading H G. 1986. Sedimentary Enviroments and Faeies, 2th ed. Oxford Blackwell: 615

Sakai T, Masuda F. 1996. Slope turbidite packets in a fore-arc basin fill sequence of the Plio-Pleistocene Kakegawa Group, Japan: their formation and sea-level changes. Sedimentary Geology, 104 (1): 89 ~ 98

Sarnthein M, Diester-Haass L. 1977. Eolian sand turbidites. Journal of Sedimentary Research, 47 (2): 868 ~ 890

Scholl D W. 1974. Sedimentary sequences in the North Pacific trenches. In: Burke C A, Drake C L (eds). The Geology of Continental Margins. Berlin Heidelberg: Springer Press. 493 ~ 504

Shreve R L, Cloos M. 1986. Dynamics of sediment subduction, melange formation, and prism accretion. Journal of Geophysical Research: Solid Earth, 91 (B10): 10229 ~ 10245

Silver E A, Reed D L. 1988. Backthrusting in accretionary wedges. Journal of Geophysical Research: Solid Earth, 93 (B4): 3116 ~ 3126

Sisson V B, Pavlis T L, Roeske S M, *et al.* 2003. Introduction: an overview of ridge-trench interactions in modern and ancient settings. Geological Society of America, Special Papers, 371: 1 ~ 18

Sun W D, Ling M X, Wang F Y, *et al.* 2008. Pacific plate subduction and Mesozoic geological event in eastern China. Bulletin of Mineralogy, Petrology and Geochemistry, 27 (3): 218 ~ 225

Sun W D, Ling M X, Yang X Y, *et al.* 2010. Ridge subduction and porphyry copper gold mineralization: an overview. Science China: Earth Sciences, 53 (4): 475 ~ 484

Tang G, Wang Q, Wyman D A, *et al.* 2010. Ridge subduction and crustal growth in the Central Asian Orogenic Belt: evidence from Late Carboniferous adakites and high-Mg diorites in the western Junggar region, northern Xinjiang (west China). Chemical Geology, 277 (3): 281 ~ 300

Thorkelson D J. 1996. Subduction of diverging plates and the principles of slab window formation. Tectonophysics，255（1-2）：47 ～ 63

Thorkelson D J，Breitsprecher K. 2005. Partial melting of lab window margins：genesis of adakitic and non-adakitic magmas. Lithos，79（1-2）：25 ～ 41

Torrini J R，Speed R C. 1989. Tectonic wedging in the forearc basin：accretionary prism transition，Lesser Antilles forearc. Journal of Geophysical Research：Solid Earth，94（B8）：10549 ～ 10584

Torrini J R，Speed R C，Mattioli G S. 1985. Tectonic relationships between forearc-basin strata and the accretionary complex at Bath，Barbados. Geological Society of America Bulletin，96（7）：861 ～ 874

Underwood M B，Bachman S B. 1982. Sedimentary facies associations within subduction complexes. Geological Society，London，Special Publications，10（1）：537 ～ 550

Underwood M B，Bachman S B. 1986. Sandstone petrofacies of the Yager complex and the Franciscan Coastal belt，Paleogene of northern California. Geological Society of America Bulletin，97（7）：809 ～ 817

Underwood M B，Moore G F. 1995. Trenches and trench-slope basins. In：Busby J C，Ingersoll R V（eds）. Tectonics of Sedimentary Basins. Blackwell Science. 179 ～ 219

Underwood M B，Moore G F，Taira A，*et al.* 2003. Sedimentary and tectonic evolutions of a trench-slope basin in the Nankai subduction zone of Southwest Japan. Journal of Sedimentary Research，73（4）：589 ～ 602

Unruh J R，Moores E M. 1992. Quaternary blind thrusting in the southwestern Sacramento Valley，California. Tectonics，11（2）：192 ～ 203

Velbel M A. 1985. Mineralogically mature standstones in accretionary prisms. Journal of sedimentary Petrology，55（5）：685 ～ 690

Vine F J. 1970. Sea-floor spreading and continental drift. Journal of Geological Education，18（2）：87 ～ 90

Viruete J E，Contreras F，Stein G，*et al.* 2007. Magmatic relationships and ages between adakites，magnesian andesites and Nb-enrichedbasalt-andesites from Hispaniola：record of a major change in the Caribbean island arc magma sources. Lithos，99（3-4）：151 ～ 177

Walther J. 1894. Lithogenesis der Gegenwart. Fischer，Jena：Einleitung in die Geologie als Historische Wissenschaft. 535 ～ 1055

Wijk J W，Gover R，Furlong K P. 2001. Three-dimensional thermal modeling of the California upper mantle：a slab window vs. stalled slab. Earth and Planetary Science Letters，186（2）：175 ～ 186

Wilson J T. 1965. A new class of faults and their bearing on continental drift. Nature，207（4995）：343 ～ 347

Wille P. 2005. Sound Images of the Ocean：in Research and Monitoring. Springer Berlin Heidelberg Press. 91 ～ 96

Williams D F. 1990. Selected approaches of chemical stratigraphy of time-scale resolution and quantitative dynamic strcotigraphy. In：Cross T（ed）. Quantitative Dynamz Stratigraphy. Englewood Cliffs：Prentice-Hall，543 ～ 565

Zhang Z，Zhao G，Santosh M，*et al.* 2010. Late Cretaceous charnockite with adakitic affinities from the Gangdese batholith，southeastern Tibet：evidence for Neo-Tethyan mid-ocean ridge subduction? Gondwana Research，17（4）：615 ～ 631

第 4 章　板块构造学各论

4.1　蛇绿岩及其就位

蛇绿岩作为大洋岩石圈残片，因此了解大洋岩石圈和大洋地壳的形成和演化是认识蛇绿岩的基础和前提。

4.1.1　大洋岩石圈的形成

大洋岩石圈地幔的形成：大洋岩石圈是在软流圈的橄榄岩分离出玄武质熔体、残留下固体橄榄岩的过程中逐渐形成的。抽取熔体后的固体橄榄岩残余即构成大洋岩石圈地幔；玄武质岩浆逐渐形成大洋岩石圈地壳。大洋岩石圈厚度大约 70 ～ 80km，洋壳厚度一般只有 6km 左右，但在大洋中脊软流圈可几乎直达地表［图 4.1（a）］。大洋岩石圈与大陆岩石圈不同，具有相对均一的层状结构。软流圈由特有的橄榄岩和二辉橄榄岩构成，其主要矿物成分是橄榄石即硅不饱和的镁硅酸盐（可有 10% 左右的镁被铁代替）；其次是两种辉石，即顽火辉石（属斜方辉石）和透辉石（属单斜辉石）。顽火辉石与橄榄石非常相似，只是有较高的硅含量，即硅饱和；透辉石及其他单斜辉石含钙和铝。从大洋中脊下部上升的软流圈的二辉橄榄岩在大约 75km 处因减压而发生部分熔融，形成与透辉石成分类似的玄武质岩浆，固结后主要为透辉石和斜长石（Ca-Na 长石），而残留下的则为玄武质岩浆亏损的二辉橄榄岩。

熔融出大约 5% 玄武质熔体的橄榄岩仍然含有透辉石，但其上升速度要比熔融初期阶段快，因为被封闭的熔滴的密度较低。持续的减压作用会进一步产生玄武质熔体，直到橄榄岩中的透辉石完全消失为止。在此过程中，原来的二辉橄榄岩残余变为方辉橄榄岩（harzburgite，发现于德国的一个村子 *Bad Harzburg* 而得名），一种主要由橄榄石和顽火辉石组成的橄榄岩（图 4.1）。部分熔融符合下列公式：

二辉橄榄岩 = 方辉橄榄岩 + 玄武岩

直接位于大洋中脊之下的玄武质熔体占原始二辉橄榄岩体积的 20%。玄武质熔滴聚合，逐渐在浅部形成大的岩浆房进而形成洋壳，尽管具有层状结构，但其成分几乎全是玄武质。洋壳被称为拉斑玄武岩（tholeiite，因发现于德国的一个村子 Tholey 而得名），在化学成分上与碱性和钙碱性玄武岩形成明显对照。

大洋地壳的形成：在大洋中脊附近洋壳有经数百万年堆积而成的很薄的沉积盖层。最上部的玄武岩层为枕状熔岩（图 4.4、图 4.7）。高达～1200℃的玄武质熔体喷发到洋底以后遇到寒冷的海水迅速冷却形成球形和椭球形的枕状熔岩（图 4.7）。之所以呈球形是因为球形具有最小比表面积，减少热的释放。球体外侧表面因与海水直接接触而迅速冷却形成玻璃质外壳，而核部仍保持液态而慢慢冷却、结晶。枕状熔岩层厚约 1km，可被下伏的细粒玄武质侵入岩——呈直立的岩墙或水平的岩床所切割。岩墙或岩床不与海水直接接触而缓慢冷却结晶，全晶质结构，为不含玻璃质火成岩。这些细粒的玄武质侵入岩称为粗粒玄武岩，也叫粗玄岩或辉绿岩，类似于枕状熔岩的内核部分。陡倾的岩墙代表了岩浆房岩浆向地表（洋底）侵入的通道。如果上覆的枕状玄武岩层较薄，岩浆向上的侵入作用会使之上隆，同时也使岩墙弯曲形成水平产状的岩床。向深部，岩墙数量增加，甚至岩墙同时又作为岩墙的围岩，达到 100% 的岩墙，称为岩墙群或席状岩墙群［图 4.1（b）］。一次单独的侵入事件形成约 1m 厚的单个岩墙，在玄武质岩浆沿裂隙多次重复侵入过程中形成厚度达 1 ～ 2km 的席状岩墙群［岩墙具体侵入过程参阅本节有关蛇绿岩部分；图 4.1（b）小插图］。

作为玄武岩和粗玄岩深成岩的辉长岩伏于席状岩墙群之下，是粒径可达数毫米至几厘米的粗粒岩，成分与粗玄岩类似，主要由透辉石和斜长石组成。这些侵入岩代表了固结的岩浆房［如上所述的幔源岩浆房；图 4.1（b）］。在岩浆房的边缘发生固结，而底部又有源源不断的岩浆供给，会使已固结的部分又被打碎，因此岩浆房中并非全为液态，而更可能是晶体与熔体混合的所谓晶粥（crystal mush）状态。岩浆房底部可达数十千米宽，向上逐渐变窄（Nicolas，1995）。辉长岩层厚度可达 2 ～ 5km，通常具各向同性特征，其厚度取决于洋脊的扩张速率，快速扩张形成厚的辉长岩层；慢速扩张因岩浆供应不足只形成薄的辉长岩层，若扩张速率过慢，甚至会造成辉长岩层的缺失。整个洋壳厚度变化在 4 ～ 8km。辉长岩顶部会出现斜长花岗岩，主要由斜长石、角闪石和石英组成。这可能有两种成因：形成辉长岩的玄武质原始岩浆最后结晶的产物；或者，海水以过热蒸汽的方式通过裂隙渗透到岩浆房顶部，从而降低了辉长岩的部分熔融温度，从通常的 1000℃左右降低到 750℃，此种熔体可以形成斜长花岗岩。此外，部分水分可进入角闪石（类似于单斜辉石，但含水），以—OH 的形式赋存于晶格结构中。

辉长岩层下部为条带状和剪切的辉长岩和橄榄岩［图 4.1（b）］，认为是堆晶作用的结果，即晶体按照晶出温度自高至低的顺序依次结晶，且高密度的晶体沉积在岩浆房底部。然而，辉长岩底部的条带状岩石可能同样发育剪切结构（Nicolas，1995），因为黏滞性强的晶粥以岩浆方式流动，因此长柱形的晶体将沿着岩浆流动方向排列，同时因晶体的紧密堆积会挤压出一些熔体。地幔的水平流动会在地幔岩与辉长岩之间产生剪切运动，在基性辉长岩（含斜长石）或橄榄岩（不含斜长石）中形成劈理。

以上从地幔橄榄岩、辉长岩（含斜长花岗岩）、席状岩墙群和枕状熔岩及其上覆的薄层沉积岩共同构成完整的大洋岩石圈结构（图 4.2）。

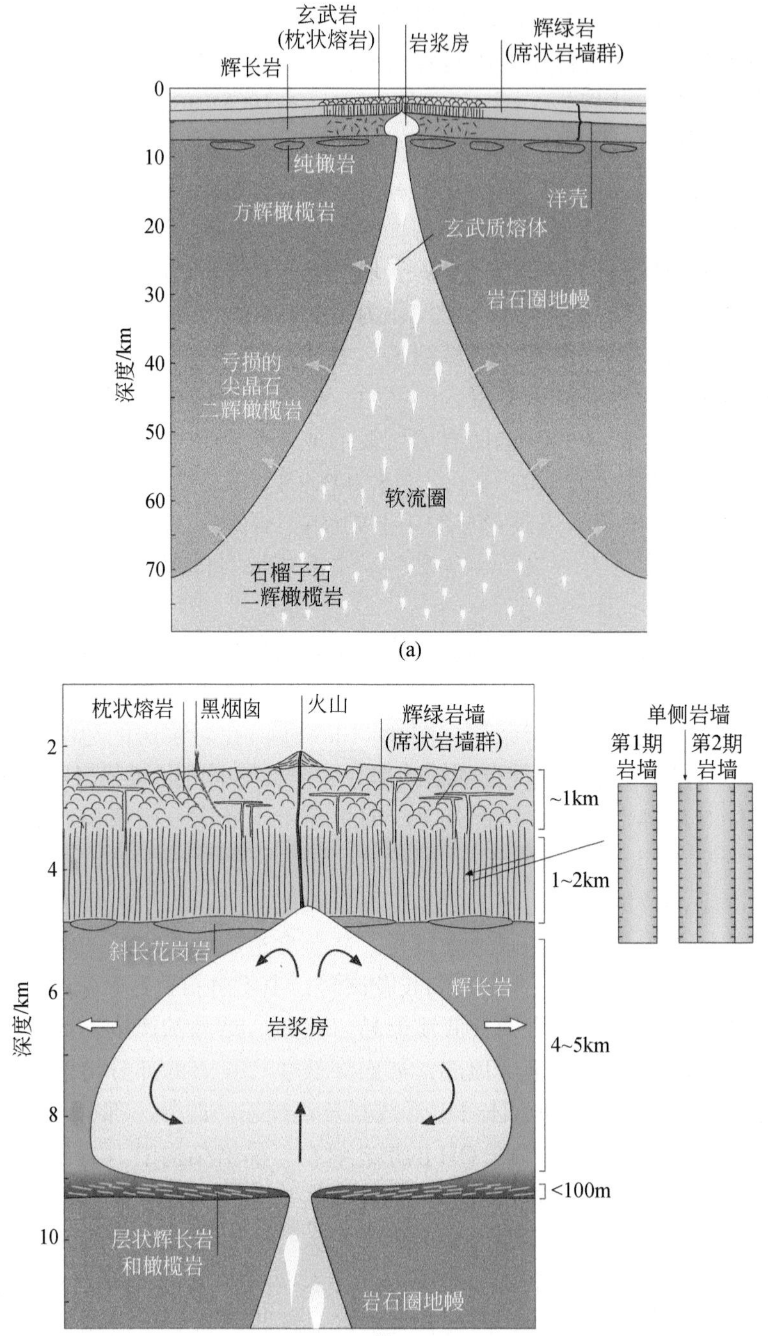

图 4.1　大洋岩石圈和洋壳形成过程示意图（说明见正文；据 Frisch *et al.*，2011）

（a）大洋岩石圈形成示意图：从上升软流圈二辉橄榄岩中分异出玄武质熔体后形成橄榄岩的残余岩石即大洋岩石圈地幔，下部为亏损的二辉橄榄岩，上部为方辉橄榄岩，顶部有纯橄岩；（b）洋壳形成示意图，插图为岩墙群示意图：由软流圈提供的熔体在壳幔边界形成岩浆房，房内周边岩浆冷却固结形成辉长岩，底部形成橄榄岩，顶部形成斜长花岗岩；岩浆向上运移形成辉绿岩席状岩墙群，喷至洋底形成枕状玄武岩

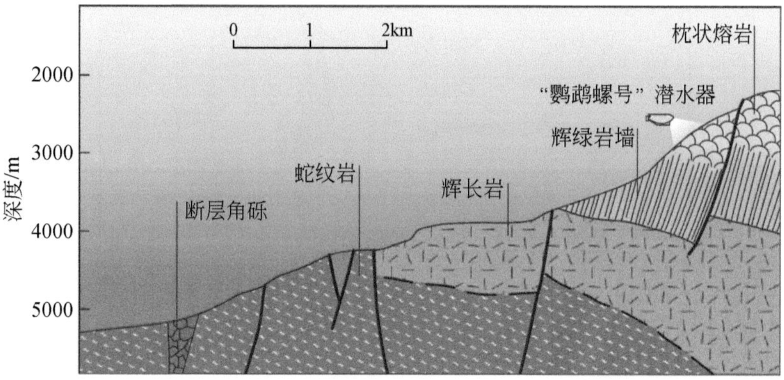

图 4.2　赤道大西洋 Vema 断层的洋壳剖面（据 Auzende *et al.*，1989；Bonatti，1994）

该剖面是法国深海探测"鹦鹉螺号"（Nautile）探测结果

4.1.2　蛇绿岩的基本特征

蛇绿岩（ophiolite）一词来自于希腊语 *ophis*，意思是蛇（serpent），因为与蛇绿岩密切相关的蛇纹岩（serpentinite，来自拉丁语 serpens，意即蛇）鳞片状的表面与蛇皮相似，故此而得名。蛇绿岩被认为是古大洋地壳和相邻上地幔的残片，或者说是古大洋岩石圈的残片。大洋岩石圈在板块俯冲和碰撞造山作用过程中就位于造山带中形成蛇绿岩，反之可用于研究大洋地壳甚至大洋岩石圈的结构和性质。因此蛇绿岩是追寻消失大洋和确定板块边界的重要证据。

1. 蛇绿岩的组成

位于阿拉伯半岛的阿曼蛇绿岩是世界上出露最好、层序最完整的蛇绿岩露头之一，该露头沿阿拉伯海岸约 500km 长、50 ～ 100km 宽、15km 厚，且变形弱，出露完整［图 4.3、图 4.12（a）］。这是研究程度最高的蛇绿岩之一，认为该蛇绿岩代表了比较完整的大洋岩石圈结构，因此地质学家往往以此为标准，来对比研究其他地方的蛇绿岩。

通过对阿曼及其他地区蛇绿岩的野外研究发现，典型的洋壳具有 4 个地震层及相应的岩性组合（图 4.4），以此为基础，将蛇绿岩层序自上而下分述如下：

深海沉积物（岩）（pelagic sediments）：位于蛇绿岩层序的最上部，主要由深海相黏土和由微生物壳（如藻类、有孔虫以及放射虫等）分解而成的钙、硅质软泥等薄层沉积物互层构成（图 4.5），常见燧石条带。含放射虫硅质岩是识别深海沉积岩的重要标志。比较靠近大陆边缘的洋壳上会发育由浊流沉积构成的沙、泥层序，并可能受到大洋环流的改造，成岩后形成浊积岩和平流岩（图 4.6；侯泉林等，1995），若洋壳物质经浊流搬运再沉积则会形成蛇绿质复理石［图 4.5（b）］。海相浊积岩即复理石是判别深海沉积岩的又一重要标志，暗示着洋壳的存在。大部分蛇绿岩顶部的沉积层一般几百米厚，与洋底沉积物和地震层 1 相对应（图 4.4）。

图 4.3　逆冲于阿拉伯半岛的阿曼蛇绿岩（说明见正文；据 Hamblin and Christiansen，2003）

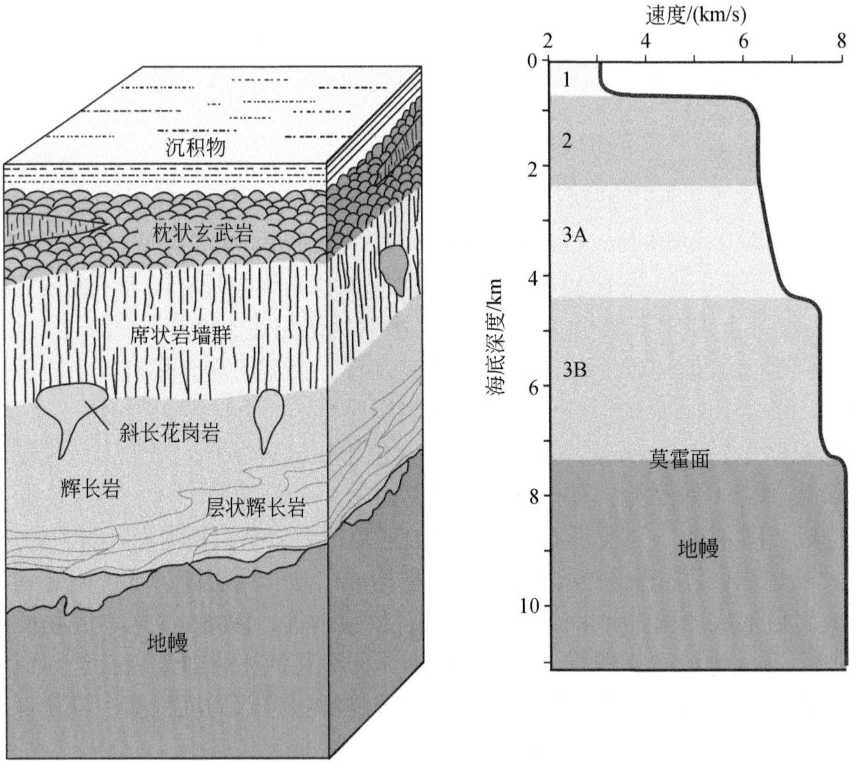

图 4.4　蛇绿岩主要岩石单元的理想剖面图（说明见正文；据 Hamblin and Christiansen，2003）

(a)　　　　(b)

图 4.5　蛇绿岩顶部的深海沉积物（岩）（说明见正文）

（a）阿曼蛇绿岩顶部的深海沉积物，沉积时是水平的，在逆冲于陆壳之上的过程中倾斜（据 Hamblin and Christiansen，2003）；（b）西昆仑库地深海蛇绿质复理石（侯泉林摄于 1996 年）

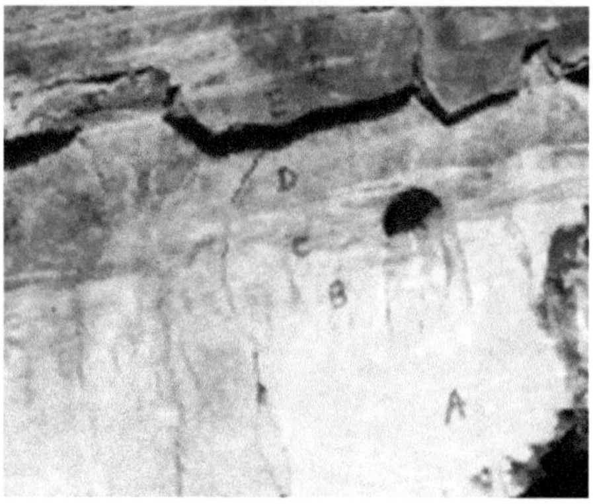

图 4.6　闽西南永安 T_1 浊积岩（完整的鲍马序列）

C 段已被等深流改造（据侯泉林等，1995）

玄武质熔岩（basaltic lavas；又称枕状玄武岩）：位于深海沉积物之下。阿曼蛇绿岩具有很厚的玄武熔岩流，发育大量枕状构造［图 4.7（a）］。蛇绿岩的玄武质熔岩以发育大量枕状构造为特征［图 4.7（b）］，以示其形成于洋底的宁静溢流，流动时遇海水快速冷却凝固，产生大量枕状构造，枕间被深海沉积物充填构成“三角带”［图 4.7（c）］，表现出与陆上一般玄武岩的明显不同（当然，河湖中喷发的基性岩也可形成枕状构造如汉诺坝玄武岩，但一般少见）。还发育柱状节理和火山（熔岩）角砾（热的熔岩打击冷的海水而破碎所致）。有些地方，下伏的玄武质岩墙和岩床会侵入该段下部。该层段厚度 1.0 ～ 2.5km，相当于地震层 2（图 4.4）。

席状岩墙群（sheeted dike complex）：位于枕状玄武岩之下，几乎全部由岩墙组成，主要是辉绿岩、辉绿辉长岩，相当于地震层 3A（图 4.4）。单个岩墙像直立平坦的席状体，宽度 1m 左右，远看就像一系列直立的地层一样（图 4.8），垂向厚度约 2km。岩墙是由岩浆侵入裂隙形成，往往新的岩浆侵入到前期岩墙中间，形成“半岩墙”（图 4.8），老岩墙又是新岩墙的围岩，大多数情况岩墙比例达 100%，所以岩墙通常只有单侧冷凝边（图 4.9）。局部可保存细粒辉长岩、斜长花岗岩、玄武岩等（图 4.4）。同时岩墙又是岩浆房岩浆向上侵入和喷出的通道，岩墙群顶部岩墙可侵入到枕状熔岩之中。

研究表明，并非所有的蛇绿岩套中都发育席状岩墙群，这可能与洋脊扩张速率有关，对于超慢速扩张洋脊可能不发育岩墙群（见本节后面讨论；吴福元等，2014）。

(a)

(b)

(c)

图 4.7 蛇绿岩的枕状熔岩（玄武岩）（说明见正文）

（a）阿曼 Wadi Jizzi 枕状玄武岩露头（据 Hamblin and Christiansen，2003）；（b）广西那坡县玄武岩枕状构造（侯泉林摄于 2014 年）；（c）云南富宁县熔岩枕之间充填的深海硅质岩“三角带”（侯泉林摄于 2014 年）

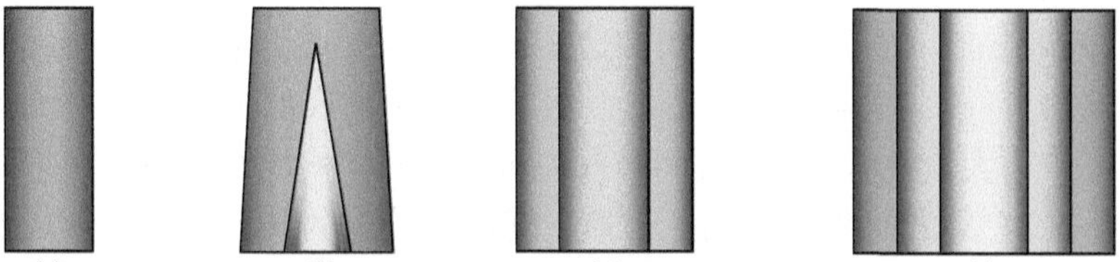
(a) (b) (c) (d)

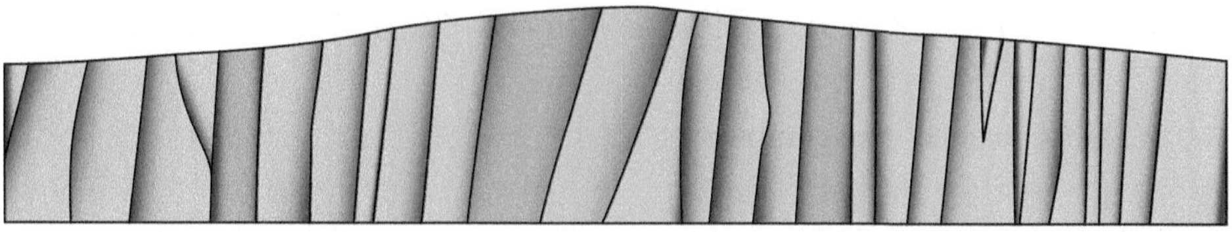
(e)

图 4.8 席状岩墙群及单侧冷凝边形成过程示意图（据 Hamblin and Christiansen，2003）

（a）正常岩墙，具双侧冷凝边；（b）新岩墙从老岩墙中部侵入（因中心部位温度高，比较薄弱）；（c）新岩墙快速冷却，形成双侧冷凝边；（d）新岩墙再次侵入老岩墙中部，使老岩墙分为两个“半岩墙”（half-dikes），而具单侧冷凝边；（e）塞浦路斯岛的特罗多斯席状岩墙群，展示了“半岩墙”关系

图 4.9　阿曼 Wadi Hawasina 的席状岩墙群（说明见正文；据 Hamblin and Christiansen，2003）

辉长岩（gabbro）：席状岩墙向下逐渐过渡为块状辉长岩段（图 4.4），颗粒略粗，再向下过渡为层状辉长岩(堆晶岩)和少量橄榄岩。辉长岩是蛇绿岩层序的主体，大约4.5km厚，与地震层的 3B 相当（图 4.4）。这些结晶的岩石是岩浆房中的玄武质岩浆在大洋中脊下方较浅的位置慢慢冷却结晶的结果，其成层性是由于晶体在岩浆房的壁和底以其晶出温度依次结晶堆积所致，较早晶出的是富含镁铁的矿物（图 4.10），自下而上依次为纯橄榄岩 - 方辉橄榄岩 - 暗色辉长岩 - 辉长岩，辉长岩顶部可出现斜长花岗岩。其成层性具有沉积岩的一些特点，如层理或条带，有时还有粗细颗粒的有序排列等，自身基本没有变形和变质作用。此外，沿着层状辉长岩可以形成铬铁（氧化铬）矿层，一般规模大、品位可能较低（相对地幔岩）、产状稳定规则。这些岩石与下伏单元——地幔岩呈构造接触关系，其成层的规律性较下伏单元明显得多。

图 4.10　阿曼蛇绿岩的层状辉长岩（说明见正文；据 Hamblin and Christiansen，2003）

构造岩（tectonites；又称地幔橄榄岩，mantle peridotite）：蛇绿岩层序的最下面部分，其岩石主要是上地幔或者说岩石圈地幔岩石（图 4.4、图 4.11），主要为方辉橄榄岩(harzburgite)和少量纯橄榄岩(dunite)，有时含铬铁矿(chromite)和二辉橄榄岩(lherzolite)，是熔出玄武质岩浆后的上地幔残余，主要矿物是橄榄石，部分斜方辉石。其中橄榄岩有其独特的结构，暗示了洋底扩张过程中高温下的韧性变形作用，发育线理和面理构造，形成构造岩。其中可发育铬铁矿，但一般规模较小、品位较高、产状复杂不稳定。构造岩层多被拉伸、褶皱、再褶皱，表明变形过程中的流动构造［图 4.11（b）］。在许多蛇绿岩套中，构造岩段厚度大多在 5 ～ 7km，个别可达 12km。洋壳底部高的地震速度与阿曼蛇绿岩的构造岩十分相当（图 4.4）。蛇绿岩套的构造岩来自上地幔，除了在蛇绿岩中出露外几乎很少出露于地表。但新近研究表明，洋脊的拆离断层和大洋核杂岩可能是上地幔岩石出露的重要途径（Escartn *et al.*，2008；Olive *et al.*，2010）。

(a)

(b)

图 4.11 蛇绿岩套中上地幔的一部分（说明见正文；据 Hamblin and Christiansen，2003）

（a）阿曼 Muscat 周围山脉的地幔岩；（b）阿曼蛇绿岩地幔岩及线理和面理构造

2. 阿曼蛇绿岩的形成与演化

这里以阿曼蛇绿岩 Semail 推覆体（Semail Nappe）为代表来讨论阿曼蛇绿岩的演化和有关问题。

Semail 推覆体的发育历史是作为早白垩世新特提斯洋打开并将阿拉伯半岛与中南亚分离大致 1200km 过程中的一个阶段。新特提斯洋大约在 100Ma 开始收缩－挤压－变窄，大洋板块的 NNE 部分向 SSW 部分仰冲（图 4.12）。逆冲作用是沿着大洋中脊这一洋壳和岩石圈的薄弱带发生的［图 4.12（b）］。蛇绿岩推覆体起初经数百千米的位移推覆到扩张轴（洋脊）另一侧的洋壳上，并迅速向南推覆，大约 80Ma 完全仰冲至阿拉伯半岛东北部，推覆速度大约 3cm/a（Frisch *et al.*，2011）。

当 Semail 推覆体逆冲于大陆边缘之后，一方面，由于摩擦力的增加会使大陆受到挤压，加之大陆密度较低，会向上抬起；另一方面，摩擦力会使蛇绿岩向大陆边缘的仰冲速度减缓，在推覆体被推覆 100 ～ 200km 后仰冲作用停止（Frisch *et al.*，2011）。

根据全球板块漂移驱动模式情况看，在蛇绿岩仰冲就位以后，阿拉伯半岛与欧亚板块（伊朗）的汇聚作用仍在进行，新特提洋沿着一个新的俯冲带——马克兰（Makran）俯冲带继续俯冲，剩余的洋壳俯冲到了伊朗大陆壳之下。这一过程可能导致阿拉伯半岛与欧亚板块大约在 2Ma 之后发生最终碰撞和造山作用（图 4.12；Frisch *et al.*，2011）。届时现在的阿曼蛇绿岩可能被欧亚板块进一步推覆，进而发生变形、肢解和变质。这样曾经硕大的新特提斯洋将只剩一个蛇绿岩缝合带。

变质底板（metamorphic sole）的概念：在仰冲过程中，逆冲（仰冲）蛇绿岩片底部的热会向下传播到冲断面下伏构造单元，引起变质作用，同时因逆冲作用造成强烈变形。这种蛇绿岩推覆体之下的变质带称为“变质底板”［图 4.12（c）］。因热的产生只持续非常短的时间跨度，所以该变质底板以构造边界上最强烈的变质作用和随深度增加而迅速减弱为特征。

在阿曼，Semail 推覆体底部的热使岩石迅速达到约 1000℃，并引起了火山作用。下盘的俯冲洋壳被加热到 900℃左右，变质作用达角闪岩相，而且与上覆沉积岩一起发生局部熔融[图 4.12(c)]。在上覆板块，熔浆形成安山质火山作用，具有岛弧火山特征(Boudier and Nicolas，1988)。在洋底蛇绿岩推覆体的持续逆冲作用过程中，底部迅速冷却以致在下伏的玄武岩中形成低温变质作用（如在 500 ～ 300℃范围内，形成绿片岩）。

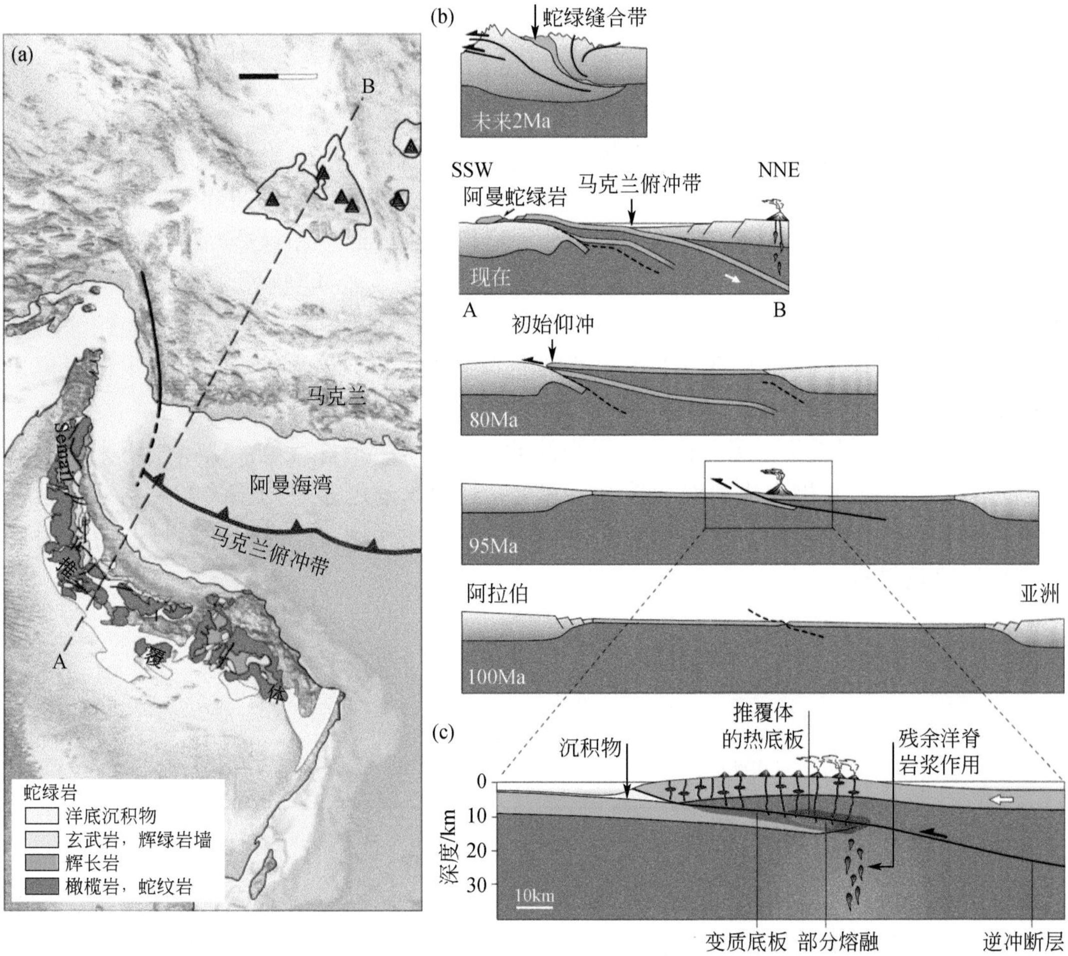

图 4.12　阿曼蛇绿岩的演化（说明见正文；据 Nicolas，1995 修改）

（a）Semail 推覆体、现今马克兰（Makran）俯冲带和有关火山弧平面图。（b）大洋的 NNE 侧沿大洋中脊向 SSW 侧仰冲的初始阶段（100 ～ 95Ma）；蛇绿岩向阿拉伯大陆边缘的仰冲始于 80Ma；伊朗一侧现存的火山弧是由新形成的马克兰俯冲带产生；随着俯冲持续进行两侧大陆边缘将发生碰撞，形成蛇绿缝合带。（c）逆冲初始阶段，上覆逆冲板块底部的热在其下伏板块造成倒置变质作用（即“变质底板”metamorphic sole）以及下伏板块玄武岩和沉积物的部分熔融，进而在上覆板块引发安山质火山作用如果上述阿曼蛇绿岩形成和就位过程是正确的话，从图 4.12 可以看出几个值得注意的问题：①阿曼蛇绿岩形成于大洋中脊，应属典型的 MOR 型蛇绿岩；②在沿洋脊发生初始逆冲过程中，在逆冲上盘有岩浆和火山活动，具有岛弧性质，发育岛弧拉斑玄武岩以及钙碱性岩石，也就是说 MOR 型的阿曼蛇绿岩中有些岩石会具有 SSZ 型蛇绿岩的地球化学性质，因此在研究碰撞造山带的蛇绿岩时即使发现有些岩石具有 SSZ 型蛇绿岩的地球化学特征，也不代表该蛇绿岩形成于俯冲带之上，即 SSZ 型蛇绿岩（详细讨论见本节后面有关部分）；③阿曼蛇绿岩的就位是在现在的马克兰俯冲带形成之前，也就是说阿曼蛇绿岩的就位与马克兰俯冲带无关，也与将来的碰撞作用无关，尽管将来的碰撞作用会使之再次变形就位；④变质底板的变质作用过程与蛇绿岩推覆体就位过程相协调；⑤蛇绿岩出露位置并不在缝合带位置。

4.1.3 蛇绿岩的就位方式

蛇绿岩就位问题是板块构造学说的重要研究内容。自 20 世纪 60 年代板块构造学说问世以来，蛇绿岩就位机制的研究越发引起重视，但相对蛇绿岩其他方面的研究程度而言尚显薄弱，尽管也提出了一些蛇绿岩就位模式，如根据蛇绿岩是就位于被动大陆边缘还是活动大陆边缘将蛇绿岩的就位机制分为特提斯型蛇绿岩和科迪勒拉型蛇绿岩两类（Moores，1982；Coleman，1984；Nicolas，1989），以及俯冲刮削拼贴式、俯冲折返拼贴式和仰冲推覆式等（朱云海等，2000）。事实上，这些就位方式并不能涵盖蛇绿岩复杂的就位过程。这里在前人研究工作的基础上，结合我们多年的科研和教学工作积累，将蛇绿岩就位方式归纳为五大类、八个亚类。

（1）俯冲刮削就位（图 4.13）：洋壳俯冲过程中，部分洋壳物质被刮削下来拼贴于大陆边缘，混入增生楔中成为混杂带的一部分，蛇绿岩与围岩呈构造接触关系。蛇绿岩俯冲深度较浅，围压较低，变质程度低或基本没有变质作用，但在强烈剪切应力作用下围岩变形比较强烈。

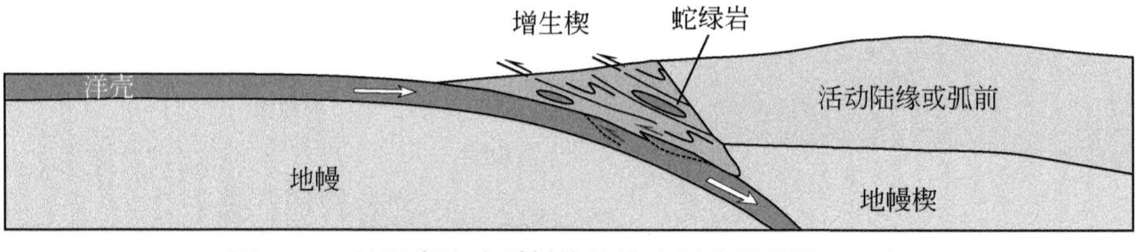

图 4.13 蛇绿岩俯冲刮削就位模式图（说明见正文）

（2）俯冲折返就位（图 4.14）：洋壳俯冲于不同深度，发生相应的变质作用后，蛇绿岩片沿俯冲带或剪切带向上折返到达地表就位。主要特点是经历了俯冲增压和折返减压两个阶段，在俯冲增压过程中，由于围压增大，蛇绿岩发生不同程度的变质作用。在折返过程中减压，发生退变质作用。蛇绿岩与围岩呈构造接触关系。该就位方式可分为三个亚类：

①同向逆冲折返就位：俯冲挤压过程中，一些洋壳碎片沿着俯冲带向上逆冲就位［图

4.14（a）]；

②反向逆冲折返就位：在板块俯冲或碰撞作用过程中会产生一系列反向逆冲断层，随着挤压作用的持续进行，一些蛇绿岩块体会沿着反向逆冲断层向上折返逆冲就位［图 4.14（b）]；

③俯冲角流就位：由于增生楔随着俯冲带向下变窄，产生角流，蛇绿岩块体随角流作用折返就位［图 4.14（c）]。

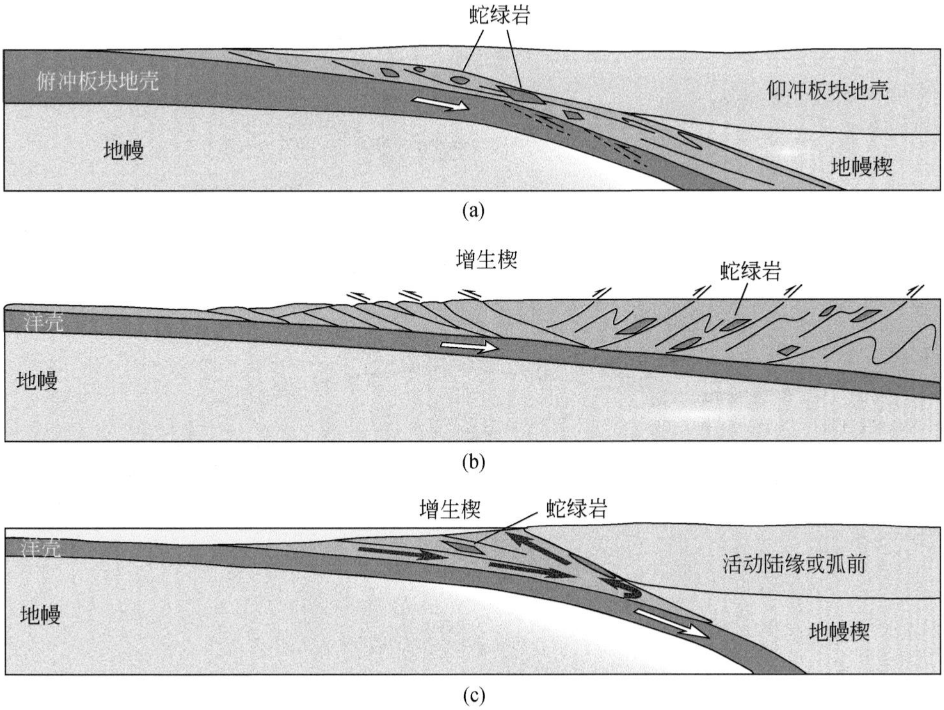

图 4.14　蛇绿岩俯冲折返就位模式图（说明见正文）

（a）同向逆冲折返就位；（b）反向逆冲折返就位；（c）俯冲角流就位

（3）仰冲推覆就位（图 4.15）：洋壳或大洋岩石圈在汇聚过程中向陆壳或大陆岩石圈仰冲推覆，该类型就位机制经历 3 个演化阶段：①洋壳分离并产生逆冲，形成洋内剪切，使洋壳的浅部与中 - 深部大洋岩石圈分离；②浅部洋壳沿剪切面发生仰冲，以推覆体方式逆掩于被动大陆边缘或岛弧之上；③经碰撞作用最后被挤入造山带内。蛇绿岩与围岩呈构造接触关系。

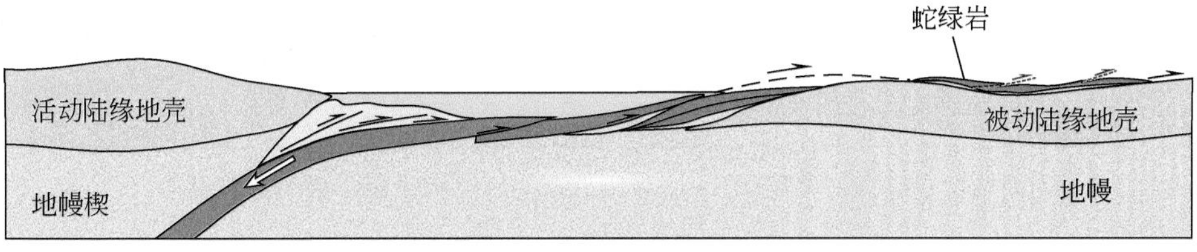

图 4.15　蛇绿岩仰冲推覆就位模式图（说明见正文）

（4）底垫顶托就位（图 4.16）：在洋壳俯冲或大陆碰撞作用过程中，通过底垫作用（underplating），特别是以双重逆冲构造即冲褶席（duplex）方式的构造底垫作用，使增生楔－混杂带的底部加厚，产生顶托抬升，并致岩层下新上老，以及蛇绿岩发生高压变质作用。顶托作用使增生楔 / 混杂带上部发生穹窿而产生正断层和拆离断层。蛇绿岩块进入拆离域后，通过拆离作用就位。蛇绿岩与围岩多数情况呈构造接触关系。该就位方式可分为两个亚类：俯冲底垫顶托就位和碰撞底垫顶托就位。

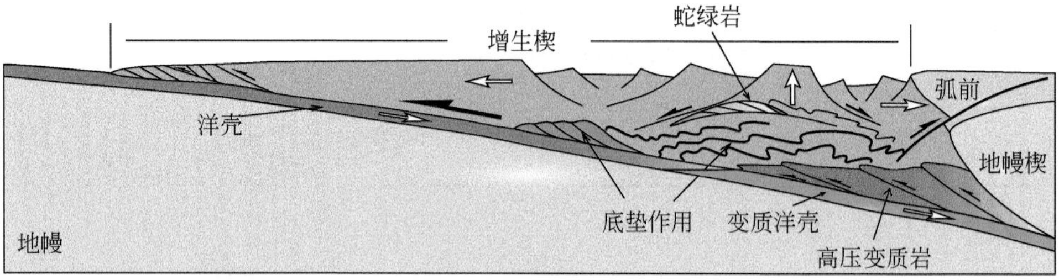

(a)

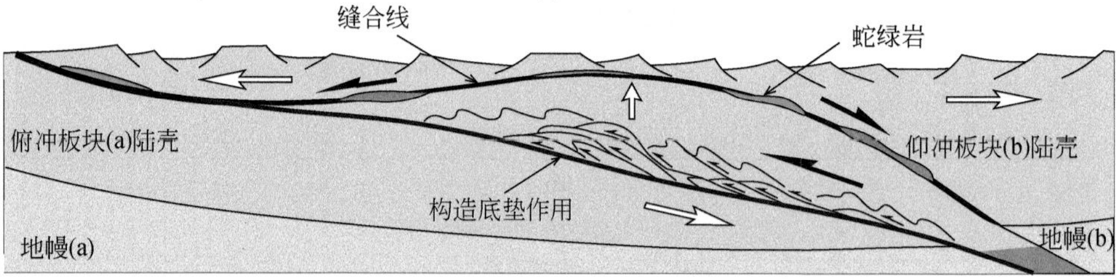

(b)

图 4.16　蛇绿岩底垫顶托就位模式图（说明见正文）

（a）俯冲阶段底垫顶托就位；（b）碰撞阶段底垫顶托就位

（5）顶垂体（roof-pendent）方式就位（图 4.17）：洋壳俯冲过程中若受阻，海沟会不断后撤，增生楔和弧也会随之向后（大洋方向）生长，形成宽阔的增生楔，在增生楔上形成增生弧（accretionary arc）。在弧岩浆经过增生楔体向上运移过程中，因蛇绿岩块的熔点较弧岩浆温度高，弧岩浆会将增生楔中的基性洋壳碎片以固体方式携带于弧区就位。蛇绿岩与围岩（中性或中酸性弧岩浆岩）呈侵入接触关系（图 4.18）。

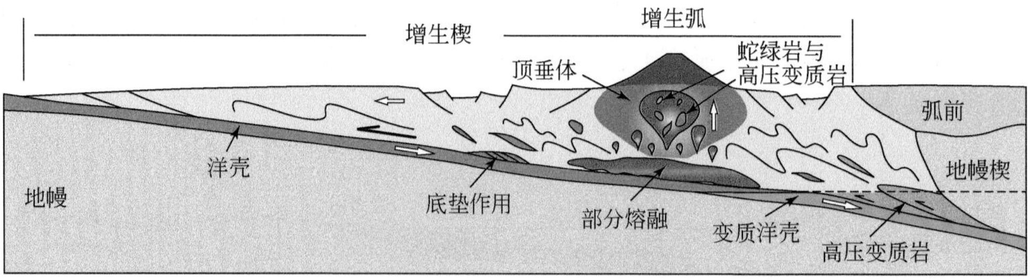

图 4.17　蛇绿岩顶垂体（roof-pendent）就位模式图（说明见正文）

图 4.18　西昆仑库地增生弧花岗岩中的蛇绿岩顶垂体（侯泉林摄于 1996 年）

蛇绿岩就位过程是一个复杂的构造过程，以上所述蛇绿岩就位方式并不能反映其就位的所有方式和复杂过程，有的就位过程可能是几种方式的联合。此外，加之碰撞造山过程的复杂构造作用，蛇绿岩一般都经过了较大距离的位移，所以大多数情况下蛇绿岩难以就位于缝合带的位置。因此，造山带中蛇绿岩出露的位置往往并不能代表板块缝合带的位置。

蛇绿岩作为大洋岩石圈残片，能够就位被保存下来是个极小概率事件，不足大洋岩石圈的 1/100000（Coleman，1977）。再者，蛇绿岩就位保存后，能被地质学家野外考察过程所发现的概率估计也不会超过 1/10000（像阿曼等大规模出露很好的蛇绿岩除外）。也就是说，造山带中能够被我们发现的大洋岩石圈残片不足大洋岩石圈的十亿分之一，因此如果仅依据是否发现蛇绿岩作为判断古洋壳存在的依据，恐怕错误的结论比正确的结论还要多得多。换言之，不能仅用未发现蛇绿岩来否定一个碰撞造山带的存在，比如华南尚未发现典型蛇绿岩，但并不意味着华南就不存在碰撞造山带，而应根据岩石学、沉积学如复理石以及构造组合等多方位来判断。许靖华等（1987）撰文指出“是华南造山带而不是华南地台”即是以地质图为基础，以岩石 - 构造组合和沉积学标志为依据，并未仅依据蛇绿岩的发现。

4.1.4　蛇绿岩概念的发展及类型

蛇绿岩概念的提出有一个漫长复杂的历史过程。对该过程的了解有助于理清有关蛇绿岩概念和类型的一些争论。

200 年前，法国学者 Brongniart（1813）在 Alps 工作时，将该地区绿色的石头命名为 Ophiolite。自此，蛇绿岩这一概念在地质学中得到了广泛的应用。特别是，德国学者 Steinmann（1927）将意大利 - 瑞士交界处的橄榄岩（蛇纹岩）、辉长岩、辉绿岩及玄武岩统称为蛇绿岩以后，蛇绿岩即被认定为活动的优地槽的重要岩石标志。Bailey 和 McCallien（1950，1953）首先将 Steinmann 工作过的橄榄岩、辉绿岩、玄武岩及伴生的深海硅质岩称之为 Steinmann 三位一体（Steinmann Trinity）。考虑到这一名称包含着不同成因类型的岩石，Vuagnat（1963）提出三位一体应为蛇纹岩、辉长岩和辉绿岩。Grunau（1965）提出可将 Bailey 和 McCallien 的三位一体划分为 Steinmann 蛇绿岩三位一体和 Steinmann 沉积岩三位一体，其中前者只包括岩浆成因的橄榄岩（或蚀变的蛇纹岩）、辉长岩和辉绿岩（包括玄武岩及钠长石化的细碧角斑岩）；而后者包括放射虫硅质岩与深海黏土、含丁丁虫的石灰岩以及与泥灰岩互层的页岩。这就是我们目前大多数人理解和使用的 Steinmann 三位一体的定义。

在 Steinmann 的工作和理念当中，这些岩石都是岩浆侵入成因的，并且是同源岩浆结晶作用的产物。他描述的地质证据确凿地表明，辉长岩确实侵入到橄榄岩之中。因此，这一论点被学术界长期接受（Thayer，1967 年）。差不多与此同时，Benson（1926）提出阿尔卑斯橄榄岩（Alpine peridotite）这一概念，也强调造山带中橄榄岩的岩浆侵入成因。与 Steinmann 所不同的是，Benson（1926）认为橄榄岩与辉长岩、辉绿岩及相关的火山岩并无成因上的联系。但 Bowen 从实验岩石学结果出发指出，橄榄岩肯定不是岩浆侵入形成的，因为橄榄岩具有很高的熔融温度，它可能是富含橄榄石和辉石的固态侵入体。即使在有水的情况下，岩浆温度也高达 1000℃以上，而在野外并没有观察到橄榄岩体周围存在显著的接触变质现象（Bowen，1927; Bowen and Schairer，1935）。为调和这一矛盾，Hess（1938）提出这些橄榄岩可能是含水的超镁铁岩浆结晶的产物，橄榄岩本身的强烈蛇纹岩化就是岩浆含水的重要证据。但 Bowen（1927）指出，蛇纹石只在低于 1000℃的条件下稳定，而在该条件下，橄榄岩不会熔融。橄榄岩是否是岩浆结晶成因，是 20 世纪中叶岩石学界的重要学术争论。直到 1972 年在美国召开的彭罗斯会议，给出了目前广为应用的蛇绿岩定义，并认为蛇绿岩是古大洋地壳和上地幔的残片，形成于洋中脊，超镁铁岩（橄榄岩）与镁铁岩（辉长岩）是残留体与熔体的成分互补关系，大洋地壳具有成层性，它们与蛇绿岩的不同组成部分之间是一一对应的。而且指出，不能把蛇绿岩用作一个岩石的名称或在填图中作为一个岩性单位；一个蛇绿岩可以不完整，或经历了构造肢解或变质作用的改造。

值得注意的是，彭罗斯会议给出的蛇绿岩定义主要是通过对塞浦路斯 Troodos 蛇绿岩和阿曼 Semail 蛇绿岩的研究得出，与彭罗斯会议考察的美国西部海岸带蛇绿岩，以及阿尔卑斯地区的蛇绿岩、西藏雅江蛇绿岩均有较大差异（吴福元等，2014）。这些地区均看不到以层状辉长岩为代表的岩浆房，也找不到岩浆侵入通道的席状岩墙群，见到更多的是辉长岩以侵入体形式存在于橄榄岩中（图 4.19）。

(a)

(b)

图 4.19 西藏雅鲁藏布蛇绿岩辉长岩侵入地幔橄榄岩现象

（a）中间（人所在位置）为蛇纹石化橄榄岩，上下两侧为辉长岩（日喀则白朗县，周子龙提供）；（b）浅灰绿色的脉状岩石为辉长岩如标尺上方，深灰绿色块状岩石为橄榄岩如标尺下方（西藏雅江德几，吴福元提供）

Dilek 和 Furnes（2011）提出了新的蛇绿岩定义，即非原地的上地幔和大洋地壳岩石碎片，板块汇聚作用使所形成的原生火山岩发生了构造置换。这样的岩片从底至顶应包括具备岩石成因和时代联系的橄榄岩、超镁铁岩至长英质地壳侵入岩和火山岩的一个岩套（席状岩墙可有可无）；其中一些单元可以在不完整的蛇绿岩中缺失。Dilek 等给出的新定义强调蛇绿岩的形成是个过程，从大洋岩石圈运移开始，并以卷入造山带而结束。对蛇绿岩的组成部分没有太大的改变，而是更侧重于不同的构造环境所导致的多样性。他认为在大陆边缘、洋中脊、地幔柱附近以及俯冲带和火山弧上均可以形成不同类型的蛇绿岩，将蛇绿岩分为五种类型即陆缘型（CM）、洋中脊型（MOR）、地幔柱型（P）、俯冲带上盘型（SSZ）和火山弧型（VA）（表 4.1）。使蛇绿岩概念进一步扩大化。

在 Dilek 和 Furnes（2011）的蛇绿岩类型中，陆缘型（CM）蛇绿岩是其强调的类型之一，也是一种新的类型。它代表洋盆打开初期贫岩浆裂谷边缘洋陆过渡带的蛇绿岩。这种蛇绿岩有以下特征：①主体为地幔橄榄岩，被少量的辉长岩－辉绿岩脉体（透镜体）侵入和少量的玄武质熔岩覆盖，不发育在莫霍面附近及之上的堆晶岩和席状岩墙（席）。②多数地幔橄榄岩具有大陆岩石圈地幔的特征，而辉长岩和玄武质熔岩具有 N-MORB 和 E-MORB 属性，在同位素性质上壳－幔是解耦的，其中“壳”是中—晚侏罗世的软流圈地幔熔体，“幔”是二叠纪或更老的大陆岩石圈地幔残余（Rampone *et al*.，1998；Rampone and Hofmann，2012）。③蛇绿岩记录了从大陆裂解到初生小洋盆岩石圈的形成过程。例如，Lanzo 橄榄岩地质体，其北部代表了亚得里亚被动大陆边缘的岩石圈地幔，相对饱满；而南部为软流圈地幔部分熔融后岩石圈化的产物，相对难熔，并记录丰富的熔体抽取和再饱满过程；中部为过渡区域，发生古老岩石圈地幔的“软流圈化过程”（Bodinier *et al*.，1991；Piccardo *et al*.，2007；Kaczmarek and Müntener，2010；Guarnieri *et al*.，2012）。对于阿尔卑斯－亚平宁蛇绿岩中极度难熔的橄榄岩的 Sm-Nd 同位素研究（McCarthy and Müntener，2015）也表明：慢速－超慢速扩张环境中暴露的地幔橄榄岩记录的岩石化学不均一性与大陆裂解过程（裂谷晚期）中古老的不同亏损程度的大陆岩石圈地幔残片的剥露有关，这些古老的地幔橄榄岩记录了古老的壳－幔分异过程，并在随后的演化过程中被剥露出来，构成了洋盆的基底。此外，现今的 Newfoundland-Iberi 和红海产出的地幔也具有裂解拆离的大陆岩石圈地幔属性（Brueckner *et al*.，1995；Snow and Schmidt，1999；Jagoutz *et al*.，2007）。

在蛇绿岩 200 多年的研究历史中，不同学者根据不同的标准提出许多分类方案（表 4.1）。其中影响较大的是 Pearce 等（1984）根据蛇绿岩上部火山岩的构造背景划分出的俯冲带型（SSZ 型）和大洋中脊型（MOR 型）蛇绿岩。Dilek 和 Furnes（2011）的蛇绿岩分类尽管饱受争议，但近些年来也得到了较多运用，使蛇绿岩的概念变得模糊和复杂。

表 4.1　不同学者的蛇绿岩分类方案

主要作者	分类依据	蛇绿岩类型
Miyashiro	拉斑玄武岩、钙碱性玄武岩、碱性火山岩是否出现和它们之间的组合	Ⅰ、Ⅱ、Ⅲ型
Pearce	蛇绿岩上部火山岩形成的构造背景	俯冲带型（SSZ）和洋中脊型（MOR）

续表

主要作者	分类依据	蛇绿岩类型
Beccaluva	玄武岩中 Ti 的含量	高 Ti、低 Ti 和非常低 Ti 型
Church	堆晶岩中矿物的结晶顺序	斜方辉石型、单斜辉石型和斜长石型
Boudier	地幔橄榄岩的特征	方辉橄榄岩型和二辉橄榄岩型
Moores and Coleman	蛇绿岩的侵位特征	特提斯型和科迪勒拉型
Nicolas	蛇绿岩的就位构造环境	被动大陆边缘型、活动大陆边缘型、陆 - 陆或弧 - 陆碰撞带型
Dilek	蛇绿岩的生成环境	陆缘型（CM）、洋中脊型（MOR）、地幔柱型（P）、俯冲带上盘型（SSZ）和火山弧型（VA）
张旗	玻安岩是否出现、地幔岩的亏损程度和玄武岩的类型	西地中海型、东地中海型、科迪勒拉型

4.1.5 问题讨论

自板块构造问世以来，蛇绿岩这一既具有具体的岩石学内容，又具有丰富的大地构造内涵的术语，成为地质界最受关注的专业名词。也正因为如此，有关蛇绿岩的争论此起彼伏从未停止，争论本身也正说明了其重要性。吴福元等（2014）撰长文对蛇绿岩问题进行了综合论述，下面以此为基础，将几个关键问题提出来，以供讨论。

1. SSZ 型蛇绿岩问题

板块构造理论认为，蛇绿岩可能代表了板块扩张处形成的大洋岩石圈，它包括下部的地幔橄榄岩、中部的堆晶辉长岩和上部的辉绿岩与玄武岩。大洋在扩张过程中，地幔由于减压而发生部分熔融。熔融形成的熔体在壳幔过渡处聚集形成岩浆房。岩浆房岩浆通过岩浆通道（席状岩墙群）向上运移，形成堆积在海底的玄武岩，之上是深海沉积物。受板块构造理论的影响，1972 年美国地质学会在美国西部召开了以蛇绿岩为主题的 Penrose 会议，会后发表了著名的 Penrose 蛇绿岩定义，将蛇绿岩定义为一套由变质组构的超镁铁岩（包括方辉橄榄岩、二辉橄榄岩和纯橄岩）即地幔岩、辉长岩（多具堆晶结构，并与堆晶橄榄岩和辉石岩伴生）、镁铁质席状岩墙和镁铁质火山岩（通常为枕状玄武岩）组成的岩石（Anonymous，1972）。实际上，当时绝大多数研究者相信，蛇绿岩主要形成于大洋中脊环境，并认为可以通过蛇绿岩寻找到消失的大洋。

日籍岩石学家 Miyashiro（1973）通过详细的岩石地球化学工作，发现 Troodos 蛇绿岩中的镁铁质岩石具有与岛弧岩石相同的特征，从而认为其形成于岛弧构造背景。在这一背景下，SSZ（supra-subduction-zone）型蛇绿岩的概念应运而生（Alabaster *et al.*，1982；Pearce *et al.*，1984）。根据目前对全球各地蛇绿岩的研究，学术界普遍认为，洋中脊形成的蛇绿岩（MOR 型）极少存在，绝大部分都是与俯冲作用有关的 SSZ 型（Pearce，2003）。这样，一个顺理成章的推测是，绝大多数蛇绿岩只是形成于与岛弧有关的小洋盆环境（弧前、弧上或弧后）。那么，洋中脊蛇绿岩还存在吗？因为毕竟我们地球的表面主要被浩瀚的大洋所占据。

因此，对 SSZ 型蛇绿岩也提出了质疑（Nicolas，1989）：第一，蛇绿岩经常与深海沉积物伴生，且这些沉积物中缺乏陆源供给，而这与岛弧地区的地质情况相差甚远；第二，在 Troodos 和 Oman 等地，蛇绿岩中的玄武岩都存在从下部的 MOR 型向上部 SSZ 型转变的规律（Ishikawa *et al.*，2002；Cann，2003；Leng *et al.*，2012；Osozawa *et al.*，2012），暗示蛇绿岩的初始形成还是与洋中脊有关，且上述两套岩石之间并无明显的构造间断；第三，蛇绿岩中的岛弧印记主要来自于上部的镁铁质岩石，这只不过表明这些镁铁质岩石的源区曾经发生过俯冲作用的改造。即 SSZ 型蛇绿岩的岛弧印记是继承而来的，与蛇绿岩的形成无关。

在地中海地区，塞浦路斯的 Troodos 蛇绿岩和阿曼的 Semail 蛇绿岩是其典型代表，两者的一个共同特点是，其镁铁质岩石存在自下而上从拉斑质（洋脊性质）向钙碱性（岛弧性质）过渡的趋势，但是在 Troodos 和 Semail 地区，并未找到有板块俯冲的岩浆弧存在的证据。连弧都尚未找到，还要强调该蛇绿岩与弧有关，显然不够严谨。

智利西海岸的 Taitao 岩体是在板块汇聚过程中侵位的大洋岩石圈残片，其底部地幔橄榄岩主要由方辉橄榄岩、二辉橄榄岩和纯橄岩组成。其地壳端元的组成岩石包括辉长岩、辉绿岩墙、上部玄武质－英安质的火山－沉积岩系及侵位后的花岗质侵入体。近几年对该蛇绿岩及西侧洋中脊岩石的主要发现有：第一，该蛇绿岩层序完整，与经典的 Penrose 会议定义基本一致，代表了洋中脊扩张背景下形成的大洋岩石圈（Dilek and Furnes，2011）；第二，该区的镁铁质岩石显示明显的 SSZ 型蛇绿岩的痕迹（Klein and Karsten，1995；Sturm *et al.*，1999）。也就是说，SSZ 型蛇绿岩也可以发育在洋中脊环境，只是可能受到了大洋岛弧的改造如阿曼蛇绿岩可能即是这种情况（见本节前面讨论；图 4.12）。如果如此，再将蛇绿岩分为洋脊型（MOR）和俯冲带型（SSZ）已没有意义。至于洋脊为什么可以出现岛弧的地球化学特征？是否确实存在SSZ型蛇绿岩？还有待进一步研究。这样，蛇绿岩也应回归其本质，即 1972 年彭罗斯会议所定义的那样，蛇绿岩只代表洋壳的存在，并没有构造环境意义。

需要说明的是，有关争论过程中，认为蛇绿岩就是洋中脊形成的主要是构造学和地层学证据，而赞成与俯冲作用有关的主要是来自地球化学资料。

2. 超镁铁岩（地幔岩）与镁铁岩的关系问题

阿尔卑斯（Alps）是蛇绿岩的故乡，也是大陆地质的摇篮。西阿尔卑斯地区存在大量的镁铁－超镁铁岩体。按照目前的研究成果，这些岩体基本可划分为两类。第一类为造山带橄榄岩，主要以单个的橄榄岩体出露为特征，不伴或少伴有镁铁质岩石，这类岩石实际上与大洋岩石圈无关；第二类为蛇绿岩，大多与镁铁质岩石和深海沉积物伴生。野外工作验证了当年 Steinmann 的观察，即该地区的蛇绿岩主要由地幔橄榄岩、辉长岩、辉绿岩和玄武岩构成。在大多数情况下，地幔橄榄岩被辉长岩 / 辉绿岩侵入，然后被玄武岩或深海硅质岩直接覆盖（吴福元等，2014）。对地幔橄榄岩 Nd 的测定发现，许多岩体地幔橄榄岩形成于晚古生代甚至更老，明显早于辉长岩形成的中生代（Rampone and Hofmann，2012），如 Platta（Müntener *et al.*，2004）、Lanzo（Guarnieri *et al.*，2012）、Voltri-ErroTobbio（Rampone *et al.*，2005）、External Ligurides（Montanini *et al.*，2006）和 Internal Ligurides（Rampone *et al.*，1996，1998）等岩体，Os 同位素资料也支持这一认识（Snow *et al.*，2000；van Acken *et al.*，2008）。结合野外观察资料，该区镁铁岩和超镁铁岩并不是同时形成的，而且橄榄岩的 Nd 同位素变化范围明显大于镁铁质岩石，表明地幔橄榄岩与镁铁质岩石之间不存在成因上的联系（吴福元等，2014）。此外，这些超镁铁岩的侵位与洋底的拆离断层密切相关（Manatschal and Müntener，2009；Manatschal *et al.*，2011；Picazo *et al.*，2013）。显然，上述模型与板块构造理论所主张的蛇绿岩的地幔超镁铁岩与镁铁岩是残留体－熔体模式不相符，这就给我们提出了如下值得思考的问题。

第一，蛇绿岩中的镁铁－超镁铁岩在成因上是否有或可以没有任何联系。如果如此，原来建立在镁铁－超镁铁岩同源基础上的蛇绿岩分类可能是片面的（吴福元等，2014）。

第二，蛇绿岩形成过程中，其壳幔边界处可能有时并不存在岩浆房。实际上，目前确认的现代大洋扩张脊下的岩浆房是极为罕见的，只在扩张速率较快的东太平洋洋隆才有发现（Detrick *et al.*，1987）。

第三，硅质岩可沉积在蛇绿岩的任何部分之上，甚至早于玄武岩的喷发，因此硅质岩可限制蛇绿岩最小年龄的说法也不成立。

3. 蛇绿岩与大洋扩张速率问题

根据磁异常条带的恢复结果，科学家们发现洋壳的形成速率在全球变化较大，可划分为快速（80 ～ 180mm/a）、中速（55 ～ 80mm/a）、慢速（< 55mm/a）和超慢速（14 ～ 16mm/a）四个不同的类型。近期对大西洋和西南印度洋洋底的研究取得诸多成果，其中一项重要的认识是大洋拆离断层的发现和大洋核杂岩的确定（Dick *et al.*，1981；Cann *et al.*，1997；Tucholke *et al.*，1998）。正是由于大洋拆离断层的存在，使得大量的大洋地幔直接出露到洋底表面。由于巨量的拆离伸展作用，下部的软流圈发生减压部分熔融，形成大量侵入于地幔橄榄岩中的辉长－辉绿岩体（Reston *et al.*，2002；Olive *et al.*，2010）。因此，快速扩张与慢速－超慢速扩张的洋脊具有完全不同的特征。快速扩张洋脊以东太平洋隆为代表，地形上形成隆起，岩浆供给充分，地幔部分熔融程度高，岩浆房发育，并具有较厚的洋壳（Kent *et al.*，1990；Sinton and Detrick，1992），地幔岩主要为方辉橄榄岩，这就是典型的“Penrose”模式（图 4.20 左图），称方辉橄榄岩型或阿曼型（图 4.21（a））；慢速－超慢速扩张脊以大西洋、西南印度洋和北冰洋为代表，海底相对平坦，或呈地堑式，岩浆形成速率低，供应不足，岩浆房不发育，地幔部分熔融程度低，地幔岩主要为二辉橄榄岩，因而具有较薄的地壳（Purdy and Detrick，1986），甚至在部分情况下，洋壳由于缺失而使大洋地幔橄榄岩直接出露在洋底，这就是典型的“Chapman”模式（图 4.20（b）），又称二辉橄榄岩型或三位一体型（图 4.21 右图），以发育大洋拆离断层和大洋核杂岩为主要特征（详细讨论见本章 4.2）。这是对经典洋壳形成与扩张理论的重要补充。

现在地球表面将近 70% 的海底是在慢速－超慢速情况下形成的（吴福元等，2014）。也就是说，如果现今地球的海洋能够代表它的整个历史特征的话，慢速－超慢速扩张的洋脊对蛇绿岩的研究来说至关重要（有关洋脊扩张速率问题见本章 4.3）。

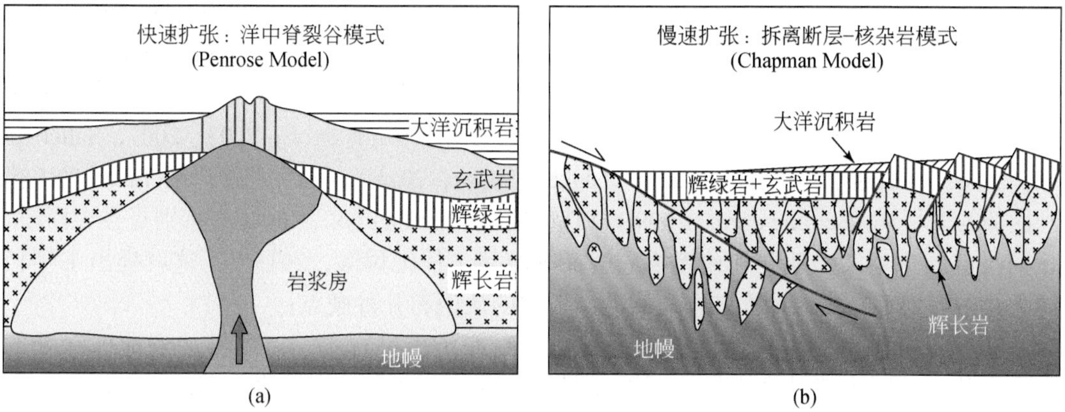

图 4.20　不同扩张速率情形下洋壳扩张剖面示意图（据 Perfit *et al.*，1994；Reston *et al.*，2002；Muller *et al.*，2008）

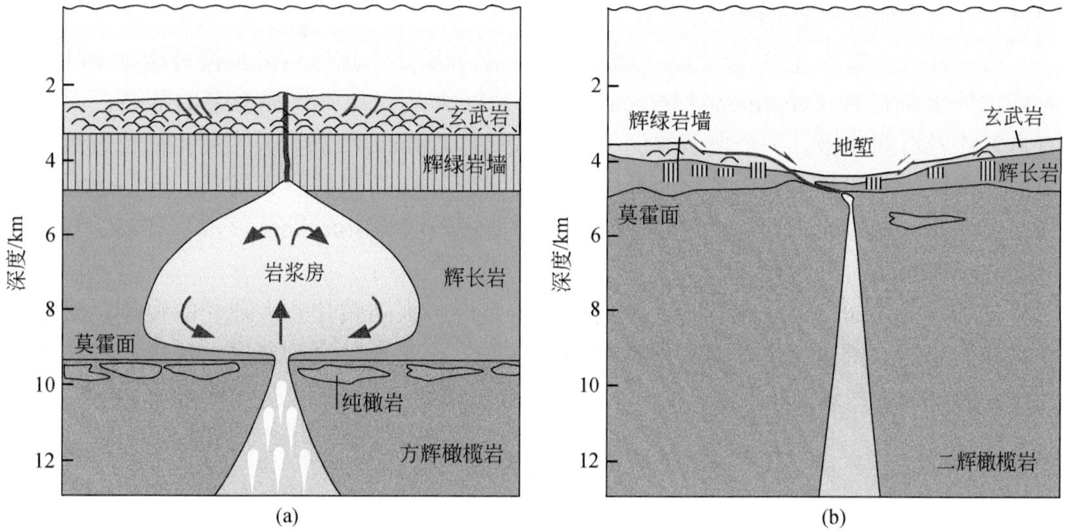

图 4.21　快速扩张（a）和慢速扩张（b）大洋中脊岩石圈结构简图（据 Boudier and Nicolas，1985 修改）

快速扩张洋中脊（a）：岩浆供应充分，岩浆房发育，洋壳厚，地幔以方辉橄榄岩为主，称方辉橄榄岩型，或阿曼型；慢速扩张（b）：岩浆供应不足，岩浆房不发育，地幔部分熔融程度低，地幔岩以二辉橄榄岩为主，因而具有较薄的洋壳，甚至缺失，称二辉橄榄岩型或三位一体型

4. 大洋岩石圈的时代问题

根据板块构造理论，大洋岩石圈是年轻的。但该方面也有一些难以解释的现象。

早在 20 世纪 90 年代，Snow 等（1994）就对当时收集到的大洋橄榄岩进行了 Sr-Nd 同位素方面的研究，结果发现这些橄榄岩与洋中脊玄武岩具有相同的同位素组成。因此，当时人们确信，大洋橄榄岩就是形成大洋地壳后的地幔残余。然而，随着资料的积累，情况变得复杂起来（Warren *et al.*，2009）。通过 Os 同位素等方面的研究发现，部分大洋地幔橄榄岩具有非常低的 Os 同位素组成，对这一现象的唯一解释就是地幔是古老的。如大西洋（Shirey *et al.*，1987；Pilot *et al.*，1998；Brandon *et al.*，2000；Cipriani *et al.*，2004，

2009；Chazot *et al.*，2005；Harvey *et al.*，2006；Brunelli and Seyler，2010；Coltorti *et al.*，2010）、西南印度洋（Salters and Dick，2002；Standish *et al.*，2002；Hamelin *et al.*，2013；Zhou and Dick，2013）、北冰洋（Liu *et al.*，2008；Stracke *et al.*，2011）以及与热点或地幔柱岩浆作用有关的夏威夷（Salters and Zindler，1995；Bizimis *et al.*，2003，2007；Salters *et al.*，2006）、翁通爪哇（Ontong Java；Ishikawa *et al.*，2011）、智利西海岸的 Taitao 岛（智利西部的太平洋；Schulte *et al.*，2009）及其他地区（Simon *et al.*，2008）。特别是在大西洋，目前报道的古老大陆地壳和地幔物质的文献较多（任纪舜等，2015），这就提出了年轻的大洋中为何存在古老的大陆物质问题。对此的认识有几种观点：

第一种观点认为，在地球所进行的板块俯冲历史进程中，一些俯冲到地球深处的古老大陆岩石圈由于其密度较轻而被长期保存在软流圈中。当板块分离形成大洋时，这些古老地幔物质会首先伴随软流圈的上涌而侵位到浅部，进而成为大洋岩石圈的一部分（Rampone and Hofmann，2012）。

第二种观点认为，相当于 Delik 和 Furnes（2011）所谓的陆缘型蛇绿岩，即地幔橄榄岩具有古老大陆岩石圈地幔的特征。

第三种观点如本卷第 3 章 3.3“增生地体”部分所述，这些古老地幔可能是大陆拉张时残留的大陆碎片（continental fragments），这些大陆碎片不仅拥有老的陆壳，而且拥有古老的岩石圈地幔。一个典型的例子是红海中的 Zarbagard 岛，其主要由橄榄岩组成，以前人们认为它可能是红海扩张而形成的新生地幔，但后来的研究发现，这些地幔橄榄岩是在泛非时期形成的，是红海形成时的大陆地幔残留（Brueckner *et al.*，1988，1995；Snow and Schmidt，1999）。

任纪舜等（2015）研究发现，现代大洋中有许多大陆残片和大陆壳的痕迹，暗示现代大洋的相当一部分深海盆地并非以洋壳为基底，而是以陆壳为基底。这进一步增加了蛇绿岩的复杂性和研究难度。

思 考 题

1. 大洋地壳和岩石圈地幔的形成。
2. 蛇绿岩的组成。
3. 蛇绿岩岩墙群为什么是单侧冷凝边。
4. 阿曼蛇绿岩的形成、就位及其启示。
5. 蛇绿岩的就位方式。
6. 有关蛇绿岩的概念问题。
7. SSZ 型蛇绿岩问题。
8. 超镁铁岩（地幔岩）与镁铁岩关系问题。
9. 大洋岩石圈时代问题。
10. 蛇绿岩与大洋扩张速率的关系问题。

4.2　大洋拆离断层与大洋核杂岩

传统的板块构造学理论认为海底扩张是通过洋中脊玄武质洋壳的增生完成的，即玄武质岩浆在地幔对流作用下沿大洋中脊喷出或侵入，在老洋壳的前缘生成新的洋壳，推动两侧板块相背移动，达到海底扩张的目的（Hess，1962）。但 2010 年在塞浦路斯以“大洋岩石圈拆离作用”为主题的 Chapman 会议上，科学界提出了一种新的海底扩张模式，称为 Chapman 模式（图 4.22），即以大洋拆离断层滑移来弥补扩张伸展量。大洋核杂岩和大洋拆离断层暴露了地壳深部和上地幔的物质，是直接观察地球深部结构的窗口，在新生洋壳的产生和演化中起着重要的作用，并且可以观察洋中脊内部岩浆活动与构造运动之间的相互作用。大洋核杂岩和大洋拆离断层的发现，丰富了洋中脊扩张类型，这种非对称的扩张模式与传统的对称扩张的洋脊有着明显的不同，对认识地球深部结构、扩张中心岩浆供给、热液循环和成矿作用具有重要意义，尤其在慢速和超慢速扩张洋脊的扩张中可能发挥着更为重要的作用。这种新的海底扩张模式是板块构造理论的重要研究进展。

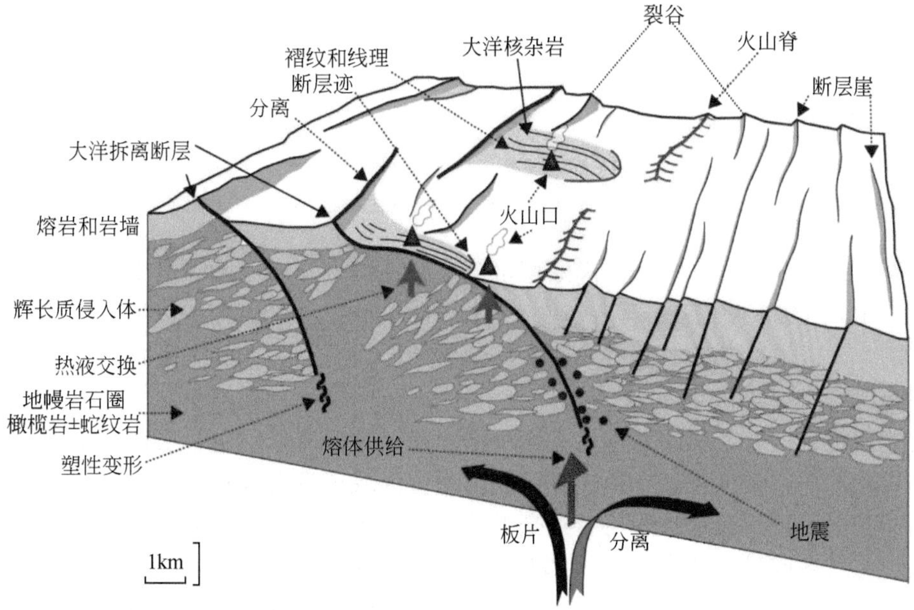

图 4.22　由大洋拆离断层控制的岩石圈增生和大洋核杂岩的形成模式——“Chapman”模式（据 Maffione *et al.*，2013）

4.2.1　大洋拆离断层

拆离断层（detachment fault）的概念来源于陆地，原指前陆褶皱冲断带薄皮构造的底板断层，即滑脱面，后来被定义为“变质核杂岩与上覆盖层之间的大规模低角度正断层”（Davis，1988；详细讨论见第三卷“变质核杂岩”部分）。大洋拆离断层（oceanic detachment fault）是指形成于洋中脊或洋中脊附近的、长时间活动（1～2Ma）的、大断距（>10km）的低角度（15°～30°）正断层，有相当一部分的板块分离位移量由拆离断层来充当。大洋拆离断层的活动，往往伴随着大洋核杂岩的形成。1981 年，Dick 等首次在大西洋中脊 Kane 转换断层附近发现了大型拆离断层，该拆离断层作用形成了穹窿状的 Atlantis Massif 大洋核杂岩（图 4.23；Dick *et al.*，1981；Karson and Dick，1983）。

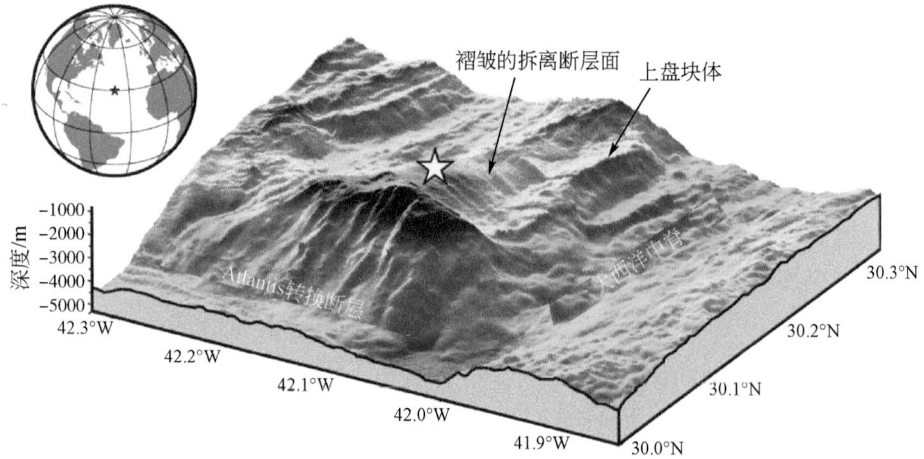

图 4.23　大西洋中脊（MAR）30° N 的 Atlantis 转换断层附近的大洋拆离断层和 Atlantis Massif 大洋核杂岩（据 Blackman *et al.*，1998；Morris *et al.*，2009）

IODP Hole U1309D（白色五星）位于 Atlantis Massif 穹窿中部

按温度条件的差异，大洋拆离断层可分为两种端元类型：①高温型，具有广泛的糜棱岩化（800～950℃），如西南印度洋 Atlantis Bank；②低温型，以滑石－透闪石－绿泥石－蛇纹石片岩为特征，下盘中无糜棱岩化作用，如大西洋 30° N 和 15° 45′ N（McCaig *et al.*，2010；余星等，2013）。

目前为止，全球范围内发现的大洋核杂岩和大洋拆离断层通常出现在超慢速、慢速和中速扩张的洋中脊区域，在快速扩张的洋中脊区域还没有发现大洋核杂岩（Blackman *et al.*，2009），但其发育并非与岩浆毫无关系。长期持续的拆离断层作用需要岩浆供应量的配合，过多或过少的岩浆供给都对其不利（Tucholke *et al.*，2008）。在岩浆供给较少的洋脊段，形成较小的拆离断层，如大西洋北部的 Gakkel 洋脊段、西南印度洋脊的最东段。相反，大型的大洋拆离断层往往需要中等程度的岩浆供应量，如大西洋中脊。在大洋拆离断层发育过程中，水化、蚀变或变质作用起了关键的催化作用。按传统的岩石力学机制，在脆性地壳中一般只发育高角度断层。低角度拆离断层的形成表明脆性地壳中存在薄弱带，这些薄弱带可能是由于断层作用时海水进入，引起岩石的蚀变或变质而形成的，如橄榄岩蛇纹石化等。蚀变岩石强度较小，具有塑性特征，有利于断层沿薄弱带滑移，并使断层面逐渐平缓，更有效地满足洋脊扩张的需要。

在大洋拆离断层活动的洋脊段，拆离断层作用引起的扩张是板块扩张的主体。最初认为大洋拆离断层作用贡献的扩张量只占板块扩张的 10% ～ 15%，其他均依靠岩浆注入来实现（Escartin *et al.*，1999）。后来研究认为，拆离断层作用对这些洋脊段的板块扩张贡献远大于这个比例，达 70% ～ 80%，甚至可达 100%（Canales and Escartin，2010）。大洋拆离断层的活动一般可以持续 1 ～ 2Ma，有的可以持续滑移 4Ma。断层位移一般为 30 ～ 40km，有的甚至可达 125km，因而其可以有效地承担起贫岩浆洋脊段的板块扩张任务（Ohara *et al.*，2001；余星等，2013）。有关方面的研究程度还比较低，有些数据仅建立在初步观察的基础上。

4.2.2　大洋核杂岩的特征

大洋核杂岩，也称海洋核杂岩（oceanic core complex）这一概念的提出大致在 20 世纪 90 年代中期，最初称为大洋变质核杂岩（oceanic metamorphic core complex；Tucholke *et al.*，1998），后来 Ranero 和 Reston（1999）称为“oceanic core complex”，主要是指下地壳和上地幔岩石在沿扩张中心极强的构造拉张应力作用下发生去顶、抬升而形成的穹窿状构造－岩石组合。大洋核杂岩的形成与大洋拆离断层作用密不可分，穹隆状构造表面即为拆离断层的滑移面，常呈现褶纹构造（corrugation）和平行扩张方向的条纹（striation），又称为巨型窗棱构造（megamullion；这里的窗棱构造代表大型 A 型线理，与传统“构造地质学”中的窗棱构造不完全相同）。这些表面梳状构造规模可达数千米，广泛发育于大洋拆离断层下盘、大洋核杂岩表面，成为现在洋底探测中识别大洋核杂岩发育的最为明显的构造地貌特征（图 4.23）。

大洋核杂岩和大洋拆离断层系统发育于洋脊扩张持续拉伸的构造背景下，以伸展构造样式为主（图 4.22、图 4.24）。大洋拆离断层是大洋核杂岩系统中的主导构造样式，也是大洋核杂岩发育的必要条件。大洋核杂岩位于拆离断层下盘，并出露于洋底表面。大洋拆离断层控制着大洋核杂岩的发育，其位移量可达数千米，根部延伸至洋中脊深部岩浆活动区，终端止于大洋核杂岩近洋中脊一侧边界，倾向洋脊轴，倾角为 10° ～ 20°（Blackman *et al.*，2008）；但在外侧丘（远离洋脊轴）断裂发生强烈的向外旋转，倾角可达 40°。拆离断层作用使得其下部的超镁铁质岩石（下地壳，上地幔）剥露于洋底，形成大洋核杂岩（图 4.22、图 4.24）。

在大洋拆离断层上盘为正常的洋底沉积，可沉积于下盘的任何岩石如地幔岩之上，并发育断层崖、裂谷和火山脊等伸展构造，与拆离断层及其下盘的大洋核杂岩共同组成了大洋核杂岩－拆离断层构造系统。

大洋核杂岩与变质核杂岩相比有些不同。变质核杂岩的核部常出现同构造花岗岩的侵入，而大洋核杂岩的核部则常有蛇纹石化的超基性岩体（尤其是辉长岩侵入体）。底劈侵入组成大洋核杂岩的拆离面不是长英质糜棱岩和绿泥石化角砾岩，而是白色结壳式碳酸盐岩和强烈蛇纹石化的橄榄岩或玄武岩、超镁铁质糜棱岩、糜棱状辉长岩等。拆离面以上为未变质的薄层海洋沉积层，以下为热的大洋地幔的退变质岩石，而拆离面本身成为海水或深部热液的通道，流体参与构造活动对拆离面上部的变形起了重要作用（李三忠等，2006；于志腾等，2014）。

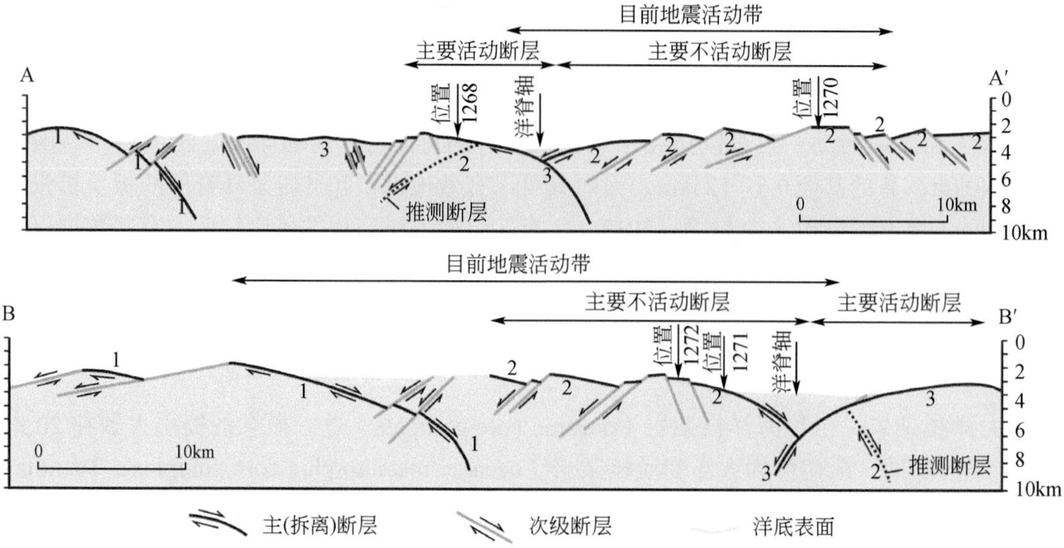

图 4.24 大西洋中脊（Mid-Atlantic Ridge，MAR）海底探测剖面（据 Timothy *et al.*，2007）

红线：主（拆离）断层；黄线：次级断层；浅灰色线：洋底表面；主断层上的数字表示断层发育顺序

大洋核杂岩出露的地方常常伴有较大规模的热液活动（Escartin *et al.*，2008）。大洋拆离断层的发育使流体沿断层通道循环，引起围岩中金属元素（如铜、铅、锌等）活化和被抽提，最终在海底聚集成矿（余星等，2013；李洪林等，2014）；另一方面，以地幔岩为主要成分的核杂岩在流体作用下极易发生蛇纹石化，岩石中丰富的金属元素为热液成矿提供了物质基础，同时创造了还原性热液环境方便金属元素以硫化物的形式沉淀，有利于亲硫元素富集成矿。大洋核杂岩蛇纹石化作用使热液系统极其富集氢和甲烷，成为天然气水合物的重要来源之一，同时也为深海独特的生态系统和生物多样性提供支持。

4.2.3 大洋核杂岩的岩石构成

大洋核杂岩具有独特的岩石组合特征，发育大量的辉长岩侵入体、岩墙及熔岩。大洋拆离断层的下盘通常暴露出地幔岩石或者次火山的物质，如辉长岩和蛇纹石化的橄榄岩。

通过对三个大洋核杂岩拆离断层表面（北大西洋中脊的 15° 45′ N 的 IODP 1275D 站位、北大西洋中脊 30° N 的 Atlantis Massif 的 IODP 1039D 站位和西南印度洋中脊的 Atlantis Bank ODP 735B 站位）的岩石取心研究发现，岩心的大部分为辉长岩，也有部分的蛇纹石化橄榄岩，很少有玄武岩的存在（Natland and Dick，2002；Kelemen *et al.*，2007；Blackman *et al.*，2011）。1039D 站位和 735B 站位岩心内岩石类型变化如图 4.24 所示（Ildenfonse *et al.*，2007；Morris *et al.*，2009）。在北大西洋中脊的 30°N 的 Atlantis Massif 的穹状面进行的 IODP 钻探，获得其中 91.4% 的岩心是辉长岩，5.7% 是少量的超基性岩石，2.9% 是拉斑玄武岩或辉绿岩（Blackman *et al.*，2011；图 4.25）。1309D 站位的钻探结果可以推断大洋核杂岩下有一个大的辉长岩侵入体。在对西南印度洋 Atlantis Bank 进行的 ODP 钻探取得的岩心分析认为，76% 为辉长岩、橄榄石辉长岩、橄长岩；

24% 为氧化的辉长岩和少量的长英质脉体，氧化的辉长岩分布于整个岩心，集中在上部的 1100m（Natland and Dick，2002；John *et al.*，2004；图 4.25）。Dick 等（2000）认为 Atlantis Bank 大洋核杂岩暴露的辉长岩和橄榄岩至少有 35km，方向与扩张方向平行。Atlantis Bank 拆离断层的表面暴露大量的氧化的辉长岩（Schwartz *et al.*，2009）。南大西洋中脊 5°S 区获得了橄榄岩，还有少量的辉长岩（Reston *et al.*，2002；Devey *et al.*，2010）。Macleod 等（2011）对北大西洋中脊 15°45′N 的调查认为，该地区大洋核杂岩拆离断层下盘暴露着蛇纹岩化的斜方橄榄岩、纯橄岩和橄长岩，在末端区域有辉长岩。因此，辉长岩是大洋核杂岩和大洋拆离断层的一个重要的组成部分，它们暴露出更深部的岩石，存在一个大的辉长岩侵入体。

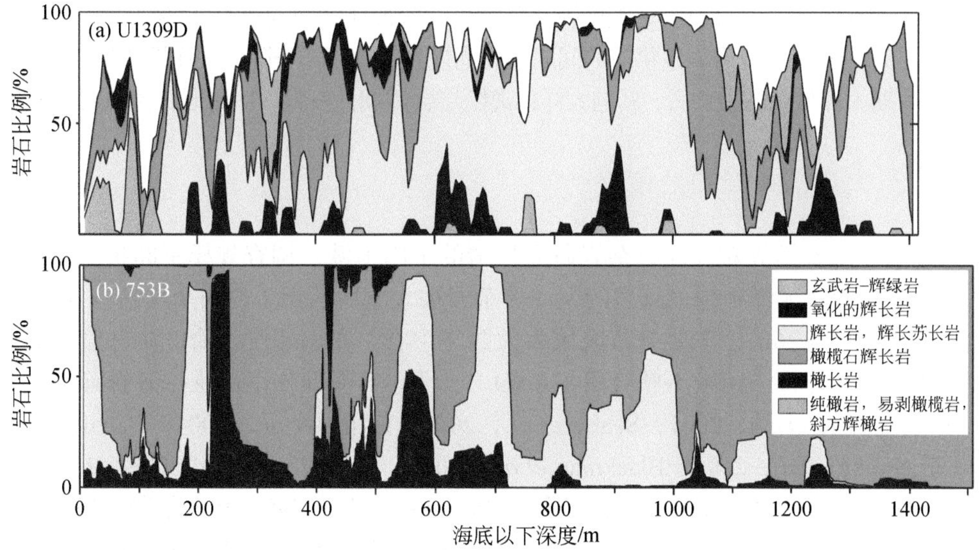

图 4.25　1039D 和 735B 岩心内岩石类型变化图（说明见正文；据 Dick *et al.*，2000；Ildenfonse *et al.*，2007；Morris *et al.*，2009）

4.2.4　大洋核杂岩的发育机制

大洋核杂岩和大洋拆离断层的成因机制比较复杂，其形成与洋中脊岩浆房发育程度和大洋扩张速率密切相关。

岩浆房的深度与扩张速率存在相关性，在半扩张速率小于 20mm/a 的洋中脊中，地壳内不存在岩浆房（Chen，2000）。在慢速扩张洋中脊中少有发现岩浆熔融体的证据，即使存在，也是短期的、不稳定的熔融体（Sinha *et al.*，2003）。根据位于西南印度洋的海底地震（OBS）探测发现，慢速－超慢速扩张洋脊深部或许存在岩浆房，但岩浆房的规模较小，岩浆供给不足，从而导致慢速－超慢速扩张洋中脊具有不同于快速扩张洋中脊的深大洋脊裂谷，并形成地形变化较大的洋底表面（赵明辉等，2010）。

慢速－超慢速扩张洋脊的深部岩浆特征同样也控制着大洋拆离断层和大洋核杂岩的发育。数值模拟研究表明，洋中脊深部的补给特征和洋脊扩张速率共同控制着洋脊两侧断层系统的发育以及大洋核杂岩的发育。大洋核杂岩发育于低岩浆补给速率的环境（Behn and Ito，2008；Olive *et al.*，2010）。

慢速－超慢速扩张洋脊深部岩浆补给不足，尤其是岩浆对于脆性岩石圈的补给不足以填补洋脊扩张所带来的物质和空间空缺，也不能完全平衡洋脊扩张的应变速率。由物质守恒和表面积不变等原理，在洋脊两侧应变应力集中区域，沿着构造薄弱带（先存高角度正断层系）发育变形量足以与洋脊扩张匹配的拆离断层系统。随着大洋拆离断层的发育，其下盘的下地壳与上地幔的岩石被剥露于洋底表面，从而与大洋拆离断层及其上盘岩石共同组成大洋核杂岩（李洪林等，2014）。

当岩浆供给在一段时间充足时，大洋拆离断层停止发育，由于重力均衡等原因，导致大洋拆离断层下盘的大洋核杂岩表面形成和发育后期正断层，从而破坏大洋核杂岩的表面梳状构造及整体性，使得大洋核杂岩进入衰亡阶段（李洪林等，2014）。

慢速－超慢速扩张洋脊岩浆供应的间断性和周期性导致了洋脊附近大洋拆离断层发育的周期性，当前期大洋核杂岩衰亡后，新的大洋拆离断层会周期性发育，从而形成新的大洋核杂岩。

4.2.5　大洋核杂岩的分布

近年来，随着学界对大洋核杂岩研究热情的不断上涨，调查规模不断扩大，调查手段不断改进，深海大洋中越来越多的大洋核杂岩被大家所认识。目前全球约有 50 处发育大洋核杂岩（图 4.26），主要分布区域为大西洋中脊、西南印度洋脊、中印度洋脊、东南印度洋脊的大洋洲－南极不整合段（AAD）、菲律宾海的帕里西维拉海脊等（Cann *et al.*，1997；Ohara *et al.*，2001；Searle *et al.*，2003；Okino *et al.*，2004；Canales *et al.*，2007；Tucholke *et al.*，2008；Blackman *et al.*，2009；Morishita *et al.*，2009；Ray *et al.*，2011）。此外，还有少量分布于智利海隆（Martinez *et al.*，1998）和卡尔斯伯格海岭（韩喜球等，2012；余星等，2013）。这些大洋核杂岩主要分布于慢速扩张洋脊，而在快速扩张的东太平洋洋隆，尚未见大洋核杂岩相关的报道。

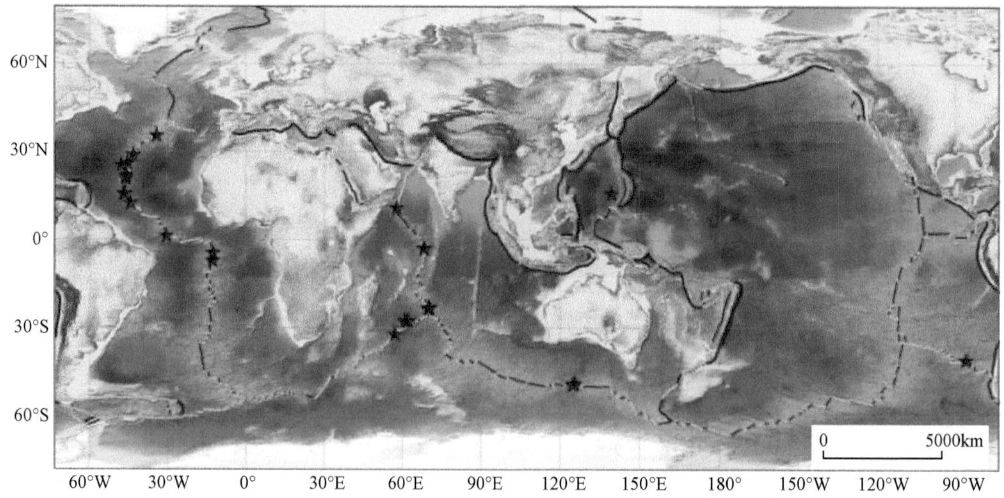

图 4.26　全球大洋核杂岩分布图（据余星等，2013）

星号代表大洋核杂岩分布地点

4.2.6　问题讨论

大洋中脊是观察地球内部结构的窗口，而大洋核杂岩和大洋拆离断层是大洋中脊中重要的组成部分，大洋中脊附近广泛发育的大洋核杂岩和大洋拆离断层为我们展示了一种新的大洋岩石圈的增生模式和结构组成方式。有关大洋核杂岩和大洋拆离断层的研究还相对薄弱，对于它们的构造、成因、演化还有许多问题有待深入探索。

（1）岩浆供给量与大洋核杂岩和大洋拆离断层形成之间的关系还是需要进一步地研究。岩浆供给的减少是否是大洋拆离断层形成的关键因素？还是大洋拆离断层的发育导致了岩浆供给的变化？

（2）大洋拆离断层和大洋核杂岩模式解释了蛇绿岩中地幔橄榄岩中有辉长岩侵入体这一现象，但还无法解释大洋核杂岩浅部玄武岩的成因问题。

（3）以发育大洋拆离断层和大洋核杂岩为特征的慢速－超慢速扩张洋壳与 SSZ 型蛇绿岩之间有怎样的对应关系，目前还不太清楚。

（4）关于大洋拆离断层和大洋核杂岩的发育机制仍不十分清楚。洋壳的扩张主要是由于洋中脊处的地幔对流及岩浆上涌，那么岩浆上涌作为洋壳扩张的主要动力来源，而慢速－超慢速扩张洋脊处的岩浆补给量不足，那么此类洋脊扩张的动力来源又是什么呢？

思　考　题

1. OCC 的特征及其与 MCC 的差异。
2. OCC 拆离断层特征及其与 MCC 拆离断层的区别。
3. OCC 的岩石构成。
4. OCC 和大洋拆离断层的发育机理问题。
5. OCC 与大洋扩张速率关系问题。

4.3　板块构造与岩浆作用

4.3.1　火成岩形成的基本理念

在讨论板块构造与火成岩之前，先讨论火成岩的基本理念。

（1）岩浆通常是地下 10 ～ 200km 深度的地壳和上地幔部分熔融而成；岩石的结构可以反映岩石的冷却历史，主要包括玻璃质结构、隐晶质结构、显晶质结构、斑状结构以及碎屑结构。

（2）大部分岩浆只是从镁铁质岩浆到硅质岩浆连续序列中的一部分。硅质岩浆形成花岗岩－流纹岩家族，主要由石英、钾长石、钠长石，以及少量黑云母和角闪石组成；玄武质（镁铁质）岩浆形成辉长岩－玄武岩家族，主要由钙长石、辉石，以及少量橄榄石组成，几乎不含石英；介于镁铁质和硅质成分中间的岩浆，形成闪长岩－安山岩家族。

（3）玄武岩是喷出岩中量最大的岩石，其典型代表要么是裂隙式喷出形成大范围覆盖的较薄的熔岩流；要么是中心式喷发形成盾式火山或火山锥。火山的面貌特征由从中间（性）到硅质岩浆的发展形成，包括黏性熔岩流、灰流凝灰岩、混合火山，以及破火山口。硅质岩浆中水分的多少是决定其发育状态或喷发的关键。

（4）岩浆成分的广泛变化由以下几个因素决定：①原岩成分；②部分熔融；③分离结晶；④混合作用；⑤同化混染作用。

（5）大部分玄武质岩浆是由离散板块边界的地幔部分熔融和地幔柱上升所致；大部分中性岩浆和硅质岩浆形成于汇聚板块边界；裂谷和地幔柱上覆陆壳同样形成硅质岩浆。

尽管岩浆的成分变化非常大，但我们仍能通过分析两个端元类型来勾勒出硅酸盐岩浆的成分。镁铁质岩浆含大约 50% 的 SiO_2，具有 1000 ～ 1200℃的温度。镁铁质矿物如橄榄石和辉石是从该岩浆结晶而成。硅质岩浆含 65% ～ 70% 的 SiO_2，其温度一般不超过 850℃。长英质矿物如长石和石英从该岩浆中结晶而成。玄武质岩浆表现为流动性，而硅质岩浆则表现为黏滞性，这是因为硅质岩浆的温度比较低，且含有更多的 SiO_2。岩浆的黏滞性主要受 SiO_2 含量影响，因为其硅氧四面体结构制约了其流动性。温度也是影响黏滞性的重要因素，因为岩浆的温度降低会有更多的结晶作用发生从而降低岩浆的流动性。所以，SiO_2 含量越高、温度越低，岩浆的黏滞性越大。

水蒸气和二氧化碳是岩浆中主要的溶解气，从炙热岩浆中释放出的气体 90% 以上是水（H_2O）和二氧化碳（CO_2）。这些挥发分通常占岩浆重量的 0.1% ～ 5%，在有些硅酸盐岩浆中可多达 15%。这些挥发分非常重要，因为它们强烈地影响着岩浆的黏滞性、熔点以及火山活动的类型。溶解水通过打破 Si—O 键，从而降低岩浆的黏滞性，并形成长的复杂的分子链。由于气泡的膨胀爆裂，富含挥发分的岩浆相对于贫挥发分的岩浆更富于爆发式喷发。

火成岩可在地球的许多地方发现，但实际上主要形成于几个局限的构造环境。大陆上，大部分火成岩形成于汇聚板块边缘，如北美可以看到古代的和现代火成岩实例（图 4.27）。一方面，北美西部的侵入岩大部分形成于古俯冲带之上，甚至老的侵入岩出露于加拿大地盾，可能侵入到古汇聚板块碰撞造山带的根带；另一方面，美国西北部甚至扩展到阿拉斯加的年轻火山岩带和南墨西哥和中美的火山岩都喷发于仍在活动的俯冲带之上。但板块内部火成岩并不发育，除非是地幔柱、大陆裂谷或遭受破坏的克拉通内部发育火成岩，如哥伦比亚河高原（Columbia River Plateau）、斯内克里弗平原的熔岩流以及中国峨眉山玄武岩等被认为是形成于大陆下的地幔柱之上（徐义刚和钟孙霖，2001；Hamblin and Christiansen，2003；何斌等，2003）；墨西哥湾即认为是裂谷；华北克拉通晚中生代遭受破坏发育大规模的侵入岩和火山岩，尽管破坏的原因尚不十分清楚。因此，汇聚板块边缘是火成岩形成的最重要的构造环境，此外大洋地壳几乎都是由火成岩构成，所以大洋中脊是火成岩形成的又一重要构造环境。

火山岩　　深成岩

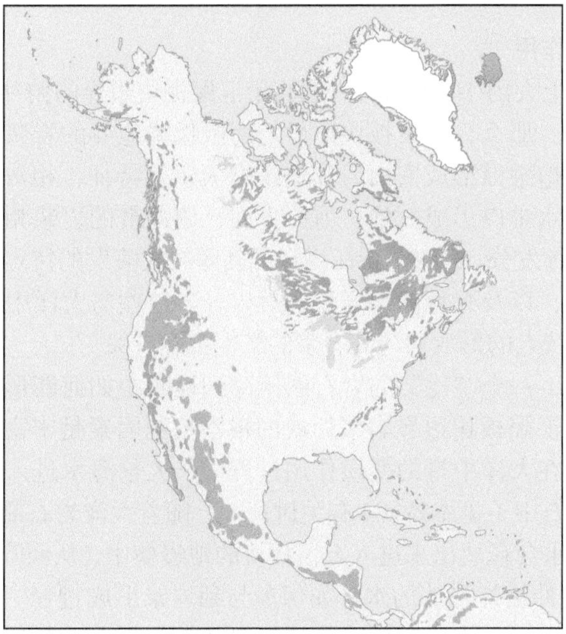

图 4.27　北美火成岩分布简图（据 Hamblin and Christiansen，2003）

4.3.2　汇聚板块边界的岩浆作用

　　大部分海平面以上的火山喷发均与汇聚板块边缘的俯冲带密切相关（图 4.28）；相比之下，两个大陆碰撞过程则几乎没有火山活动，尽管可以形成一些深成花岗岩。

━━ 海沟　△ 俯冲带火山　● 浅源地震　● 中源地震　● 深源地震

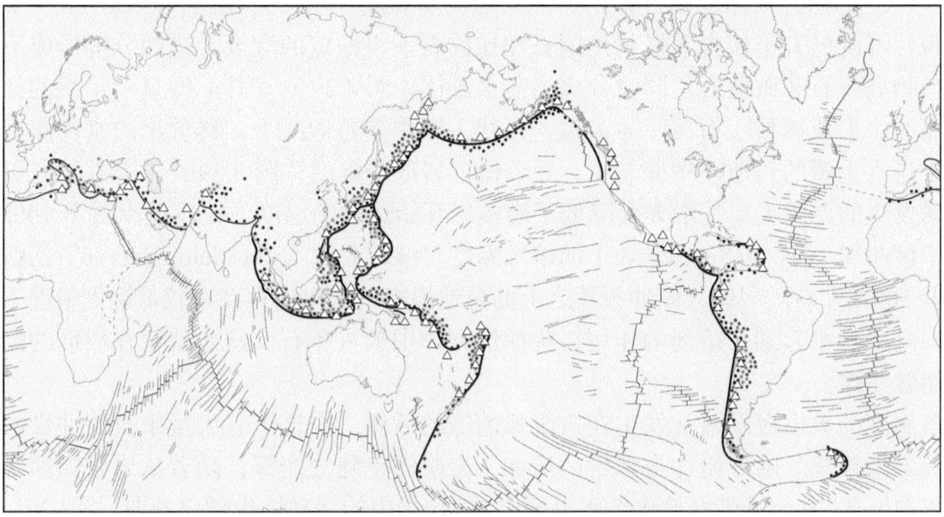

图 4.28　汇聚板块边缘的火山与地震分布图（据 Hamblin and Christiansen，2003）

俯冲带上的火山活动是最具破坏性的，构成了围绕太平洋、地中海和印尼弧的"火龙"；较短的弧主要围绕加勒比海和南大西洋。汇聚边缘的地震也同样是最具毁灭性的，图中标示了 5 年内发生的数万次地震，浅源、中源和深源地震沿俯冲带构成了一倾斜的地震带；大陆碰撞带如喜马拉雅地区则与俯冲带完全不同，尽管多有发生，但主要是些浅的地震，也缺乏重要的活火山

1. 俯冲带的岩浆作用

我们知道，地球上大约 1/4 的岩浆岩形成于汇聚板块边界的俯冲带之上，仅次于离散板块边界的岩浆规模。那么，汇聚板块边界与离散板块边界的岩浆作用有何不同呢？一方面，俯冲带之上的熔融以形成安山岩和流纹岩为主要特征，相对于玄武岩更富硅，因此黏性更高，其中的水难以形成气泡；另一方面，俯冲带的岩浆相对于离散板块边界的岩浆更富含水和其他挥发分。这两个特征决定了其爆裂式喷发的特点，通常形成火山灰流、复式火山、破火山口，以及黏稠的熔岩流和熔岩丘。这些与大洋中脊平静的溢流玄武岩构成明显反差。这些特点的形成均与其岩浆的产生机理有关。

在汇聚板块边缘，一个“冷”的岩石圈俯冲到地幔中如何能形成热的岩浆？对这一悖论的回答即是因为汇聚板块边界岩浆形成的根本控制因素是丰富的水分（流体）而不是温度。我们知道，在大洋中脊的变质作用过程中，大量海水进入下行板块的洋壳甚至大洋岩石圈地幔的岩石中（见本章 4.4 有关讨论）。随着大洋岩石圈俯冲作用的进行，俯冲的大洋岩石圈中的水会释放出来进入上覆板块的地幔楔中，从而降低地幔岩石的熔点。

图 4.29 展示了俯冲板片释放的水分如何参与到岩浆形成过程。洋壳上覆沉积物中的孔隙水和洋脊变质作用过程中形成的矿物结构水随下行板块一起进入俯冲带，随着俯冲作用的持续进行其温度和压力逐渐增加（图 4.29 红色箭头线）。圈闭在沉积物中的孔隙水可能在俯冲到软流圈地幔楔之前就被挤压释放出来，这一方面起到润滑作用有利于板块俯冲；另一方面使上覆的岩石圈地幔部分蛇纹石化，使之弱化变形，便于向下拖拽俯冲［图 4.29（b）］。而一些矿物如角闪石和蛇纹石中的（化学）结构水可能一直俯冲到 100km 以深的软流圈时才会释放出来（有的文献认为 80km 以深即可）。图 4.30 展示了冷的板片上部在进入热地幔过程中所经历的典型温度 - 压力变化路径。在 100 ～ 200km 深处板片温度已升至使含水矿物角闪石和蛇纹石不再稳定的程度，进而分解形成不含水的新矿物如辉石和橄榄石，同时分离出富水流体（图 4.29）。图 4.30 显示了湿的洋壳中角闪石脱水形成辉石 + 石英 + 水的温 - 压线（图中蓝色曲线）。释放出的水在浮力作用下向上进入上覆的热地幔橄榄岩中，导致橄榄岩部分熔融（图 4.29）。从图 4.30 可以看出熔融发生的原因主要是水大大降低了橄榄岩开始熔融的温度。比较可以看出 100km 深度时干熔曲线（dry-melting curve）的熔融温度与湿熔曲线（wet-melting curve）的熔融温度相差 500℃左右。因此，俯冲板片之上的湿地幔楔由于水的存在在较低温度情况下便可熔融。这里的水起到了熔剂的作用，犹如炼钢炉中加入萤石，铁矿就会在较低的温度下发生熔融一样。

最剧烈的火山爆发通常发生在岩浆弧前缘的后侧，因这里有大量来自俯冲带的水进入软流圈地幔楔。随着俯冲带深度的增加，岩浆源也随之变深；随着从岩浆弧前缘向弧后距离的增加，从俯冲带释放出的水分随之减少，火山的活动性也随之减弱［图 4.29（b）］。当俯冲带达到 200 ～ 250km 深度以后大部分岩浆作用趋于消失。在日本西南部，火山喷发距火山弧前缘最远的距离位于弧后盆地区域，相应俯冲带深度达到了 300km 以上。俯冲带向下运动诱发了上覆软流圈地幔楔向下流动，结果使得热的软流圈从后拉入，因此软流圈地幔楔总是持续不断地有新的热的地幔物质供给，进而在上下两个板块之间形成角流（图 4.29）。

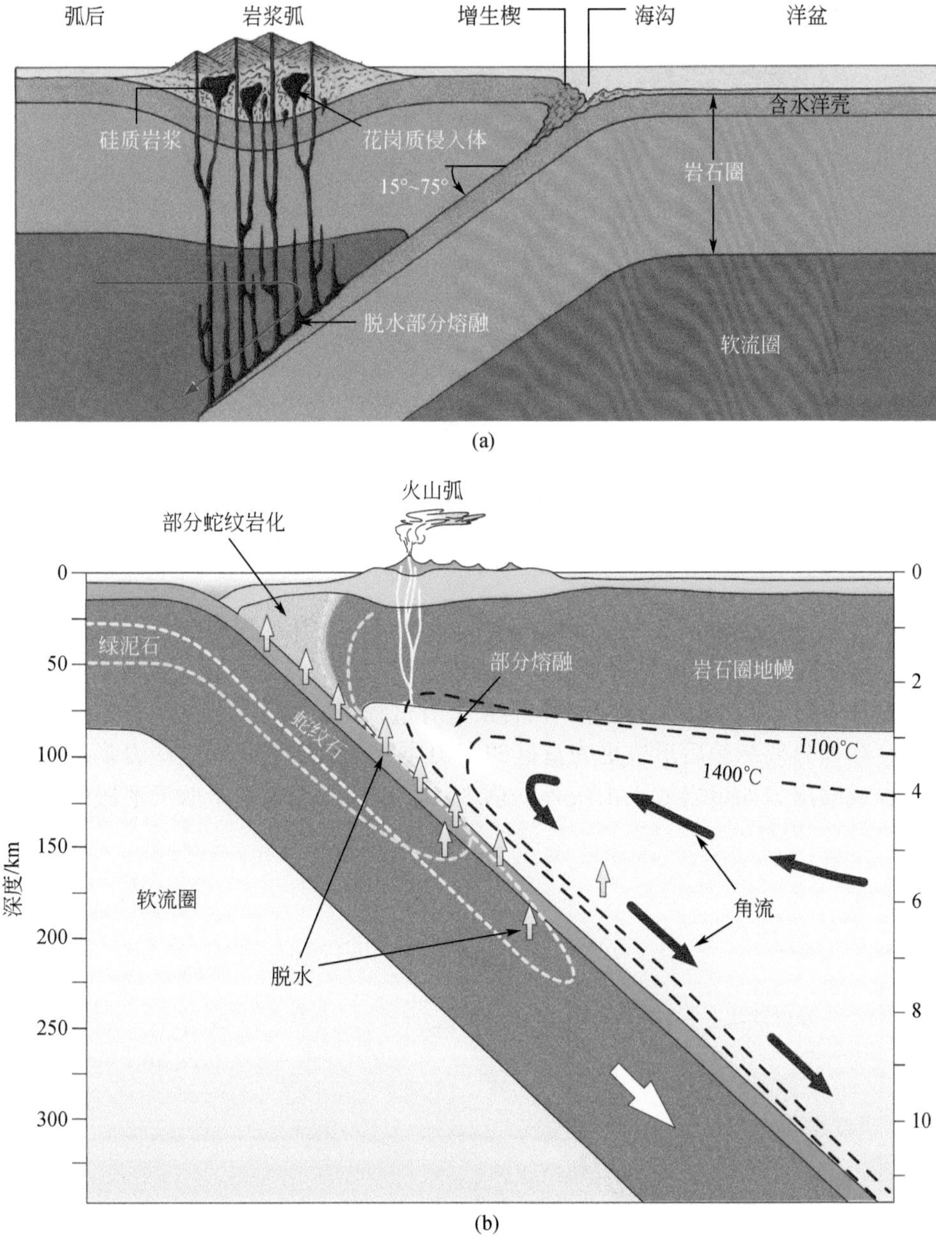

图 4.29　俯冲板块边界岩浆弧形成示意图

岩浆产生于 80 ～ 150km 深度；洋壳俯冲携带沉积物和玄武岩进入热的软流圈（这些沉积物和玄武岩在洋脊变质作用过程中均已发生蚀变）；下行板片逐渐加热；洋壳的含水矿物发生分解并释放出水分，水分上升进入上覆地幔楔，降低熔点，在深部引起部分熔融，浅部部分蛇纹石化；玄武质岩浆因浮力向上进入地壳，发生分异和混染形成安山岩和流纹岩；岩浆结晶形成深成岩或喷出地表。（a）岩浆弧形成示意图（据 Hamblin and Christiansen，2003）；（b）火山弧下的岩浆熔融过程（据 Stern，2000）

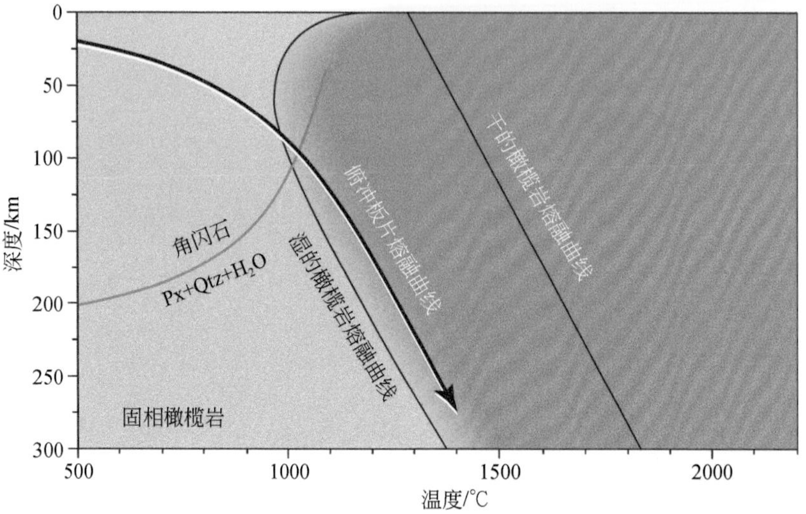

图 4.30　以水为主控因素的俯冲带岩浆形成条件（说明见正文；据 Hamblin and Christiansen，2003）

红色箭头曲线代表下行板块进入地幔过程中的压力和温度的变化路径；当红色箭头曲线与角闪石分解曲线（蓝色曲线）相交时水分开始释放；流体向上进入上覆地幔时导致部分熔融。湿的橄榄岩发生熔融的温度较干的橄榄岩低将近500℃

这种既有来自洋壳又有来自上覆地幔的混合岩浆在上升过程中会与上覆地壳发生广泛地反应（图 4.31），使岩浆具有非常复杂的成分来源如大洋沉积物、大洋变质玄武岩、地幔楔橄榄岩以及上覆地壳等。此外，在岩浆上升过程中还会与其他批次的岩浆相混合，或者经过冷却和分离结晶后形成更为富硅的安山质或流纹质岩浆。这些岩浆最终会冷却形成深成岩或喷出岩如熔岩或火山灰等。总之，富硅的陆壳都是萃取了地幔中低密度物质的结果。

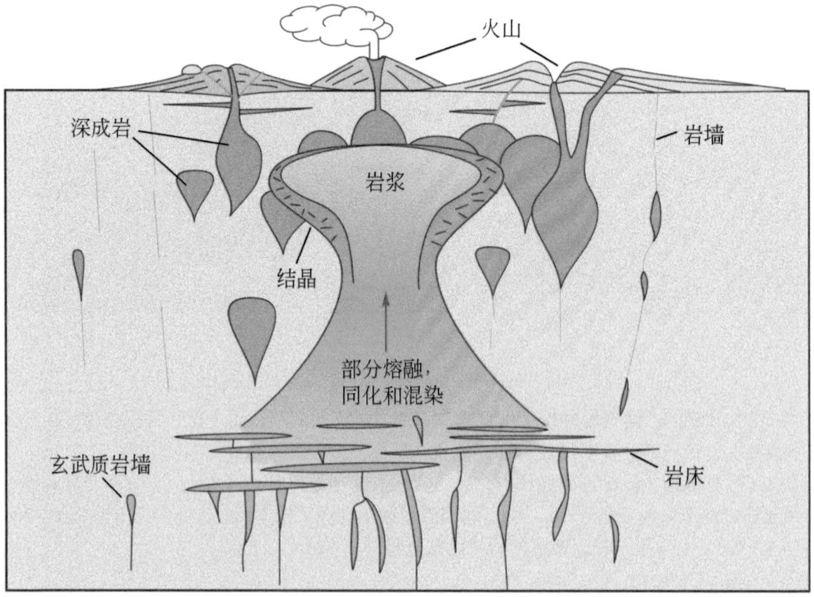

图 4.31　汇聚板块边缘岩浆侵入示意图（说明见正文；据 Hamblin and Christiansen，2003）

注意，俯冲带的岩浆是经部分熔融产生的，从而使地球物质得以分离产生富硅的岩浆。这些富硅的岩浆主要集中于岛弧或大陆造山带。与因密度大而俯冲下去的玄武岩不同，富硅的物质难以下沉到地幔，因而集中形成额外的大陆地壳。俯冲带岩浆不同于其他构造环境的岩浆，主要是安山岩和流纹岩，尽管也会出现其他类型的火成岩；另外，非常重要的是俯冲带岩浆岩富集来自俯冲洋壳的水和其他挥发分如 Cl、S 和 O 等，水的含量可达百分之几(高的可达 6%, wt)，而大洋中脊玄武岩水分小于 0.4%，热点玄武岩小于 1%。

与俯冲带有关的岩浆作用根据其发育位置和过程可分为以下三种。

岛弧的岩浆作用：两个大洋板块汇聚最醒目的特征即是从海底拔地而起的弧形火山链，即火山弧或岛弧（图 4.28）。火山弧形成于上覆板块，并与海沟大致平行，典型的岛弧有汤加群岛、阿留申群岛、西印度（安德烈斯）群岛等。这些火山位于俯冲板片之上距海沟约 100km 位置（图 4.29）。这些火山大部分是复合火山，而且喷发大量安山岩和少量玄武岩和流纹岩。大部分岛弧数百千米宽，沿平行海沟方向呈断续状展布。

陆弧的岩浆作用：大陆火山弧是发育于俯冲带之上的大陆边缘的一系列复合火山，距海沟向陆方向 100 ～ 200km。弧的深部主要是作为火山系统山根的深成岩，多个深成岩体互相侵入，形成长的线性的岩基，其成分通常是闪长岩到花岗岩，与岛弧相比规模更大，也更富硅。此外，它们可以侵入到由老的火成岩和变质岩基底及其上覆的已褶皱和冲断变形的沉积盖层所构成的先存大陆地壳之中。

碰撞带的岩浆作用：（洋壳）俯冲带消失以后，两侧大陆发生碰撞，幔源岩浆将不再生成，但是仍有少量岩浆产生，形成一种特殊的花岗岩。在碰撞作用过程中，大陆岩石包括变质的页岩和其他碎屑沉积岩可发生部分熔融形成富硅和铝的花岗质岩浆。这些花岗岩大部分含有在其他类型花岗岩中很少见的矿物如白云母、石榴子石、电气石和堇青石等。该类岩浆在结晶之前不会侵入太远的距离，且很少喷出地表形成熔岩和火山灰流。部分熔融所需热的来源还不十分清楚，传统观点认为可能有两个来源：一是陆壳的俯冲和构造叠置造成地壳加厚的深埋作用；二是大量大规模剪切带的构造剪切热造成局部部分熔融。例如，在喜马拉雅造山带，陆壳的部分熔融已经产生了侵入到先期变形和变质岩中的白云母花岗岩（Hamblin and Christiansen，2003）。

2. 岩浆弧的岩石组成

俯冲带之上的岩浆形成大的侵入体，称为岩基；喷出地表形成火山岩。火山岩主要包括安山岩（规模最大，以安第斯山脉得名）、玄武岩、英安岩和流纹岩。这些均属于钙 - 碱性系列岩石因为它们具有高的 Ca 含量以及一系列重要的碱性元素。钙 - 碱性岩石具有特殊的化学成分，是俯冲带之上的特征岩石。在岩浆弧前缘可发育少量拉斑质岩浆岩，弧后区域可由一定量的碱性岩石。我们知道，拉斑玄武岩主要产于大洋中脊以及大的热点，而碱性岩主要形成于板内环境，尤其是热点和大陆裂谷。

形成于俯冲带之上的岩浆许多并未到达地表而是被封闭于火山下的地壳深处，称为深成岩（或侵入岩）。闪长岩即相当于喷出岩的安山岩是岩浆弧的最重要侵入岩，其他重要岩石类型包括英云闪长岩、花岗闪长岩和花岗岩(相当于英安岩和流纹岩)；辉长岩(相当于玄武岩)则很少见。

安山岩基本只产于俯冲带，因此是古老造山带中识别俯冲带的重要标志。现在的 342

座活火山中有 339 座位于俯冲带之上，占 99%（Frisch *et al.*，2011）。俯冲带之上岩浆的化学成分反映了其形成机理的复杂性，岩浆成分主要有三个来源：一是脱水后的俯冲板块；二是俯冲带之上软流圈地幔楔的部分熔融，这是岩浆的主要来源；三是岩浆上升过程中所经过的上覆地壳及岩石圈地幔，这是影响岩浆化学成分的主要方面。

软流圈地幔楔产生的熔体主要表现为玄武岩和玄武安山岩成分，富集活泼性元素包括 K、Rb、Sr、Ba、Th 和 U 等亲石元素。这些元素主要来自俯冲的变质沉积物，它们具有较大的离子半径，容易进入流体，因此同时又是地幔不相容元素。

其他一些高离子势元素的活动性比较差，一般滞留在俯冲带的变质岩中。在软流圈地幔楔的部分熔融过程中，这些元素也优先滞留在残余地幔橄榄岩中，仅有少量转移到玄武质熔体中。因此俯冲带产生的熔体贫这类稳定的元素，包括重稀土、Nb、Ta、Hf 、Zr、Y、P 或 Ti。与大洋中脊玄武岩（MORB）相比，俯冲带产生的熔体会部分亏损这些元素如 Nb 和 Ta，可能是由于早期结晶过程中进入了磁铁矿晶格当中。

利用亲石元素和不活泼元素可以甄别与俯冲带有关的岩浆岩。相对 MORB 而言，俯冲带有关的岩浆岩强烈富集亲石元素，而不活泼元素与 MORB 相当或略低。为了勾画岩石中化学元素丰度的分布模式，往往采用 MORB 标准化方式。用 MORB 平均化学成分进行标准化的蛛网图可以清楚地表现出元素的富集与亏损（图 4.32）。微量元素在标定岩浆岩特征方面非常有效，如与俯冲带有关的岩浆岩的最重要特征是相对 MORB 具有高丰度的 K 和 Rb；Ta 和 Nb 的负异常（图 4.32）。

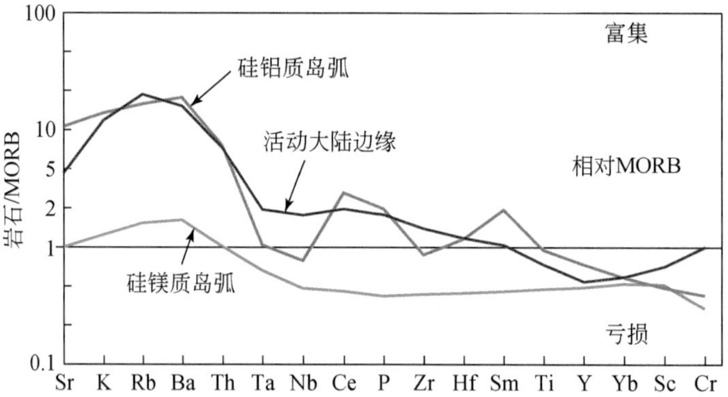

图 4.32 俯冲带上钙－碱性玄武岩蛛网图（据 Pearce，1983）

横坐标按元素的地幔不相容性递减顺序：前五个元素为强不相容元素或亲石元素；后面两个为相容元素；其间为部分相容元素。纵坐标的元素丰度均采用 MORB 标准化后的对数值

俯冲带演化的有些细节并未完全清楚，但已形成的共识大致有以下方面：

• 一些元素来自于俯冲变质的沉积物和玄武岩。通常认为俯冲组分，尤其是水、宇宙成因核素 Be^{10} 和亲石元素，主要来自于沉积物。特别是 Be^{10} 的存在进一步证实了这些俯冲于地下深处的物质曾暴露于地表并接受过宇宙射线的轰击。

• 熔体起初形成于俯冲带与上覆板块之间的软流圈地幔楔，因其密度小故向上运动并穿过地壳。

• 如果岩浆弧区域的上覆板块的地壳是洋壳，如马里亚纳群岛（Marianas），岩浆成分没有大的改变，仍基本保持玄武质和安山质的成分，形成岛弧拉斑玄武岩和玻安岩［Boninite 高 Mg 低 Ti 的安山岩，因马里亚纳群岛北部的小笠原群岛(Bonin Islands)而得名］。

• 穿过陆壳的岩浆成分可能因两个因素而发生改变：一是地壳物质的混染作用；二是重力分异作用，使 SiO_2 和 K_2O 相对富集。形成的钙-碱性系列岩石主要包括富铝的玄武岩、安山岩、英安岩和流纹岩，而且安山岩较玄武岩更为普遍。

在陆壳较厚且俯冲作用持续较长，岩浆演化相对充分的地方，酸性岩石（从英安岩到流纹岩）最为丰富。一般成熟岛弧和具有厚陆壳的活动大陆边缘相对于洋壳上的初始岛弧或薄陆壳表现出更丰富的酸性岩（富 SiO_2）。例如，马里亚纳火山岩及其往北的伊豆（Izu Islands）和小笠原群岛（Bonin Islands）的火山岩平均 SiO_2 含量为 53% ～ 55%，仅较正常洋壳水平高 2% ～ 3%。相比之下，安第斯的火山岩明显更为酸性，SiO_2 约 63%，接近于安第斯大陆上地壳的平均成分（约 66% 的 SiO_2）。就全球而言，大陆地壳的 SiO_2 平均 57%，因此下地壳必然更偏基性。

新形成的熔体会不断地上升，上升过程中岩浆成分会因分异而发生改变，熔点高的矿物首先结晶，并通过分离结晶和重力分异作用而从岩浆中移出；岩浆上升会使地壳岩石发生熔融并被岩浆同化，或者与地壳岩石发生化学交换使岩浆混染。通过这些过程，熔体的成分越来越不同于初始岩浆，结果使得陆壳内的与俯冲有关的岩浆更加富集亲石元素（图 4.32）。偏基性的矿物从熔体中移出保留在大陆下地壳中，这样就解释了下地壳相对酸性上地壳更加偏基性的原因。上地壳平均较下地壳厚 1.5 倍，从上述过程说明为什么有陆壳参与的俯冲过程产生的岩浆（如安第斯和日本弧）较洋内岛弧（如马里亚纳岛弧）更加复杂多样的原因。

如果正在俯冲的洋壳非常年轻且热，那么俯冲下去的玄武质地壳在有水的情况下会发生部分熔融，形成一种特殊的岩石即埃达克岩（因阿留申群岛的埃达克岛而得名）（Defant and Drummon，1990）。起初这类岩石比较少见，除了阿留申群岛是年轻的洋壳正在俯冲并形成埃达克岩外，还见于哥斯达黎加（Costa Rica），此处年轻但已不活动的科克斯洋脊正在向中美海峡之下以大约 30° 的倾角进行平板式俯冲（Frisch *et al.*，2011）。因此，埃达克岩是年轻热洋壳俯冲的标志。然而，后来研究提出了形成于不同的动力学背景的不同类型的埃达克岩如 C 型、O 型等，并认为埃达克岩并不与特定构造环境相对应（张旗，2008；张旗和王焰，2008；Dai *et al.*，2017）。从而使埃达克岩的构造含义变得模糊。

3. 岩浆岩带的时空分布

尽管俯冲带之上的岩浆岩带主要为钙碱性岩石，但拉斑质和碱性岩浆也有发生，三种不同系列的岩浆在时空上呈带状分布。空间上的分带性随着俯冲深度增加呈平行带状展布，在火山带的前缘部分（靠近海沟方向）产生拉斑质岩浆，主要表现为玄武岩；最宽阔的中间地带主要由钙碱性岩浆组成，包括从玄武岩到流纹岩的全系列钙碱性岩石，但主要是安山岩。钙碱性岩石通常因地壳的同化和分异作用而发生变化。富钾的钙碱性岩石的数量向弧后方向逐渐增加，甚至演变为具有特殊碱性岩类特征的钾玄岩（shoshonites），进入弧后盆地后火成岩的量明显减少（图 4.33）。岩浆的这些变化特征（拉斑质-钙碱性-碱性）主要受控于俯冲带的俯冲深度，在岩浆带前缘位置下方的俯冲带部分熔融岩浆产率高，随着俯冲深度的增加岩浆产生量随之减少，从俯冲岩石中萃取的元素也随之减少（图 4.33）。

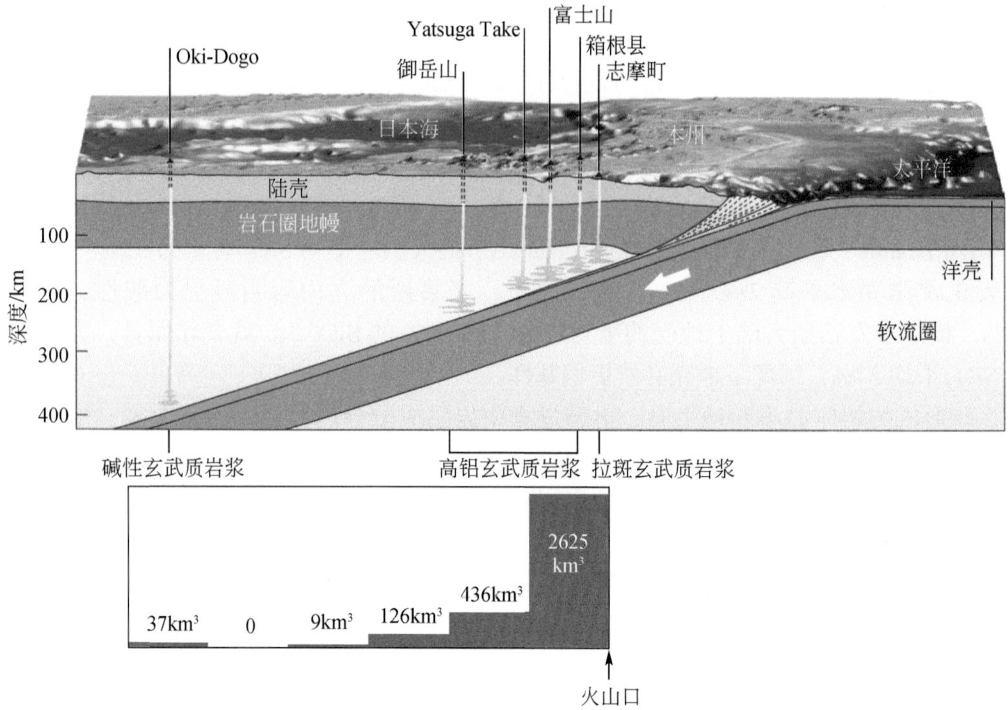

图 4.33 横穿日本岛俯冲带熔融深度与产物变化剖面图（据 Schmincke，2004）

下方小插图为俯冲带不同位置岩浆的产生量

可观察到的另一变化趋势是横穿弧向弧后方向 K 的含量稳步增加，岛弧外带（向海沟方向）的拉斑玄武岩亏损 K（大部分 <0.7% K_2O）；钙碱性玄武岩 K_2O 的含量 1% 左右（酸分异过程中 K 得以富集，所以酸分异的产物中相应富钾）；钾玄岩［shoshonites，因美国怀俄明州的 Shoshone River（肖肖尼河）而得名］的 K_2O 含量达 2% 甚至更多。这种随着距弧岩浆前缘距离的增加钾含量随之增加的规律可能是从俯冲带变质沉积物中一些含钾矿物如云母等经过脱水将钾释放到含水流体中而逐渐被萃取有关；也有人解释为板块俯冲的越深，上升的岩浆获得地壳中的 K 就越多。

由于软流圈地幔楔部分熔融的量随着向弧后方向逐渐减少，所以尽管从俯冲物质中萃取钾的总量较少，但是钾相对富集（图 4.33）。此外，熔体中 SiO_2 含量向弧后方向整体减少，从而强化了岩石的碱性特征，因为低的 SiO_2 可使钾长石（$KAlSi_3O_8$）中的 K 得以饱和，因此 Si 不饱和的矿物如钾玄岩的典型矿物白榴石（$KAlSi_2O_6$）便得以形成。钾玄岩指示了与俯冲有关的岩浆带的后侧，如在日本钾玄岩发现于位于日本海的弧后盆地（图 4.33）。热点和大陆裂谷碱性岩的化学特征不同于钾玄岩，因其 Na 比 K 更具主导性。

钙碱性玄武岩以高铝玄武岩为特征，Al_2O_3 达 16% ～ 20%，明显高于拉斑玄武岩 12% ～ 16% 的 Al_2O_3 含量，这些 Al 可能是来自俯冲下去的沉积物，因为通常洋底和深海沟的富黏土沉积物富 Al_2O_3，这些沉积物随俯冲带进入到软流圈地幔楔发生部分熔融，然后随着流体和其他元素一起充实到钙碱性岩浆之中。

岩浆岩从拉斑质到钙碱性的变化也同样随时间演化，即从初始洋内岛弧到成熟岛弧的演化过程中。年轻的岛弧如马里亚纳群岛下伏为洋壳，只产生了玄武岩和玄武安山岩。玄武岩具有拉斑玄武岩的成分，安山岩是玻安岩。玻安岩的成分暗示其不可能来自俯冲带之上的软流圈地幔楔，而来自于上覆板块岩石圈地幔的方辉橄榄岩的部分熔融；通常情况下，方辉橄榄岩难以达到能发生熔融的温度（Wilson，1989）。随着时间推移，洋内岛弧演变为俯冲带之上的典型的以安山岩为主的钙碱性岩浆群（图 4.34）。初始熔体是玄武岩，SiO_2 含量 48% ～ 53%；玄武安山岩 SiO_2 为 53% ～ 57%；二者均有进一步分异成更为酸性岩石的趋势。在向进化岛弧（evolved island arc）演化的过程中，10 ～ 20km 厚的以玄武岩为主的初始岛弧地壳逐渐加厚到 20km 以上，化学成分上趋于与大陆壳安山岩的平均化学成分相同。

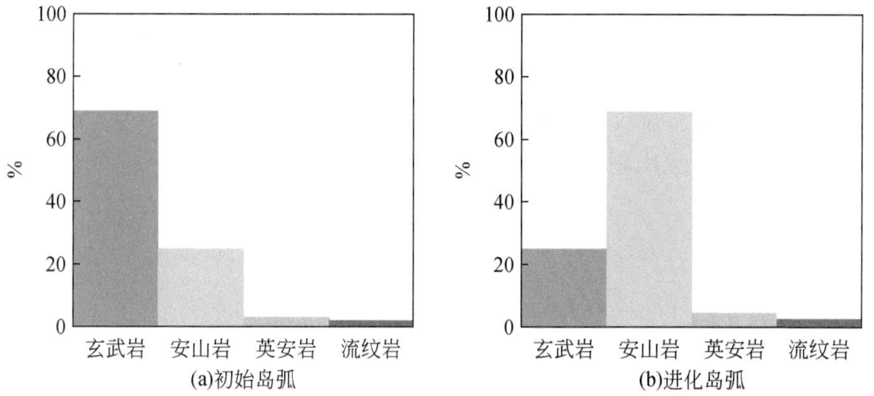

图 4.34　初始的（primitive）和进化（evolved）的洋内硅镁岛弧火山成分频率图（据 Frisch *et al.*, 2011）

如果弧是形成于大陆基底或活动大陆边缘之上，上升的玄武质 - 玄武安山质岩浆必然穿过古老大陆壳。然而，低密度的陆壳又对幔源岩浆的上升构成了物理屏障，尤其在智利型的大陆边缘，上升的岩浆被如此厚的地壳长时间滞留，岩浆在岩浆房中发生分异并向更加酸性的方向演化。通过这一过程，演化形成大量安山质（57% ～ 63% SiO_2）、英安质（63% ～ 68% SiO_2）和流纹质（68% ～ 75% SiO_2）岩浆。熔体一部分滞留于地壳，形成花岗闪长岩基；另一部分上升至地表并形成最为剧烈地火山喷发。

俯冲带岩浆作用是大陆地壳形成的重要过程。地幔橄榄岩部分熔融形成玄武岩而非酸性岩，只有俯冲带中被侵蚀的岛弧物质多次循环和反复熔融才逐渐形成酸性岩浆岩。反复的火山侵蚀作用以及岩石、矿物搬运到沉积盆地过程使石英和黏土得以富集。如果这些矿物被搬运到俯冲带上，俯冲带之上便可形成富 Si 和 Al 的岩浆岩。如果此循环多次重复，陆壳中的酸性岩就得以增加。所以大陆地壳的全岩成分类似于俯冲带上火山岩带中最重要的岩石类型——安山岩的成分也就毫不奇怪了。

玄武质岩浆黏滞性低，只含很少量的挥发分，因此玄武质火山通常是平静的非爆发式的低黏度熔岩。而酸性岩浆则黏滞性高，含有大量挥发分尤其是水，同时高位的岩浆房形成了巨大的气体压力，从而可导致壮观的爆炸式喷发。所以俯冲带上中性到酸性的火山弧具有很高的爆发危险性。

4. 弧岩浆带的成矿性

许多重要矿床形成于俯冲带之上的弧岩浆带，尤其在环太平洋区域。这些矿床大部分是斑岩型铜矿和钼矿床，斑岩型矿床具斑状结构（细粒花岗结构中发育大块单个斑晶），通常与花岗闪长岩（I 型花岗岩）的高位侵入（次火山岩）有关，也称“浸染状矿床”（disseminated ores）即铜矿和钼矿颗粒弥漫于整个岩石之中而非脉状集中分布（图 4.35）。大型斑岩型矿床主要分布在北美和南美的活动大陆边缘以及西太平洋的岛弧体系，此外还有南欧和南亚的阿尔卑斯山脉。从世界开采情况看，斑岩型矿床大约有 70% 铜矿和 30% 钼矿。广泛分布的矿石一般集中分布于小的断裂中，有利于酸性流体到达和对围岩的腐蚀。最常见的矿石矿物是黄铜矿和斑铜矿（均是 Cu-Fe 的硫化物）；黄铁矿是最常见的伴生矿物，辉钼矿通常作为伴生矿物开采。

黑矿型矿床是另一种成矿类型，形成于岛弧，典型产地是日本。该类矿床是以黄铁矿、黄铜矿、闪锌矿和方铅矿以及金为主的多金属硫化物矿床，多与流纹质火山及其补给岩墙有关。这类矿床可能与流纹岩中的次火山网状脉（产铜、锌和金）有关，或形成块状铜、锌、铅矿块体，抛落于火山附近海水中（图 4.35）。

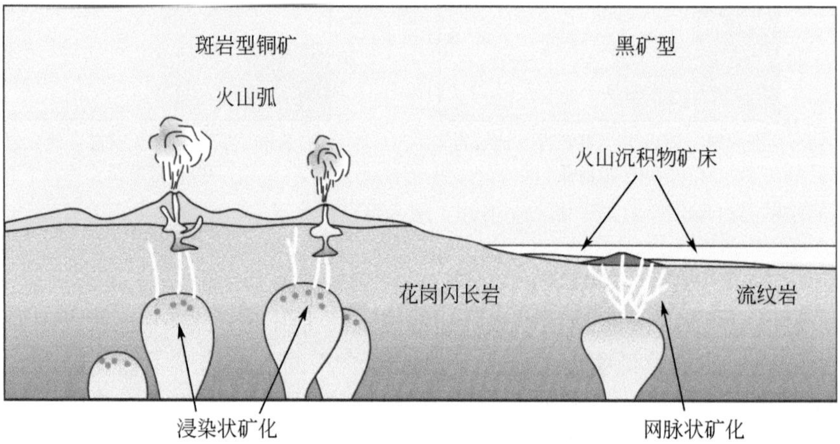

图 4.35 斑岩铜矿型和黑矿型矿床成矿示意图（据 Frisch *et al.*，2011）

二者均与俯冲带之上的酸性岩浆岩有关

4.3.3 离散板块边界的岩浆作用

1. 洋脊的岩浆作用

岩浆活动无疑是离散板块边界最重要的过程之一。沿大洋中脊形成的火成岩比任何其他环境都要多。那么，为什么离散板块边界产生的岩浆比其他地方多呢？如此大量火成岩产生的过程又是什么呢？答案要看洋脊下面热的地幔硅酸盐矿物在对流上升过程中发生了什么事情。大的过程很简单，即减压熔融过程（图 4.36）。当固体地幔从洋脊下上升时，压力会越来越低。地幔橄榄岩的温度也许因上升而有些许降低，但是因其到达了较浅的位置（约 30 ～ 100km），压力降低而引起熔融，因此该类岩浆是在洋脊下而不是其他地方可大量生成，因为只有洋脊下面的地幔才能够到达低压区域（图 4.36）。

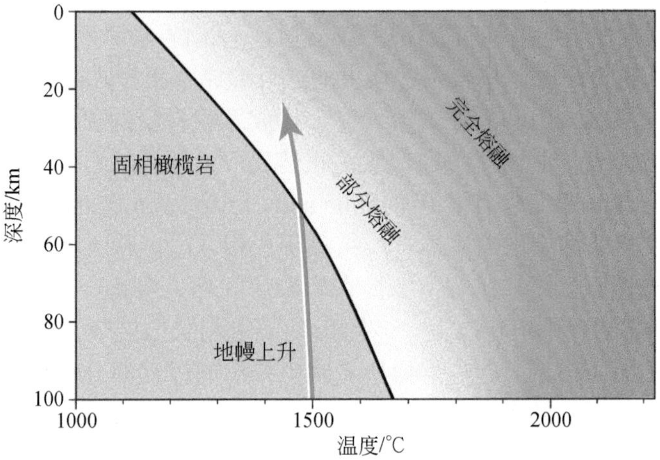

图 4.36　洋脊下减压熔融岩浆形成条件图（据 Hamblin and Christiansen，2003）

黑色线是地幔橄榄岩开始熔融线；蓝色箭头表示洋脊下地幔上升的温 - 压变化路径；当上升地幔穿过开始熔融线时玄武质岩浆开始形成；30 ～ 100km 深时熔融可能发生，熔浆上升形成洋盆的玄武质地壳。横坐标为温度（℃）；纵坐标为深度（km）

由于橄榄岩持续上升，熔浆的量就不断增加，进而形成犹如泥泞的雪地一样，固体晶体与新形成的熔浆混合在一起。最后，随着熔浆的积累，首先形成小的熔浆液滴，进而形成越来越大的泪滴状的熔体。由于岩浆的密度较低，所以会脱离固态物质向上移动。熔体离开后留下橄榄石和辉石构成的残余地幔，因剪切作用形成构造岩（图 4.37）。在快速扩张的东太平洋脊之下，部分熔融岩石带的宽度可能有约 100km 宽。

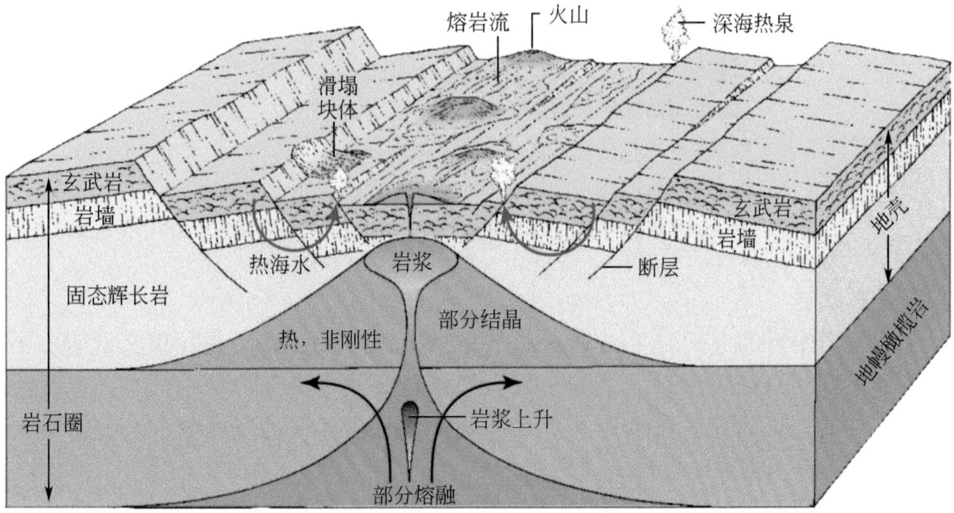

图 4.37　理想的洋脊剖面图（说明见正文；据 Hamblin and Christiansen，2003）

大部分上升的岩浆不断积累在洋脊下方形成一个狭长的由熔融玄武岩构成的岩浆房（图 4.37）。地震研究显示，该岩浆房比较窄，约 1 ～ 5km，但在快速扩张的洋脊下比较宽，可达 10km 宽（Hamblin and Christiansen，2003）。完全熔融的部分的厚度可能只有几百米至 1km 左右。沿洋脊尤其是慢速扩张的洋脊下可能并不存在一个长期活动的岩浆房。岩浆房发育和火山喷发与伸展和断裂作用穿插进行。轴向岩浆房顶板因板块离散而扩展，垂向岩墙向上生长直至洋底，从岩浆房移出的岩浆形成席状岩墙群（图 4.9、图 4.37）。岩浆喷发形成小的盾状火山和裂隙式熔岩席，构成席状岩墙的顶盖和厚的地壳。有些玄武岩喷发至洋底被淬火，形成球状堆积的枕状熔岩。大部分熔岩流因与海水接触而快速冷却以致移动不足 2km 即完全固化（Hamblin and Christiansen，2003）。

洋壳的发育使岩浆房中的岩浆冷却、结晶形成侵入岩。从玄武质岩浆中先结晶的是一些重的矿物如橄榄石、铬铁矿等，沉淀在岩浆房底部呈层状产出（图 4.38），不同于下伏的变形地幔橄榄岩（图 4.11）。进一步冷却，辉石和斜长石夹杂着橄榄石和铬铁矿结晶，形成层状辉长岩（图 4.10）。这些矿物从岩浆中移出的过程即分离结晶作用使残留熔体成分发生改变，同时新一批次的岩浆再次进入岩浆房与之混合，熔体上部固结形成块状辉长岩。

离散板块边界的显著特征是所有这些活动均集中于洋脊这一极小的范围内，新洋壳形成只在约 10km 宽、10km 深的范围内。然而，洋脊可延绵数千千米长，并在 200Ma 左右形成整个洋壳。

图 4.38 大型镁铁质火成岩体底部经结晶沉淀而成的重矿物层（橄榄石和铬铁矿）（Spence Titley、Peter L. Kresan Photography；据 Hamblin and Christiansen，2003）

南非布什维尔德杂岩；黑色层为铬铁矿，褐黄色层为橄榄石

2. 洋脊玄武岩

形成于大洋中脊的玄武岩（mid-ocean ridge basalts，MORB）是拉斑玄武岩，不同于其他地质环境如热点或俯冲带之上的玄武岩。拉斑玄武岩既无法从手标本，也无法根据岩石矿物成分的显微岩相观察加以鉴别，需要化学分析才能加以区分，一些特殊元素尤其是低浓度或微量元素可以发挥重要作用。

通常使用所谓不活泼元素来区分不同玄武岩，其中包括 Ti、Zr、P、Nb、Y 以及 REE（rare earth element）。那些离子半径相对较小和电荷数相对较高的元素在含水流体中的运移有限。在风化和变质作用过程仍然不活泼，这样使岩石的原始岩浆成分保持不变。另一方面，所谓的不相容元素优先进入地幔橄榄岩部分熔融产生的玄武质熔浆中。这些不相容元素之所以与地幔橄榄岩不相容是因为它们进入不了橄榄岩矿物尤其是橄榄石和辉石的晶格中。尽管它们具有部分活动性（如 K、Rb、Sr），但是在岩石未经历蚀变作用情况下仍可用来鉴别玄武岩的类型。

不相容元素的浓度是地幔原岩和熔融程度的函数。板内热点或裂谷碱性玄武岩象征原始的岩石圈地幔橄榄岩较低程度部分熔融（一般百分之几）。因此，不相容元素如碱金属元素相对于高产热点玄武岩，特别是大洋中脊拉斑玄武岩来说，更加富集于（碱性）熔体中。拉斑玄武岩来自 15% ～ 25% 部分熔融的熔体，不相容元素被稀释；再者，熔体来自于软流圈，而软流圈又是 MORB 长达数亿年之源区，长期释放不相容元素，因此，当熔融作用开始时，MORB 的源区就已经亏损这些元素，故此称之为“亏损地幔”（depleted mantle）。如果热点位于大洋中脊范围，那么就会形成具有 MORB 和板内玄武岩中间化学成分的玄武岩，这种过渡性质的玄武岩轻度富集不相容元素，因此称为富集型 MORB（E-MORB）。

利用不同类型玄武岩中不活泼元素和不相容元素的含量构建一些图件，来鉴别玄武岩形成的构造环境（图 4.39）。此外，也可以利用 REE 和一些元素（如 Sr 和 Nd）的同位素关系加以区分。

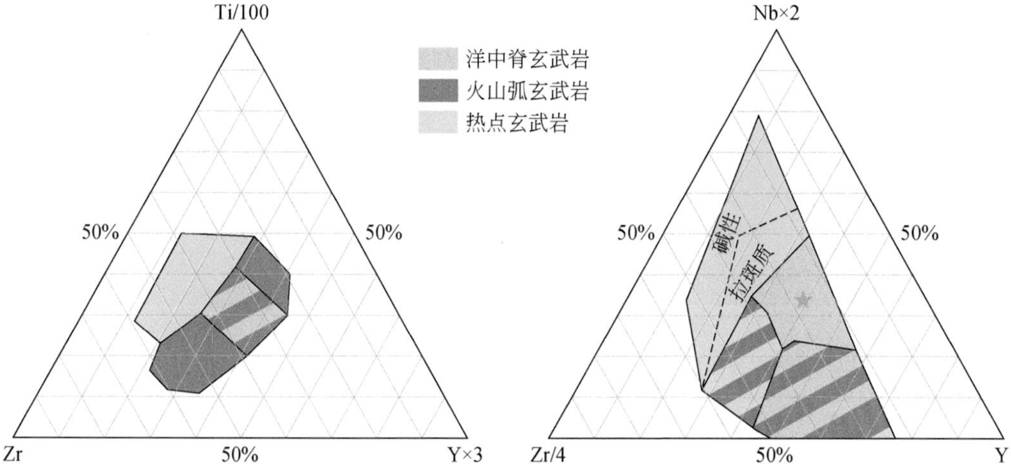

图 4.39　洋中脊玄武岩、火山弧玄武岩、热点玄武岩的三元图解（据 Pearce and Cann，1973；Meschede，1986）

三元图解中各元素的含量转换为相对百分含量（三元素之和为 100%）；为了使区域合适有些元素做了放大或缩小；从洋脊玄武岩过渡到板内玄武岩的区域已注以星号

3. 快速扩张与慢速扩张洋脊及其岩石圈地幔岩

洋壳下的岩石圈地幔也显示层状结构，尽管各层之间有些渐变关系［图 4.1（a）］。最上部是纯橄岩和透镜状铬铁矿，其中纯橄岩［dunite，因新西兰的墩山（Dun Mountains），橄榄岩是暗褐色（dun colour）而得名］几乎全由橄榄石组成；铬铁矿是铬尖晶石（Fe-Cr 氧化物），以矿床形式产出，其形成过程如图 4.40 所示。纯橄岩形成相对小的块体，大小一般数米至数千米，周围被方辉橄榄岩及二辉橄榄岩所包围。我们知道，软流圈是由二辉橄榄岩（lherzolitic peridotite）组成。岩石圈中，玄武质成分经部分熔融已从二辉橄榄岩（lherzolitic peridotite）中移出，首先造成亏损的二辉橄榄岩（depleted lherzolite），再把二辉橄榄岩作为残余岩石存留在岩石圈地幔中［图 4.1（a）］。岩石圈地幔的条带性反映了玄武质的部分熔融从百分之几增至 20% 造成亏损程度增加，使二辉橄榄岩释放出单斜辉石，进而形成方辉橄榄岩。在地幔的最上层，热的玄武质岩浆也许仍部分熔化斜方辉石（顽火辉石），残留下不规则的纯橄岩团块（图 4.40）。

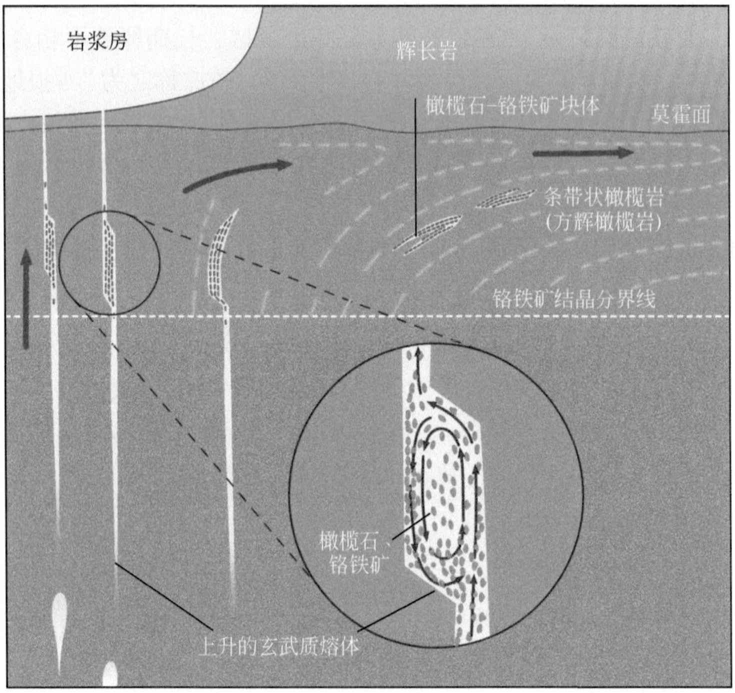

图 4.40 大洋中脊岩浆房下伏地幔纯橄岩块中铬铁矿的演化（据 Nicolas，1995）

橄榄石和铬铁矿是最早从上升的玄武质熔浆中沉淀出来的矿物，它们在岩浆房中成晶粥，并且过滤掉后续岩浆中的其他晶体，在宽大的岩浆房底部富集

二辉橄榄岩含有各种比例的富铝矿物，其所含比例主要取决于压力和深度：大于 75km 是石榴子石；75 ～ 30km 是尖晶石（含 Fe 的 Mg-Al 氧化物）；小于 30km 是斜长石。这意味着深部岩石圈的橄榄岩是尖晶石二辉橄榄岩，而一般 70 ～ 80km 厚的大洋岩石圈之下的软流圈是石榴子石二辉橄榄岩［图 4.1（a）］。

以上所述的大洋岩石圈地幔的结构仅适用于至少 2cm/a 扩张速率的大洋中脊下方的岩石圈（Frisch *et al.*，2011）。在整个地球历史过程中，大部分大洋中脊属于该种类型。目前红海和北极大西洋则属于慢速扩张脊（0.5 ～ 2cm/a），具有较小的岩浆房和薄的辉长岩层（厚度 1 ～ 2km），暗示了较低的熔体产生量。此类洋脊下方地幔橄榄岩的部分熔融在 10% ～ 15%，而快速扩张洋脊下方地幔橄榄岩部分熔融大致 20%。因此岩石圈地幔上部是二辉橄榄岩而不是方辉橄榄岩；这种二辉橄榄岩是亏损玄武质熔体的，不同于有斜长石和少量透辉石存在的原始软流圈二辉橄榄岩（图 4.21）。

大洋岩石圈有两种类型：①慢速扩张的二辉橄榄岩型或三位一体型，因加利福尼亚蛇绿混杂带而得名；②中速－快速扩张的方辉橄榄岩型或阿曼型，因阿曼蛇绿混杂带而得名（图 4.21；Boudier and Nicolas，1985）。这些类型的确定恐怕要与造山带中蛇绿岩的研究相结合。这些岩石组合的研究可以给出有关洋脊性质尤其是扩张速率的重要认识。

大洋中脊的地形等由岩浆和构造活动共同控制。对于快速扩张洋中脊，具有每年数厘米的扩张速度如太平洋，主要由岩浆作用控制，岩浆作用大致补偿了板块的漂移。因此，构造伸展只起到比较小的作用，中部地堑不发育［图 4.21（a）］。高速的岩浆产出迅速填充了谷底，均衡补充了洋脊伸展带。对于慢速扩张洋脊如大西洋，伸展构造起着更为关键的作用。岩浆作用仅对伸展给予了逐步补偿，通常是由沿洋脊的大规模拆离断层和正断层予以均衡补偿，许多情况下发育大洋核杂岩，此时岩浆房通常很小甚至不发育，辉长岩层很薄甚至缺失［图 4.21（b）；参见本章 4.1、4.2］。

4. 铬铁矿床

铬铁矿床形成于大洋中脊，多出露于现在的蛇绿岩——即逆冲于大陆之上的洋底残片中。铬铁矿床主要分布于南欧、土耳其和阿曼，有些具有经济价值。铬铁矿是尖晶石族矿物：$FeCr_2O_4$，有些 Fe 会被 Mg 取代，通常来自于地幔顶部的方辉橄榄岩（一般有百分之几十的氧化铬），富集后可形成有数百万吨铬铁矿的矿床。矿石是细小不规则透镜状的、几乎纯的铬铁矿，或是被纯橄岩包围的铬铁矿和橄榄石的混合体，其中纯橄岩也含有铬铁矿。这些纯橄岩镶嵌在层状方辉橄榄岩中（schistose harzburgite），层状组构是在较高温的阶段晶体结晶之后的流动过程中形成的［即层状橄榄岩，schistose peridotite；图 4.40］。纯橄岩和铬铁矿透镜体最早发现于莫霍面之下的方辉橄榄岩中［图 4.1（a）］。

一种假说认为，透镜状铬铁矿体的形成缘于方辉橄榄岩的持续熔融，橄榄石和铬铁矿是原橄榄岩中熔点最高的矿物，当玄武质岩浆流出之后留下了纯橄岩和铬铁矿（Cann，1981）。另一更合理的模式是，假定橄榄石和铬铁矿形成于地幔最上部的玄武质岩脉中（图 4.40；Lago *et al.*，1982）。这些岩脉是洋中脊下方岩浆房的补给岩墙，橄榄石和铬铁矿是岩浆冷却到 1200℃时首先从熔体中结晶的矿物。然而，因岩墙的不规则性会在补给岩墙中形成小的岩浆房（图 4.40 小插图）；沿着较低温的岩浆房壁形成的橄榄石和铬铁矿晶体可能依附在壁上或聚集在一起，或者因其密度较大而沉淀到岩浆房底部。由此产生的晶粥可滤除后续通过的岩浆中其他晶体，使橄榄石和铬铁矿晶体进一步堆积沉淀。铬铁矿透镜体分布很不规则，大小变化也很大，因此会造成矿床勘探和开采的困难。

思　考　题

1. 如何理解初始岛弧（primitive island arcs）、进化岛弧（evolved island arcs）、成熟岛弧（mature island arcs）的特征及演化关系。
2. 玻安岩（boninite）的形成及其意义。
3. 埃达克岩（adakite）的形成及其意义。
4. 快速扩张与慢速扩张洋中脊的特征。

5. 洋中脊铬铁矿床的形成过程。

4.4 板块构造与变质作用

4.4.1 变质作用的基本理念

在讨论板块构造与变质作用之前，应明确几个变质作用的基本理念。

（1）变质岩是由火成岩、沉积岩以及先前的变质岩在准固态下经重结晶作用形成。引起变质作用的主控因素是温度、压力和孔隙流体成分，当这三个因素发生改变时，矿物的成分和结构也随之发生改变，以满足新的环境（图 4.41）。因此，对变质岩的仔细研究可以揭示地壳的热演化史和变形史。

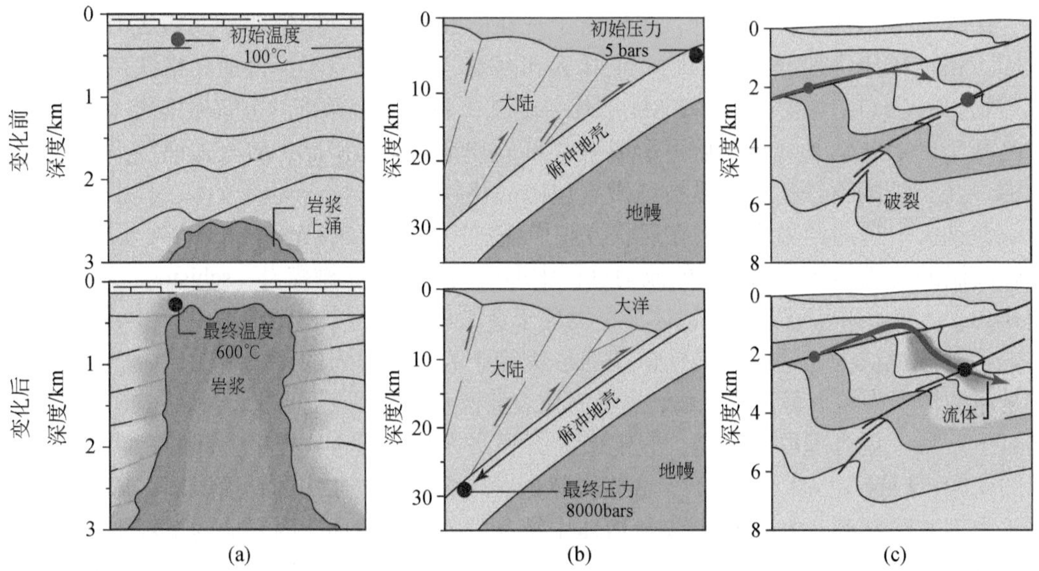

图 4.41 变质岩随温度、压力和孔隙流体成分的变化而变化示意图（据 Hamblin and Christiansen，2003）

（a）温度变化：岩体侵入到地壳浅部在岩体周围引起重结晶作用（图中亮橘色）；（b）压力变化：两板块碰撞作用过程中俯冲带将低压矿物（蓝点）带到深部高压环境（红点）；（c）成分变化：携带离子的流体从一个地方（蓝点）到另一个地方（红点）的过程中沿途与围岩相互作用发生重结晶

（2）在变质作用过程中，片状矿物沿着最小应力方向生长形成面状结构即叶理（面理，foliation），即正应力形成叶理结构（发育 S 面理）；糜棱岩是岩石在剪切应力作用下沿剪切带发生韧性变形即变形局部化，矿物细粒化的结果，通常发育 S—C 面理；如果岩石只有一种矿物组成（如石灰岩），或只受静岩压力作用会产生重结晶作用，但没有明显的叶理，呈现出粒状结构。也就是说，面理结构是由正应力作用下变形均一化，且加载速率小于卸载速率的结果；糜棱结构是剪切应力作用下变形局部化，且加载速率大于卸载速率的结果；粒状结构是静岩压力或矿物组成单一所产生的结果（参阅附件 3）。

（3）叶理化的变质岩主要包括板岩（slate）、片岩（schist）、片麻岩（gneiss）以及糜棱岩（mylonite）；非叶理化（粒状结构、块状结构）变质岩主要包括石英岩（quartzite）、大理岩（marble）、角岩（hornfels）、绿岩（greenstone）以及麻粒岩（granulite）。

（4）区域变质作用主要发生于汇聚板块边界造山带的根带；接触变质作用发生于火成侵入岩接触带附近，只是局部现象。变质矿物带是在横切变质带方向或火成侵入岩周缘因温度、压力，以及流体成分的系统变化而引起变质矿物组合的变化。

（5）变质作用类型和特征与板块构造环境密切相关（图 4.46）。岛弧环境以温度作用为主，形成高温低压变质岩和接触变质岩；俯冲带以压力作用为主，形成高压低温变质岩，与前者构成双变质带，如日本海沟 - 岛弧系（图 4.42）；大洋中脊环境以热液流体（加热的海水）作用为主，形成热液蚀变岩石。

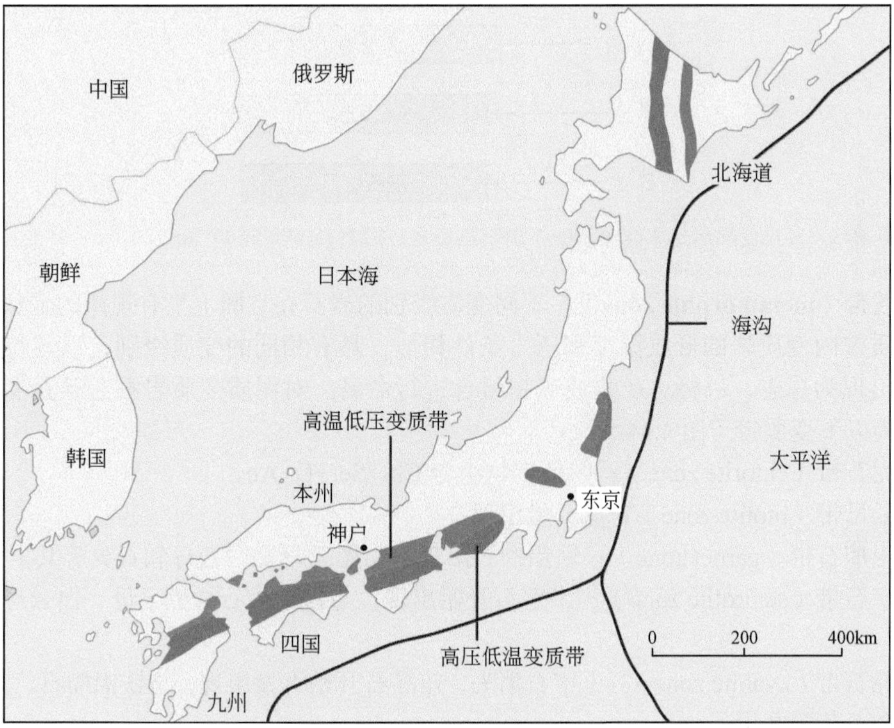

图 4.42　日本岛弧 - 海沟系的高温低压（高 T/P）和高压低温（高 P/T）双变质带（据 Hamblin and Christiansen，2003）

北太平洋板块中生代俯冲作用在靠近海沟一侧的增生楔中形成高压低温变质带；岛弧区形成高温低（中）压变质带（阿武隈型变质带）

变质岩的母岩识别是个复杂而重要的问题。一方面，原岩可以变质为不同的变质岩，主要取决于其变质程度和变形类型，如页岩经热变质作用可变为板岩、片岩、片麻岩，甚至混合岩；经接触变质作用可变为角岩；经剪切作用可变为糜棱岩。另一方面，片麻岩又可形成于不同类型的岩石，如页岩、花岗岩、流纹岩等。图 4.43 展示了原岩与变质岩的关系，以及常见变质岩的原岩类型，一般情况下石英岩、大理岩以及变砾岩（metaconglomerate）等比较容易确定其原岩，但有的变质岩如片岩和麻粒岩则很难确定其原岩。

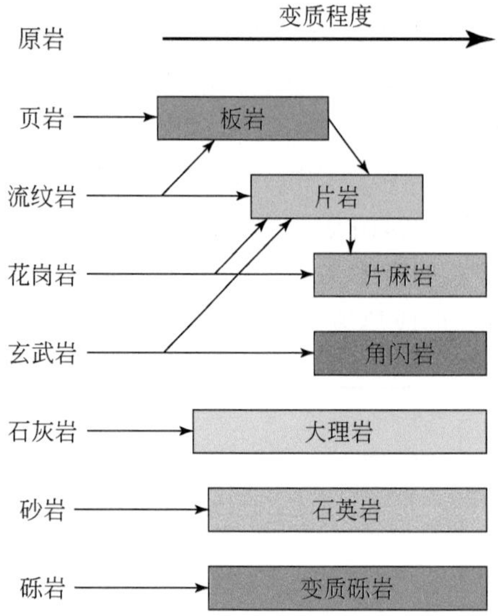

图 4.43 常见变质岩与原岩关系图（说明见正文；据 Hamblin and Christiansen，2003）

变质带（metamorphic zone）：不同变质级别的岩石在空间上呈有规律的带状分布，同一变质带内变质岩的形成温度和压力条件相似，具有相同的变质级别，以其特征性变质矿物出现为标志，以标志矿物或矿物组合进行命名。对泥质变质岩石变质温度自低至高可分为以下变质带（图 4.44）：

绿泥石带（chlorite zone）：特征矿物组合 Chl+Ser+Q+Ab；

黑云母带（biotite zone）：黑云母出现；

铁铝榴石带（garnet zone）：铁铝榴石出现，与黑云母、白云母和石英等共生；

十字石带（staurolite zone）：十字石开始出现，与铁铝榴石、黑云母、白云母和石英等共生；

蓝晶石带（kyanite zone）：十字石消失，蓝晶石开始大量出现，与铁铝榴石、黑云母、白云母和石英等共生；

夕线石带（sillimanite zone）：夕线石开始出现，与铁铝榴石、黑云母、钾长石、斜长石、石英等共生。

基性变质岩的递增变质带：

钠长石 - 绿泥石带：典型矿物组合 Ab+Epi+Chl ± Cc ± Q ± Cer。这些矿物组合可由辉石和基性斜长石的水化作用形成，也可以由其他变质反应形成；

钠长石 - 阳起石带：以阳起石出现为标志，阳起石可由绿泥石脱水反应形成；

钠长石 - 普通角闪石带：以出现蓝绿色的普通角闪石为标志，可由阳起石等反应形成。典型矿物组合 Ab+Hb+Epi ± Bi ± Alm；

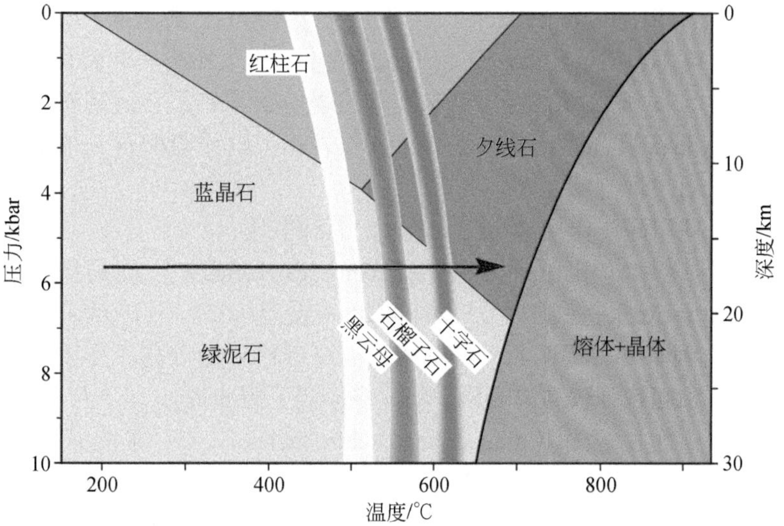

图 4.44　泥质岩变质带与温度、压力关系图（说明见正文；据 Hamblin and Christiansen，2003）

箭头指示一定深度自低级向高级的变质带；1bar=10^5Pa

斜长石－普通角闪石带：以斜长石（An>17）出现为标志，由钠长石和帘石反应生成。典型矿物组合 Pl（An>17）+Hb ± Alm ± Bi；

二辉石带：以斜方辉石出现为标志，可由角闪石和石英，或角闪石和铁铝榴石、石英反应形成。典型矿物组合 Opx+Cpx+Pl（An>30）。

变质带是以特定原岩中的特征矿物的首次出现来划分的，对于一个变质地区，变质岩的类型和化学成分的多样性，在相同的变质条件下会形成不同的矿物组合，即出现不同的变质带名称，如蓝晶石带与基性岩石中的斜长石－角闪石带。因此，引入变质相的概念。

变质相（metamorphic facies）：在一定的温度和压力范围内，不同成分的原岩经变质作用后形成的一套矿物共生组合。它们在时间上和空间上重复出现和紧密伴生，每一个矿物共生组合与岩石化学成分之间有着固定的对应关系。通常用基性变质岩的矿物组合来划分变质相，并以相应的基性变质岩命名（图 4.45）。温度自低至高的变质相变化顺序如下：

近低温相－亚绿片岩相（sub-greenschist facies）：温度大致在 200 ～ 350℃，相当于极低变质。按压力升高顺序可再分为沸石相、葡萄石－绿纤石相、蓝闪石－硬柱石相。

低温相－绿片岩相（greenschist facies）：温度大致 350 ～ 500℃，低级变质。可再分为低绿片岩相（相当于绿泥石带和黑云母带）和高绿片岩相（铁铝榴石带）。

中温相－低角闪岩相（low amphibolite facies）：温度大致在 500 ～ 650℃，中级变质，相当于十字石带和蓝晶石带。可再分为低压的堇青石（红柱石）型和中压的石榴子石（蓝晶石）型。

中温相－高角闪岩相（high amphibolite facies）：温度大致在 600 ～ 700℃，高级变质，相当于夕线石带。可再分为低压的堇青石（夕线石）型和中压的石榴子石（蓝晶石）型。

高温相－麻粒岩相（granulite facies）：温度大于 700℃，典型的高级变质，相当于二辉石带。按照压力可再分为低压麻粒岩相（以基性变质岩中橄榄石和斜长石共生为特征，不出现铁铝榴石）、中压麻粒岩相（以基性变质岩中紫苏辉石、透辉石和斜长石共生，出现铁铝榴石和蓝晶石组合为特征）、高压麻粒岩相（以镁铝榴石 + 单斜辉石 + 石英代替紫苏辉石 + 钙长石出现为特征）。

此外，还有一些以高压作用为主的变质相，常用如下：

高压相－蓝闪绿片岩相（glaucophane greenschist facies）又称高压绿片岩相（high pressure greenschist facies）：高压（0.5 ～ 0.8GPa）低温（350 ～ 450℃）变质相。其特征是岩石中除含有蓝闪石、青铝闪石、镁钠闪石、多硅白云母等高压变质矿物外，同时有绿帘石、黝帘石、阳起石等较高温变质矿物，多形成于俯冲带。

高压相－蓝闪石片岩相（glaucophane schist facies），又称蓝片岩相（blueschist facies）：高压（0.5 ～ 1GPa）低温（250 ～ 400℃）变质相，主要岩石为蓝闪石片岩，也称蓝片岩，主要矿物构成为蓝闪石（glaucophane，>50%）。原岩主要为基性火山岩和硬砂岩等，多形成于俯冲带（图 4.50）。

高压相－榴辉岩相（eclogite facies）：压力极高（>1GPa），温度范围比较大（450 ～ 750℃），典型岩石是榴辉岩，主要矿物组成为绿辉石和含钙的铁镁铝榴石。

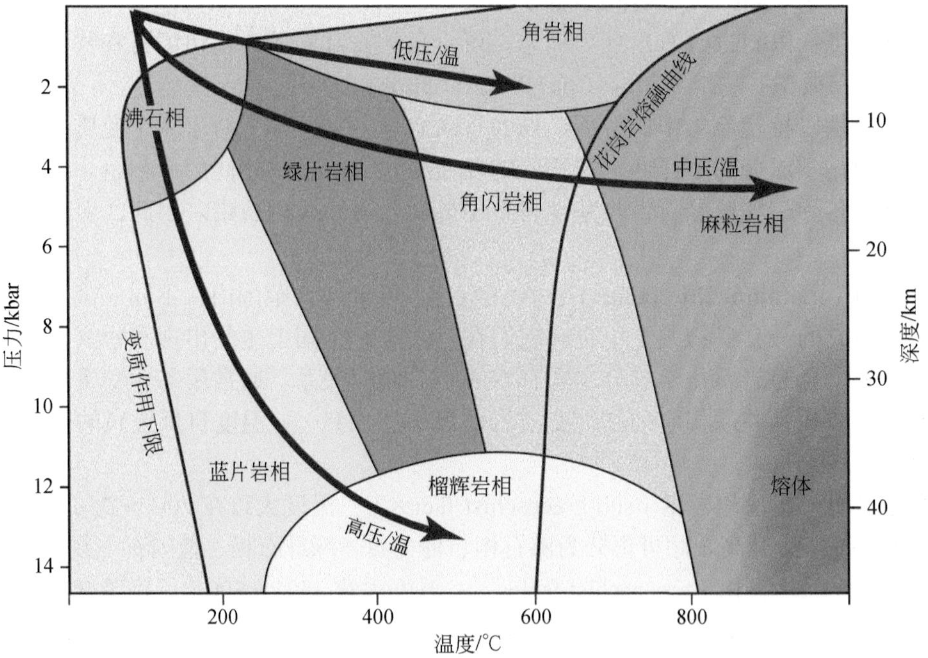

图 4.45 变质相与温压条件关系图（据 Hamblin and Christiansen，2003）

箭头指示三种可能的变质作用路径。如果随着压力增加温度适度增加（正常地温梯度，中间箭头），变质相顺序（递增）为沸石相、绿片岩相、角闪岩相、麻粒岩相；如果温度随深度增加比较慢（低的地温梯度），变质相变化路径如下方箭头所示，即蓝片岩相和榴辉岩相；浅层次的接触变质带（上方箭头）为角岩相（1GPa=10kbar）

4.4.2　变质岩与构造环境关系的基本框架

我们无法观察到变质岩的变质作用过程，因为它们发生在地下深部。然而，在实验室可以模拟一定温压条件下矿物如何发生反应和发生变质作用。实验室研究和野外观察相结合可以提供板块构造框架下变质作用发生的原理和规律。图 4.46 和图 4.47 展示了板块构造环境与变质岩关系的基本思想。按照板块构造理论，汇聚板块边界的构造埋藏作用造成高的围压；深部或岩浆侵入带形成高温；俯冲带或板块碰撞的构造剪切带会发生强的变形和剪切作用。

区域变质作用主要发育于汇聚板块边界造山带的深部根带，形成平行于汇聚板块边缘的近于直立的狭长面理带，各种原岩形成不同类型的变质岩（图 4.47），如沿着大陆边缘的砂岩、页岩、石灰岩等变质为石英岩、片岩、片麻岩和大理岩；岛弧上火山沉积岩和熔岩流变为绿片岩、片麻岩和角闪岩；俯冲带上的深海沉积物和大洋玄武岩转变为片岩、角闪岩和片麻岩。

板块汇聚应力松弛后，造山带会因均衡作用而反弹进而遭受构造拆离和剥蚀，最后深部根带变质杂岩会出露地表，形成新的大陆地壳。尽管山根向地表的折返过程伴随着围压和温度的变化，但是因折返是降温过程，所以变质反应的速率非常低。俯冲阶段的折返也是如此。因此，许多高级变质岩到达地表后仍能在亚稳态下保持数百百万年，其变质的温压峰值几乎没有改变。如此往复，形成大陆生长和造山作用的协调发展，所以大陆中的变质岩带被认为是古大陆碰撞造山的记录，如华北板块内部的太行山中部就记录着早元古代（1.85Ga）的碰撞造山带（Zhao *et al.*，1998，1999）。

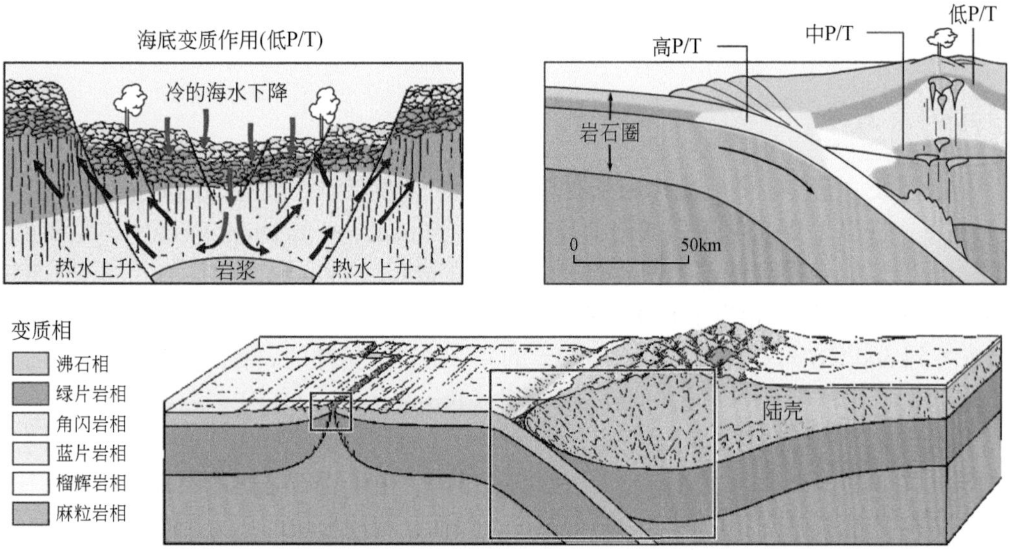

图 4.46　变质岩与板块构造环境关系示意图（说明见正文；据 Hamblin and Christiansen，2003）

洋壳沿俯冲带向下俯冲形成蓝片岩；山带根带深部高温高压，形成片岩和片麻岩；侵入岩周围发生接触变质作用；洋脊主要是海水通过洋底热玄武岩缝隙循环而发生热液蚀变作用

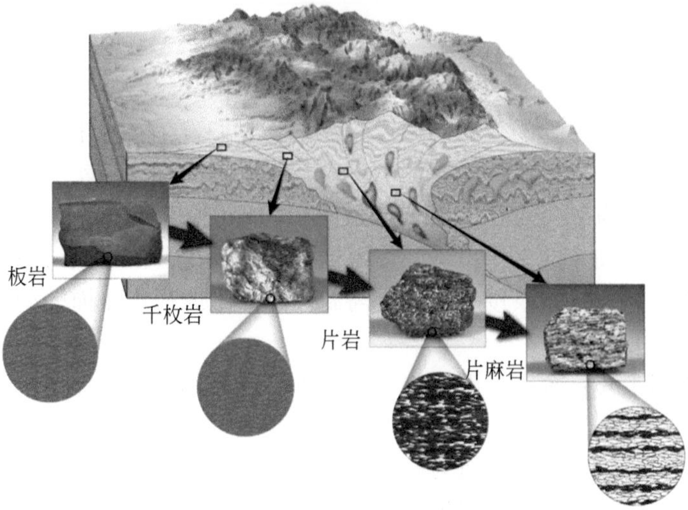

图 4.47 递进区域变质的理想剖面图（据 Raymond，1995）
自左至右从低级变质岩（板岩）到高级变质岩（片麻岩）依次出现

增生混杂岩（mélange）往往随着比较冷的俯冲带被带到地下深处，沿着如图 4.45 下方箭头所示的高压低温路径发生重结晶作用，形成高压低温变质岩如蓝片岩（图 4.50）、榴辉岩等。深俯冲的洋壳玄武岩可能转变为高密度的榴辉岩(图 4.48)，然后迅速折返到地表，进入含有蓝片岩相变质岩的混杂带。俯冲带向陆一侧，造山带根带发生中压高温变质作用，形成绿片岩、角闪岩以及麻粒岩相变质岩（图 4.46）。汇聚板块边界沿断裂带在剪切作用下形成糜棱岩。大洋中脊发生的变质作用通常是在低压下形成低级变质岩，主要是沸石相和绿片岩相变质岩（图 4.46）。另外，大陆裂谷地壳深部以及地幔柱上部地壳也会发生小规模的变质作用，因为幔源岩浆的侵入和裂谷带下浮地幔热隆会使温度升高。

4.4.3 俯冲带的高压变质作用

前已述及，俯冲带的变质作用是在高压和相对低温条件下发生，因此称为高压（适度的高压 - 低温）变质作用，或俯冲变质作用（subduction metamorphism），主要由于冷的岩石圈迅速俯冲到深部（图 4.46）。正常情况下，50km 深度的压力相当于 1.5GPa（1GPa=10kb），温度相当于 800 ～ 900℃。相比之下，俯冲带洋壳达到此深度时温度只有 200℃到 500℃左右。低温度值对应于老的、冷的快速俯冲的岩石圈板片；高温度值对应于年轻的、比较热的慢速俯冲的岩石圈板片（Frisch *et al.*，2011）。

从俯冲板块等温线模式可以看出，俯冲带内部和外部温度随深度的变化关系具有明显差异（图 4.49），等温线沿俯冲带向下剧烈下降，由于岩石是热的不良导体，往往需要数百万年才能调整到相应深度的正常温度。然而，俯冲板块的压力则毫无滞后地随着深度的增加而迅速增加，因其取决于上覆岩块的负重。因此，俯冲板块的岩石和矿物会经历俯冲变质作用的极端条件，即迅速深埋导致的高压和相对低温的变质作用（图 4.48），形成高压低温变质带，如日本岛弧靠海沟一侧（图 4.42）。这些被深埋于 100km 以下的俯冲带岩石随后在造山过程中就位于地表，以使我们在露头上直接观察到。

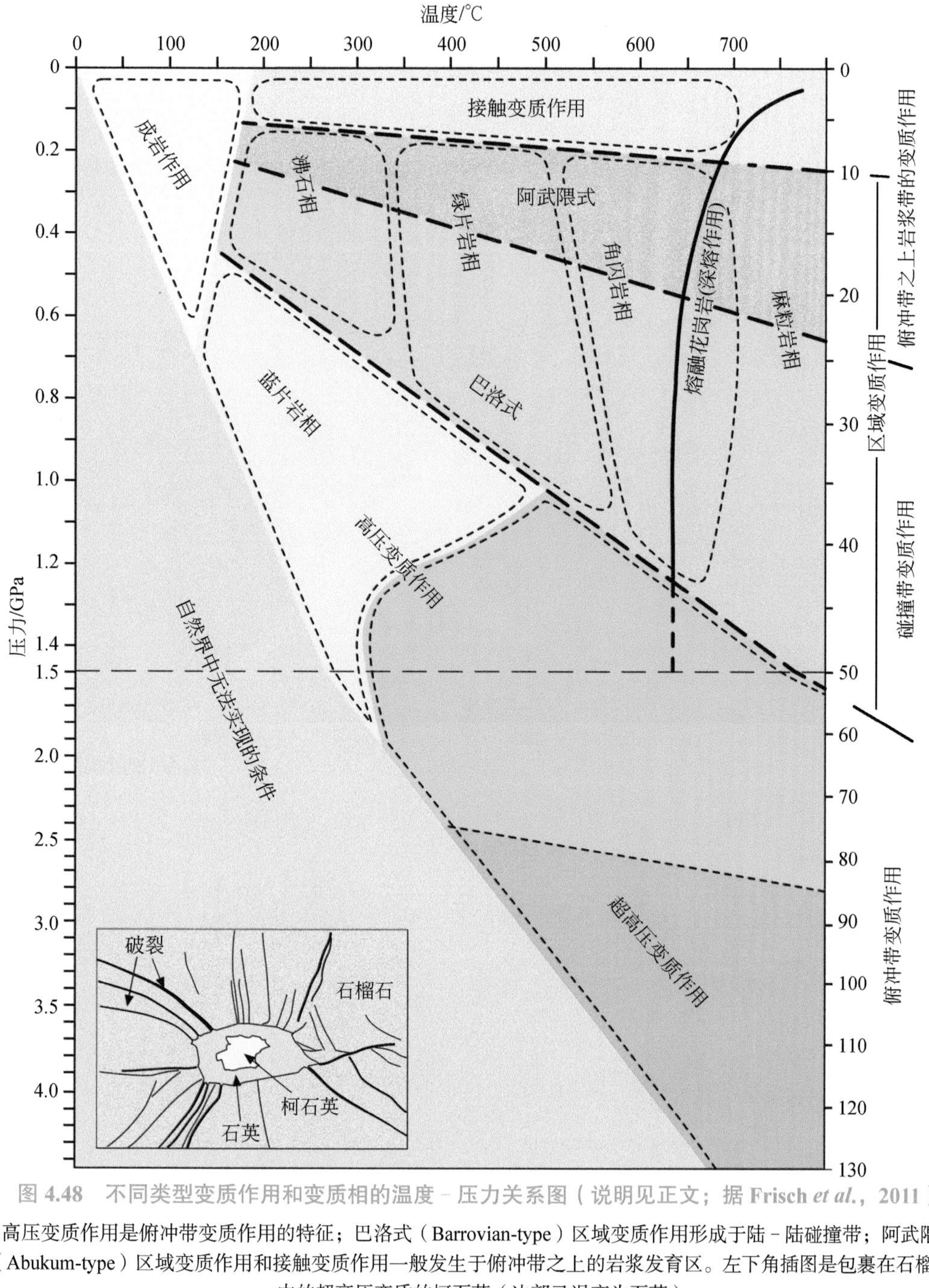

图 4.48　不同类型变质作用和变质相的温度－压力关系图（说明见正文；据 Frisch *et al.*，2011）

高压变质作用是俯冲带变质作用的特征；巴洛式（Barrovian-type）区域变质作用形成于陆－陆碰撞带；阿武限式（Abukum-type）区域变质作用和接触变质作用一般发生于俯冲带之上的岩浆发育区。左下角插图是包裹在石榴子石中的超高压变质的柯石英（边部已退变为石英）

俯冲变质作用使洋壳的玄武岩、辉绿岩、辉长岩等变为蓝闪石片岩（简称蓝片岩，图 4.50）和榴辉岩（图 4.48）。蓝闪石是具紫罗兰色的钠闪石，形成于大约 0.6GPa（相当于 20km 埋深）的高压环境，而且只要温度不高于 500℃，可以在较大的压力范围内保持稳定。另一方面，榴辉岩形成于大约 1GPa（相当于 35km 埋深）以上的高压环境，而且在更高的压力和温度下都能保持稳定。榴辉岩主要由绿辉石（Na-Al 辉石）和富镁铝榴石（Mg-Al 石榴子石）组成，而作为洋壳主要成分之一的斜长石（Na-Ca 长石）在此条件下不再稳定。高压下，高密度的矿物相开始形成，榴辉岩的密度从变质前的 $3.0g/cm^3$ 增加到 $3.5g/cm^3$。

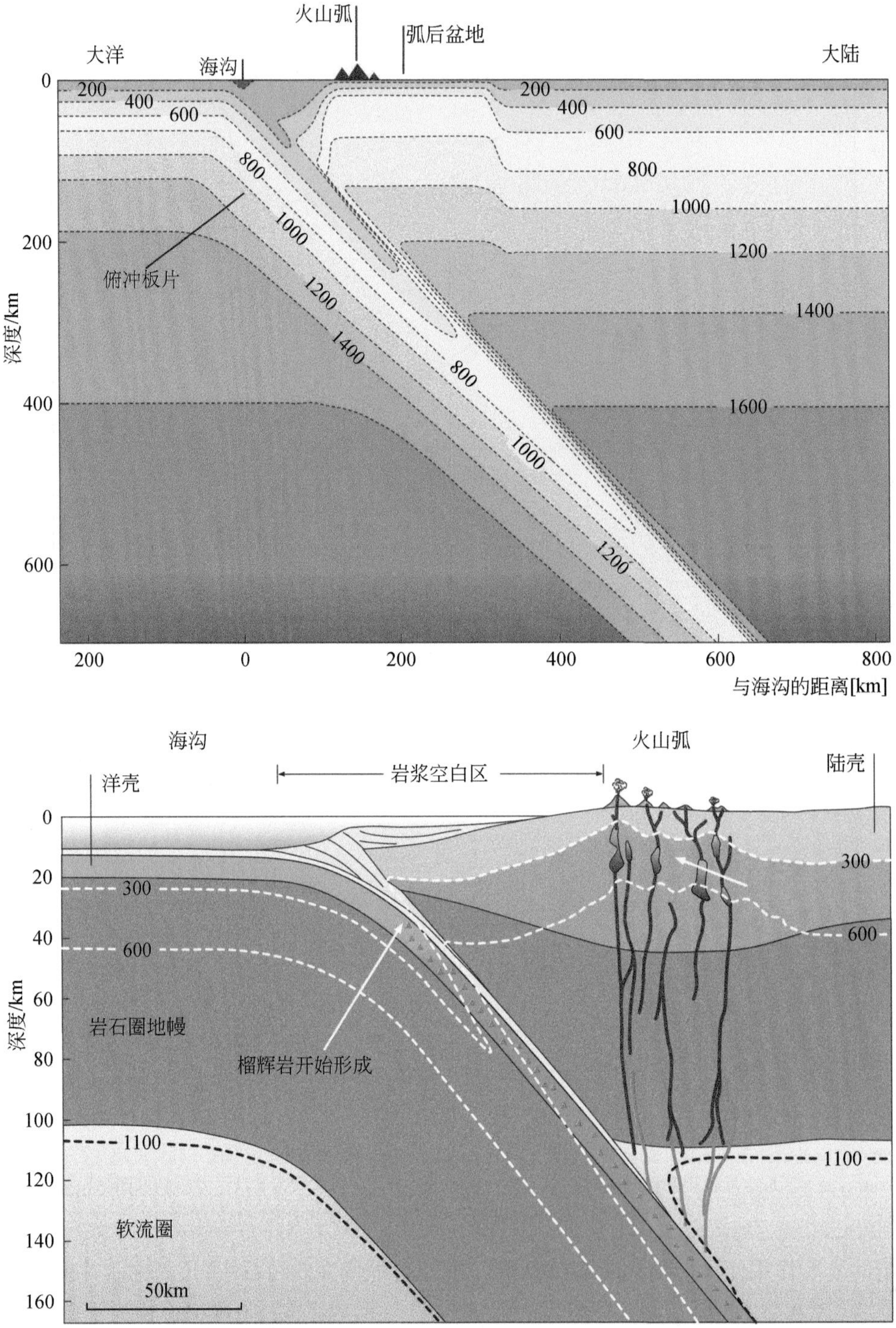

图 4.49 俯冲带剖面简图（说明见正文；据 Schubert *et al.*，1975；Frisch *et al.*，2011）

上图：计算机模拟俯冲系统温度分布图（℃）；下图：活动大陆边缘估算等温线剖面（℃）

图 4.50　俯冲带增生楔的高压低温变质作用形成的蓝片岩带（据 Hamblin and Christiansen，2003）
新西兰东海岸古生代俯冲带的混杂带，其中不规则碎块是由洋壳碎片变质的蓝片岩块

洋壳形成过程中与海水相互作用形成含水矿物（如沸石、绿泥石、绿帘石、角闪石等），所以洋壳玄武岩通常富水，在俯冲过程中会脱水，同时在俯冲变质作用条件下，这些含水矿物变得不稳定而被置换。这些含水矿物因变质作用会释放出水分，除少部分被封闭在其他矿物（耐高压矿物如硬柱石、帘石、蓝闪石等除外）中外，其余大部分进入俯冲带之上的地幔楔。俯冲带岩石如此脱水的过程是造成榴辉岩主要是“干”的岩石的主要原因。

除玄武岩、辉绿岩和辉长岩外，随俯冲带俯冲下去的沉积岩和大陆碎片物质也会经历高压变质作用，但原岩已难以识别。许多高压环境下的特殊端元矿物（石榴子石、角闪石、云母、硬绿泥石等），其化学成分与其他温 - 压条件下形成的相应矿物有所不同。一般细致的化学分析可以判断其是否经历过高压或其他条件的变质作用。高压变质作用下，铁镁硅酸盐通常具有与 Mg 端元矿物相近的化学成分，因为镁的离子半径较小，容易致密充填。

4.4.4　高压变质岩的折返就位

俯冲带深部的高压变质岩如何出露（就位）于地表，是一个没有得到很好解决的问题。高压变质岩通常出露于造山带，以透镜状或较大块体产于狭长的蛇绿混杂带中，标志着两个大陆碰撞的缝合带的存在，所以造山过程与高压变质岩的就位势必存在必然联系。

高压矿物组合通常以变质残余方式保存，因为这些形成于深部的高压变质矿物在向浅部就位过程中要适应压力和温度条件逐渐降低的过程而发生退变质。只有在快速抬升过程中，迅速冷却，高压矿物在岩石中方可得以保存。通过对榴辉岩结构的观察表明，高压变质岩之上，地壳的强烈伸展作用可能是俯冲带深部的高压矿物得以迅速就位保存的重要机制（Platt，1986），而因冰、水等的侵蚀作用过程过于漫长，难以迅速剥掉其上覆岩石而使之得以就位保存。西阿尔卑斯的地质条件清楚地表明了此观点。

造山作用过程中就位于地表的榴辉岩和蓝片岩是俯冲带消亡的重要依据。有些造山带中，岩石被埋于地下100km深处以下，压力达3～4GPa，形成了柯石英和金刚石等。能够使柯石英和金刚石保持稳定的变质作用称为超高压变质作用（ultrahigh pressure metamorphism；图4.48）。柯石英是石英在大于2.5GPa，相当于80km埋深（500℃）的高压条件下的变种。在意大利西阿尔卑斯Dora-Maira地块变质岩中发现柯石英之前（Chopin，1984），柯石英通常被认为是陨石撞击地球的冲击高压下才能形成。随后在一些造山带高压变质岩中相继发现了柯石英，如中国的大别造山带（潘国强等，1990）。柯石英往往被保存于镁铝榴石中，从而阻止了其退变为低密度石英而发生的体积膨胀。包含柯石英的高压石榴子石周围通常发育纵向张节理，因为柯石英（密度2.93g/cm^3）向普通石英（密度2.65g/cm^3）转变而体积膨胀所致，尽管如此，往往仅在石英核心部分保留了柯石英残余，而其周缘已退变为普通石英（图4.48）。金刚石是沉积物中的有机碳在高压条件下形成。一般300℃下有机碳会转变为石墨（密度为2.2g/cm^3），在压力达到约3.5GPa（相当于110km深度左右）压力下转变为金刚石（密度为3.5g/cm^3）。石墨和金刚石均是由碳组成，但金刚石的原子结构要紧密得多。含金刚石和柯石英的超高压变质岩在一些古俯冲带中已有发现，如挪威的加里东山脉（Caledonian Mountains）、中国的大别造山带、哈萨克斯坦的科克切塔夫地块（Kokchetav massif）、德国的厄尔士山脉（Erzgebirge）等（Frisch *et al.*，2011）。

然而，造山带中形成于100km以下埋深的高压矿物如镁铝榴石和柯石英等如何能出露地表，其上覆的岩石是如何被剥离的呢？研究表明，侵蚀作用仅能剥蚀掉20～25km厚的岩石（England，1981），那么剩余80km左右厚的岩石是如何被剥离的？研究表明大致有如下三种方式：

（1）伸展壳楔的侧向拆离作用：造山带中通常发育大规模拆离断层系，如意大利西阿尔卑斯的Dora-Maira地块（Frisch *et al.*，2011），中国东部的大别造山带（Hou *et al.*，2012）等，表明了区域性的伸展作用。这些伸展作用既可以发生在造山作用过程中，也可以发生在造山期后（post orogeny）以及造山后（after orogeny）（详细讨论见第三、四卷）。填图表明，西阿尔卑斯Dora-Maira地块中，构造作用（非侵蚀作用）分别造成了含柯石英变质岩之上约50km和10km厚的岩片缺失，是造山带造山垮塌过程中快速水平位移的结果［图4.51（a）］。该过程实际上是变质核杂岩（详见第三卷）和变质穹窿的形成过程，类似于美国盆-岭省的特征，是深部的高压变质岩石迅速构造就位的重要方式。

（2）俯冲带的上推作用（push-up）：俯冲带在俯冲过程中，地壳因底垫加厚而出现重力失稳，从而使之具备了造山垮塌引起地壳伸展的初始条件。如果俯冲作用产生的深部挤压在上覆板块（片）处于伸展阶段时仍持续进行，那么俯冲带将会把相对冷的岩石携带到先前已被剪断的高压变质岩之下。如此可使该变质岩带向上回返，且阻止了其被进一步加热。也就是说，即使在俯冲挤压过程中，该高压变质岩也可以沿着俯冲带反向向上逆冲就位［图4.51（b）］。该模式是在解释瑞士阿尔卑斯高压变质单元时提出的（Schmid *et al.*，1996）。

（3）俯冲带的角流作用（corner flow）：角流是将高压变质岩快速抬升的另一种机理。由于增生楔向深部变窄，增生楔中的蓝片岩相岩石会被迫向上移动。增生楔下部向下俯冲的变质岩会沿着上覆板块前缘界面向上回返就位［图4.51（c）］。

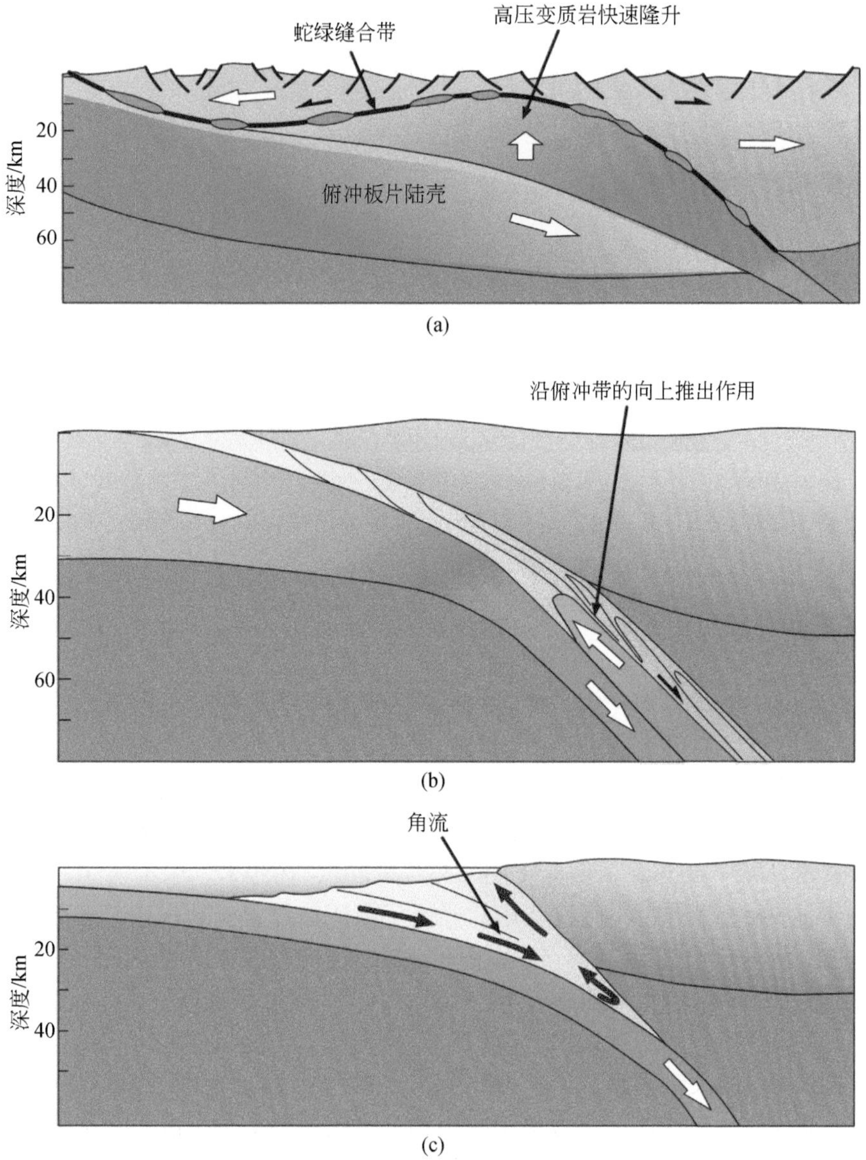

图 4.51　高压变质岩快速隆升的概念模型（据 Frisch *et al.*，2011）

（a）伸展壳楔的侧向拆离作用；（b）沿俯冲带的向上推出作用；（c）俯冲带的角流作用

大别－苏鲁造山带中多处发现含金刚石榴辉岩，说明曾受到过压力 4.0GPa 的超高压变质作用（徐树桐等，1997，2003）。其原岩多为大陆玄武岩，表明在俯冲作用过程中，这些陆壳成因的岩石曾经俯冲到大于 120km 的深度，而后又快速折返就位，其就位方式不尽相同。从榴辉岩野外变形特征看，有些以 A- 褶皱或鞘褶皱方式产出，如大别山新店含金刚石榴辉岩，暗示了其构造就位过程及其强烈的韧性变形作用（图 4.52）。

高压变质岩的折返就位是一个十分复杂的问题，可能还有其他就位方式尚未被认知。

图 4.52 大别山新店含金刚石榴辉岩的 A 型褶皱（说明见正文；侯泉林摄于 2016 年）
以 A- 型褶皱方式产出（锤把大致平行于枢纽方向即 A 线理方向），表明其构造就位过程

4.4.5 高压变质岩的保存

水是矿物反应的重要催化剂。如果高压矿物缓慢抬升，随着含水沉积岩的加入，含水量增加，高压矿物将会遭到破坏，同时含水矿物的瓦解也会释放出水分。如果有效水分含量少，以适应新的压力和温度条件的反应（即退变质作用）仅在局部发生，那么高压变质的榴辉岩会以残留矿物组合方式得以保存。榴辉岩再变质的著名实例当属瑞士阿尔卑斯的采尔马特（Zermatt）地区（图 4.53；Bearth，1959）。瑞士采尔马特－萨斯费（Zermatt-Saas Fee）带的古洋壳枕状熔岩经历了高压榴辉岩变质作用，然而其岩枕状形态却保存的十分完好（图 4.53）。这也说明岩石在俯冲过程中尽管经历了高的静岩压力发生了高压变质作用，但正应力或差异应力相当低，所以几乎没有变形作用发生。也就是说静岩压力是变质作用的重要因素，但只有静岩压力不能引起变形作用；正应力或差异应力是变形作用的关键因素，但只有正应力难以引起变质作用。随着高压变质枕状熔岩的抬升，水分就会出现；在压力快速减小和温度缓慢降低的情况下会形成蓝闪石。由于水分无法穿透到核部，所以枕状熔岩的核部仍然保存着榴辉岩的矿物组合，而边部则已退变为蓝片岩（图 4.53）。在浅部，岩枕间三角区的蓝色蓝闪石已退变为绿色角闪石，蓝片岩变为绿片岩。中国西部西天山造山带也发现类似情况（Gao and Klemd，2003）。因此，这些复杂的岩相组合包含了三个不同的变质温压范围，记录了岩石的抬升和压力降低的过程（图 4.48）。

通常认为，陆壳物质密度低，不太可能大规模俯冲到上地幔。然而含柯石英和金刚石的岩石暗示它们的确曾被带到了俯冲带的深部。最后它们又向上运移，尽管在高压条件下其密度已经增大，其浮力也比围岩地幔小。那么，地壳物质是否能随俯冲带俯冲到 200km 以上深度，而后又折返等问题还并不十分清楚，也许其最终消失在地幔中。

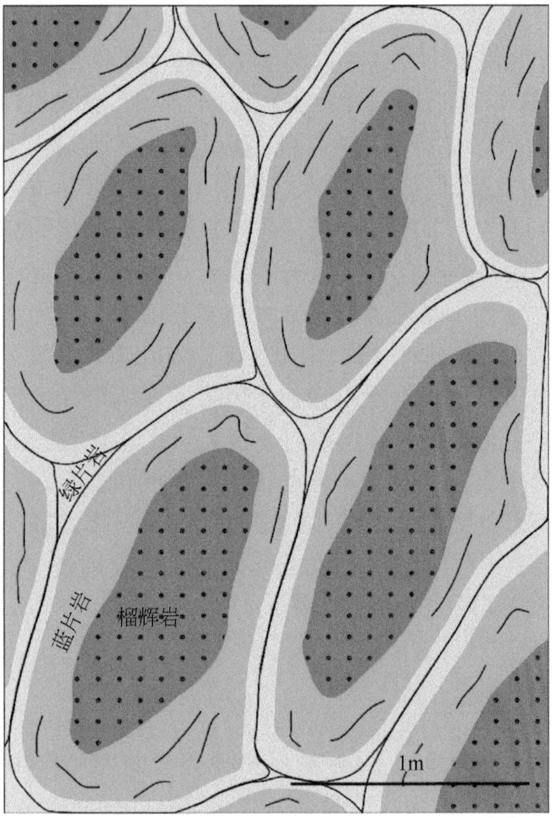

图 4.53　瑞士采尔马特（Zermatt）地区高压变质的枕状熔岩示意图（据 Frisch *et al.*，2011）

高压变质枕状熔岩随着从俯冲带的抬升，收缩的三角区已退变为绿片岩，岩枕边部退变为蓝片岩，岩枕核部仍保留着榴辉岩矿物组合

值得注意的是，陆壳物质的深俯冲作用主要发生于俯冲阶段，因增生混杂带中往往保存一些大陆碎片物质，反而碰撞阶段的大陆物质发生深俯冲的难度较大。深俯冲后发生了高压甚至超高压变质的陆壳物质的快速折返和就位过程既可以发生于（洋壳）俯冲阶段，也可以发生于碰撞造山阶段，还可以发生于造山后拆沉 - 拆离的伸展阶段。从变质作用角度，无法区分其变质作用发生于哪个阶段，也就是说陆壳物质的高压变质作用的年龄记录与碰撞作用是否发生并无直接关系。高压陆壳物质的折返和就位过程是一个复杂的过程，但多数与构造作用密切相关，或者说多为构造就位方式。

总之，有关地壳，特别是陆壳物质的深俯冲、折返以及保存等方面还有许多问题有待深入研究。

4.4.6　岛弧区的变质作用

弧岩浆带因岩浆作用具有高的地温梯度。在俯冲带和弧前域，温度向下增加的速度不足 10℃ /km，而岩浆弧前缘，上地壳的地温梯度骤增至 35 ～ 50℃ /km（图 4.49）。所以，弧火山带下伏的地壳岩石经历了与增生楔和俯冲带的岩石完全不同的变质作用。岩浆带的变质作用以低压-高温为特征，也就是说，在一定的深度相对于俯冲变质作用来说，岩浆带变质作用的温度要高得多。这种以温度主导的变质作用即为阿武限型（Abukuma-type）变质作用（取自日本阿武限岛；图 4.42、图 4.49），且具有特殊的矿物组合。

由于高的地温梯度，在岩浆带的地壳深部，温度可以达到产生最高级变质作用的程度，650 ～ 900℃，岩石可能发生部分熔融（深熔作用）。如果有水的情况下，大致 650℃沉积岩便开始熔融（图 4.49），形成混合岩，即包含有没被融化的高级变质岩残留体的花岗岩熔体。如果是水分已被驱除的“干”的岩浆岩和沉积岩，此条件下难以熔融，而是发展成麻粒岩。通常情况下，麻粒岩形成于大陆壳的底部，而阿武限型变质作用发生于 7 ～ 10km 深度，而且是区域变质作用。相比之下，仅几千米深度的侵入体边缘形成接触变质带，在接触变质作用过程中（图 4.49），热的侵入体与冷的围岩反应，并使流体活化进而引起一系列矿物变化。该过程主要见于沉积岩，富含黏土的沉积物变质为斑点状片岩或角岩，碳酸盐岩变质为夕卡岩。斑点状片岩是板状岩石，其中新生的变质矿物形成了斑点或瘤状物。角岩是更高温条件下的产物，其岩石重结晶为细粒的矿物组合，并有角质产生。碳酸盐岩中，因来自深成岩的 SiO_2 供应形成钙硅酸盐矿物。接触变质作用和阿武限型变质作用在岩浆弧区呈渐变关系。

4.4.7　离散边界的变质作用

在离散板块边界发生着大陆上少见的另一种类型的变质作用，又称洋底变质作用（ocean floor metamorphism）或海底变质作用（seafloor metamorphism），该变质作用以流体化学反应为主要过程，是被岩浆加热的海水不断循环而引起变质作用（图 4.46）。大洋中脊的主要构造特征是伸展作用，从而形成窄的裂缝，海水通过这些裂缝在热的火山岩中循环，被加热到 400 ～ 500℃。这些热（液）海水与地壳达到平衡过程中，会与那些不稳定的矿物如橄榄石、辉石、斜长石等发生反应，形成在新环境下稳定的矿物——绿泥石、绿帘石、富钠斜长石、滑石、蛇纹石等绿片岩相的典型矿物（图 4.45、图 4.54）。这些变质岩称为变玄武岩，是地球表面出露最丰富的变质岩。

图 4.54　低级变质作用的绿片岩相岩石（据 Hamblin and Christiansen，2003）

绿色矿物主要为绿泥石、滑石、蛇纹石和绿帘石；典型的大洋中脊变质作用的产物沿洋脊的火成岩蚀变过程是典型的热液蚀变作用，其中热水在整个洋脊系统的循环是基本作用过程。一方面，熔岩流大量渗透到海水中；另一方面，洋脊的伸展和断裂作用所产生的大量裂隙作为海水向地壳深部渗流的通道，海水可渗达 2 ～ 3km 深，或可达岩墙群底部，并且产生“白烟囱”和“黑烟囱”（图 4.55）。海水在岩墙群底部的进一步渗透循环恐怕会困难一些，因为下伏岩石为块状的辉长岩，渗透性差。局部海水可能沿断层渗透到更深处，与地幔橄榄岩发生反应形成蛇纹石。蛇纹石质轻、光滑、脆弱，按均衡原理，它可以像岩浆侵入一样穿透上覆岩层向上移动（浮力作用）。

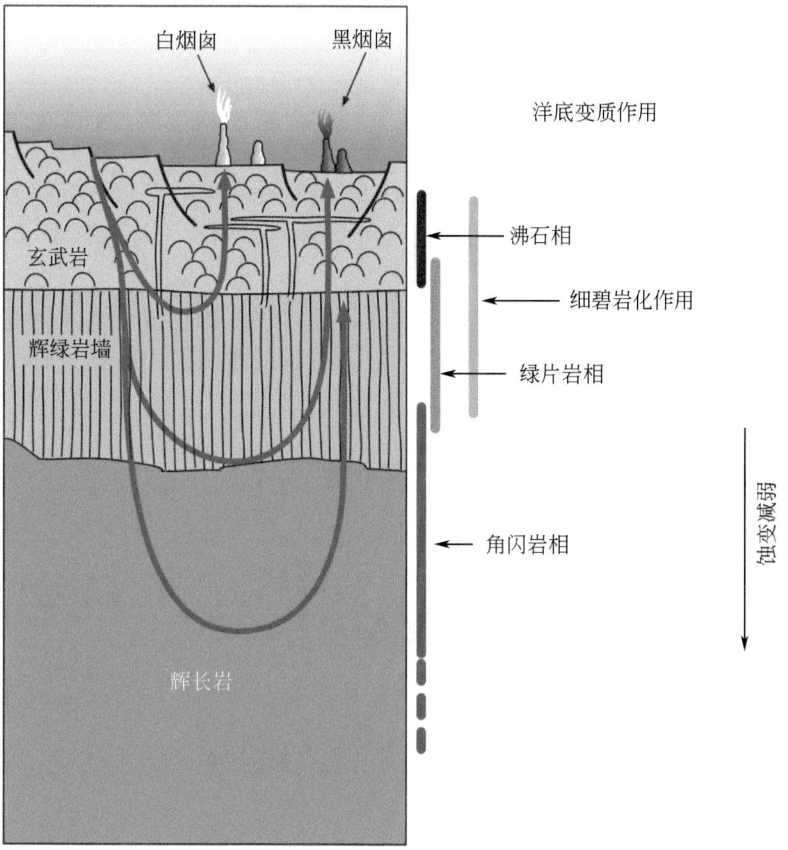

图 4.55　年轻热洋壳中的海水循环作用（据 Frisch *et al.*，2011）

热液蚀变引起洋底变质作用；洋中脊的海水渗漏形成“黑烟囱”和“白烟囱”

洋底的变质作用与造山带的变质作用不同，是静态过程，与岩石的变形作用无关。其变质过程实际上是羟基（OH—）进入矿物的过程，即将“干”的岩浆岩矿物转变为“湿”的变质矿物。浅部温度在 200℃左右，热液蚀变形成沸石，含吸附水分子，随着温度的升高吸附水消失，该带称为沸石相带（图 4.55）。较深的部位，玄武岩和粗玄岩蚀变为绿岩（绿片岩相变质作用）；岩石玻璃（rock glass）和辉石大部分蚀变为绿泥石和阳起石（低温闪石），斜长石部分蚀变为绿帘石。这三种新矿物的晶格中均有氢氧离子（OH—）作为联结键。斜长石即 Ca-Na 长石经与海水中 Ca^{2+}、Na^{+} 离子的交换转变为几乎纯的钠长石（钠离子主要来自海水)。该类蚀变作用称为细碧岩化,由此形成的岩石即为细碧岩。更深部为辉长岩,温度可达 500℃,其中辉石转变为角闪石,岩石变为角闪岩(角闪岩相)(图 4.55)。这些变质带和矿物组合均与大陆造山带的区域变质岩相对应。

洋壳碎片(蛇绿岩)混入大陆造山带以后会受到区域变质作用的影响,由构造变形作用产生劈理。此类绿片岩(相对于无片理的绿岩而言)和角闪岩除了发育劈理以外无法与洋底变质岩相区分。多数情况下,也无法区分早期洋底岩石的洋底变质事件与后来叠加其上的造山带的区域变质事件。此外,洋底断裂系统的不均一性限定了热液渗透的不均一性,因此洋底的变质作用可能是不均一的。

4.4.8 转换边界的变质作用

沿转换断层,橄榄岩通常因构造作用向上推入海水热液区域,转变为蛇纹岩,其中"干"的矿物如橄榄石、辉石与水反应转变为富水的矿物如蛇纹石。然而,蛇纹岩的性质与刚性的橄榄岩不同,在通常的洋壳温度下易于变形,而且其密度(蛇纹岩 2.7g/cm^3)较橄榄岩(3.3g/cm^3)以及洋壳的辉长岩、玄武岩密度(3.0g/cm^3)低得多。因此,蛇纹岩在断层活动过程中像底劈作用一样向上移动至地表,与洋底沉积物混合。这种蛇纹岩与钙质泥岩沉积物的构造混合作用形成蛇纹石大理岩。在后期碰撞造山作用过程中以蛇绿岩方式进入造山带混杂带。

思 考 题

1. 不同构造环境的变质作用类型。
2. 高压变质岩如何折返。
3. 静岩压力、正应力、剪应力在变形变质过程中的作用。

4.5 板块构造与地震

4.5.1 全球地震活动分布规律

自全球地震观测台网建立以后,已有数以万计的地震记录,其地震的位置和震源深度展示见图 4.56。该图清晰地展示了地震与板块边界类型的关系。

离散板块边界: 从全球地震分布模式可以看出,浅源地震呈窄的带状展布,与洋脊脊线几乎完全一致,标示了离散板块边界。该地震带相对年轻山脉和岛弧区的地震活动带来说明显窄的多。汇聚板块边界与离散板块边界地震的另一重要差异是其震源深度和震级。沿离散板块边界的地震为浅层地震,通常在 10km 以浅,而且震级较低。尽管在区域地质图上沿洋脊地震带看上去像一条连续的线,但从断层活动控制的地震看,能够判断出两种边界类型的地震:扩张脊型和转换断层型(图 4.56、图 4.57)。洋脊上的地震一般发生在裂谷之内或附近，显示与玄武质岩浆侵入或正断层活动有关。详细研究表明，与洋脊脊顶有关的地震均由正断层引发（Hamblin and Christiansen，2003）。裂谷内局部的与形成岩墙的岩浆活动有关的浅源地震通常成群发生。为什么洋脊上没有深源地震？即使有明显变形作用，在洋脊下方深部也不会发生地震。热的深部地幔为韧性变形而不会发生破裂，而上部地壳才是冷的和脆性的，洋壳厚度大约 10km，所以洋脊上只会发生浅源地震。此外，浅源地震同样沿转换断层发育（详细讨论见后）。

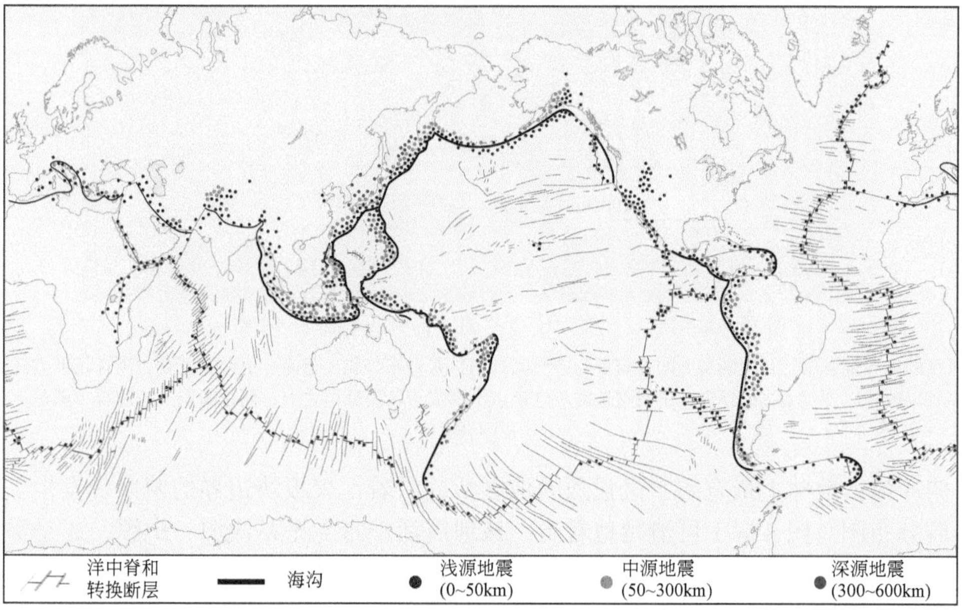

图 4.56　全球地震与板块边缘关系图（据 Hamblin and Christiansen，2003）

展示了过去 5 年间发生地震的位置；浅源地震发生于离散和汇聚板块边界，而中源和深源地震则限定在汇聚板块边界的俯冲带上

转换板块边界：转换板块边界的地震也非常普遍，浅源地震同样追寻着转换断层发育（图 4.56、图 4.57）。事实上，沿洋脊系统的地震大部分是发生于洋脊的转换段，而不是洋脊本身。转换断层上的地震所释放的能量大约是洋脊线上的地震所释放能量的 100 倍。发生地震的数量与岩石圈温度有关。沿转换断层的岩石圈相对较冷，所以脆性破裂更为普遍；而洋脊的岩石相对较热，韧性变形更为普遍，所以地震也就相对较少。与汇聚板块边缘地震（650km 深）和大陆转换断层（走滑断层）地震（20km 深）相比，沿大洋转换断层的地震较浅（大部分小于 10km），震级也小。再者，如同洋脊脊顶上的地震一样，沿转换段的地震几乎与岩浆侵入和火山活动无关。

20 世纪 60 年代，沿大洋破裂带地震模式的认识是建立目前理解转换断层活动的基础。早期工作者发现，大部分沿转换断层的地震与垂直于洋脊线的走滑移动有关；相比之下，沿着洋脊轴的地震发生于平行于洋脊的正断层上。按照板块构造理论，地震仅限于活动的转换断层带，尤其是两脊轴之间区域，而很少发生于断层带的不活动部分（图 4.57）。沿大陆转换断层的地震也很发育，如美国圣安德烈斯断层和土耳其北部的安那托利亚（Anatolian）断层，1999 年发生了几次强烈地震。

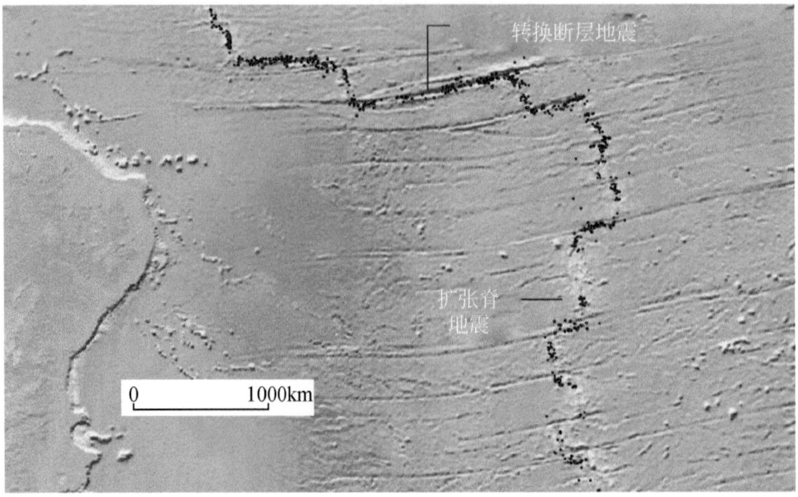

图 4.57 扩张脊与转换断层地震对比分布图（据 Hamblin and Christiansen，2003）

洋脊系统的浅源地震中，转换断层上的地震更为频繁因其与扩张脊本身相比更冷、更厚、更脆；洋脊正下方区域太热和偏韧性以致难以产生太多的地震；走滑型地震（红色点）形成于转换断层之上，而正断层上的地震（黑色点）普遍在洋脊上

俯冲带：地球上最宽阔、最强烈的地震活动沿着汇聚板块边界的俯冲带发生。从世界地震分布图（图 4.56）可清楚地看出，该地震活动带无论是浅源、中源，还是深源地震都非常集中，且与环太平洋俯冲带相吻合。南太平洋汤加弧（Tonga arc）下面的地震分布很好地说明了这一点（图 4.58）。地震带斜向插入地幔深部达 600km 以上，倾角通常在 40° ～ 60°。俯冲板片顶部区域，下行板片与上覆板块之间发生相对剪切作用，形成浅部地震带；俯冲带深部，地震形成于俯冲板片之内而非其周围的软流圈之中（图 4.58）。这些地震带与冷的、脆的板块的强烈剪切作用区域相对应。

为什么俯冲带上会形成深入地幔深部的地震？而其他构造环境则没有探测到深度大于 25km 的地震。这主要取决于俯冲带的热结构［图 4.29（b）、图 4.49］。冷的岩石圈板片下插到地幔中，当应力超过弹性限度时，冷的岩石会发生脆性破裂而产生地震；周围的热地幔尽管也发生变形，但是是缓慢的韧性变形。此外，有的深部地震也许是由俯冲板片中变质矿物的突然变化所致。

并非所有俯冲带的地震都是由简单挤压作用产生。地震波的研究表明，断裂作用类型随深度而变化，如海沟壁附近区域以正断层为代表，因下行板块进入俯冲带时发生弯曲产生伸展应力场（图 4.58）。

碰撞带：大陆碰撞造山带上的地震分布范围较俯冲带更为广泛，而且没有一个倾斜的地震带，如喜马拉雅和青藏高原清楚地展现了一个宽阔的浅源地震带，东西长 2500km，南北宽 1200 ～ 2000km（图 4.56），显示了印度大陆目前仍以 5cm/a 的速度向北移动。再者，由于不再有冷的、脆的板片俯冲，所以几乎所有的地震都比较浅。类似的还有非洲 - 阿拉伯半岛与欧亚板块间的汇聚边界与横跨土耳其、伊拉克和伊朗的地中海区域宽阔的地震带相对应（图 4.56）。

板内地震：尽管世界上大部分地震发生在板块边界，但是大陆板块内部同样经历了少量零散的浅源地震。东非和美国西部的地震带最为瞩目，可能与不完全的裂谷作用有关。美国东部（包括新马德里、密苏里州和南卡罗莱纳）和澳大利亚的一些小的浅源地震还难以解释。显然，与软流圈交叉的板块的横向运动引起了轻微的垂向运动，垂直应力可能超过了岩石圈板块内部的岩石强度，沿薄弱带如古裂谷引起少量断裂和地震。碰撞造山作用的远程效应引起板内水平挤压产生逆冲推覆构造或逃逸作用引起走滑断层从而引发地震，有时地震强度还比较大，如 2008 年 5 月 12 日发生于四川省汶川县 M_s 8.0 级（矩震级 8.3 级）的浅源地震，即是喜马拉雅造山作用的远程效应引起的逆冲推覆作用引发的板内地震。华北克拉通也时有地震发生，仅 20 世纪 60 年代以来就有邢台、唐山和张北三次 M_s6 级以上浅源大地震，这可能与晚中生代（～120Ma）以来华北克拉通破坏，形成了一些现在仍在活动的正断层有关。李春昱（1978）认为，亚洲大陆以东，太平洋板块以 4 ～ 10cm/a 的速度向西移动，到日本东海岸深海沟一带俯冲到地面以下。若西太平洋板块向西移动的幅度没有全部俯冲下去，则亚洲大陆会受到太平洋板块的挤压。亚洲大陆西南，印度板块以 5 ～ 6cm/a 向北移动，沿喜马拉雅南麓边界大断裂俯冲下去，如果印度板块移动的幅度没有全部俯冲下去，则亚洲大陆会受到印度板块的挤压。当这种挤压应力在大陆岩石圈中持续积累，以致超过岩石圈能够承受的限度时，则在中国大陆上地壳就会破裂而产生地震。

尽管这些大陆板内地震可能比较大，但比较少见，就每年地震释放出的总能量而言，只占 0.5%。

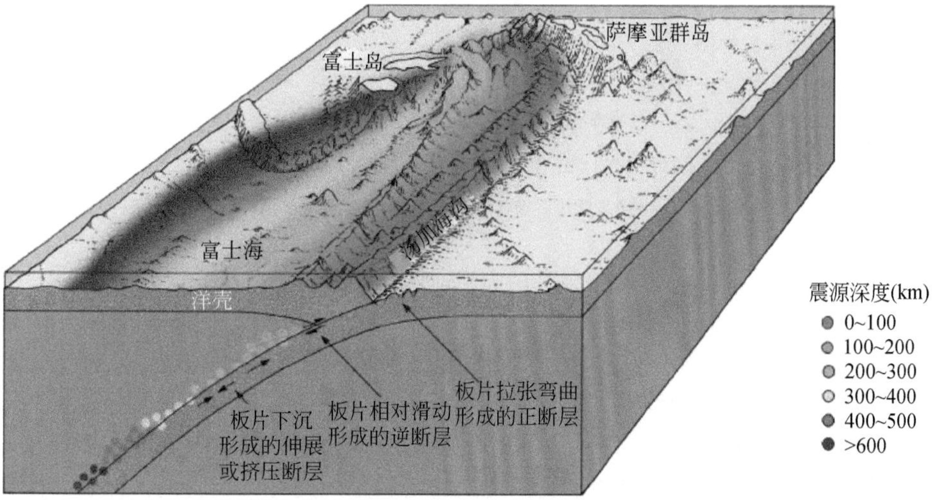

图 4.58　南太平洋汤加地区震源分布与俯冲带关系图（据 Sykes 修改，转引自 Hamblin and Christiansen，2003）

南太平洋汤加地区地震震源形成于自汤加海沟向斐济岛的倾斜带上；图的上部展示了震中的分布，震源深度用不同颜色条带表示；剖面上，彩色点代表不同震源深度；地震带表示了俯冲带下行板块的边界

4.5.2 地震与贝尼奥夫带

我们知道，俯冲带之所以容易被探测是因为其形成了一个具有强烈地震活动的长的线型带。该地震活动带承载着地球上 95% 的地震，称之为贝尼奥夫带，因为是由地球物理学家 Hugo Benioff 在太平洋和巽他弧下系统调查发现的（Benioff，1954），或叫瓦塔地－贝尼奥夫带（Wadati-Benioff zones）（1953 年 Kiyoo Wadati 证明了地震中心沿着一个向日本岛下面下插的斜面分布）。与贝尼奥夫带相关的地震最深可达 700km（图 4.59）。

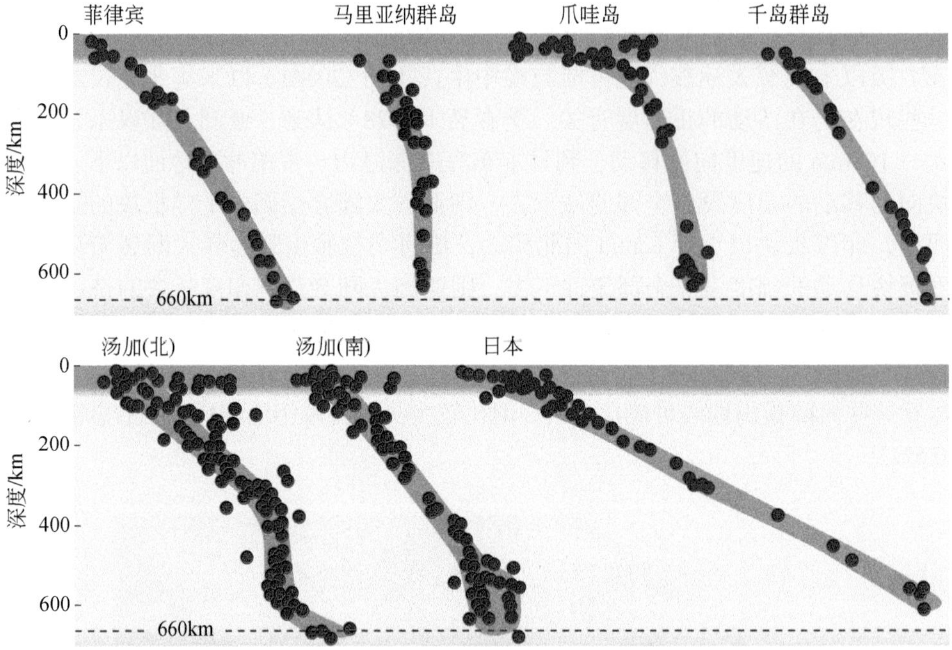

图 4.59 不同俯冲带模式震中分布图（据 Frisch *et al.*，2011）

该带插入深度达到上、下地幔界限，约 660km

以俯冲带为特征的地震具有三个不同深度范围：①浅层地震，震中从地表到 70 ～ 100km 范围，正常岩石圈厚度；②中层地震，震源深度 70 ～ 400km；③深层地震，震源深度 350 ～ 700km（图 4.56、图 4.60）。这种地震深度模式仅存在于俯冲带；实际上，俯冲带周围并不存在 100km 以深的地震，因为热的软流圈地幔在应力作用下呈塑性流动状态。在俯冲带周围大部分地区，震源 20km 以深的地震都很少见，因为该深度的大陆壳在应力作用下呈韧性行为。俯冲带之所以能承受如此深的地震是因为冷的、脆的大洋岩石圈比较快速地下插到相应深度。这些条件使岩石能够承受如此之大的累积应力并自然地以地震方式释放出来。俯冲带上矿物相的转变同样可以引起应力发展，这被假设为深源地震的原因。

俯冲板块的弯折带由水平张应力引起一些低级别的地震，相应形成地堑（图 4.60），震中可达 25km 深。伴随着裂隙的产生，海水会向下渗透到岩石圈地幔，并引起部分岩石蛇纹石化，且如前所述蛇纹石可能会向上底劈。相比之下，沿着俯冲带的浅层地震是由水平挤压或两个板块之间的摩擦所产生，并直接沿着板块边界或平行于下插板块边界的裂隙释放出来（图 4.60）。这些地震可达到的深度与上覆板块岩石圈厚度相对应，通常 10 ～ 100km，尽管 50km 以下地震频度明显减少。地球上最大的地震，如 1923 年日本、1952 年堪察加半岛（Kamchatka）、1960 年智利、1964 年美国阿拉斯加以及 2004 年苏门答腊等大地震均产生于这个带。这些地震（除日本外）的矩震级均在 9.0 ～ 9.5，代表了有记录以来的最强烈地震。这些例子中，每一个都是下行板块向陆壳下以高速和低角度方式俯冲。这些大的浅层地震占了全世界地震总能量的 90% 左右。大地震间隔数十年至数百年的周期性发生表明两个板块间的摩擦运动是一种不规则的方式。

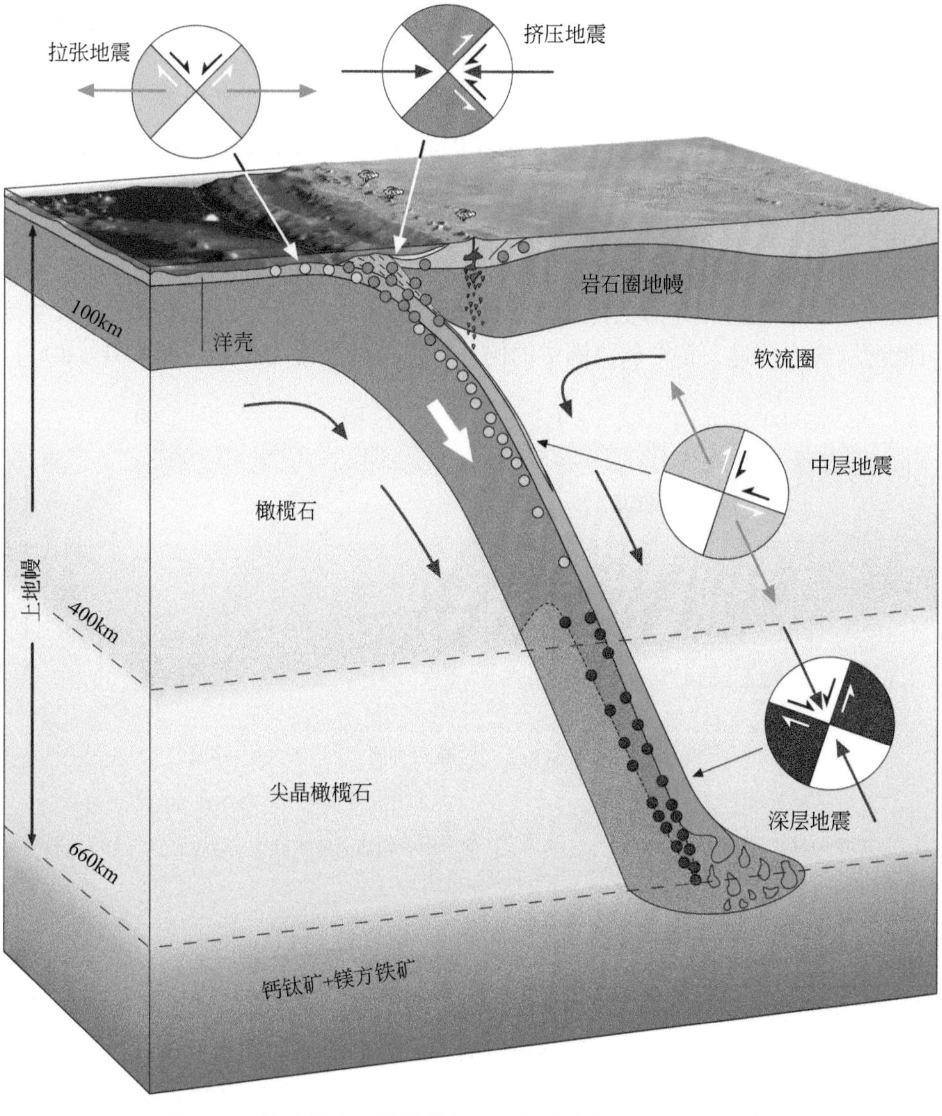

图 4.60　俯冲带上不同地震机理剖面图（据 Green，1994）

最上部区域主要为沿冲断面的水平挤压引起的浅层地震；其下为由蛇纹石脱水引起的中层地震，达 400km 深度；深层地震可能是由于在 350 ～ 700km 范围内橄榄石矿物相向尖晶石矿物相（即橄榄石的高压相，或叫尖晶橄榄石相，林伍德石（ringwoodite）相）的转变而引发；进入下地幔（660km 以下）再次转变为钙钛矿 + 镁方铁矿矿物相俯冲带上的浅层地震可能引起两种类型的破坏：①因物理摇动和震动的直接破坏；②产生海啸。2004 年 12 月 26 日苏门答腊北端附近发生的由俯冲带引发的大规模破坏性地震向全世界证明了这一点。此处印度－澳大利亚板块以 7cm/a 的速度向欧亚板块下面移动。在 20km 深的震中位置块体相对位移大约 20 ～ 30m，这一瞬间的物理移动相当于平常俯冲蠕变过程中 300 ～ 400 年的位移量。

深部的地震是俯冲板块内应力作用的结果，中层地震带与深层地震带之间有一个弱地震活动间隙。中层地震主要是相对于板块运动方向的张应力作用的结果，而深层地震则主要是压应力作用的结果［图 4.61（a）、（b）］。这个条件与俯冲板块所插入的介质有关，俯冲带周围地幔在岩石圈底部向下至 250 ～ 300km 的软流圈具有最低的密度和黏滞性（Frisch *et al.*，2011）。变冷和致密的俯冲板块岩石圈将较快速地沉入软流圈，因其密度较大而没有实质性阻力，进而在俯冲板块中造成向下的张应力，并引起张性地震（图 4.60）。

在大约 400km 深度时，压力引起矿物相的转变使周围地幔物质密度变大，导致俯冲板块的阻力增大，挤压应力平行于向下俯冲的方向发育［图 4.60，4.61（b）］。大约在 660km 深度即上、下地幔边界，地幔中发生另一个矿物相的转变，使其强度增加。随之，俯冲板块整体上比下地幔的密度低。这一强度和密度更大的下地幔的阻力在俯冲板块内部产生额外的挤压应力，并向上传递到浅部［图 4.61（c）］。如果俯冲板片发生断离，将不可能继续应力传递，整个软流圈中的俯冲带保持伸展应力状态［图 4.61（d）］。

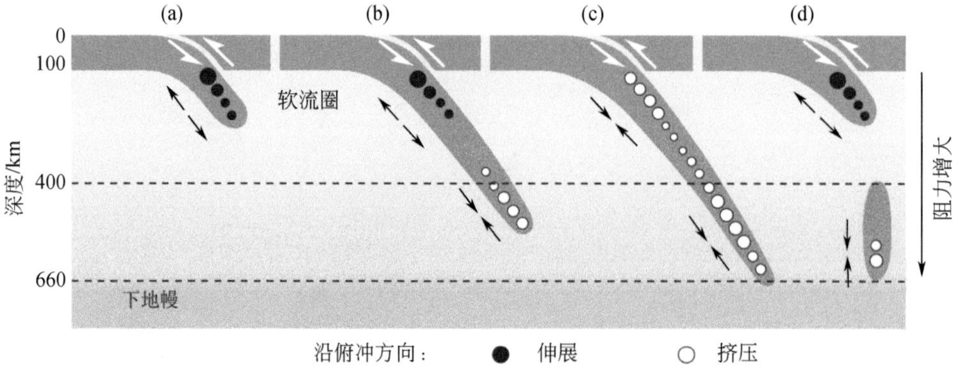

图 4.61　俯冲板块中、深层地震应力状态模式图（说明见正文；据 Isacks and Molnar，1969）

上地幔对插入其中的板块起阻碍作用［（a）、（b）］；如果板块到达下地幔边界，挤压应力会上传到俯冲板块上部［（c）、（d）］

4.5.3　深源地震机理讨论

深部岩石都经历静岩（静水）压力作用，取决于上覆岩层的重力。构造运动会额外增加一个定向的压力，产生整体上的差异应力，即某方向上的压力大于其他方向的压力。地震是由定向的构造压力所致。如果应力超过了岩石的强度极限就会发生破裂，而且在破裂岩石之间产生摩擦滑动。大的地震，震中的位移可能超过 10m。

实验岩石学研究表明，当物体受到挤压时会沿最大主压应力方向发育微破裂和薄而短的微裂隙，同时沿最小主压应力方向产生小的伸展作用，从而导致岩石强度的降低。

如果构造应力在同一方向持续作用，产生弱化，进而按照库仑－摩尔破裂准则形成与主压应力方向呈锐夹角的剪切面［图 4.62（a）］。然而，在深部随着静岩压力增加沿破裂面的位移难以发生，因为岩石在如此深部条件下即使经受构造应力作用也表现为韧性变形方式的塑形行为。再者，高的静岩压力下因其延展性而不会产生破裂。虽然如此，俯冲带上仍有 20% 中层地震和大约 8% 的深层地震。地震集中分布在俯冲板块内部（图 4.60），地震频率在岩石圈上部最高，向深部逐渐降低，300 ～ 400km 频率达最低；深层地震主要分布在 550 ～ 600km 深度（图 4.63）。

深层地震带与俯冲板块中尖晶橄榄石的稳定范围相对应。在俯冲带周围，组成地幔橄榄岩的主要成分——橄榄石在 400km 深的压力下转变为成分相同（Mg_2SiO_4）但结构更加致密的尖晶橄榄石（ringwoodite，即橄榄石的高压相，结构与尖晶石一样，故又称“尖晶石相”，或“尖晶石矿物相”），尖晶石结构的稳定深度可达 660km，在较冷的俯冲板片中可达 700km 左右，在此之下再次转变为更加致密的钙钛矿（perovskite，$MgSiO_3$）+ 镁方铁矿（magnesiowuestite，MgO）；在俯冲板块内部，尖晶石相稳定范围为 350 ～ 700km，即深层地震发生的深度。因此，似乎是橄榄石矿物相向尖晶石矿物相转变引起深源地震。

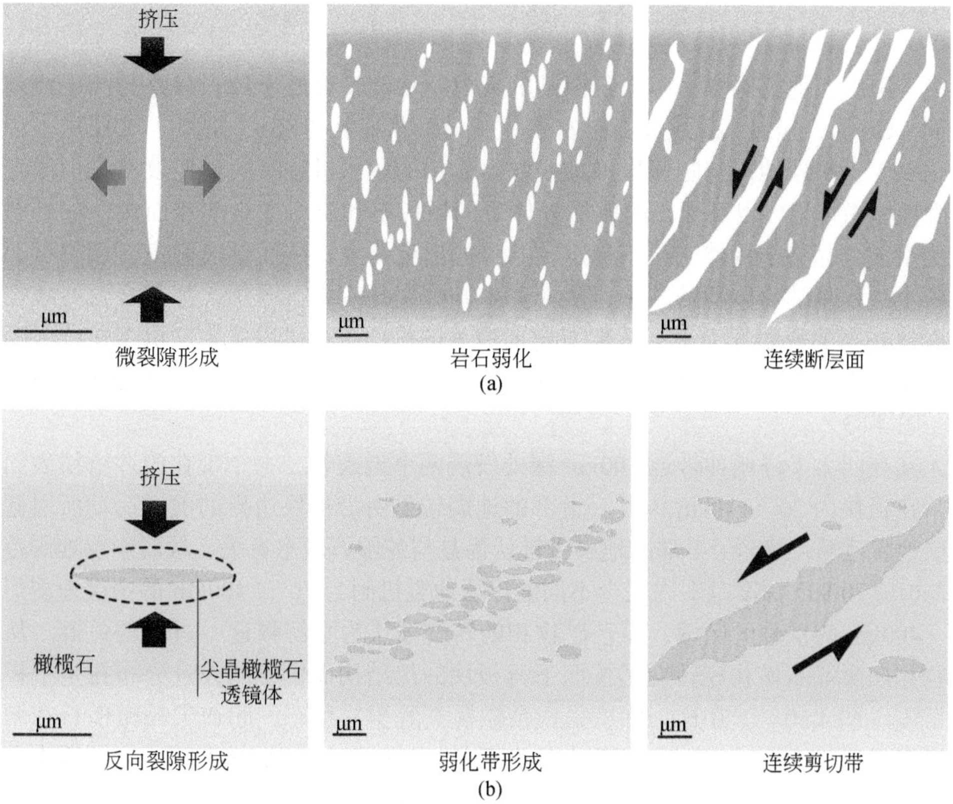

图 4.62　不同深度层次岩石变形方式示意图（据 Green，1994，论述有补充）

（a）在构造压力作用下使岩石弱化产生微裂隙，按库仑－摩尔准则产生剪破裂；（b）在大约 350km 以下深度，由于矿物相从橄榄石相向尖晶橄榄石相转变，在俯冲板块中形成所谓的“反向裂隙”（anticracks），尖晶橄榄石透镜体相连形成连续的弱化带并易于移动，可能按最大有效力矩准则产生韧性（塑性）剪切带（详见第二卷第 2 章 2.3）

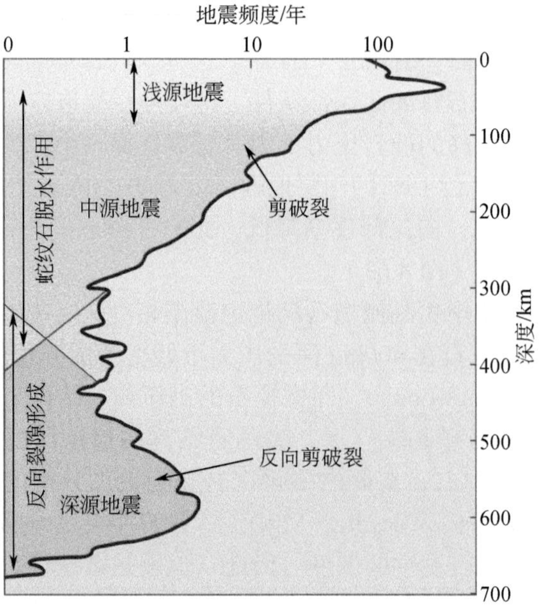

图 4.63 俯冲带地震频度分布图（据 Green，1994）

深部、浅部地震以其形成机制不同而表现出差异

中、深层次地震同样是由岩石内部的天然位移能量释放所致；只是与浅层地震的机理不同（Green，1994）。蛇纹石是富水的镁硅酸盐矿物（$Mg_6[Si_4O_{10}(OH)_8]$；水含量达 13%），中层地震与随深度增加蛇纹石矿物的脱水过程有关。蛇纹石是由洋壳下的岩石圈地幔橄榄岩，以及洋壳的橄榄岩体中的橄榄石和辉石逐步演变而成，随着温度和压力的增加，晶格结构就变得不稳定，并释放出束缚水，从而形成橄榄石和辉石。这一自然脱水过程伴随着体积的减小，从而产生微破裂并使岩石弱化，甚至导致剪破裂的形成；即使在高的静岩压力下，只要有定向应力的作用照样可以发生。由于蛇纹石随着深度而减少，所以中层地震随之减少。 这一趋势可持续到 400km 深，因此处蛇纹石已不复存在（图 4.63）。

尤其在西太平洋俯冲带近 100km 深处发现两个地震带，一个带在俯冲板块表面；另一个带在板块内 20 ～ 40km 深处。上部的地震带是由沿板块边界的剪切运动所引起，故属浅层地震范畴；然而，下部的地震带被认为是与蛇纹石脱水有关，故属中层地震范畴。

350 ～ 700km 深度范围内完全不同的深层地震机制与 70 ～ 400km 的中层地震形成了 350 ～ 400km 的重叠的区域，而且矿物相的转变被认为是解释这一过程的关键。从橄榄石矿物相向尖晶石矿物相转变是按照下行板块的热结构而发生的，且分布在整个板块的深部范围（图 4.60）。在这一深度，残余橄榄石处于非稳态，起初尖晶橄榄石在俯冲板块橄榄岩中形成小透镜体，垂直于最大主压应力方向分布［图 4.62（b）］。因尖晶橄榄石较橄榄石具有更紧密的矿物结构，占据的空间较小，因此这一变化相应引起体积的减小。尖晶橄榄石透镜体可解释为“反向裂隙”（anticracks），因为它们与正常的微裂隙相差 90°。如果有足够的反向裂隙发育，岩石将被弱化。最终，反向裂隙相连并产生瞬间剪切位移。然而，该剪切位移并非沿着岩块的（脆性）破裂面发生，而是按照超塑性过程发展。

剪切位移面（带）可能按照“最大有效力矩准则”（Zheng *et al.*，2004；见第四卷有关部分讨论）发育［图 4.62（b）］。

超塑性通常发生于高温，而且造岩矿物非常细小的情况下。超塑性行为通常表现为矿物颗粒间沿其边界发生滑动，这似乎是一个平常的过程，但是它导致了快速塑性变形，而且是形成上述变形的唯一条件。尖晶橄榄石透镜体是非常细小的颗粒，而且在大致定向的构造应力作用下导致颗粒在岩石中的窄剪切带内重新定向排列，这一过程可能引发地震。这种“反向裂隙地震”的特征与正常破裂地震并无法区分，因为两种情况都是两个岩石块体之间发生位移。俯冲板块内部，其热结构就像一个冷的向下插的手指（图 4.49），表明从橄榄石相向尖晶石相的转变是在 350 ～ 700km 范围内逐步发生（图 4.60）。深层地震的最高频率发生于 550 ～ 600km（图 4.63），这与带内频繁的相转变有关。

上述有关中层和深层地震机理对俯冲带地震来说给出了一个似乎满意的解释。然而，既然深源地震（350 ～ 700km）是由于橄榄石相向尖晶石相的转变所致。那么进入下地幔（～ 660km）后，尖晶橄榄石向钙钛矿 + 镁方铁矿的相转变为什么不引起地震？或者说地震为什么不会发生在 660km 以下（下地幔）？也就是说，到底是什么机制控制着俯冲板块深源地震的最深深度还是一个未解的科学之谜（陈永顺，2010）。

思　考　题

1. 不同板块边界类型的地震特征。
2. 板内地震的可能机理。
3. 贝尼奥夫带不同深度的应力状态及其与地震的关系。
4. 深源地震机理。
5. 深源地震为什么不会超过 660km（或 700km）？

4.6　热点与地幔柱

4.6.1　基本观念

地球的构造系统主要由岩石圈板块边缘的地质过程控制，我们关注的焦点也是这些板块边界动力学。然而，板块内部也并不安静，板块并非铁板一块。现在几个活跃的火山系统如夏威夷和黄石国家公园等远非板块边界。再者，许多大的溢流玄武岩省，如西北太平洋或西伯利亚中部等，还不能用简单的板块边缘动力学予以解释。

反而，这些热点被认为是地幔柱在地表的表现，地幔柱是来自于地幔深处且独立于板块运动之外的长而窄的热柱。显然，该种对流从地幔的更深层次（洋中脊之下的地幔以下）扰动了地幔。这样地幔柱就为我们提供了深不可及的行星深部的信息。

横跨中大西洋脊的冰岛同样显示了下伏地幔柱的强烈证据。虽然地球物理和地球化学是目前热点研究中研究得较为清楚的两个方面，但更直观的是众多的间歇泉、泥火山和热泉等，如冰岛中部的惠拉维德利（Hveravellir）地热田的蒸汽喷发等。只有地幔柱才能解释其巨大热异常的原因。不仅水可以被加热到使之闪蒸而形成间歇泉的温度，而且固体岩石也可能达到熔融温度而发生部分熔融。冰岛这些壮观的地热活动恰恰就是坐落在活火山带之上，每隔几年就会喷发玄武岩和流纹岩，有时在北大西洋的许多地方爆发火山灰。在这世界上最壮观的景色下面几千米就有岩浆滞留的岩浆房存在。

有关热点和地幔柱问题，有以下基本观念：

（1）地幔柱表现为热的长柱，低密度的固体物质自地幔深处上升。地幔柱产生高热流热点、火山作用以及广阔地壳隆起。

（2）地幔柱演化分两个阶段。第一个阶段，地幔柱先形成一个大的球状的柱头，通过地幔向上运移，当遇到强硬的岩石圈时发生变形，同时引起地壳隆升和大量火山活动；第二个阶段是形成仍在上升但比较窄的柱尾。

（3）随着热柱的上升减压，产生玄武质岩浆。形成于地幔柱的岩浆与众不同，而且显示出部分来自于沉入地幔深处的古俯冲板片的线索。

（4）洋内地幔柱的起始阶段会形成由溢流玄武岩构成的大的洋底高原；随后，在柱尾之上形成窄的火山岛链，可揭示板块的运动方向。

（5）如果地幔柱形成于大陆之下，会引起区域性的隆升和大陆溢流玄武岩的喷发。当地幔柱热的玄武质岩浆引起大陆壳的部分熔融时，会发育流纹质火山口体系。大陆裂谷和洋盆可随后发育。

（6）地幔柱可能影响气候系统和地球磁场。

4.6.2　热点与地幔柱的提出

有关热点的思想最初提出于 1963 年，源于大西洋、太平洋，特别是对夏威夷岛链的地质观察（Wilson，1963）。众所周知，夏威夷岛是夏威夷－皇帝岛链中最大的岛，有活火山、强地震，以及极高的热流。线性火山岛链在太平洋底中部形成了宽阔的高地。有意思的是，地质学家们注意到，夏威夷并没有由构造缩短造成的地层褶皱带，甚至强烈的伸展也没有，尽管有窄的裂谷带从盾状火山顶放射开来。此外，发现岛上的火山向北西逐渐变老（图 4.64），例如，夏威夷岛由几个仍在活动的盾状火山组成，向北西约 80km 的毛伊岛（Maui）上的火山几乎消失，再向北西岛链变得更老，许多火山已被深度侵蚀，有些已沉没于海平面以下成为海山或平顶山（图 4.64）。太平洋、大西洋和印度洋中其他的线性火山岛链和海山也显示出类似的趋势：一个活动的或年轻的火山在岛链一端，而向另一端的一系列火山逐渐变老（图 4.65）。鉴于此，这些岛链中有火山活动的部分称之为热点（hotspots）。

Morgan（1971）正式提出了地幔柱假说，认为热点是地球内部存在起源于地球核幔边界缓慢上升的细长柱状热物质流（即地幔柱，mantle plume）在地表的表现形式，并进一步推测地幔柱是由地幔对流体系中上升流构成的。20 世纪 90 年代初，Griffiths 和 Campbell（1990）成功地解决了热驱动和大黏滞度对比这两大模拟热柱的基本问题，建立了动态热柱结构模型。根据其实验结果和数值模拟认为，热柱由巨大的蘑菇状柱头和细长的热柱尾两部分组成。之后 Larson（1991）提出了超级地幔柱概念，认为在白垩纪中期地幔对流系统曾遭受过一次大规模的扰动，而该事件是源自于核幔边界的多个大规模地幔热柱上涌的结果。在超级地幔柱活动期间，洋底扩张和黑色页岩沉积速率显著加快，全球温度上升，海平面上升。超级地幔柱活动开始时间与白垩纪长期正地磁极期的起始时间相吻合。这一相关性的形成与从核幔边界以超级地幔柱形式导致大量热量的释放和大量深部物质的提取有关。自地幔柱学说提出以来，一直被广泛关注，并认为是形成大火成岩省（Large Igneous Province，LIP）的动力学机制。由于地幔柱系统独立于板块构造系统，地幔柱运动的驱动力在于地核向下地幔的热能转移，因此，地幔柱学说成为全球构造理论中不可缺少的内容，是板块构造理论的重要补充。此外，由于大火成岩省的形成时间与地球历史上几次大陆裂解、生物灭绝事件相吻合（Wignall，2001；徐义刚，2002；徐义刚等，2007），所以大火成岩省和地幔柱研究成为地球系统和深部研究的“时尚”，也充满了争论（Anderson，2003）。

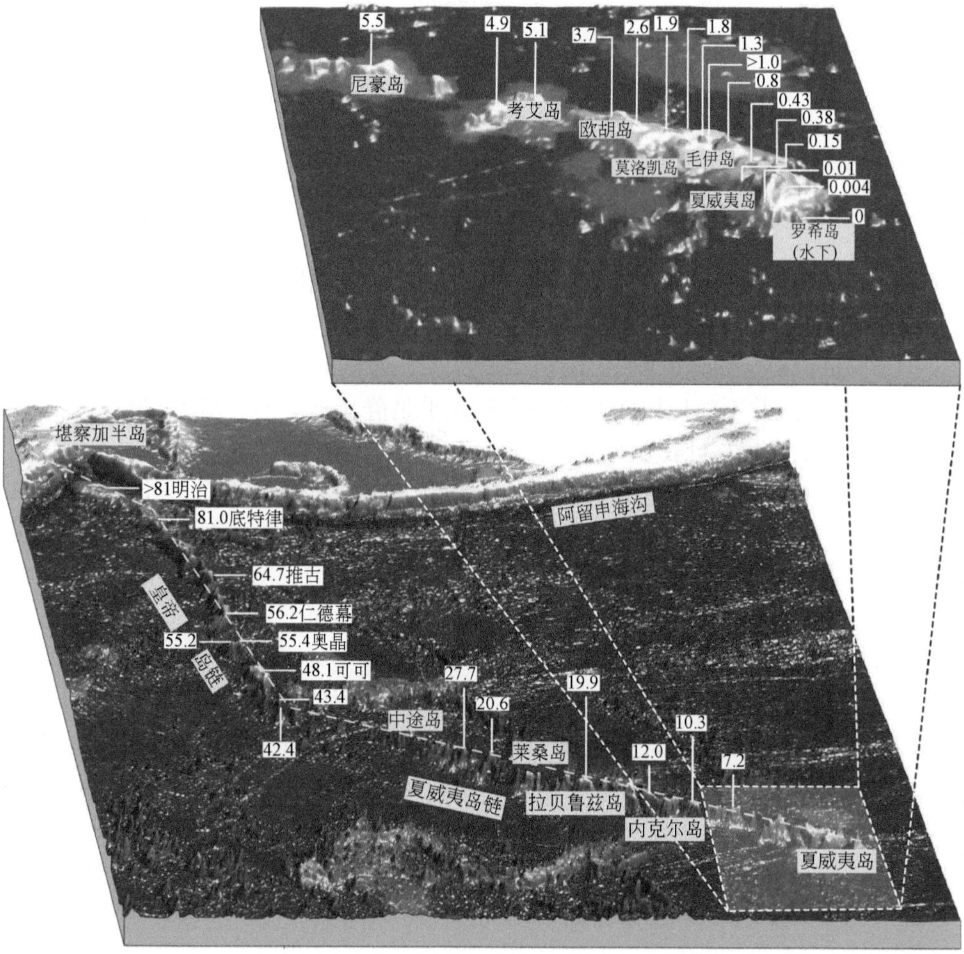

图 4.64　夏威夷－皇帝火山岛链（黄色名字）和水下海山、平顶山（白色名字）（据 Frisch *et al.*，2011）

从夏威夷向北西火山年龄逐渐变老；约在 42Ma 处有一 60° 的转折，表明板块运动方向的改变；北侧为阿留申海沟（Aleutian Trench）；年龄单位：Ma

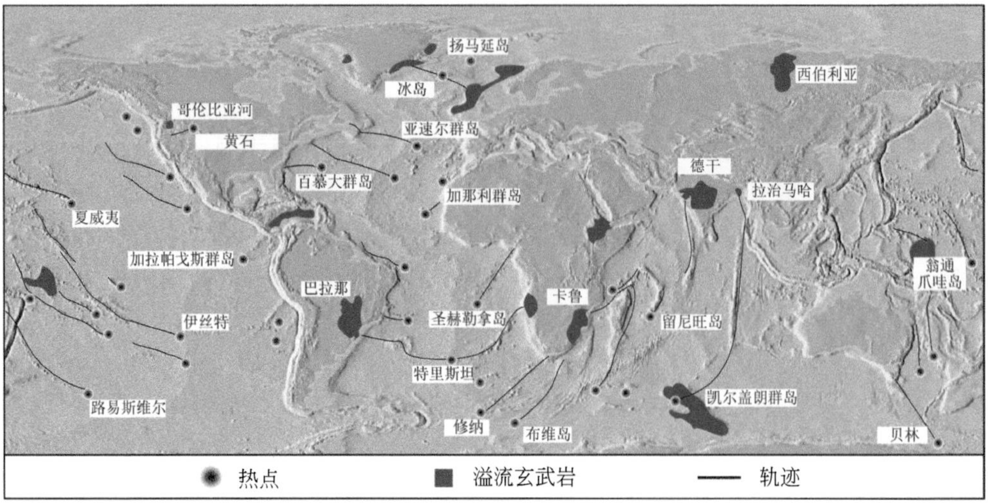

图 4.65 与地幔柱有关的热点、大洋高原、大陆溢流玄武岩分布图（据 Hamblin and Christiansen，2003）

洋盆中的玄武质火山作用已经形成了数百个岛屿、海山和高原。溢流玄武岩、盾形火山和大的流纹岩火山口可能形成于大陆下面的地幔柱。古溢流玄武岩省（灰色）通过线性海山链（红色）与现在活动的热点相连，如南大西洋的特里斯坦·达·昆哈（Tristan da Cunha）岛上的活火山标志着热点的位置，其大约 125Ma 初始喷发的溢流玄武岩现在位于南美洲和非洲；在北大西洋，两个 65Ma 的溢流玄武岩省与冰岛（Iceland）下面的地幔柱相连

必须强调的是，地幔柱还没有被直接观察到过，争论也比较多（详见本节后面部分），但是关于地幔柱存在的非直接证据主要有以下几个方面。

（1）局部的高热流带和相关火山活动（热点）远离板块边界。

（2）这些热点并不随板块而漂移，它们几乎是静止不动的，暗示它们植根于漂移的岩石圈之下很深的地幔深处。

（3）放射状岩墙群的发育。地幔柱的上升会导致上覆岩石圈处于引张状态。如果岩石圈是均一的，而且区域上没有外来力的作用，那么就会沿平行于最大主压应力的方向发育放射状的岩墙群。

（4）地球化学研究表明，热点火山喷发的玄武岩不同于来自于离散板块边界处上地幔的玄武岩，说明这些熔岩来自于软流圈之下的地幔深处。

（5）热点洋岛与大的地壳隆起有关联，暗示了有额外的地幔热源使岩石圈得以扩展。

（6）也许最令人信服的证据应该是有关地球内部地震研究的进展。冰岛地幔的层析图像揭示了具有低地震波速的窄的柱体，一直延伸到岛下至少 400km 深度（图 4.66）。其他方面的研究表明其可能延伸的更深，达 700km，直径大约 300km。地幔柱的高温可能造成了低的地震波速，实际上地幔柱可能比周围地幔温度高约 200℃。进一步改进和提高图像分辨率可揭示出更多有关地幔柱形状和深度的信息。

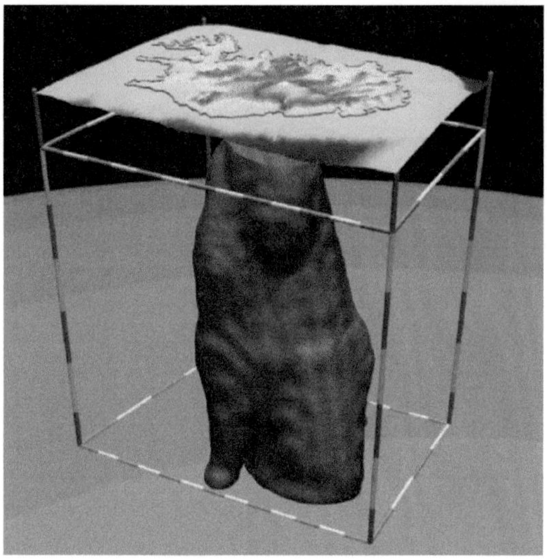

图 4.66　冰岛地幔柱层析图像（说明见正文；据 Hamblin and Christiansen，2003）

地震波低速异常揭示的冰岛下地幔柱形状；地幔柱明显较周围地幔温度高；地幔柱至少向下延伸至 400km 深度，直径约 300km

4.6.3　热点和地幔柱的特征和演化

1. 热点和地幔柱的特征

地幔柱产生的火山岩的体积相对于离散板块边界和汇聚板块边界要小得多（图 4.67）。多数板内火山位于南太平洋底，海底火山和火山岛星罗棋布（图 4.65）。地幔柱上的火山活动产生火山，进一步发育成岛屿（图 4.68）。如果地幔柱的位置长期不发生改变，移动的岩石圈就会携带活动的火山离开岩浆源区，然后这个火山就会停止活动，同时在该地幔柱原来的位置上形成一个新的火山。如此过程的循环往复就会形成一个接一个的火山，进而形成平行于板块运动方向的线性火山链。

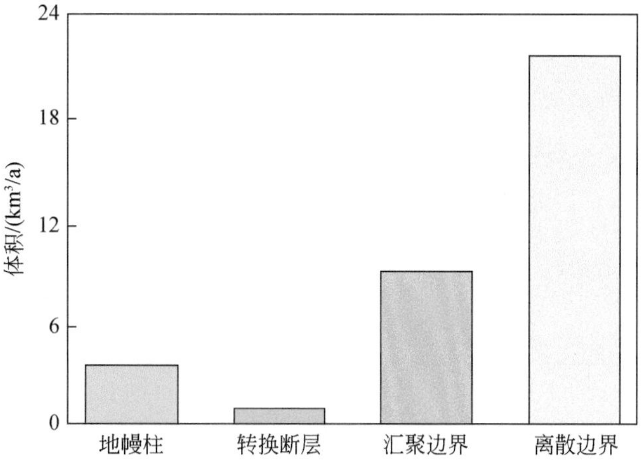

图 4.67　地幔柱与板块边界岩浆体积对比图（据 Hamblin and Christiansen，2003）

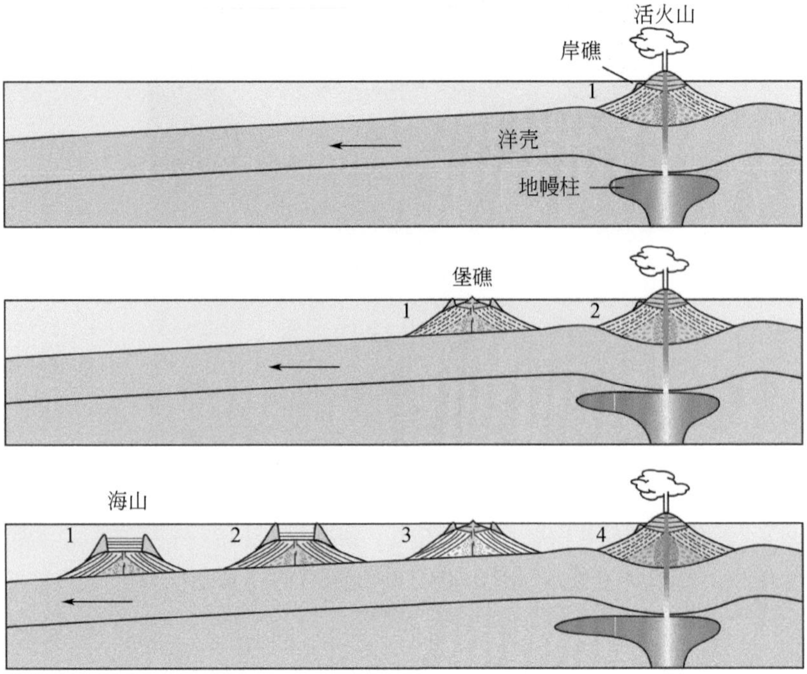

图 4.68 地幔柱上板块移动形成的线性火山岛链和海山示意图（据 Hamblin and Christiansen，2003）

从热点研究的证据看，地幔柱可具有各种形状和大小，可能由滴状而非连续状上升的热地幔物质构成。一般而言，地幔柱可能被想象为起源于地幔深处的细长的热岩柱状体（图 4.69）。它们慢慢向地表移动，到达岩石圈时形成火山和深成岩，同时引起小的浅层地震。有些地幔柱直径可达 1000km，但大部分只有几百千米。地幔柱物质一般以 2cm/a 的速度向上运移，既可以在大陆之下，也可以在大洋之下；既可以在板块中心，也可以在大洋中脊。其携带到岩石圈的超额热量通常形成上千千米直径的热穹窿，可隆升 1 ～ 2km。

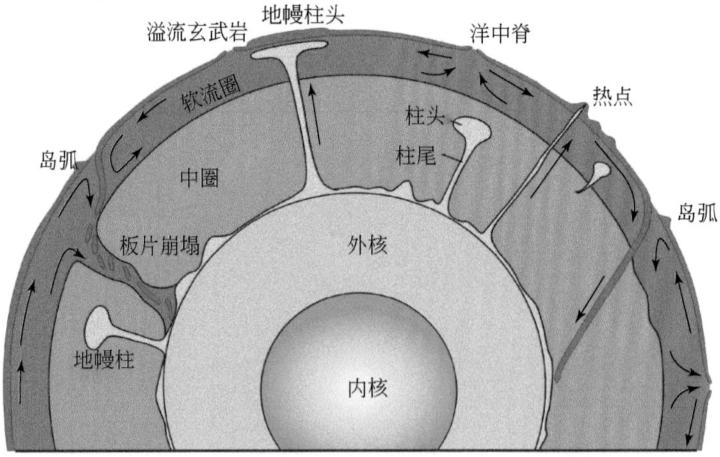

图 4.69 核幔边界地幔柱上升示意图（据 Hamblin and Christiansen，2003）

源于核幔边界的地幔柱是地幔循环的重要方式；核幔边界有些地幔物质很热，因此具有较大浮力而以圆柱方式上升；新的地幔柱前端发育大的柱头，其后是细长的柱尾；当地幔柱到达冷的刚性岩石圈时，呈扁平状向外扩展；溢流玄武岩可能从柱头喷出，细长的柱尾形成热点岛屿；有些古俯冲带俯冲至地幔深部的洋壳可能成为地幔柱的物源有些地质学家认为，地幔柱至少起源于 700km 深度，也许是 2900km 的核幔边界。其位置相对固定，岩石圈板块在其上移动，因此地幔柱独立于由板块边界控制的地壳主体构造系统。这样地幔柱就提供了一个确定板块绝对而不是相对运动的参考系统。然而，地幔柱的位置并不是绝对不动的，有些在“地幔风”（mantle wind）中也表现出轻微的波动和水平移动（Richards，1991；Steinberger and O’Connell，1998；图 4.70）。

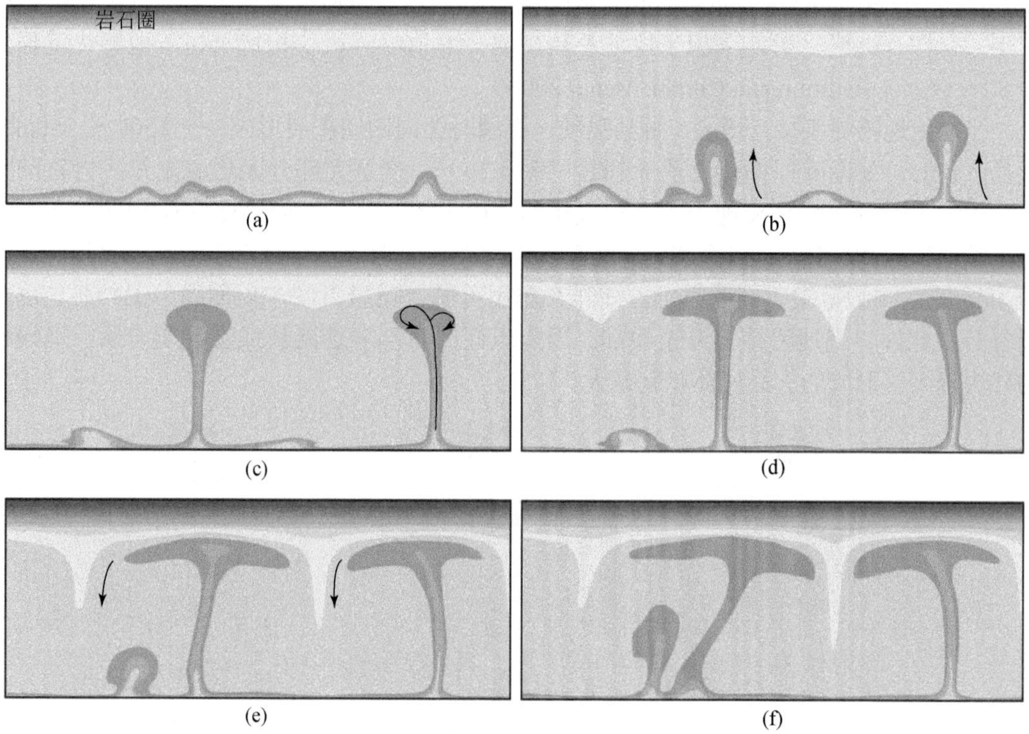

图 4.70　地幔柱演化过程示意图（据 Richards，1991）

颜色代表温度，黄色代表最高温度；棕色代表最低温度。（a）～（c）地幔柱上升，及头部扩大和细尾的发育过程；（d）地幔柱头碰到岩石圈底部时逐渐变平；（e）、（f）冷的致密的物质下沉（黄褐色），各地幔柱逐渐变冷（注意幔柱中心温度较低者），产生新的地幔柱

2. 地幔柱的演化

像板块构造系统一样，地幔柱是地幔对流的一种方式，然而，板块构造与地幔柱是既相关又独立的两个对流系统。一个是涉及地幔物质在离散板块边界上升、汇聚板块边界下降及板块运动的对流系统；另一个是来自地幔深处物质以细柱状方式上升。尽管地幔柱输送的热量比板块边界过程少得多，但是地幔柱同样主要由内部热量所驱动。地幔柱可能来自于地幔底部的一个高温层。该层包围着熔融的铁质地核，温度如此之高以致相对于其上覆地幔来说，具有非常低的黏滞性（低 100 ～ 1000 倍）和较低的密度。当来自于液态铁核的热量进入该边界层，部分地幔会发生膨胀，密度降低。当有一小部分变得比上覆冷的地幔轻（200℃和 0.1g/cm^3 就够了），就会因浮力而上升。这样，一些小的肿状物就会在边界层形成（图 4.70），最终会长成地幔柱。

实验研究表明，一个新形成的初始地幔柱穿过地幔上升时具有一个大的球状柱头，该柱头由一个延长更深的细长管子即柱尾供给物质(图4.70)。地幔柱通过地幔上升过程中，阻力会使柱头上升的速度比柱尾慢，这样就会因柱尾物质的不断供应而不断长大，所以上升的柱头就像气球充气一样膨胀；柱头也同样会因为周围冷地幔物质的加入而长大。

由于柱头是在穿过地幔过程中长大的，那么，只要穿越的距离足够远就能形成大的地幔柱头。利用此关系，我们可以估计出地幔柱一定上升了数千千米，可能是从核幔边界到达地表——2700km。如果如此，从熔融态的金属核中损失的热量大部分被地幔柱所带走，这样，地幔柱可能承担了地球总热量损失的10%；板块构造承担了地幔热量损失的80%以上（Hamblin and Christiansen，2003）。

当初始地幔柱头接近地表，触到强硬岩石圈时会向四周扩展形成一个1500～2500km直径、100～200km厚的热物质大圆盘（图4.70），这是大部分大陆溢流玄武岩省的大致规模。上升的地幔柱使地表上升形成矮的穹窿（图4.71）。如果柱头有1400℃（大约比正常地幔高200℃），浮力和额外的热量能够在地表形成一个数百千米宽（直径）、高约1km的宽阔的穹窿（图4.71）。该隆升作用可使上覆岩石圈产生伸展、正断层，以及裂谷等。此外，当地幔柱上升至浅部，因降压而产生部分熔融形成玄武质岩浆。地幔柱的柱头越大，形成的玄武岩体积就越大。

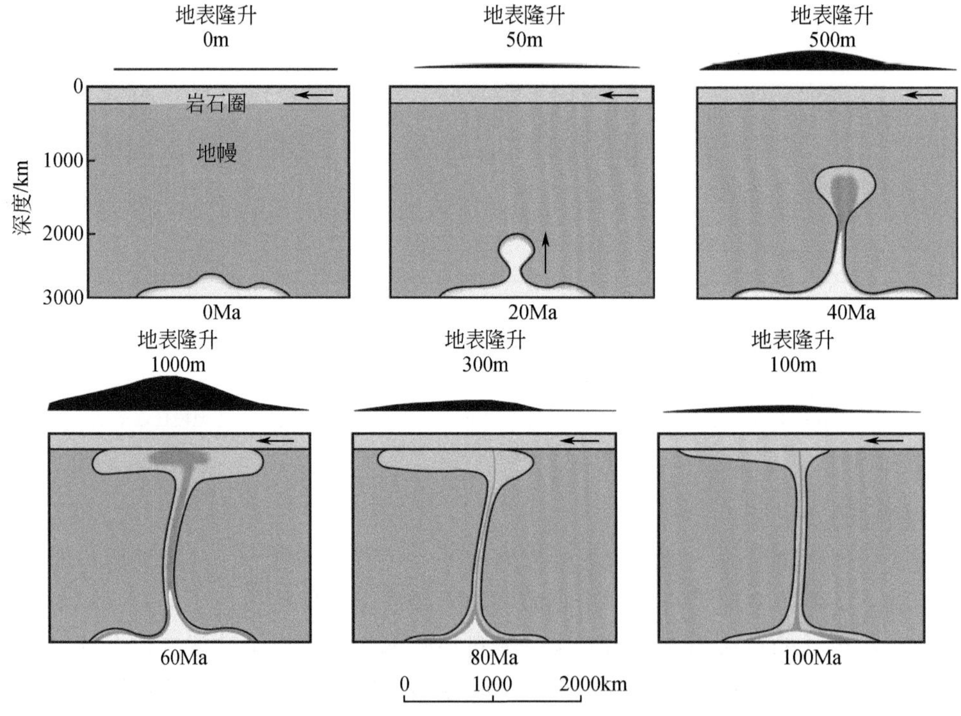

图4.71 地幔柱演化阶段与地表相应示意图（据Hamblin and Christiansen，2003）

柱头的增大是因为周围地幔物质的加入和运动速度比柱尾慢；一旦柱头接触到强硬的岩石圈，就会扁平化为一个薄而宽的大圆盘；地幔柱的浮力和热量引起地表隆升；在开始的几十百万年中地幔柱中心部位能引起地表隆升1km；随后随着板块移动和柱头的消散，留下细长的柱尾；最终全部消失

然后，地幔柱头随着不断冷却或与浅部软流圈的混合而消失（图4.71），随后地幔柱余下的历史主要靠细长的柱尾的流动来控制。与柱头相比，窄的柱尾的直径可能只有

大约 300km 左右。隆升、伸展，以及玄武质岩浆作用同样与地幔柱演化过程有关；当岩石圈移离地幔柱位置时，就会冷却、收缩和沉降，也许同时伴随着大的沉积盆地形成，这一过程可能持续数百百万年。最后，地幔柱会因热能失去殆尽而死亡，在另一地方形成新的地幔柱，继续从深部携带能量至地表。一个地幔柱的一般生命期为 100Ma 左右，总之，一个地幔柱从形成、衰退到死亡是个短暂的过程。

板块和地幔柱是互补的，各自涉及地幔对流的不同方式。地幔柱可能是来自地幔底部的热的边界层，而板块则是地幔顶部的冷的边界层。地核释放出热量，使部分上覆地幔变轻，以地幔柱方式上升；相比之下，板块较冷，使其密度大于下伏地幔而下沉。因此在板块构造系统之外，还有一个地幔柱构造系统，主要涉及岩浆作用下岩石圈的垂向运动。这些过程都叠加在不断移动的板块之上。

4.6.4　地幔柱岩浆的形成

岩浆系统的各种组分犹如河网一样，每种岩浆都有其岩浆来源、岩浆通道以及最后就位位置，要么喷出形成熔岩流、要么结晶形成深成岩。理解岩浆来源的“where，how，why”是理解和预言整个岩浆系统行为的关键。上升的地幔柱的岩浆来源可能与热地幔物质上升到浅部的减压熔融有关（图 4.72），该机理非常类似于大洋中脊玄武岩浆的形成机理（图 4.36）。减压熔融在地幔中是普遍现象，因为上地幔中最普遍的岩石橄榄岩的熔点随压力降低而缓慢降低（图 4.72）。当低密度固体地幔随地幔柱向上运动时，压力递减的速度比地幔柱释放热量以达到与其周围平衡的速度要快，图 4.72 中的箭头表示了随地幔柱上升的橄榄岩的压力 - 温度变化的一种可能路径。尽管随地幔柱上升的物质有些许变冷，但在达到 100km 左右深度时还是穿过了部分熔融曲线。因而，地幔柱中的部分橄榄岩熔融形成玄武质岩浆，这些玄武质熔体甚至比地幔柱中的固体密度低，所以向上运动进入地壳，充填形成岩墙、岩席，或进入其他岩浆房中。这些新进入的岩浆会与其他岩浆混合冷却，形成固体深成岩，或继续向上运动喷出形成安静的熔岩流，构成盾式火山的一部分。

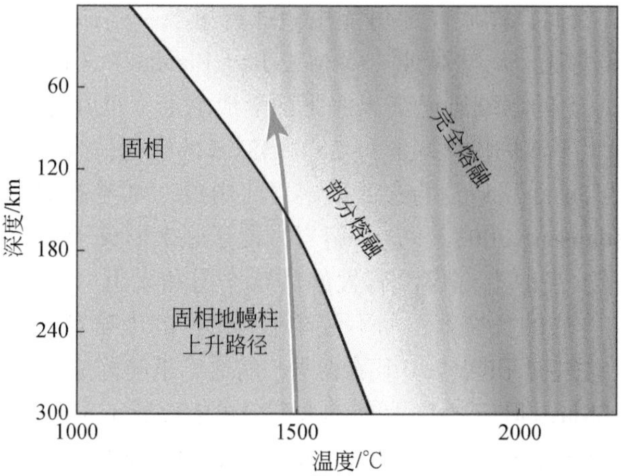

图 4.72　地幔柱上升减压熔融的岩浆产生路径图（据 Hamblin and Christiansen，2003）

黑色曲线代表地幔橄榄岩开始熔融的温度；蓝色箭头表示地幔柱上升过程中压力和温度的变化路径。横坐标是温度（℃）；纵坐标是深度（km）

对与地幔柱有关的玄武岩成分的深入研究得出了一个惊奇的结果：这些玄武岩可能来自于受古洋壳包括大洋玄武岩和沉积物所污染的部分地幔。这里的困惑是，如果地球物理证据是正确的，即地幔柱来源于地幔深部，甚至核幔边界，那么地壳物质包括沉积物是如何进入深部地幔的？难道地幔柱源区是俯冲大洋岩石圈的堆积场吗（图 4.69）？

由玄武岩和海底沉积物构成的洋壳在俯冲过程中形成石榴子石和其他致密的高压矿物，经历密度明显增加过程。也许是因为密度增加使洋壳一直俯冲到核幔边界，像岩石慢慢沉入稠的泥浆中一样。之后不会继续俯冲，因为地核的密度更大。这样俯冲下去的岩石圈在核幔边界滞留可达数百万年，与其周围地幔岩石相混合。如果这些混合物被来自地核的热量加热而膨胀，它可能慢慢向上运动返回地表，甚至熔融产生玄武质岩浆。

这一结论提供了行星地球大循环系统的最后要素。浅层地幔的部分熔体上浮，并在洋中脊喷发形成地壳，然后被深海沉积物所覆盖。在洋壳（包括沉积物）向下俯冲过程中发生变质、脱水，并与地幔岩石发生不完全的混合，部分返回地表形成岛弧，大洋岩石圈也许最后整体到达核幔边界，并滞留到来自地核的热量使之再上浮返回地表，此时它是作为地幔柱尾的一部分向上运动而非此前的钢板似的下沉（图 4.69）。

4.6.5 大洋地幔柱

大洋地幔柱即是上升至洋底的地幔柱，每个地幔柱都有其各自的历史，不同的开始和结束。具有大柱头的新地幔柱上升至大洋盆地底部后会产生什么？当长寿命的柱尾继续发展会发生什么？有些大洋地幔柱集中于大洋中脊之下，产生异常丰富的火山与构造的混合特征。下面将针对初始地幔柱、与柱尾有关的火山作用以及洋脊地幔柱三个方面分别讨论。

1. 初始地幔柱：洋底高原和溢流玄武岩

第一种类型的大洋火山作用是产生别具特色的水下地貌。分散于洋底的一些宽阔的高原，比周围高出数千米（图 4.65）。这些大洋高原（oceanic plateaus）并不容易探测，所以对此知之甚少。然而，洋底高原可能由地球行星上一些最壮观的火山事件所形成。最大的大洋高原当属翁通 - 爪哇高原（Ontong-Java Plateau）（图 4.73）；其大小相当于澳大利亚的 2/3。高原上的珊瑚礁已高出海平面形成翁通 - 爪哇环状珊瑚岛，是世界上最大的珊瑚岛。赤道西太平洋周围区域是厚 25 ～ 43km 的洋壳，约是正常洋壳厚度的 5 倍。该巨厚的洋壳据说由 36 百万 km^3 的玄武质熔岩流组成，可覆盖整个美国本土 5m 厚一层（Hamblin and Christiansen，2003）。这些熔岩流覆于原来形成于洋中脊的老的洋壳之上，具有其自己的磁条带。高原上好像没有大的盾状火山和火山口。那么，熔岩一定是像溢流玄武岩一样喷发自洋底的长裂隙，而不像洋中脊那样的小喷发。

高原熔岩的古地磁特征和同位素年龄表明，翁通 - 爪哇高原至少形成于两个阶段，分别是大约 120Ma 和 90Ma，即白垩纪；高原的大部分可能形成于 3Ma 之内。如果如此，翁通 - 爪哇高原的喷发口每年必然喷发 15 ～ 20km^3 的熔岩，可与整个洋脊系统一年产生的新洋壳相媲美。从地质学观点看，如此大量熔岩的快速输出确实很惊奇。如此大范围的海底地貌的改变只需几个百万年；影响如此大区域变化的地质过程则需要几十个百万年才可以完成，如落基山脉的抬升经历了 40Ma 之久、安第斯山脉至少已经经历了 30Ma。

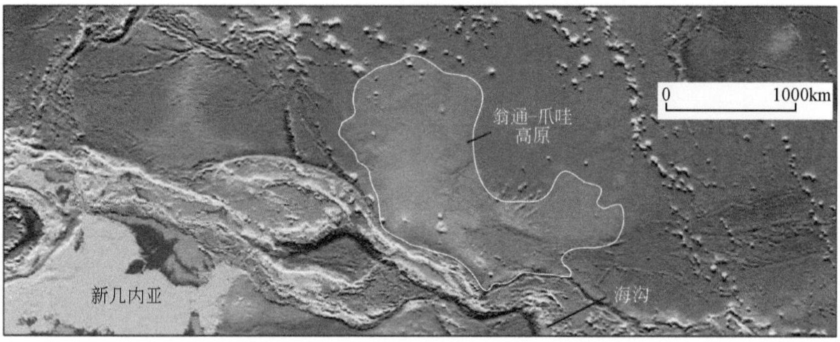

图 4.73　白垩纪喷发的洋底玄武岩构成的翁通－爪哇（大洋）高原（Ontong-Java Plateau）（据 Hamblin and Christiansen，2003）

该洋底高原较其周围深海高数千米，底部是厚约 40km 的地壳，约是正常洋壳的 5 倍；洋底高原可能与新地幔柱的大柱头的喷发有关

如此大的洋底高原可能代表了与新地幔柱开始有关的一次突发的岩浆活动。当扩大的地幔柱头上升到洋底时，部分熔融产生大量玄武质熔岩并在很短的地质时期内喷发，最后柱头的热量尽失，部分熔融作用减弱，而大洋岩石圈继续在柱尾上移动，形成热点链。路易斯维尔（Louisville）热点（图 4.65）最可能是供应翁通－爪哇高原的地幔柱的现在位置。

2. 柱尾火山作用：热点岛链

第二种类型的大洋火山作用是产生热点岛链。现在看来，大部分板内火山作用主要是地幔柱尾之上的大盾式火山。大部分是从火山顶或侧面的火山口相对平静地喷出玄武质熔岩流。塌陷破火山口通常在盾式火山顶部。此外，来自地幔柱的热量和火山的重量引发各种垂直构造过程。热点火山系统可参考夏威夷火山岛链来讨论。

夏威夷地幔柱：夏威夷是大洋岩石圈下仍在上升的地幔柱尾之上的火山活动的最好例证（图 4.74），它是横跨太平洋海底至阿留申海沟一系列其他死火山的活动区域（图 4.75）。夏威夷火山所喷发的熔岩足以把整个加利福尼亚州铺上 1.5km 厚的一层。夏威夷西北部岛屿均是被深度侵蚀的死火山。

夏威夷岛由五个主要火山组成，每个都经历无数次喷发。莫纳罗亚山（Mauna Loa），地球上最大的活火山，占据着夏威夷主岛，比洋底高出 9000m（图 4.76）。这一大盾状火山是在过去百万年来多次喷发所形成，而且现在还在活动。沿着莫纳罗亚山边侧还可看见许多现代的熔岩流，图 4.74 中从一系列裂隙释放沿脊顶的一系列羽状线。椭圆形的火山口的形成是由于莫纳罗亚火山峰重力作用下多次坍塌或岩浆向下伏岩浆房的回撤所致。

莫纳罗亚山东南部是比较年轻的基拉韦亚（Kilauea）火山，年轻的熔岩流沿裂隙带喷发。沿东部裂隙带的喷发自 1986 年以来就没有停止过。再往东南，是一个更年轻的现在仍在活动的海底盾状火山——Loihi 火山（图 4.76）。夏威夷火山形状像一个大的圆形高原，海平面以上要比水下更为平坦，因为海平面以上熔岩流可以比较自由的流动，而水下因海水影响则快速冷却形成陡坡，且容易形成海底滑坡。莫纳罗亚山和基拉韦亚火山的水下侧面确有大规模滑坡的痕迹（图 4.76），事实上，整个火山都被自身的重量所分裂（图 4.77）。

图 4.74　夏威夷岛鸟瞰图（数字模拟来自 Oliver Chadwick and Steven Adams of JPL. Photo Researchers，Inc.；转引自 Hamblin and Christiansen，2003）

夏威夷岛的北端有两个老的侵蚀火山；莫纳罗亚山（Mauna Loa）是最突出的大火山，在过去 150 年中已喷发了好几次；基拉韦亚（Kilauea，右侧）是已达海平面的最年轻的火山，最近的喷发发生于 1983 年

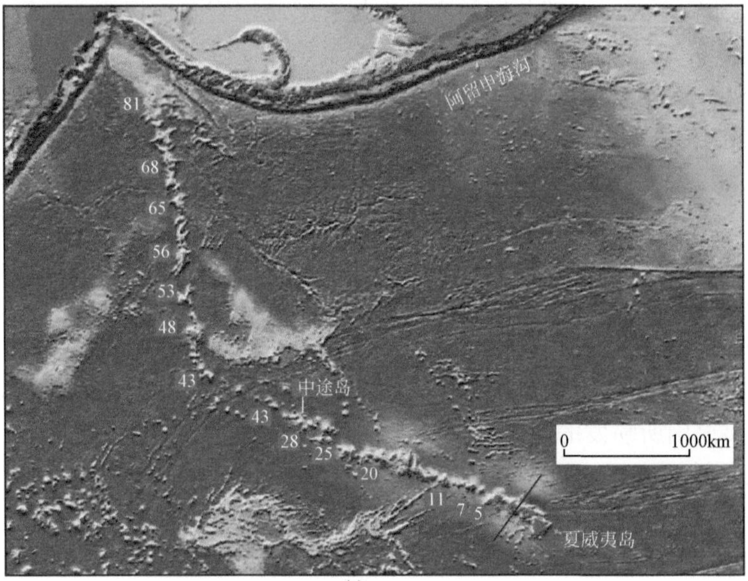

(a)

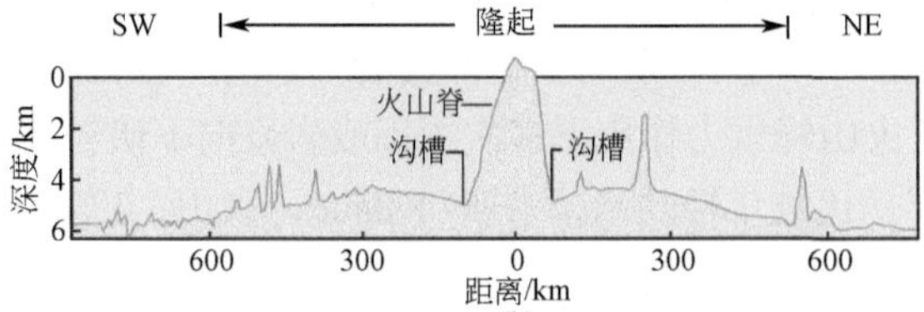

(b)

图 4.75　夏威夷－皇帝岛链地貌特征（据 Hamblin and Christiansen，2003）

（a）火山岛和海山表现出的最醒目的长链；链的转折表示板块运动方向的改变，现在向北西方向移动；细长的隆起代表热点迹线，夏威夷地幔柱附近海拔最高，向北西逐渐降低；岛的两侧的沟槽（moat）是由火山重力沉降所致；图中数字是海山链火山岩的年龄，单位：Ma（底图据 D. T. Sandwell 和 W. H. F. Smith，Scripps Institution of Oceanography，University of California at San Diego）。（b）下伏地幔柱热引发的宽阔隆起上的火山剖面；两侧窄的沟槽（moat）是由于火山岛的重力引起太平洋板块向下弯曲所致

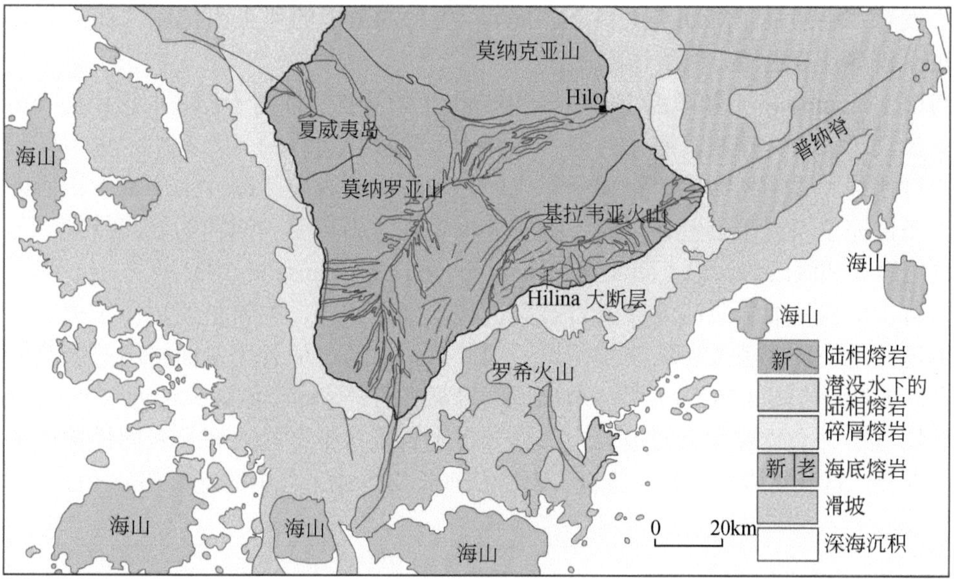

图 4.76　由若干火山组成的夏威夷岛平面图（据 J.G. Moore，U.S. Geological Survey 和 W. Chadwick，Oregon State University；转引自 Hamblin and Christiansen，2003）

夏威夷岛由若干个火山组成，包括地球上最高的火山——莫纳罗亚山（Mauna Loa）和正在向地表生长的海底火山——Loihi 火山；图中展示了莫纳罗亚山和基拉韦亚火山（Kilauea）沿窄的裂隙带喷发的特点；Loihi 火山的弧形特征也是沿海底裂隙带喷发所致；注意火山的水下侧面形成了大的滑坡；岛上的正断层和一些裂隙带则是由这些滑坡所致。

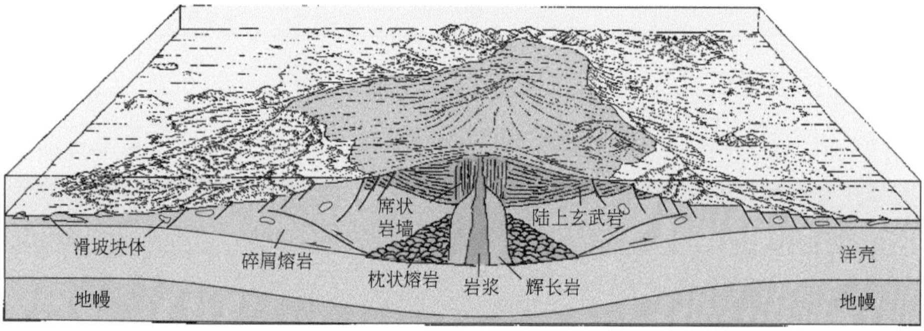

图 4.77　大洋地幔柱上的岩浆系统（据 Hamblin and Christiansen，2003）

玄武质岩浆在地幔中形成以后，因浮力向上通过岩墙进入小的岩浆房，与先期存在的岩浆相混合；岩浆房中的岩浆冷却、结晶沿房壁形成辉长岩；大的滑塌岩块导致火山破裂，岩浆充填于裂隙带中，并喷发形成水下枕状玄武岩或熔岩碎块，如果火山高出水面则形成陆上熔岩；火山的重力引起下伏洋壳的沉降

夏威夷下伏的热（地幔）柱尾同样引起了大洋岩石圈的隆升（图 4.75），隆升范围约 1500km 宽、4000km 长、1km 高，这一隆升可能与地幔柱的浮力和热量有关。该隆起沿着地幔柱迹线延伸，向北西因离开地幔柱，岩石圈冷却而缓慢下降。火山脊改在隆起洋壳之上，使之再升高 5km 左右。由于这些火山的重量太大，以致在底部形成窄的凹陷或凹槽（图 4.75），此外，因均衡作用岛慢慢下沉，夏威夷岛下沉速度大约 3.5mm/a，生

物礁不发育；毛伊岛（Maui）大约 2.2mm/a、更远的由老的死火山构成的岛链如瓦胡岛（Oahu）沉降速度更慢，但生物礁发育。

海山（seamounts）和洋岛（oceanic islands）的演化：散落于洋底的火山岛和海山是地球上最大的火山，控制其演化的因素不同于汇聚板块边缘的复合火山，也不同于离散板块边缘的裂隙式熔岩喷发。大部分形成洋岛和海山的火山活动发生于水下，所以温度和压力条件完全不同于陆上，同样，海底火山生长时不会受到同期的水流侵蚀。下面讨论对这类洋岛和海山的认识（图 4.78；Hamblin and Christiansen，2003）。

来自于地幔柱的岩浆向上穿过岩石圈，甚至到达洋底，主要是通过位于火山顶部或侧面的脆性地壳的裂隙或岩墙挤压而出。因此，海山通过从各个侧面挤出的岩浆而得以向上和周围扩展［图 4.78（a）］。来自顶部岩浆房的岩浆同样沿裂隙带近水平流向侧面，因此岩墙占了整个盾式火山的很大一部分。在小岩浆房中结晶的辉长岩同样构成了重要的核心部分。这三类岩石，海底熔岩、岩墙和辉长岩构成了火山的绝大部分（图 4.77）。

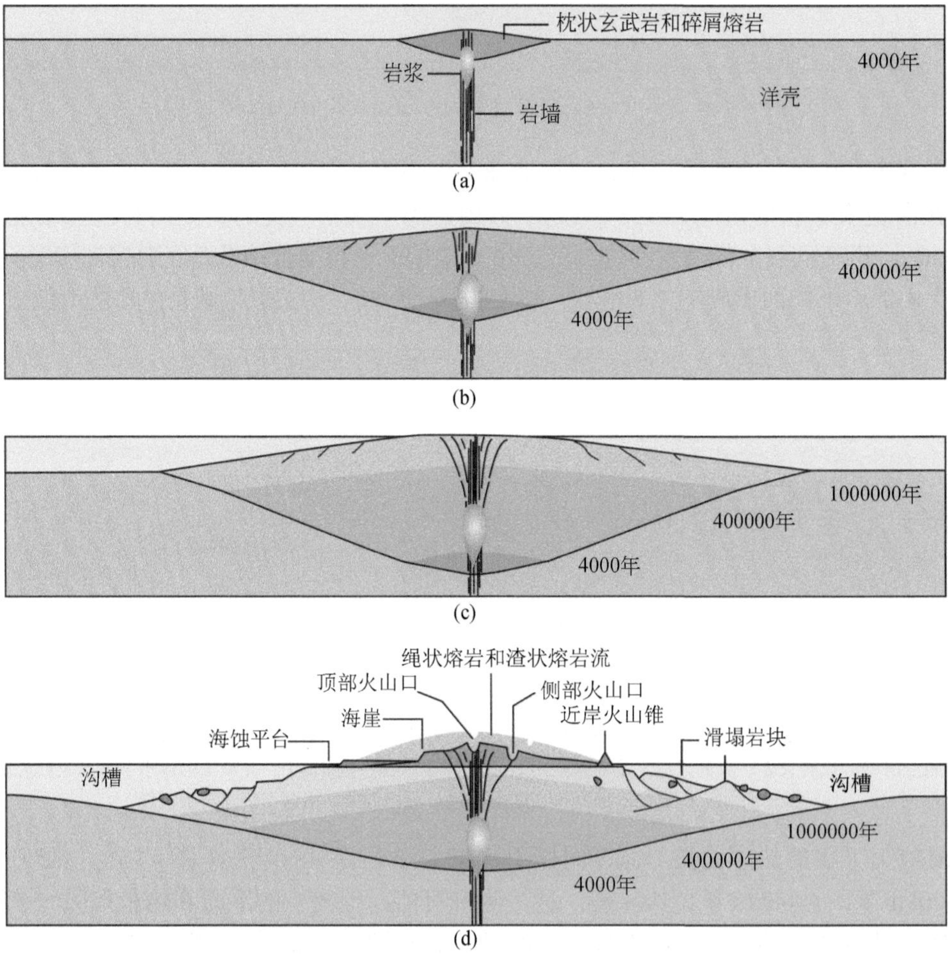

图 4.78　与热点有关的海底火山演化示意图（据 Hamblin and Christiansen，2003）

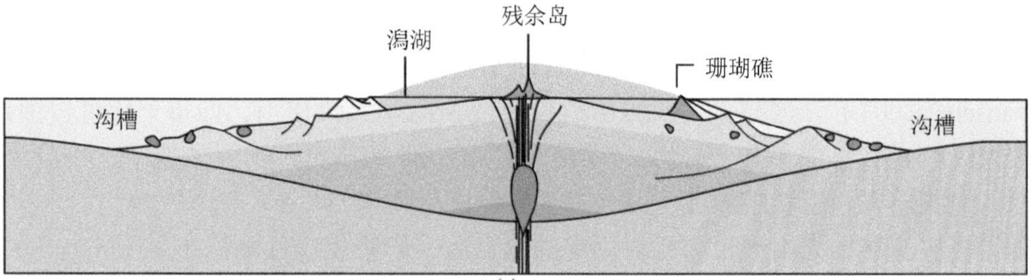

图 4.78　与热点有关的海底火山演化示意图（续）（据 Hamblin and Christiansen，2003）

（a）喷发的前 4000 年形成高约 1000m 的火山，只占最终火山体积的 0.4%，主要为枕状熔岩和碎屑熔岩；因均衡沉降使实际体积会大于高度所显示的体积。（b）400000 年后，海山达 4000m 高，约占整个火山体积的 40%；火山仍然通过岩墙和小的深成岩而生长；火山在自身重量下扩展。（c）约 1Ma 后，火山到达海平面，侵蚀与陆上岩浆喷发相结合；具有缓斜坡、裂隙带和顶部塌陷火山口的典型盾形火山发育。（d）顶部和侧部的持续喷发形成海平面之上的盾状火山；海蚀平台和海崖扩大，滑塌岩块发育，水流侵蚀强劲。（e）火山飘离热点位置后的几个百万年内，侵蚀作用形成海蚀平台，形成平顶山（guyot）；远离热点而沉降；热带地区，在侵蚀火山的石灰岩平台上发育珊瑚礁

在大的海底火山演化过程中，随着顶部的不断上长，按均衡原理火山基底必然向下沉降，补偿根大约是上覆物质厚度的两倍。这样，具有 3km 隆起的玄武质火山实际上厚 9km，因其基底同时下沉了 6km。图 4.78（a）～（c）展示了典型海山在演化的前 1Ma 的沉降和生长过程。海底熔岩喷发有两种不同的形式。一种是枕状熔岩，被认为可能是绳状熔岩的水下表现；另一种是层状凝灰岩、爆发形成的碎屑玻璃物质以及粒化热熔岩。此外，熔岩中气孔的量，亦即熔岩的密度与水的压力直接相关，大约 1000m 水深，气孔只占岩石的大约 5%，而 100m 水深时，气孔可达 40%。因此，大洋深处的玄武岩密度要比陆地玄武岩大。

每种火山都受重力支配。当岩浆向上移动时，会形成火山隆和放射状裂隙，非常重的火山会使自身撕裂［图 4.77、图 4.78（d）］。破裂会发育成断层以及大的块体滑动，在海岸线附近留下断崖。夏威夷的基拉韦亚（Kilauea）火山南坡上的 Hilina 大断层陡坡据说就是一个滑塌陡崖（图 4.76）。海底火山地形图显示滑塌块体可能非常大，形成 30 ～ 40km 宽的断崖，滑塌物质可覆盖 10000km^2 区域（图 4.79）。

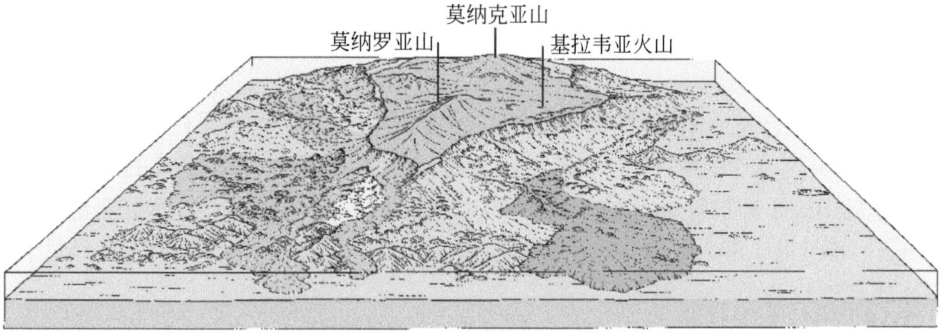

图 4.79　夏威夷岛和其他海山链侧面的巨大水下滑坡（据 Hamblin and Christiansen，2003）

有些海底火山到达海平面，海岸过程联合影响火山喷发［图 4.78（d）］。当 1100℃的熔岩喷发于陆地，然后遇上冷的海水迅速膨胀产生蒸汽云，熔岩破碎成碎块。这些松

散的物质很容易被海浪侵蚀和改造，沿岸沉积形成宽阔的台地。波浪对这种经海水淬火熔岩的侵蚀速度非常惊人，3km 宽的海蚀平台不到 250000 年即可形成（Hamblin and Christiansen，2003）。这与喜马拉雅山的极限侵蚀速率大致相当，即每千年可侵蚀掉 1m 厚的岩层。因此，一个海山要成长为洋岛，其喷出速率必须大于侵蚀速率。一旦火山高出海面，绳状熔岩和渣状熔岩流（aa）占主导地位［图 4.78（d）］。

随着板块漂移，火山被带离相对固定的热点后，岩浆供应逐渐停止［图 4.78（e）］，火山遭受水流、波浪，以及有时有冰川的严重侵蚀，山顶很快被削平，在海平面附近形成宽阔的平台，即平顶山（guyot）。随着距热点的距离不断增加，火山沉降到海平面之下，一旦下沉到 200m 水深以下，侵蚀面将基本保持不变。热带地区，珊瑚礁的生长会成为火山机体的重要组成部分。这些礁体形成碳酸盐岩台地覆盖在侵蚀的玄武质火山之上。

最后，这种被侵蚀的火山运移到俯冲带，要么随俯冲板片俯冲到地幔之中；要么增生到增生楔之中。经过数千千米的旅行之后，夏威夷－皇帝岛链的海山现正在向日本北部的阿留申海沟俯冲（图 4.64）。如果初始夏威夷地幔柱之上形成了洋底高原，那早已俯冲下去。

夏威夷的火山作用： 像其他大洋热点一样，夏威夷的火山岩主要是玄武岩，而富硅的岩石如安山岩、流纹岩则非常少见。与俯冲带相比，地幔部分熔融形成的岩浆绝大多数是玄武质，且贫挥发分如水等。岛链下面缺乏硅质陆壳物质可以一定程度上解释流纹岩的缺乏：因为没有花岗质岩石去同化，使岩浆富硅。大部分火山喷发开始都源自大约 1m 左右窄短的开放裂隙，然后迅速扩展为数千米长，引发地震，喷发熔岩形成几乎连续的“火帘”。主要由水蒸气、二氧化碳以及一些有毒的含硫气体组成的火山气与潮湿的空气混合形成典型的火山烟气，会影响气候。好在夏威夷喷发作用比较弱，没有喷发大量气溶胶到大气中。

夏威夷的地震： 夏威夷的地震是典型的地幔柱之上的地震。由于没有板块边界的参与，地震相对较小，也比较少，一般是一些与岩浆运移或与滑坡边界断层的滑塌作用有关的浅源地震，一般 4.5 级以下，震源 10km 以浅。此外，还有一类发生于地幔的较深部位的地震，最近最大的一次地震是发生于 1973 年的 6.2 级，震源深度 40km 的地震。如果没有板块间的相互作用，是什么引起了如此深源的地震呢？大部分该类较深的地震可能都是火山的巨大负载引起岩石圈变形的应变释放，所以往往发生于活动的火山链之下。

3. 大洋中脊地幔柱

三种类型的大洋火山作用并非都位于大洋板块内部，有些地幔柱恰巧位于离散板块边界之下。至少有六个地幔柱位于大西洋中脊之下，自北向南有挪威的扬马延岛（Jan Mayen）、冰岛（Iceland）、葡萄牙的亚速尔群岛（Azores）、特里斯坦－达库尼亚群岛（Tristan da Cunha）、修纳岛（Shona）以及布韦群岛（Bouvet）（图 4.65），其中冰岛是最著名的，这里以冰岛地幔柱为例进行讨论。

冰岛地幔柱： 冰岛位于北向延伸地震活跃的大西洋中脊与地震不活跃的格陵兰（Greenland）－法罗（Faeroe）岭（或高原）的交叉点上（图 4.65）。向东的高原是被扩张洋脊撕裂并分属于两个板块上的热点尾部。如果不是因为冰岛下面有地幔柱，这个地区也是一个像全球洋脊系统一样的水下部分。现在实际上是一个妥协对立带。喷发于洋脊上的玄武岩成分独特的原因是在地幔深部与典型地幔柱物质相混合，形成了其间的混合物。这些混合玄武岩沿冰岛南北 200km 长的大西洋中脊喷发。

由地幔柱引发的冰岛火山作用形成了 30km 厚的玄武质地壳，比正常洋壳厚 4 倍。局部地方，这一厚的地壳在热玄武岩新注入通道附近发生部分熔融，产生流纹岩岩浆。在其他火山中心，幔源玄武岩经分离结晶作用产生流纹岩。我们知道，流纹岩在正常的洋中脊极为罕见。由于多种多样的岩浆和独特的构造环境，冰岛上的火山喷发已经产生了溢流玄武岩、盾形火山、裂缝喷发、复合火山、流纹岩穹窿以及火山灰流火山口，如此众多与正常洋脊相当不同的火山特征。除了陆上喷发以外，水下喷发和冰下喷发也很普遍。

冰岛岭（Iceland Ridge）是 60Ma 开始形成，即格陵兰从欧洲裂离进入北大西洋开始（图 4.80）。新地幔柱的发育显然有助于裂谷作用。格陵兰和北不列颠群岛（British Isles）巨大的大陆溢流玄武岩省标志了大陆仍拼贴在一起时初始地幔柱的位置（图 4.65）。逐渐地两个大陆之间发育成了开阔大洋。从两个大陆之间的海底高高升起的活火山形成于仍在上升的柱尾之上。火山和熔岩流不断受到水流、冰川、波浪的侵蚀，使岛屿保持在海平面附近。此外，由于冰岛地幔柱中心正好在洋脊上，火山终究会从脊轴裂离，成为死火山。新形成的岩石圈逐渐移离洋脊而变冷，因此岩石圈下沉形成长形的高原，连接格陵兰与法罗群岛，即冰岛岭（脊）（图 4.80）。这个岭（脊）与扩张脊不同，没有活火山，也缺乏地震。

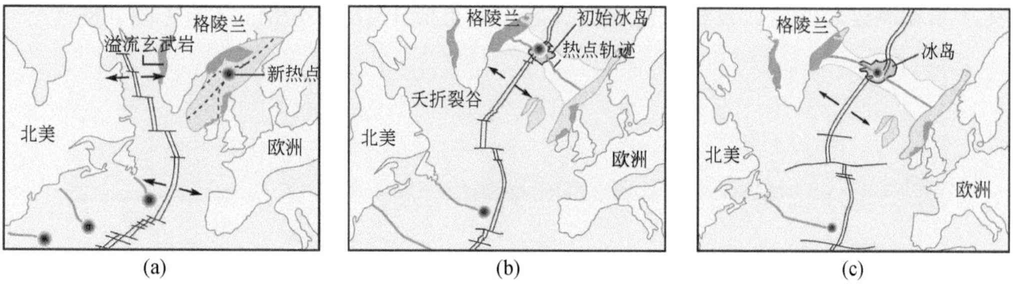

图 4.80　冰岛的形成与演化阶段图（据 Hamblin and Christiansen，2003）

（a）60Ma，一个新的地幔柱上升，在现在的欧洲与格陵兰的边缘形成了一个巨大的大陆溢流玄武岩省；（b）30Ma，格陵兰从欧洲裂离，并形成洋脊；地幔柱上形成火山，火山裂离在格陵兰与欧洲之间形成无震岭（脊）（绿色）；（c）现在，格陵兰和欧洲相离很远，有火山活动的冰岛位于大西洋中脊上，洋脊仍在裂离，但其下仍有活动的地幔柱存在

有些脊地幔柱，所在脊的位置突然发生改变，即所谓“脊跳跃”（ridge jump），就是柱尾被隔离在脊的一侧；一半热点轨迹限定在另一侧并停止生长。例如，葡萄牙的亚速尔群岛（Azores）之下的地幔柱曾一度在大西洋中脊上，但现在位于脊的东侧（图 4.65）。特里斯坦－达库尼亚群岛（Tristan da Cunha）地幔柱同样有一半热点轨迹位于脊的另一侧。脊跳跃也许能解释为什么东经 90° 海岭位于印度洋脊北部，而其母体地幔柱现位于该脊南部的克尔格伦岛（Kerguelen Island）之下（图 4.65）。该脊显然是在 37Ma 漂离了该地幔柱。

洋脊与地幔柱之间可能还有更为复杂的相互作用方式。孙卫东（2017 口头报告）认为，当洋脊靠近地幔柱时，会对地幔柱产生吸引作用，使之偏移到洋脊之下；当洋脊漂离地幔柱位置时，在黏滞力作用下，地幔柱会对洋脊产生迟滞作用。

4.6.6 大陆地幔柱

大范围的玄武质熔岩即大陆溢流玄武岩已使地质学家困惑了一个多世纪。它的起源用板块构造理论无法解释，直到提出可能是地幔柱成因之前一直是个谜。大陆地幔柱上的岩浆系统无论在成分、喷发和侵入类型，以及火山堆积特征等均不同于大洋热点。其原因可能有一下三个方面：①大陆壳与洋壳相比，厚度大但密度低；②大陆的富硅岩石可能同化而改变岩浆成分；③陆壳对应力的响应与洋壳非常不同。

1. 黄石地幔柱

黄石国家公园位于美国怀俄明州（Wyoming）的西北部，以其壮观的景色（温泉、间歇泉、峡谷）以及丰富的野生动物而闻名于世。然而，这些岩石却具有奇特的故事。三个大的火山口形成了黄石的核心，其中 8500km^3 的流纹质火山灰凝灰岩喷发于过去数百万年间。最近大的喷发发生于 620000 年前，火山灰被埋于密西西比河以西各州。来自该活火山系统的热量形成地表温泉和间歇泉等。

黄石西南部的斯内克河平原（Snake River Plain）被玄武质熔岩流所覆盖，同时散布着一些小的盾状火山（图 4.81），年轻的只有 2000a。玄武质熔岩流覆盖于厚厚的流纹质火山灰流凝灰岩之上。斯内克河平原下的流纹岩随着从黄石距离的增加而系统变老，到内华达州北部达 16Ma。更远的西南方向，一条窄的裂缝从内华达州北部斜穿而过，充满了玄武质和流纹质熔岩以及相应沉积岩，暗示其形成于 16 ～ 17Ma 之前（图 4.82）。

图 4.81 美国爱达荷州南部斯内克河平原上无数薄层玄武质熔岩流构成的盾状火山（据 Hamblin and Christiansen，2003）

该盾状火山高 50m，宽 5km

裂陷北部哥伦比亚河高原的溢流玄武岩覆盖面积近 5000000km^2，其累计厚度 1 ～ 2km，单个岩流厚度可达 100m（图 4.83）。熔岩流的巨厚累积并非单一的中心式火山喷发所致，而是由许多裂缝喷出所形成。这种大陆溢流玄武岩也许侵蚀成层状玄武岩高原，因此也称“高原玄武岩”。大的岩墙群的标志就是喷出熔岩的裂缝。最大的喷发是大约 17Ma，沿着爱达荷州西界的长裂缝火山口的喷发，与内华达州北部的裂陷相平行（图 4.82）。有些玄武质熔岩一直流进太平洋。

火山和构造特征如何联系呢？一种假说认为与黄石下伏的地幔柱有关。据此认为，大约在 17Ma 之前，一个地幔柱在现在的爱达荷州、俄勒冈州和内华达州交界处上升，初始地幔柱的巨大柱头形成了哥伦比亚河的溢流玄武岩，其喷发率很高，有些熔岩流非常长，同时伴随着伸展作用的抬升产生了内华达州北部的裂陷（图 4.82）。

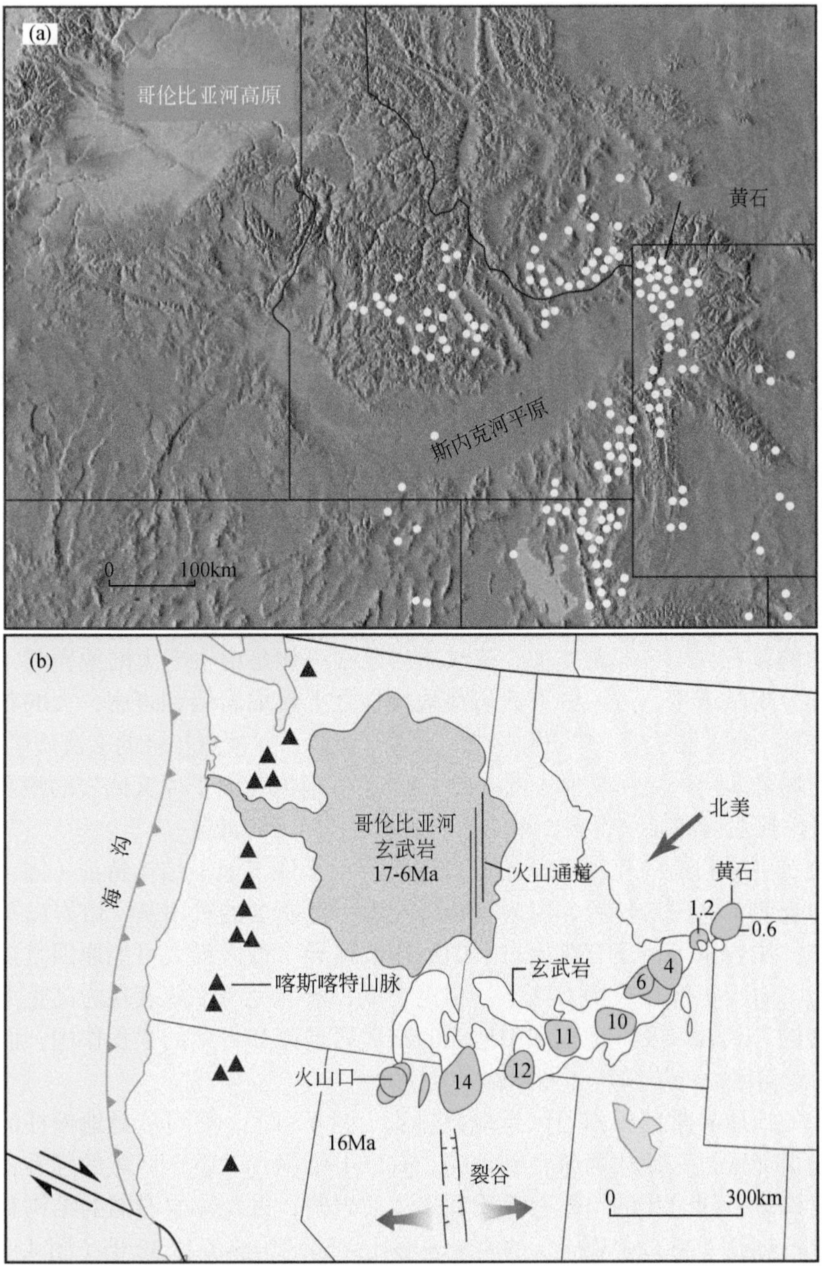

图 4.82　美国西北部与黄石地幔柱有关的新生代特征（据 Hamblin and Christiansen，2003）

约 16Ma 前，俄勒冈州、爱达荷州和内华达州交界处形成了流纹岩火山口，这可能是地幔柱中心位置；内华达州中部发育一窄的裂陷；同时，爱达荷州边界的狭长裂缝喷发的溢流玄武岩形成哥伦比亚河高原（Columbia River Plateau）；随着柱头的消散和北美板块在柱尾上的移动，形成了横跨斯内克河平原狭长的流纹岩火山口分布条带（下图火山口上的数据即为其形成年龄，单位：Ma）；后来，小的玄武岩喷发盖在了斯内克河平原之上；现在，黄石热点位于黄石国家公园之下，此处大量的流纹岩喷发覆盖了大部分地区；上图小黄点即为地震分布，与伸展正断作用有关

图 4.83 形成于 17 ～ 6Ma 的哥伦比亚高原溢流玄武岩（说明见正文；据 Hamblin and Christiansen, 2003）

由于北美板块在柱尾之上以大约 3.5cm/a 的速度向西南移动，在横跨爱达荷州南部的宽阔的地壳隆起之上依次形成了大的流纹岩火山口迹线（图 4.82）。每个流纹岩火山口与现在活动的黄石火山口非常类似，流纹质岩浆很可能是由古老大陆地壳与年轻的玄武岩的混合部分熔融产生。侵入的玄武岩在地幔柱之上形成岩墙和岩席，大的花岗岩体在火山口下结晶。地幔柱过后，岩石圈冷却、收缩、沉降，并被更年轻的玄武质熔岩所覆盖，形成宽阔的坳陷即斯内克河平原［图 4.82（a）］。斯内克河平原玄武岩的喷发速率和喷发量都比哥伦比亚河高原小得多，单个熔岩流长度均小于 75km。

横穿黄石高原和斯内克河平原的重力变化揭示了许多地下结构特征（图 4.84）。明显的低重力表明了火山口位置，因为其部分充填了低密度的火山灰、熔岩以及大体积的热岩石、流纹质岩浆等；还有火山口下的地震波速异常低，最大可能原因是热（甚至仍处于熔融态）岩石正好在火山口之下。相比之下，斯内克河平原表现为高重力，可能因为地表致密的玄武岩以及下地壳和中地壳的玄武岩岩墙和岩席的累积作用，而且其下没有发现仍处于熔融态的岩浆房（图 4.84）。

黄石大的地质异常的根本原因是地幔热流（图 4.84），更可能是地幔柱的上升。地幔柱的热量可能通过玄武质岩浆传到地壳，有以下依据：①整个区域的隆升；②浅层地震多发；③许多不同时代的单体玄武质和流纹质岩浆；以及④岩石圈的结构和成分巨大变化。对黄石热流（2000MW/m^2）的测量表明比大陆平均热流高 30 倍（图 4.84）。地幔柱过后的斯内克河平原的热流值也仍较高，到俄勒冈州边界已逐渐降到了正常值。地幔柱东南部没有什么影响，热流值比较低（图 4.84）。

2. 大陆裂谷、溢流玄武岩与地幔柱的关系

许多地质观察表明大陆裂谷、溢流玄武岩和地幔柱之间具有成因联系。大陆裂谷的许多发展阶段与地壳隆升和大量大陆溢流玄武岩的溢出有关。

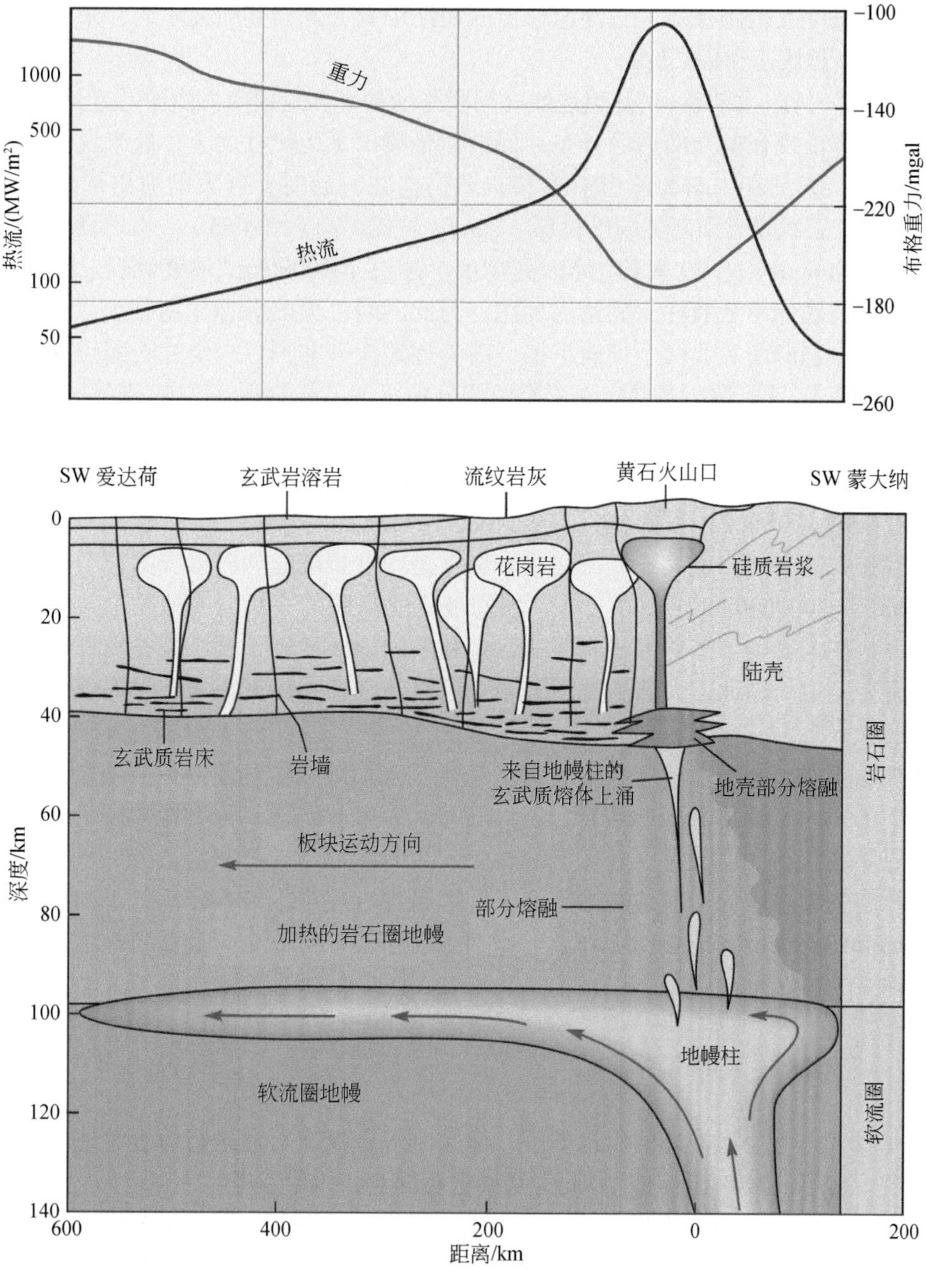

图 4.84　黄石地幔柱相关的高热流与地形特征（说明见正文；据 Hamblin and Christiansen，2003）

斯内克河平原（Snake River Plain）是地幔柱后的沉降带；地幔柱之上的地幔部分岩石密度最低；斯内克河平原之下的地壳密度比较高可能因为有致密玄武岩墙和岩席的侵入

如前所述，地幔柱开始只是内部边界层的一个小凸起，然后上升并发育为大的蘑菇状柱头和细长的柱尾，柱头可能有数千千米宽（图 4.70）。当柱头遇到上覆坚硬的岩石圈时，由于强硬的刚性岩石圈的阻碍作用其上升速度变慢、变平。来自地幔柱的热量和浮力可能使上覆岩石圈发生隆升和弱化，结果可能是伸展且裂开。若如此，大量大陆溢流玄武岩会迅速喷发并大范围覆盖。与慢速稳定的大洋中脊玄武岩的喷发不同，来自初始地幔柱的熔岩喷发是快速和幕式的。

溢流玄武岩省、大陆裂谷、热点迹线之间联系的最好例证即南大西洋的打开(图4.65)。溢流玄武岩省沿现在的大陆边缘分布，但最初是喷出于地幔柱之上，后来发展成为裂谷和洋底扩张。大约在125Ma，当南美和非洲仍连在一起时，巨大的喷出形成了南非的Etendeka溢流玄武岩省和南美的巴拉那（Parana）玄武岩（图4.65）。在巴西南部与相邻的巴拉圭（Paraguay），在大约10Ma间喷出了超过1000000km^{3}的玄武岩。该火山活动可能是岩石圈底部新地幔柱头到达的标志。与此同时，大陆裂谷作用开始，且自地幔柱火山活动处分别向南、北两个方向扩展，南美逐渐离开非洲，大洋岩石圈出现，南大西洋盆地逐渐形成。洋脊附近的热点在洋脊两侧分别留下了窄的海山痕迹。现代的特里斯坦-达库尼亚群岛（Tristan da Cunha）的位置即为现在地幔柱的位置（图4.65）。形成热点遗迹的火山作用规模比初始阶段小得多，它记录了柱尾连续地上升过程。

在过去的250Ma内，其他地方有几个大的地幔柱上升至大陆壳之下，形成了溢流玄武岩省和大陆裂谷。最大的溢流玄武岩例子是印度裂离非洲时形成的德干高原玄武岩（1000000～2000000km^3）。在北非，埃塞俄比亚高原的玄武岩流地喷出伴随着红海裂谷的发育。在（美国）密歇根州北部的苏必利尔湖地区发现了夭亡裂谷发育形成的前寒武纪溢流玄武岩。因此，大陆溢流玄武岩是地幔柱在初始离散板块边界形成中所扮角色的重要记录。

仅有地幔柱可能不能引起大陆裂解。二叠纪末期的西伯利亚溢流玄武岩（图4.65）是世界上已知的喷溢量最大的熔岩，但大陆并未裂解。同样，黄石地幔柱也许有助于北美西部的伸展破坏，但没有引起完整的裂谷作用和形成新的洋底。适当的板块运动、地幔柱上升产生额外应力，或地幔黏滞度降低等条件方能产生裂谷作用，否则裂谷难以形成（Hamblin and Christiansen，2003）。此外，地幔柱的出现也许会使仍在活动的裂谷调整到地幔柱中心位置。

4.6.7 地幔柱的有关争论

长期以来，有关地幔柱的争论颇多，徐义刚等曾撰文对此进行综合论述（徐义刚，2002；徐义刚等，2007）。这里以此为基础进行综合，以供参考。

Morgan（1971）的地幔柱学说主要有三个假设：①起源于地球核幔边界缓慢上升的细长柱状热物质流；②热点下具有异常高温地幔；③地幔柱是相对静止的，因此当板块在地幔柱上方移动的时，形成年龄沿板块运动方向逐渐变老的火山链。然而这三个方面均受到了质疑。例如，地震层析显示在黄石（Yellowstone）地区地幔热异常仅局限于200km以上的浅部地幔（Christiansen *et al.*，2002），在冰岛则局限于400km以上的地幔（Foulger，2002）。热流测量发现冰岛地区的热流值与其他非地幔柱活动地区的热流值没有什么差别。夏威夷-皇帝火山链是地幔柱学说的发源地，两者之间呈60°相交(图4.64)。长期以来认为这是太平洋板块在～50Ma时改变运移方向所致。但是磁条带、断裂走向以及板块运动重建不支持这一板块运移方向的改变。由此认为夏威夷地幔柱不是人们想象的，是静止的，而是每年以几个厘米的速度相对运动。

此外，Anderson 对地幔柱持不同意见，对其存在的证据进行了逐一的批评，并给出了非地幔柱成因的解释，主要有以下方面：①大火成岩省的一个特点是在短时间内喷发巨量岩浆。地幔柱学派认为这些特点只有地幔柱这一特殊动力学过程才能解释。但 Anderson 认为，短时间内喷发可能与板块的应力变化或板块重组有关。板块边缘和裂谷诱发的地幔对流也能产生大量岩浆（King and Anderson，1995）。此外，地幔源区如果含有榴辉岩等其他低熔点物质（Takahahshi *et al.*，1998；Yaxley，2000），那么不需要异常高温也能形成大规模的玄武岩省。②年龄成线性变化的火山链的形成也与地幔柱无关，而是岩石圈断裂（cracks）和引力释放导致的地幔物质发生减压熔融的结果（Anderson，1995，2003，2005；Smith and Lewis，1995；Foulge，2002）。③一些大火成岩省具有异常高的 $^3He/^4He$ 值，这被地球化学家认为是地幔柱物质来自下地幔的有力证据。Anderson 认为其证据不足，因为这些高 $^3He/^4He$ 值是在黄石、夏威夷和冰岛等与地幔柱有关的大火成岩省中发现的事实而推断的，因此存在事实和假设之间的混淆。Anderson 指出高 $^3He/^4He$ 比值可以来自于上地幔（Anderson，2000）。④与地幔柱有关的热异常会导致在岩浆喷发之前有地壳的抬升，但一些大火成岩省并没有地壳抬升的地质记录，而这一现象可以用无地幔柱参与前提下的板块应力作用来解释（Andeson，1994）。⑤物理模型认为地幔深部的巨大压力阻碍了热物质的浮力，因而地幔柱模型在动力学和流变学上是不可能的（Anderson，2003）。

由此可见，对地幔柱学说的质疑主要来自于深部地球物理探测的结果。关键的问题是现有的地球物理技术能否探测到地幔柱这样的在全球尺度上较小（$<$ 100km）的热异常。由于不同研究小组采用的技术和方法不同，因此对同一地区的探测结果存在很大的差别，例如 Foulger 等（2000）对冰岛的地震层析结果显示地幔异常只局限于浅部地幔，而 Zhao（2001）和 Wolfe 等（1997）却认为这一地区地幔热异常一直延续到核幔边界。因此不同的观点可能与地震层析技术的不完善有关。

尽管如此，从所有的地幔热异常出现在火山链或大火成岩省的观察事实似乎支持地幔柱学说。因为起源于深部的地幔热异常并没有随机出现在地球的任何位置。值得一提的是，美国普林斯顿大学的科学家声称，采用新的层析技术在夏威夷等十几个地方探测到了源自核幔边界的细长柱状异常体（Montelli *et al.*，2004），这给地幔柱假说提供了支持。但普林斯顿的结果也显示一些“热点”地区的异常深度在下地幔内部或上下地幔界线，而非核幔边界。对此不同学派有不同的反应和解释，反对地幔柱学说的学者将此作为地幔柱不存在的主要证据。 而另一些学者认为地幔柱理论预测的地幔柱尾的直径在 100km 左右，现有的技术可能还达不到这样的分辨率，因此现阶段出现不同的认识应该是正常的现象。还有一些学者（Courtillot *et al.*，2003）则认为存在三种不同类型的热点，分别起源于核幔边界、上下地幔边界和上地幔。起源于核幔边界的热点被称为原始热点，现今地球上至少有七个这样的热点如夏威夷、冰岛、阿法等，不加区分地讨论地幔柱是导致目前存在重大分歧的主要原因。

地幔柱是否具有热异常是另一个颇有争论的问题。根据传统的岩石学观点，形成科马提岩的地幔温度被估计为大于 1700℃，高镁岩石如苦橄岩的出现是高温地幔的证据

（Arndt and Nesbitt，1982）。但是另一些人则认为，科马提岩形成于岛弧环境，这暗示其形成不一定需要异常高温环境，水的加入是产生高镁岩浆的主要原因（Parman *et al.*，2001）。但是，科马提岩的岩石学和地球化学特征要求其源区为石榴子石稳定区，并通过大程度（> 30%）部分熔融形成，而从俯冲带的脱水作用发生的深度一般小于100km，因此 Parman 等的模式似乎难以解释科马提岩的超深来源（Arndt，2003）。

对于地幔柱假说中关于地幔柱静止的假设，Sleep（2003）认为，同刚性板块一样是一个有用的假设，但不一定是错误的。从来没有人因为板块的蠕动而否认板块构造。从动力学角度讲，地幔柱通道会受到其他地幔对流的影响。对从海沟回返的地幔流的模拟发现存在所谓的地幔风（Steinberger and O′Connell，1998），从而影响到地幔柱的流体动力体系。

徐义刚等（2007）认为，地幔柱学说可以解释地球上一级地质现象（first order observation，如火山链），在大的尺度上较为合理地解释了地球动力学的内在本质。反对地幔柱的学者过分强调了一些小尺度的与地幔柱理论不符的细节，由于小尺度地壳特征也与地幔柱以外的其他许多因素和过程有关，因此多少有点只见树木不见森林的味道。

4.6.8 古老地幔柱的鉴别

与现代地幔柱的鉴别方法不同，鉴别古老地幔柱时不再主要依靠地球物理手段，而更注重地质记录。Campbell（2002）提出了鉴别古老地幔柱的五个标志。

（1）大规模火山作用前的地壳抬升： 实验室和理论模拟表明，上升地幔柱通常造成大规模的地壳抬升并形成穹状隆起，地壳抬升的机理主要为地幔热柱对岩石圈的动力冲击。因此，地壳快速抬升及其所形成的穹状隆起是地幔柱作用区别一般壳幔作用的重要标志。此外，上升地幔柱在几百万 km^2 内发生公里规模的地表抬升必然对地表的沉积环境及沉积作用产生重大影响，所以对大火成岩省浅表沉积记录的研究是证实和研究地幔柱活动的一种独立而可靠的手段。Anderson 在其反对地幔柱学说的诸多理由中，其中之一就是大多数大火成岩省形成之前缺乏地壳抬升的证据。

（2）放射状岩墙群： 地幔柱的上升会导致上覆岩石圈处于引张状态。如果岩石圈是均一的，而且区域上没有外来力的作用，那么就会沿垂直应力最小的方向发育放射状的岩墙群或断裂（Ernst *et al.*，1995）。然而，实际上岩石圈总是有外力的作用，从而形成不规则的放射状的岩墙群，著名的 MacKenzie 岩墙群就是最典型的例子。此外，岩墙群的延伸方向还受到区域内原先存在的薄弱带的影响。与溢流玄武岩共生的放射状岩墙群与一般拉张构造背景下形成的岩墙的单一走向不同，因此是鉴别古老地幔柱的重要标志。放射状岩墙群的收敛点指示地幔柱头的位置（Ernst *et al.*，1995）。

（3）火山作用的物理特征： 虽然大多数现代地幔柱活动的产物主要以火山链和高原的形式出现在大洋环境，但早于 2 亿年的洋壳上却很少有这样的地质记录（Campbel，2002）。大多数被保存下来的与地幔柱有关的玄武岩主要出现在大陆环境。这一特点可以用来区分与地幔柱有关的火山作用和洋中脊（MORB）- 岛弧玄武岩（IAB），因为后者主要是海相喷发。当某个特定的火山系列中发现有风化和剥蚀的特征，那它不可能是

MORB，反之则不然，因为地幔柱活动发生在大洋背景下的可能性不可排除。另一方面，MORB 是蛇绿岩套中特征的岩石组合之一，因此它通常与斜长花岗岩，辉长岩，超基性堆晶岩和方辉橄榄岩相共生，这些都是大陆溢流玄武岩所不具备的。

俯冲带玄武岩具有相对较低的温度，并富含挥发分，因此火山碎屑岩是其最主要的喷发相。此外，由于俯冲带玄武岩具有较高的黏滞系数，岩浆不可能长距离流动。相反，与地幔柱有关的岩浆的黏滞系数低，挥发分含量也低，因此火山碎屑岩占喷发岩的比例相对较小，岩浆可以长距离（>100km）流动，形成大范围内可以对比的火山地层。

与地幔柱有关的岩浆与大陆地壳相互作用会导致地壳的深熔和长英质岩浆的形成。这些酸性岩浆同与 MORB 和 IAB 相伴生的酸性岩浆明显不同。地幔柱来源的岩浆停留在地壳中时，只要岩浆房上方地壳物质的熔点足够低，无论何种物质均会发生熔融，因此酸性岩浆的成分变化很大。另一方面，由于地壳岩浆房的双对流机制，因此岩浆分异作用的结果是形成双峰式岩浆岩，中性成分的岩石很少。这与岛弧环境中以中性岩为主的岩石组合明显不同。

（4）火山链的年代学变化：喷发年龄顺序变化的线状火山链是提出热点假说的主要依据之一，这一鉴别标志同样适用于大陆环境中地幔柱的判别。

（5）地幔柱产出岩浆的化学组成：总的来说，地球化学成分并不是鉴别地幔柱存在与否的最好手段。例如，虽然与地幔柱有关的岩浆的 Sr、Os、Pb 同位素组成总体上要比 MORB 的相应成分更高，而 Nd 同位素组成比 MORB 更低，但两者之间成分相重叠部分也很大。不过 MORB、IAB 和地幔柱产出岩浆的微量元素组成存在很大的差异，但地壳混染等因素使微量元素组成的意义变得复杂化。此外，一些无热点作用的板内岩浆的微量元素组成与 OIB 相似，暗示玄武岩的地球化学特征的动力学意义具有多解性（徐义刚等，2007）。

思　考　题

1. 地幔柱存在吗，有哪些证据。
2. 大洋地幔柱类型和特征。
3. 大陆地幔柱特征。
4. 古老地幔柱鉴别。

4.7　威尔逊旋回

1968 年 Wilson 在《美国哲学学会会议论文集》上发表了一篇题为“静止的地球还是活动的地球：现代科学革命”的简短论文。文中发展了他在 1966 年的观点：如果大陆漂移已经持续进行了相当长的一段地质时期，并以近来研究成果所认为的速率漂移，那就意味着一系列连续的洋盆曾经经历过诞生、生长、消亡、再闭合的过程。由于洋盆是地球表面的最大单元并制约着其他单元，因此根据现代实例来概括洋盆发展旋回的各个阶段是非常有用的（Wilson，1966，1968）。后来 Sengor（1990）对板块构造和威尔逊旋回进行了比较详细的总结。洋盆所经历的诞生—生长—消亡—闭合的往复循环过程被称为威尔逊旋回，大致可分为六个阶段，分别与现代的东非裂谷→红海亚丁湾→大西洋→太平洋→地中海→喜马拉雅山相对应（表 4.2），有的将之分为九个阶段，阶段 A—D 为扩张阶段（图 3.14）；阶段 E—I 为汇聚阶段（图 4.85）。

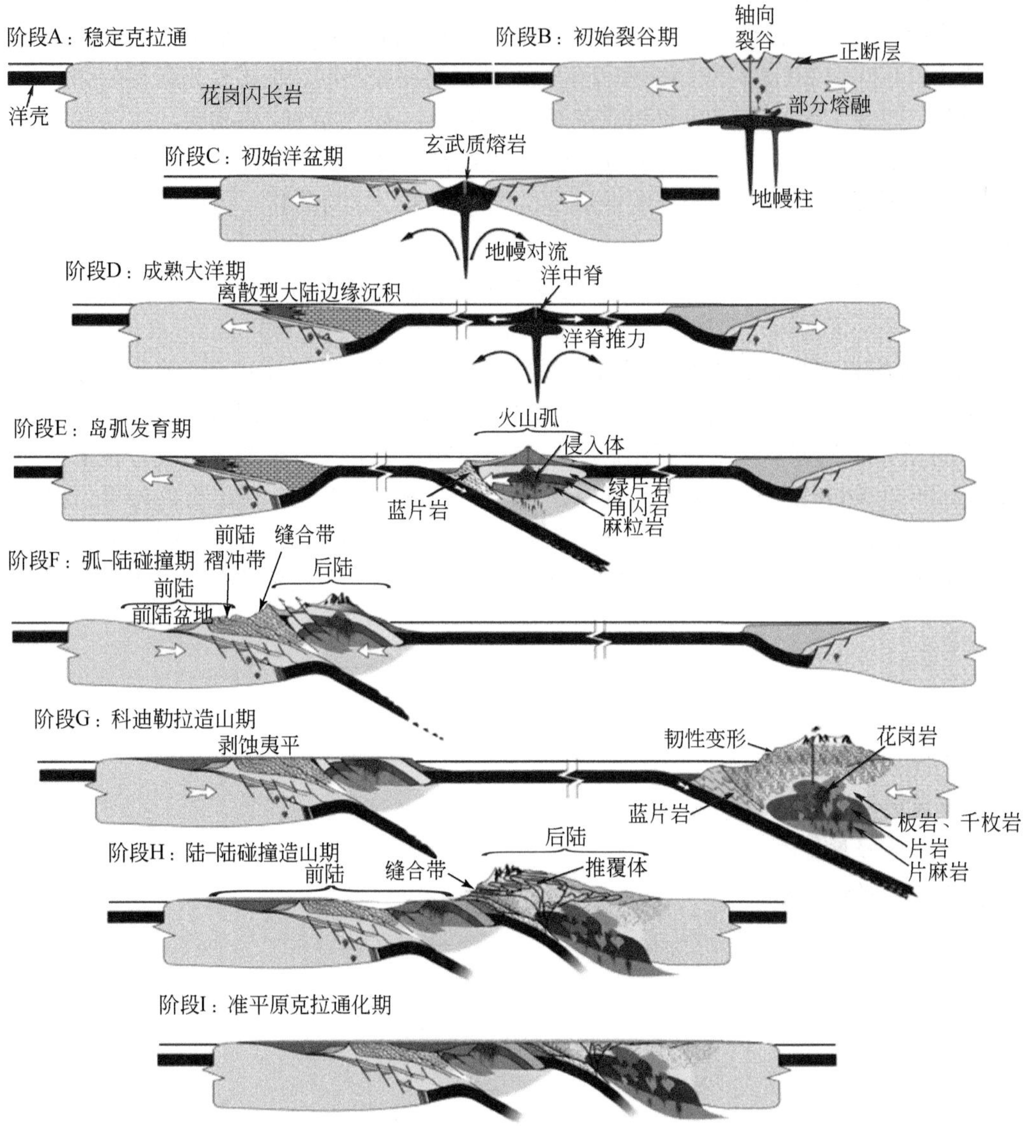

图 4.85 威尔逊旋回模式图（据 http：//csmres.jmu.edu/geollab/Fichter/Wilson/Wilson.html 修改）

扩张阶段：阶段 A：稳定克拉通；阶段 B：初始裂谷期；阶段 C：初始洋盆期；阶段 D：成熟大洋期。消亡阶段：阶段 E：岛弧发育期；阶段 F：弧－陆碰撞期；阶段 G：科迪勒拉造山期；阶段 H：陆－陆碰撞造山期；阶段 I：准平原克拉通化期阶段 A：稳定克拉通。

设想一个四周被洋盆围限的理想的大陆克拉通被风化剥蚀至准平原化，没有构造活动，没有火山活动，没有地震，按均衡原理既不抬升也不沉降，如此安静地保持数十甚至数百百万年（图 4.85 阶段 A）。

阶段 B：初始裂谷期（萌芽期）。

但是，克拉通会遭到破坏和裂解，如华北克拉通仍在继续遭受破坏。克拉通破坏的机制大致有四种：拆沉作用（delamination）、热侵蚀作用（thermal erosion）、拉张作用（extention）以及地幔柱作用（mantle plume）。拆沉作用是指早期的加厚作用导致地壳密度加大，这种重力上的不稳定性使高密度的地壳连同其下部的岩石圈地幔一同沉入软流圈，从而使岩石圈减薄。被拆沉的物质原来所占据的空间被软流圈所取代，而软流圈因其高的温度实现对上部岩石圈的加热，使之弱化，进而引起克拉通的破坏甚至裂解。热侵蚀模型认为，克拉通之下软流圈的“烘烤”使上部物质发生软化和熔融，这样在水平流动产生的切向剪切应力作用下，这一部分物质转变成软流圈的一部分，从而造成岩石圈的减薄与克拉通的破坏。拉张作用是指构造伸展使岩石圈减薄的过程。

地幔柱被认为是引起地壳乃至岩石圈的抬升、伸展和裂离的重要因素。来自深部的镁铁质和超镁铁质岩浆到达岩石圈或大陆壳底部，其热量使大陆壳变热而膨胀和隆升，形成数千千米大小（直径）、3 ～ 4km 高的穹窿（dome）。随着穹窿的不断扩大，大陆壳伸展变薄直到脆性的上地壳发生破裂，沿三个方向发展成三条放射状的三叉裂谷系（彼此夹角大致为 120°，因这样需要的力最小），三叉裂谷的交汇点即三联点（triple junctions）。最典型的三联点即为东非裂谷－红海－亚丁湾（图 4.86）。该阶段尽管裂谷作用将原大陆一分为二，但两侧大陆仍以陆壳相连接，尚未出现洋壳，如东非裂谷（图 4.86）。

构造特征：裂谷沉降主要通过两侧倾向裂谷中心的高角度（～60°）正断层活动实现，断层倾角向深部逐渐变缓（图 4.87），裂谷两侧构造对称或不对称。正断作用引起与裂谷轴垂直的水平伸展作用。所以，构造上以对称或不对称的正断层为主要特征（表 4.2，图 4.85、图 4.87）。

岩浆特征：大陆背景下，由于岩石圈伸展减压，软流圈上升，热流值增加，从而引起软流圈上部以及上覆岩石圈地幔的部分熔融。熔浆穿过地壳在地表形成火山，或在深部形成岩浆房。这些岩浆直接来自于地幔，故为玄武质岩浆，因此玄武质的火山作用是裂谷的特征之一。然而，当岩浆受困于位于深部的岩浆房中，会发生结晶分异作用，使岩浆成分发生改变。此外，主要由花岗闪长岩和斜长花岗岩构成的大陆下地壳也会发生部分熔融，形成碱性花岗质岩浆向上侵入形成岩基，到达地表的形成大规模长英质火山岩。两种岩石类型完全不同（一种位于鲍文反应序列的底部，另一种位于顶部）的火山岩同时形成，即构成双峰式火山岩。如北里奥格兰德裂谷中，流纹岩（酸性岩，SiO_2 70%）旁边发育拉斑质玄武岩（基性，SiO_2 50%），缺失 SiO_2 位于二者中间的岩石，这无法用玄武质岩浆的分异作用来解释。

裂谷中岩浆岩的典型岩石类型是碱性岩，即硅不饱和。碱性岩浆主要来自岩石圈地幔的低程度部分熔融（一般 <10%；Wilson，1989）。然而，代表较高部分熔融程度（一般 >15%）的拉斑玄武质岩浆在裂谷系中也非常常见，这通常代表了岩石圈的快速伸展，尤其是与热点有关的快速伸展，因快速伸展促进了更热的软流圈地幔岩石的抬升和熔融。大洋中的拉斑玄武岩即形成于快速伸展地区，因此可以认为，拉斑玄武岩是岩石圈强烈伸展，同时伴随软流圈物质上升和熔融的地区的重要特征。

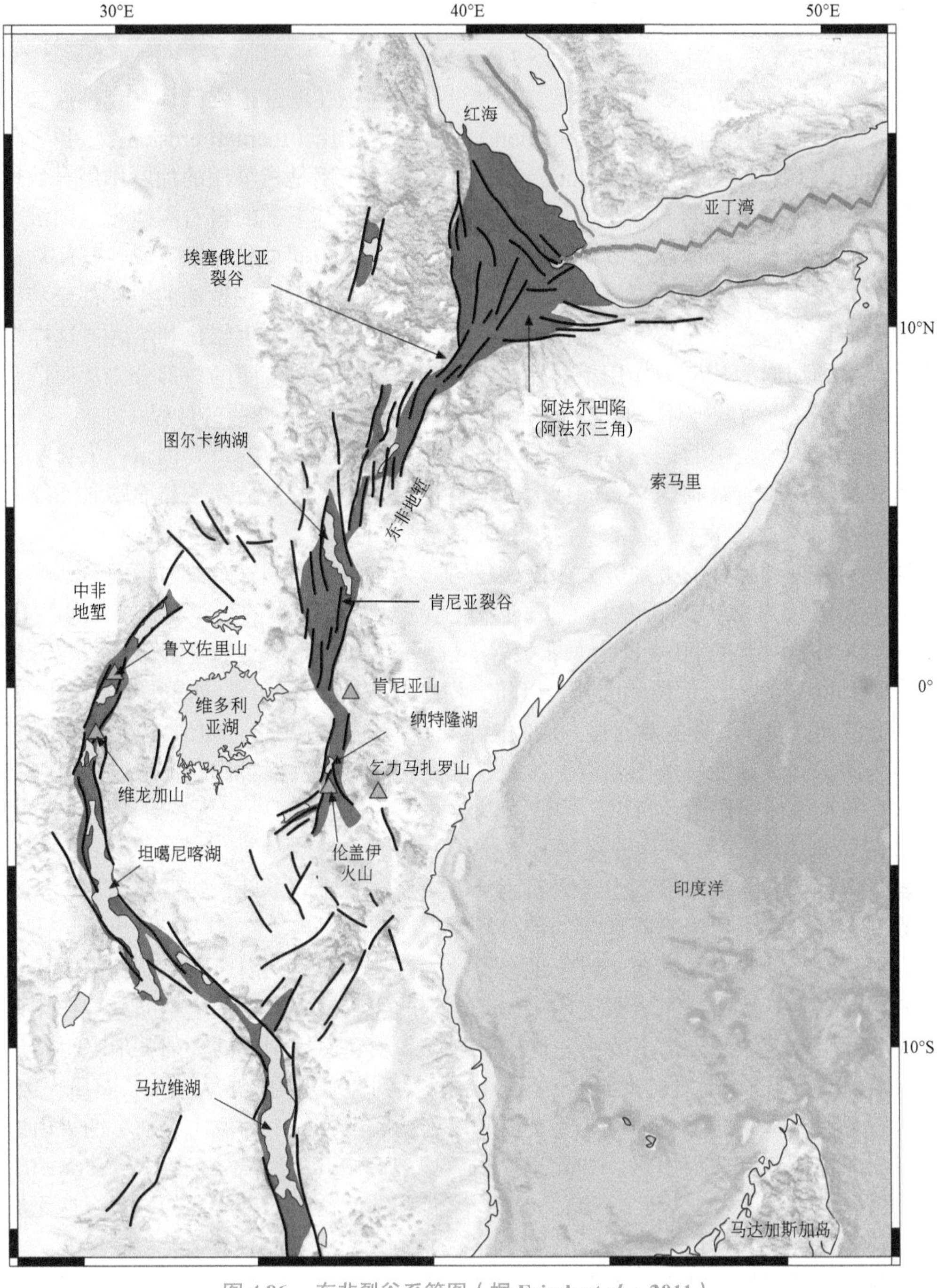

图 4.86　东非裂谷系简图（据 Frisch *et al.*，2011）

裂谷系中如东非裂谷和里奥格兰德裂谷，熔岩的碱性从轴部向肩部逐渐增强，说明轴部熔体形成的位置较高，拉斑质岩浆作用占优势。其他的一些裂谷如新生代肯尼亚地堑和二叠纪奥斯陆地堑，岩浆的碱性随时间减弱，表明了岩体形成于裂谷伸展加快过程（Condie，1997）。

相比之下，在地壳伸展量非常小的裂谷系统，则岩浆产生率会很低，甚至中断火山活动，以强烈硅不饱和的碱性玄武岩为主，而中性和酸性岩基本缺失。

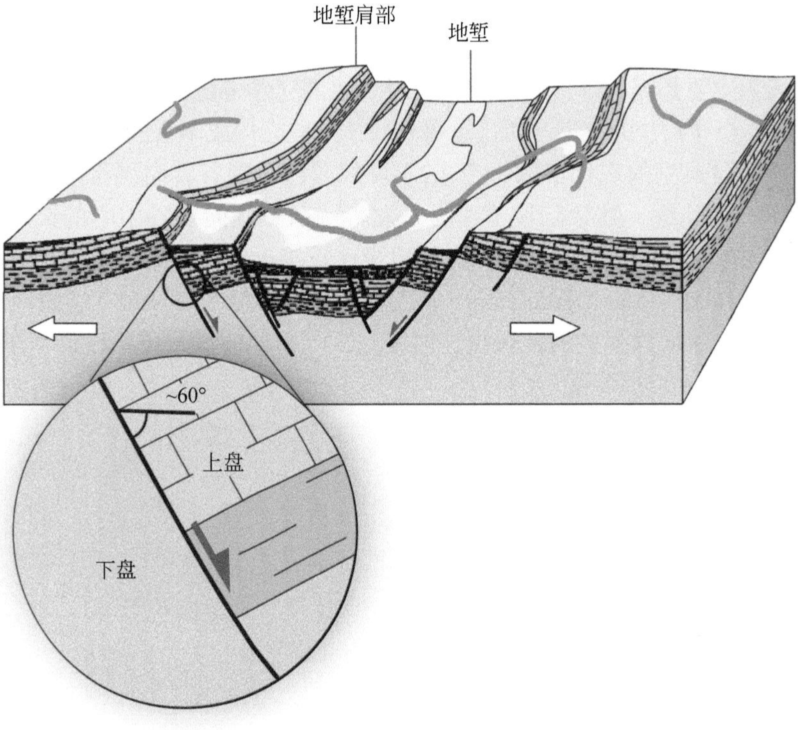

图 4.87　裂谷剖面示意图（据 Frisch *et al.*，2011）

沉积特征：裂谷沉积物以不成熟的陆内沉积为特征，主要为源自裂谷肩部陡岸的河流沉积为主。所谓不成熟沉积物就是富含易被风化的矿物颗粒和岩屑，因其地形坡度大、搬运距离短而得以保存在沉积物中。裂谷中的许多河流沉积物主要由富含岩石碎屑的砾岩和长石砂岩组成，石英含量较低。湖相沉积富含黏土，在干旱或半干旱条件下发育盐水沉积。例如典型的盐水湖发育于东非裂谷系（图 4.86）。

裂谷阶段几乎没有变质作用发生。

阶段 C：初始洋盆期（青年期）。

在上一阶段发展的基础上，大量基性岩浆以岩墙方式侵入到已经被伸展减薄的花岗质陆壳之中，玄武岩侵入花岗岩、花岗岩侵入玄武岩，这种大陆花岗岩和侵入其中玄武岩的混合称为过渡壳。许多地方，岩墙切过地壳；有些以岩席或岩盖方式侵入；有些喷发至地表，形成裂隙式火山和熔岩流。随着火山作用的持续进行，原来的大陆分为两片并向两侧飘离，其间被基性火成岩充填，即洋壳雏形。随着一拨拨来自地幔对流环岩浆的不断上升至扩张间隙中，使大陆向两侧进一步分离，数百万年后，两侧大陆可能被分离上千千米。其间所有新产生的火成岩均是镁铁质或超镁铁质岩石（上部为玄武岩和辉长岩，下部为纯橄岩和橄榄岩），且密度较高，位于海平面之下 5km 左右，这些岩层即构成大洋岩石圈。最后产生了一个新的离散型板块边界和两个板块，洋底主要为拉斑玄武岩（图 3.16、图 4.85）。

作为新形成的洋盆，开始形成因冷却沉陷于海平面以下的大陆边缘，同时随着大陆边缘沉降，海侵开始发生，形成小的陆架和陆坡。离散型大陆边缘沉积开始形成，尽管其在下一阶段更为明显。但作为初始的海进作用形成的石英砂岩层沉积于滨岸。远离海岸形成浅的陆架沉积，主要是页岩。如果大陆稳定，气候温暖，碳酸盐岩沉积会占主导地位。总之，该阶段海相沉积主要是泥岩、泥灰岩和石灰岩。如果气候干燥，强烈蒸发，部分或全部形成孤立的盆地，会导致盐的浓缩和析出。另外，该阶段会形成丰富的石油和天然气资源。

红海是该阶段典型的现代实例（表 4.2）。红海已从裂谷转向漂移阶段，已形成初期洋盆，出现了窄的陆缘，陆架陆坡不明显，发育一系列倾向裂谷中心的铲形正断层（图 3.16）。由于只有短距离的漂移，两侧大陆边缘比较接近，尚未形成真正形态意义上的洋中脊，南阿法尔洼地（Afar Depression）陆壳还没有被拉断（图 4.88）。此外，两侧仍有高耸的裂谷肩部，流向洋盆的河流较短，坡度大，沉积物的成分成熟度低（图 4.88）。

该阶段几乎没有变质作用发生。

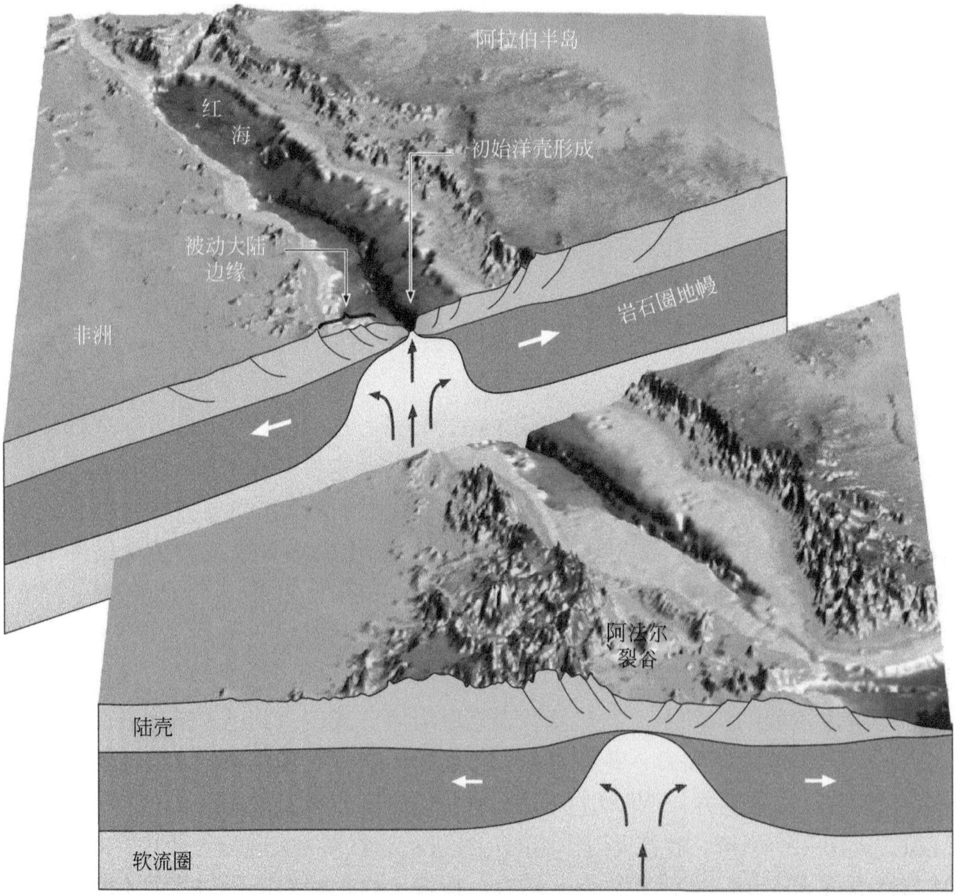

图 4.88　红海地区立体示意图（据 Frisch *et al.*，2011）

裂陷肩部抬升，中心部位洋壳裂隙；横穿南阿法尔洼地（Afar Depression）剖面显示陆壳还没有被拉断阶段 D：成熟大洋期。

上升至地表的对流环热流主要集中于新洋盆中部的裂谷位置，随着洋盆的不断扩大，逐渐形成新的宽阔的被动大陆边缘（passive continental margin；图 4.89），现代的典型实例即大西洋（表 4.2）。被动大陆边缘在演化阶段重要特征是持续沉降，而影响持续沉降的主控因素大致有以下方面：

（1）在大陆克拉通分离之前陆壳的伸展与减薄引起均衡沉降。低密度的地壳被高密度的地幔物质所取代（图 4.90）。下切到 10 ～ 12km 深的正断层（脆性）伴随着沉降作用，以下深部通过塑性变形使地壳变薄和下沉。变薄的大陆地壳厚度（15 ～ 20km）与洋壳厚度（6 ～ 8km）的巨大差异驱使深部地壳向洋的方向韧性流动即“地壳蠕变”（图 4.90；Frisch *et al.*，2011）。这一过程促进了被动陆缘地壳变薄和沉降。

（2）随着大洋的打开和扩展，新生成的洋壳和相邻大陆边缘渐渐冷却。随着被动陆缘飘离扩张中心而远离地幔对流上升的热源，大洋岩石圈和软流圈地幔随之变冷，从而使其密度增加而沉降。

（3）沉积载荷的增加是又一因素。上述过程使被动陆缘为接受大量沉积物提供了空间，且多数在海平面以下，从而使沉积物得以保存。不断积累的沉积物的重量使下伏的地壳和地幔产生额外的沉降。一旦沉积载荷发挥作用，将是一个自循环过程，即如果陆缘被压沉，就会接受更多的沉积物，进而进一步引起下沉。

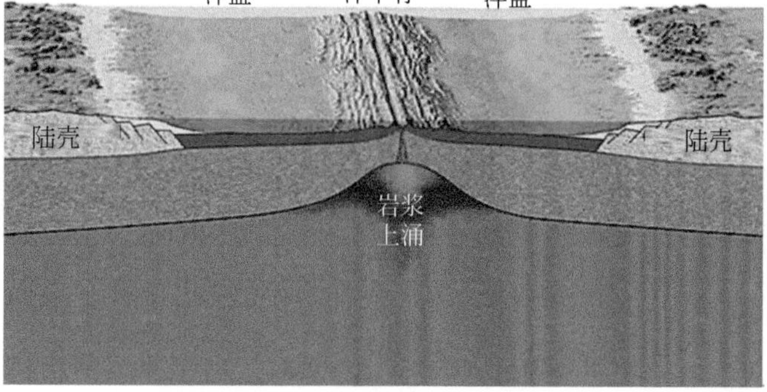

图 4.89　成熟大洋立体示意图

成熟被动大陆边缘（简称“被动陆缘”）的发育是成熟大洋的重要标志。被动陆缘是减薄的陆壳，其重要特征是发育一系列倾向大洋的犁式正断层和厚的陆架进积沉积物（图 3.75、图 4.90、图 4.91）。弯曲的断层面使地壳断块向陆的方向倾斜，客观上造成一些不对称的盆地发育。由于这些减薄的陆壳主要位于海平面以下，所以沉积物的厚度和沉积相的特征反映了地形的变化（图 4.91）。沿着大西洋周边较老的被动大陆边缘，曾经高耸的裂谷肩部已经侵蚀和沉降而消失，宽阔的被动陆缘成为向大洋的排水系统。如果这个排水系统足够大，沉积物供应率高，这一宽阔的被动陆缘将可接受巨量的碎屑沉积物，沉积物不断积累而覆盖整个原始陆缘，进而使陆架逐渐向洋的方向推进（图 3.76），沿美国南部的墨西哥湾被动边缘即是一个很好的例子，沿东得克萨斯海岸的大陆架在新生代已向前推进了 300km。

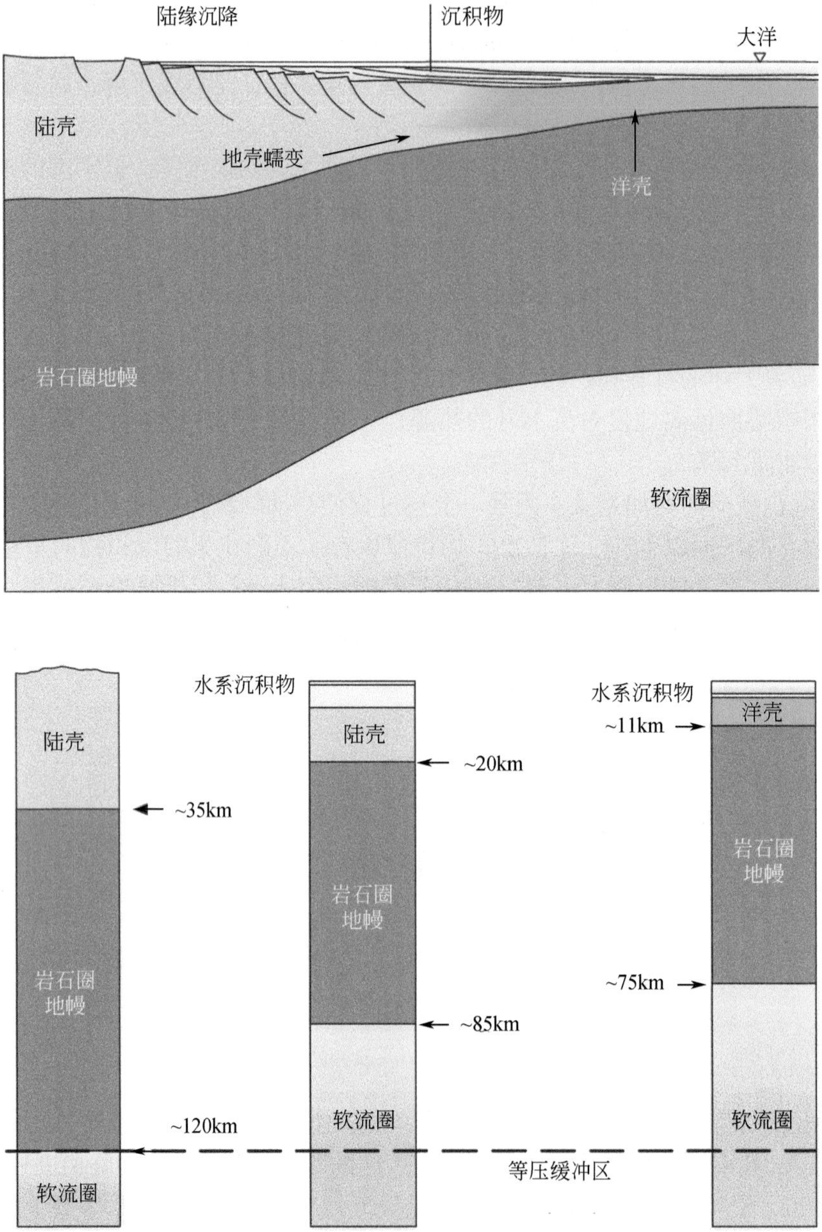

图 4.90　被动大陆边缘示意图（据 Frisch *et al.*，2011）

在减薄的陆壳和宽阔的洋壳之上通过陆架的进积作用形成了厚的沉积物；陆壳向洋方向的韧性蠕变加速了地壳减薄；下图各岩石柱状图表示浮力平衡，大致在 120km 深度是压力相同的平衡面

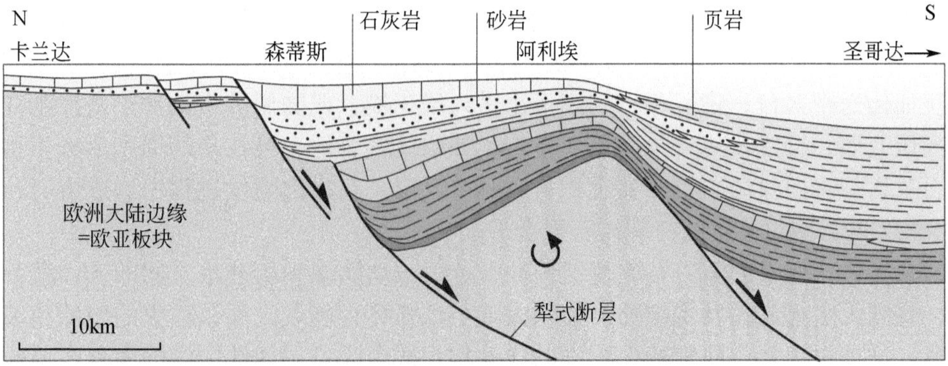

图 4.91　欧洲早侏罗世被动大陆边缘的倾斜地块（据 Frisch *et al.*，2011）

犁式断层控制的倾斜地块制约了上覆沉积层的厚度

阶段 E：岛弧发育期（有俯冲边界和岛弧的洋盆）。

新大洋岩石圈的产生和离散过程可能要经历数十甚至数百百万年。然而，某一时期离散作用停止，两侧大陆开始回返相向运动，进入威尔逊旋回的第二个阶段即汇聚（收缩）阶段。洋壳在某一位置脱耦即破裂，一侧洋壳沿破裂带向下俯冲至地幔深处，至此，新的板块边界——汇聚型板块边界产生（图 4.92），现在的典型实例即太平洋（表 4.2）。通常是洋壳向洋壳或陆壳下面俯冲，而陆壳因质量太轻而难以向下俯冲。俯冲带可在洋盆内的任何位置发生，一般选择薄弱带如陆壳与洋壳结合部位、洋脊等。

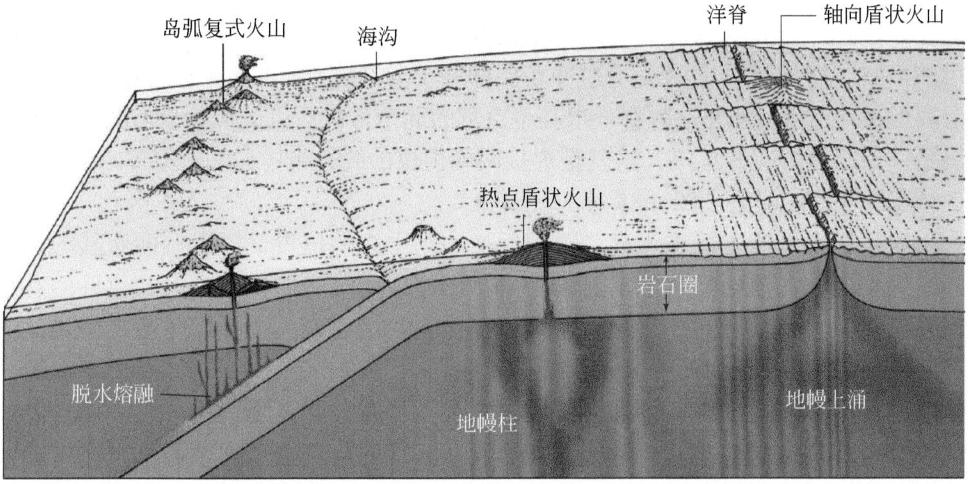

图 4.92　有俯冲边界和岛弧的大洋盆地立体示意图（据 Hamblin and Christiansen，2003）

通常有两种俯冲带类型：一种是洋内俯冲，即岛弧型；另一种是沿着大陆边缘洋壳向陆壳下面俯冲即科迪勒拉型（在阶段 G 讨论）。洋内俯冲过程中会产生一系列构造和岩石特征以及变质作用类型，形成沟 - 弧 - 盆体系，俯冲带与岛弧构成双变质带即高压低温变质带和高温低压变质带，增生楔中发育逆冲构造系，岛弧以钙碱性岩石为主，以安山岩为代表。该阶段典型的现代实例即西太平洋。详细讨论参阅第 3 章 3.2 和第 4 章 4.3、4.4 有关部分。

沉积体系：一旦弧火山突破地表就会产生富含火山碎屑的沉积物。弧后位置，沉积物通过浊流倾注到洋底（弧后洋盆）沉积下来；弧前位置，沉积物通过浊流倾注到海沟。海沟犹如传送带入口，将沉积物刮削下来进入增生楔，或随俯冲带俯冲下去发生变质，甚至高压变质，形成蓝片岩等高压变质岩。如果气候合适，可在岛屿周围形成生物礁。形成石灰岩与火山弧源的粗碎屑沉积岩和砾岩互层。在火山喷发过程中形成熔岩和火山碎屑沉积岩与石灰岩互层的特殊岩石组合。

残余洋盆：如果大洋岩石圈持续俯冲，位于被动陆缘和俯冲带之间的大洋就会越来越小，直到大陆与岛弧发生碰撞。如果大陆与岛弧离得越近，那么洋壳的俯冲和破坏就越严重。这种很快就要因俯冲而消失的洋盆称为残余洋盆，如地中海即为现在的残余洋盆实例，有人将残余洋盆作为威尔逊旋回的一个阶段即终结期（表 4.2）。

阶段 F：弧－陆碰撞期。

随着残余洋盆的消亡，大陆与岛弧发生汇聚和碰撞，发生造山作用，原来的残余洋盆成为缝合带（suture zone），即弧－陆型碰撞造山带，另一侧大陆因弧后洋盆所隔而远离缝合带（图 4.85），如台湾造山带（海岸山脉即为弧，中央山脉即为前陆带，其间的中央谷即为混杂带）。碰撞造山带表现为弧仰冲于另一板块的大陆边缘之上，即一侧板块骑于另一板块之上。骑在上面的板块部分（主要包括弧体系域）称为腹陆或后陆（hinterland），如台湾造山带的海岸山脉和其西侧的中央谷；被“骑”在下面的板块称为前陆（foreland），包括前陆褶皱冲断带和（周缘）前陆盆地，如台湾岛的中央山脉即为前陆冲断带，台湾海峡即为（周缘）前陆盆地。

碰撞作用过程首先受到影响的是增生楔混杂岩。混杂岩是下行洋壳上被刮削的物质长期堆积而成，碰撞过程中沿着主逆冲断层仰冲于前陆之上，甚至强烈剪切，尽管主逆冲断层表现得并不十分明显。数百千米甚至更宽的混杂带最后可能成为仅有数十千米宽，甚至只是一条简单的逆冲断层，这就是焊接两侧板块的缝合带（suture zone），也是原来数千千米宽的洋盆的痕迹（图 4.85）。

火山岛弧原来可能有数千米高，碰撞后逆冲到更高的位置，沿着倾向腹陆的宽阔的逆冲断层系将岩石搬运到前陆之上。由于来自俯冲带的最后的岩浆上升，也许使有些火山活动还会再持续一段时间，但随着俯冲碰撞作用的结束，火山活动也随之停止，造山作用随之终止。此后腹陆的唯一作用可能就是风化剥蚀。

碰撞过程中，前陆带有一系列事件发生。首先是原被动大陆边缘的沉积楔形体被挤压成褶皱、向前陆方向的冲断，形成前陆褶皱冲断带的薄皮构造；第二就是原被动大陆边缘的沉积物沿逆冲断层向腹陆之下俯冲至深部，发生巴洛式变质作用，形成大理岩、石英岩、板岩以及千枚岩，进入更深层的岩石可达角闪岩相或麻粒岩相变质；第三就是形成深水相的周缘前陆磨拉石盆地，如台湾海峡，被巨厚的海相碎屑沉积体所充填。

值得指出的是，由于腹陆上由岛弧构成的高嵩山脉可能成为前陆盆地的重要物源区，因此前陆盆地中沉积物的岩石成分主要受此控制，主要是一些火山岩、侵入岩以及变质岩碎屑，以及来自中性火成岩的钠质斜长石，成分成熟度较低。然而，被动陆缘沉积物则与之不同，主要为石英碎屑颗粒，成分成熟度明显高于前陆盆地。

碰撞之后，腹陆（主要是岛弧）牢牢地拼贴于左侧的被动陆缘之上，成为左侧大陆的一部分，随后腹陆遭受剥蚀而准平原化（图 4.85 阶段 G 左侧），台湾造山带属此阶段。

阶段 G：科迪勒拉造山期。

尽管弧－陆碰撞结束了，但左右两个大陆仍在继续汇聚，因此理论上可在洋内的任何位置形成另一个俯冲带和另一个岛弧，俯冲方向也可有多种选择。科迪勒拉造山模式是洋壳与陆壳在被动陆缘处解耦，洋壳向右侧大陆下俯冲，成为活动陆缘，形成科迪勒拉型造山带（图 4.85 阶段 G）。海沟的形成、洋壳的俯冲和部分熔融、混杂堆积，以及高压变质作用和构造作用等均与岛弧型造山带类似（图 4.85 阶段 E）。所不同的是，本阶段在俯冲前为被动大陆边缘，具有巨厚的陆缘沉积楔形体，俯冲带和海沟沿着原来的被动陆缘发生。中－酸性的弧岩浆侵入到原属被动陆缘的巨厚沉积物中，发生巴洛式变质作用（从角闪岩到麻粒岩）。除变质作用外，原被动陆缘的沉积楔连同其中的侵入岩及其上覆的火山随着俯冲作用的持续进行，沿主逆冲剪切带不断抬升，直至形成巍巍群山，如南美的安第斯山（Andes）和北美西部的喀斯喀特山（Cascades）。弧后在对流环作用下形成弧后盆地，发育地堑式伸展构造（图 4.85 阶段 G）。

阶段 H：陆－陆碰撞造山期。

该阶段，分裂左右两侧大陆的洋盆闭合，两侧大陆发生碰撞形成碰撞造山带，如喜马拉雅造山带等。该阶段的造山过程与弧－陆碰撞造山阶段（图 4.85 阶段 F）有许多类似之处，如形成腹陆、前陆、缝合带、前陆盆地以及高耸的山脉。其主要差别是原右侧被动陆缘的巨大沉积楔连同其中的岩浆弧开始向前陆仰冲，成为腹陆（图 4.85 阶段 H），实际构成阶段 F 的弧后（左侧）与活动陆缘（右侧）的碰撞；而弧－陆碰撞阶段则是大洋岩石圈碎片（蛇绿岩）和岛弧向前陆仰冲，实际构成被动陆缘（左侧）与弧前（右侧）的碰撞（图 4.85 阶段 F）。自此，自左向右依次形成前陆褶皱冲断带（薄皮构造）及其上覆的前陆盆地、弧前混杂带和岛弧（腹陆）、弧后前陆褶皱冲断带、被动陆缘沉积楔＋混杂带＋陆缘弧（腹陆）等大地构造单元（图 4.85 阶段 H）。

从该阶段造山带剥蚀充填于前陆盆地的沉积物在成分上不同来自岛弧剥蚀的沉积物，即使它们沉积于类似的构造环境中（如前陆盆地），因为本阶段物源区的腹陆岩石有大量经历了两次及以上风化剥蚀旋回的被动陆缘沉积岩，成分成熟度高，富含石英。同样，由于源区的复杂性，使岩屑类型多样，包括沉积岩、变质岩和岩浆岩岩屑，而且由于片岩、片麻岩（多为 Na 长石）以及岩基（Na 长石和正长石）的风化剥蚀，同样有长石出现。而弧陆碰撞阶段（阶段 F）的物源区主要是火山弧，因此前陆盆地沉积物更富火山岩屑而贫石英。

至此，造山作用趋于结束，山岭受到剥蚀，剥蚀物充填于前陆盆地中。通常碰撞造山作用结束之后，山根往往遭受拆沉而去根，相应地表发生构造拆离。实际上，构造拆离作用在造山带的准平原化过程中发挥着更为重要的作用，远远大于风化剥蚀的贡献。

阶段 I：准平原克拉通化期。

该阶段实际上相当于阶段 A，即形成了一个新的稳定的大陆，但这一新的大陆更为复杂。出露的基底岩石种类繁多，除了原来左、右的大陆壳岩石外，还有其间的两类火山弧（岛弧）、两个前陆盆地的磨拉石沉积、两个混杂带以及各类火成岩、变质岩。虽然如此，但各类地质作用完成之后，大陆准平原化，形成简单理想的克拉通，其表面再次由石英砂岩和石灰岩所主导。

至此，完成了一个完整的威尔逊旋回。一个威尔逊旋回只是地球演化历史长河中短暂的一幕，无数次的威尔逊旋回构成了岩石圈板块的演化历史。

表 4.2　威尔逊旋回简表（据 Wilson，1968，补充修改）

阶段	实例	主导作用	特征形态	典型构造	典型火山岩	典型沉积	变质作用
Ⅰ胚胎期	东非裂谷	抬升并扩张	裂谷	地堑式正断层，对称或不对称	拉斑玄武岩溢流，碱性玄武岩岛屿	少量低成熟度沉积	可忽略
Ⅱ青年期	红海，亚丁湾	扩张	陆间海	正断层为主	拉斑玄武岩洋底，碱性玄武岩岛屿	小陆架、海盆沉积，泥岩和碳酸盐岩为主，可能有蒸发岩	可忽略
Ⅲ成年期	大西洋	扩张	有活动中脊的海盆	双侧被动大陆边缘；犁式正断层为主	拉斑玄武岩溢流，碱性玄武岩岛屿	有丰富的陆架、陆坡沉积；浊积岩和复理石	洋底热液变质作用
Ⅳ衰退期	西太平洋	收缩	有俯冲边缘的海盆	增生楔发育，冲断构造	边缘的安山岩及花岗岩、闪长岩；钙碱性岩为主	大量源于岛弧沉积物；复理石建造	双变质带
Ⅴ终结期	地中海	收缩并抬升	残留海盆	增生楔发育，冲断构造	边缘的火成岩及花岗闪长岩	大量源于岛弧的沉积物，海相磨拉石建造；可能有蒸发岩	局部广泛
Ⅵ残留痕迹期	喜马拉雅山	收缩并抬升	年轻碰撞造山带	逆冲推覆构造和duplex；阿尔卑斯式褶皱和侏罗山式褶皱	少量同碰撞花岗岩	陆相磨拉石建造	广泛（中压变质作用为主）

以上讨论的威尔逊旋回的九个阶段是比较理想的完整阶段，实际地史中古板块和古洋盆的情况更为复杂，上述威尔逊旋回各阶段不一定全部依次发展，也有文献认为是六个阶段（表 4.2），小型或微型板块的分裂和拼合过程也会有特殊性，在实际应用时需要根据具体情况具体分析。

有人认为，大陆裂解与地幔柱有关（Buiter and Torsvik，2014），可参阅有关文献，这里不再赘述。

思　考　题

1. 威尔逊旋回常在一个地方发生吗？
2. 威尔逊旋回不同阶段的主要变质岩、岩浆岩和沉积岩特征？
3. 威尔逊旋回可分为几个阶段？

参考文献

陈永顺 . 2010. 为什么没有深度超过 660 公里的深源地震？见“10000 个科学难题——地球科学卷”. 北京：科学出版社

韩喜球，吴招才，裘碧波 . 2012. 西北印度洋 Carlsberg 脊的分段性及其构造地貌特征——中国大洋 24 航次调查成果介绍 . 深海研究与地球系统科学学术研讨会

何斌，徐义刚，肖龙等 . 2003. 峨眉山大火成岩省的形成机制及空间分布：来自沉积地层学的新证据 . 地质学报，77（2）：194 ～ 202

侯泉林，李培军，李继亮等 . 1995. 闽西南前陆褶皱冲断带 . 北京：地质出版社

李春昱 . 1978. 板块构造是研究地震地质与地壳深部结构的一个重要途径 . 西北地质，3：39 ～ 51

李洪林，李江海，王洪浩等 . 2014. 海洋核杂岩形成机制及其热液硫化物成矿意义 . 海洋地质与第四纪地质，34（2）：53 ～ 59

李三忠，吕海青，侯方辉等 . 2006. 海洋核杂岩 . 海洋地质与第四纪地质，26（1）：47 ～ 52

潘国强，荆延仁，夏木林等 . 1990. 大别山区含柯石英榴辉岩的发现 . 地质论评，36（4）：359 ～ 363

任纪舜，徐芹芹，赵磊等 . 2015. 寻找消失的大陆 . 地质论评，61（5）：969 ～ 989

吴福元，刘传周，张亮亮等 . 2014. 雅鲁藏布蛇绿岩——事实与臆想 . 岩石学报，30（2）：293 ～ 325

许靖华，孙枢，李继亮 . 1987. 是华南造山带而不是华南地台 . 中国科学：化学，17（10）：1107 ～ 1115

徐树桐，江来利，刘贻灿等 . 1997. 大别山一些超高压矿物和岩石的发现以及超高压变质带的确定 . 中国地质，8：46 ～ 47

徐树桐，刘贻灿，陈冠宝等 . 2003. 大别山苏鲁地区榴辉岩中新发现的微粒金刚石 . 科学通报，48（10）：1069 ～ 1075

徐义刚 . 2002. 地幔柱构造、大火成岩省及其地质效应 . 地学前缘，9（4）：341 ～ 353

徐义刚，钟孙霖 . 2001. 峨眉山大火成岩省：地幔柱活动的证据及其熔融条件 . 地球化学，30（1）：1 ～ 9

徐义刚，何斌，黄小龙等 . 2007. 地幔柱大辩论及如何验证地幔柱假说 . 地学前缘，14（2）：1 ～ 9

于志腾，李家彪，丁巍伟等 . 2014. 大洋核杂岩与拆离断层研究进展 . 海洋科学进展，32（3）：415 ～ 426

余星，初凤友，董彦辉等 . 2013. 拆离断层与大洋核杂岩：一种新的海底扩张模式 . 地球科学（中国地质大学学报），38（5）：995 ～ 1004

张旗 . 2008. 埃达克岩研究的回顾与前瞻 . 中国地质，35（1）：32 ～ 39

张旗，王焰 . 2008. 埃达克岩和花岗岩：挑战与机遇 . 北京：中国大地出版社

赵明辉，丘学林，李家彪等 . 2010. 慢速、超慢速扩张洋中脊三维地震结构研究进展与展望 . 热带海洋学报，29（6）：1 ～ 7

朱云海，潘元明，张克信等 . 2000. 蛇绿岩就位机制研究 . 地质科学情报，19（1）：16 ～ 18

Alabaster T，Pearce J A，Malpas J. 1982. The volcanic stratigraphy and petrogenesis of the Oman ophiolite complex. Contributions to Mineralogy and Petrology，82（3）：168 ～ 183

Anderson D L. 1994. The sublithospheric mantle as the source of continental flood basalts：the case against the continental lithosphere and plume head reservoir. Earth and Planetary Science Letters，123（1-3）：269 ～ 280

Anderson D L. 1995. Lithosphere，asthenosphere and perisphere. Reviews of Geophysics，33（1）：125 ~ 149

Anderson D L. 2000. The thermal state of the upper mantle：no role for mantle plumes. Geophysical Research Letters，27（22）：3623 ~ 3626

Anderson D L. 2003. Look again. Astronomy and Geophysics，44（1）：10，11

Anderson D L. 2005. Scoring hotspots，the plume and plate paradigms. In：Foulger G，Natland J H，Presnall D C，*et al*（eds）. Plates，plumes and paradigms. Geological Society of America：Special Paper，388：31 ~ 54

Anonymous. 1972. Penrose Field Conference on ophiolites. Geotimes，17：24，25

Arndt N. 2003. Komatiites，kimberlites and boninites. Journal of Geophysical Research：Solid Earth，108（B6）：2293 ~ 2303

Arndt N，Nesbitt R W. 1982. Geochemistry of Munro Township basalts. In：Arndt N，Nesbitt R W（eds）. Komatiites. London：George Allen and Unwin. 309 ~ 329

Auzende J M，Bideau D，Bonatti E，*et al*. 1989. Direct observation of a section through slow-spreading oceanic crust. Nature，337（6209）：726 ~ 729

Bailey E，McCallien W J. 1950. The Ankara mélange and the Anatolian thrust. Nature，166（4231）：938 ~ 940

Bailey E，McCallien W J. 1953. Serpentine lavas，the Ankara mélange and the Anatolian thrust. Transactions of the Royal Society of Edinburgh，62（11）：403 ~ 442

Bearth P. 1959. Über Eklogite，Glaukophanschiefer und metamorphe Pillowlaven. Schweizerische Mineralogische Petrographische Mitteiltungen，39：267 ~ 286

Behn M D，Ito G. 2008. Magmatic and tectonic extension at midocean ridges：1. controls on fault characteristics. Geochemistry Geophysics Geosystems，9（8）：Q08O10 1965 ~ 1987

Benioff H. 1954. Orogenesis and deep crustal structure—additional evidence from seismology. Geological Society of America Bulletin，65（5）：385 ~ 400

Benson W N. 1926. The tectonic conditions accompanying the intrusion of basic and ultrabasic igneous rocks. Memoirs of the National Academy of Sciences，14（1）：90

Bizimis M，Griselin M，Lassiter J C，*et al*. 2007. Ancient recycled mantle lithosphere in the Hawaiian plume：Osmium-hafnium isotopic evidence from peridotite mantle xenoliths. Earth and Planetary Science Letters，257（1-2）：259 ~ 273

Bizimis M，Sen G，Salters V J M. 2003. Hf-Nd isotope decoupling in the oceanic lithosphere：Constraints from spinel peridotites from Oahu，Hawaii. Earth and Planetary Science Letters，217（1-2）：43 ~ 58

Blackman D K，Canales J P，Harding A. 2009. Geophysical signatures of oceanic core complexes. Geophysical Journal International，178（2）：593 ~ 613

Blackman D K，Cann J R，Janssen B，*et al*. 1998. Origin of extensional core complexes：evidence from the Mid-Atlantic Ridge at Atlantis Fracture Zone. Journal of Geophysical Research：Solid Earth，103（B9）：21315 ~ 21333

Blackman D K，Ildefonse B，John B E，*et al*. 2011. Drilling constraints on lithospheric accretion and evolution at Atlantis Massif，Mid-Atlantic Ridge 30° N. Journal of Geophysical Research：Solid Earth，116（B7）：1 ～ 25

Blackman D K，Karner G，Searle R C. 2008. Three-dimensional structure of oceanic core complexes：effects on gravity signature and ridge flank morphology，Mid-Atlantic Ridge，30 ° N. Geochemistry Geophysics Geosystems，9（6）：Q06007

Bodinier J L，Menzies M A. Thirlwall M F. 1991. Continental to oceanic mantle transition：REE and Sr-Nd isotopic geochemistry of the Lanzo Lherzolite Massif. Journal of Petrology，Special Volume，2：191 ～ 210

Bonatti E. 1994. Earth' s mantle below the oceans. Scientific American，270（3）：44 ～ 51

Boudier F，Nicolas A. 1985. Harzburgite and lherzolite subtypes in ophiolitic and oceanic environments. Earth and Planetary Science Letters，76（1-2）：84 ～ 92

Boudier F，Ceuleneer G，Nicolas A. 1988. Shear zones，thrusts and related magmatism in the Oman ophiolite：initiation of thrusting on an oceanic ridge. Tectonophysics，151（1-4）：275 ～ 296

Bowen N L. 1927. The origin of ultrabasic and related rocks. American Journal of Science，14（80）：89 ～ 108

Bowen N L，Schairer J F. 1935. The system MgO-FeO-SiO_2. American Journal of Science，29（170）：151 ～ 217

Brandon A D，Snow J E，Walker R J，*et al.* 2000. ^{190}Pt-^{186}Os and ^{187}Re-^{187}Os systematics of abyssal peridotites. Earth and Planetary Science Letters，177（3-4）：319 ～ 335

Brongniart A. 1813. Essai de classification minéralogique des roches mélanges. Journal des Mines，XXXIV：190 ～ 199

Brunelli D，Seyler M. 2010. Asthernospheric percolation of alkaline melts beneath the St. paul region（central Altantic Ocean）. Earth and Planetary Science Letters，289（3-4）：393 ～ 405

Brueckner H K，Zindler A，Seyler M，*et al.* 1988. Zabargad and the isotopic evolution of the sub-Red Sea mantle and crust. Tectonophysics，150（1-2）：163 ～ 176

Brueckner H K，Elhaddad M A，Hamelin B，*et al.* 1995. A Pan African origin and uplift for the gneisses and peridotites of Zabargad Island，Red Sea：a Nd，Sr，Pb，and Os study. Journal of Geophysical Research：Solid Earth，100（B11）：22283 ～ 22297

Buiter S J H，Torsvik T H. 2014. A review of Wilson Cycle plate margins：a role for mantle plumes in continental break-up along sutures? Gondwana Research，26（2）：627 ～ 653

Campbell I H. 2001. Identification of ancient mantle plumes. In：Ernst R E，Buckan K L（eds）. Mantle Plumes：Their Identification through Time. Geological Science of America：Special Paper，352. 5 ～ 22

Canales J P，Sohn R A，Demartin B J. 2007. Crustal structure of the trans-Atlantic geotraverse（TAG）segment（mid-Atlantic ridge，26 ° 10 ′ N）：implications for the nature of hydrothermal circulation and detachment faulting at slow spreading ridges. Geochemistry Geophysics Geosystems，8（8）：Q08004

Cann J R. 1981. Ore deposits of the ocean crust. In：Tarling D H（ed）. Economic Geology and Geotectonics. Oxford：Blackwell. 119 ～ 134

Cann J R. 2003. The Troodos ophiolite and the upper ocean crust：A reciprocal traffic in scientific concepts. In：Dilek Y，Newcomb S（eds）. Ophiolite Concept and the Evolution of Geological Thought：Boulder，

Colorado. Geological Society of America，Special Paper，373. 309 ～ 321

Cann J R，Blackman D K，Smith D K，*et al.* 1997. Corrugated slip surfaces formed at ridge-transform intersections on the Mid-Altantic ridge. Nature，385（6614）：329 ～ 332

Chazot G，Charpentier S，Kornprobst J，*et al.* 2005. Lithospheric mantle evolution during continental break-up：the West Iberia non-volcanic passive margin. Journal of Petrology，46（12）：2527 ～ 2568

Chen Y J. 2000. Dependence of crustal accretion and ridge-axis topography on spreading rate，mantle temperature，and hydrothermal cooling. In：Dilek Y，Moores E M，Elthon D，*et al*（eds）. Ophiolites and Oceanic Crust：New Insights from Field Studies and the Ocean Drilling Program. Geological Society of America：Special Papers，349. 161 ～ 180

Chopin C. 1984. Coesite and pure pyrope in high-grade blueschists of the Western Alps：a first record and some consequences. Contributions to Mineralogy and Petrology，86（2）：107 ～ 118

Christiansen R L，Foulger G R，Evans J R. 2002. Upper mantle origin of the Yellowstone hotspot. Geological Society of America Bulletin，114（10）：1245 ～ 1256

Cipriani A，Bonatti E，Seyler M，*et al.* 2009. A 19 to 17 Ma amagmatic extension event at the Mid-Atlantic Ridge：Ultramafic mylonites from the Vema lithospheric section. Geochemistry Geophysics Geosystems，10：Q10011

Cipriani A，Brueckner H K，Bonatti E，*et al.* 2004. Oceanic crust generated by elusive parents：Sr and Nd isotopes in basalt-peridotite pairs from the Mid-Atlantic Ridge. Geology，32（8）：657 ～ 660

Coleman R G. 1977. Ophiolits. BerlinHeidelberg-New York：Springer-Verlag. 147 ～ 158

Coleman R G. 1984. The diversity of ophiolites. Geologie En Mijnbouw，63（2）：141 ～ 150

Coltorti M，Bonadiman C，O'Reilly S Y，*et al.* 2010. Buoyant ancient continental mantle embedded in oceanic lithosphere（Sal Island，Cape Verde Archipelago）. Lithos，120（1-2）：223 ～ 233

Condie K C. 1997. Plate Tectonics and Crustal Evolution. Oxford：Butterworth-Heinemann. 282

Courtillot V，Davaillie A，Besse J，*et al.* 2003. Three distinct types of hotspots in the Earth's mantle. Earth and Planetary Science Letters，205（3-4）：295 ～ 308

Dai H K，Zheng J P，Zhou X，*et al.* 2017. Generation of continental adakitic rocks：crystallization modeling with variable bulk partition coefficients. Lithos，s272-273：222 ～ 231

Davis G A. 1988. Rapid upward transport of mid-crustal mylonitic gneisses in the footwall of a Miocene Detachment Fault，Whipple Mountains，Southeastern California. Geologische Rundschau，77（1）：191 ～ 209

Defant M J，Drummon M S. 1990. Derivation of some modern arc magmas by melting of young subduction lithosphere. Nature，347（6294）：662 ～ 665

Detrick R S，Buhl P，Vera E，*et al.* 1987. Multi-channel seismic imaging of a crustal magma chamber along the east Pacific Rise. Nature，326（6108）：35 ～ 41

Devey C W，German C R，Haase K M，*et al.* 2010. The relationships between volcanism，tectonism，and hydrothermal activity on the Southern Equatorial Mid-Atlantic Ridge. In：Rina P A，*et al*（eds）. Diversity of Hydrothermal Systems on Slow Spreading Ocean Ridges. Geophysical Monograph Series，188：133 ～ 152

Dick H J B，Bryan W B，Thompson G. 1981. Low-angle faulting and steady-state emplacement of plutonic rocks at ridge-transform intersections. Eos Transactions American Geophysical Union，62（17）：406

Dick H J B，Natlan J H，Alt J C，*et al.* 2000. A long in situ section of lower oceanic crust：results of ODP Leg 176 drilling at the Southwest Indian Ridge. Earth and Planetary Science Letters，179（1）：31 ～ 51

Dilek Y，Furnes H. 2011. Ophiolite genesis and global tectonics：geochemical and tectonic fingerprinting of ancient oceanic lithosphere. Geological Society of America Bulletin，123（3-4）：387 ～ 411

Escartin J，Canales J P. 2011. Detachments in oceanic lithosphere：deformation，magmatism，fluid flow，and ecosystems. Eos Transactions American Geophysical Union，92（4）：31

Escartin J，Cowie P A，Searle R C，*et al.* 1999. Quantifying tectonic strain and magmatic accretion at a slow spreading ridge segment，mid-atlantic ridge，29° N. Journal of Geophysical Research：Solid Earth，104（B5）：10421 ～ 10437

Escartin J，Smith D K，Cann J，*et al.* 2008. Central role of detachment faults in accretion of slow-spreading oceanic lithosphere. Nature，455（7214）：790 ～ 794

Foulger G R. 2002. Plumes or plate tectonic processes. Astronomy and Geophysics，43（6）：6. 19 ～ 6. 23

Foulger G R，Pritchard M J，Julian B R，*et al.* 2000. The seismic anomaly beneath Iceland extends down to the mantle transition zone and no deeper. Geophysical Journal International，142（3）：F1 ～ F5

Frisch W，Meschede M，Blakey R. 2011. Plate Tectonics—Continental Drift and Mountain Building. London New York，Berlin Heidelberg：Springer-Verlag. 1 ～ 217

Gao J. Klemd R. 2003. Farmation of HP-LTrocks and their tectonic implications in the western Tianshan Orogern，NW China：Geochemicd and age censtraints. Lithcs，66（1）：1 ～ 22

Green H W. 1994. Solving the paradox of deep earthquakes. Scientific American，271（3）：64 ～ 71

Griffiths R W，Campbell I H. 1990. Stirring and structure in mantle starting plumes. Earth and Planetary Science Letters，99（1-2）：66 ～ 78

Grunau H R. 1965. Radiolarian cherts and associated rocks in space and time. Eclogae Geologicae Helvetiae，58：157 ～ 208

Guarnieri L，Nakamura E，Piccardo G B，*et al.* 2012. Petrology，trace element and Sr，Nd，Hf isotope geochemistry of the north Lanzo peridotite massif（western Alps，Italy）. Journal of Petrology，53（11）：2259 ～ 2306

Hamelin C，Bezos A，Dosso L，*et al.* 2013. Atypically depleted upper mantle component revealed by Hf isotopes at Lucky Strike segment. Chemical Geology，341（2）：128 ～ 139

Hamblin W K，Christiansen E H. 2003. Earth's Dynamic Systems（tenth edition）. New Jersey：Prentice-Hall，Inc. 1 ～ 766

Harvey J，Gannoun A，Burton K W，*et al.* 2006. Ancient melt extraction from the oceanic upper mantle revealed by Re-Os isotopes in abyssal peridotites from the Mid-Atlantic ridge. Earth and Planetary Science Letters，244（3-4）：606 ～ 621

Hess H H. 1938. A primary peridotite magma. American Journal of Science，35（209）：321 ～ 344

Hess H H. 1962. History of ocean basins. In：Engel A E J，*et al*（eds）. Petrological Studies：A Volume in Honor of A. F. Buddington. Geological Society of America. 599 ～ 620

Hou Q L，Liu Q，Zhang H Y，*et al.* 2012. The Mesozoic tectonic dynamics and chronology in the Eastern North China Block. Journal of Geological Research，2012：291467

Ildenfonse B, Blackman D K, John B E, *et al.* 2007. Oceanic core complexes and crustal accretion at slow-spreading ridges. Geology, 35（7）: 623 ~ 626

Isacks B, Molnar P. 1969. Mantle earthquake mechanisms and the sinking of the lithosphere. Nature, 223(5211): 1121 ~ 1124

Ishikawa T, Nagaishi K, Umino S. 2002. Boninitic volcanism in the Oman ophiolite: Implications for thermal condition during transition from spreading ridge to arc. Geology, 30（10）: 899 ~ 902

Ishikawa A, Pearson D, Dale C W. 2011. Ancient Os isotope signatures from the Ontng java Plateau lithosphere: tracing lithosphereic accretion history. Earth and Planetary Science Letters, 301（1-2）: 159 ~ 170

Jagoutz O, Muntener O, Manatshal G. *et al.* 2007. The rift-to-drift transition in the Narth Atlanfic: A stuttering start of the MORB machine? Geology, 35（12）: 1087 ~ 1090

John B E, Foster D A, Murphy J M, *et al.* 2004. Determining the cooling history of in situ lower oceanic crust-Atlantis Bank, SW Indian Ridge. Earth and Planetary Science Letters, 222（1）: 145 ~ 160

Kaczmarek M A, Müntener O. 2010. The variability of peridotite composition across a mantle shear zone(Lanzo massif, Italy）: interplay of melt focusing and deformation. Contributions to Mineralogy and Petrology, 160（5）: 663 ~ 679

Karson J A, Dick H J B. 1983. Tectonics of ridge-transform intersections at the Kane Fracture Zone. Marine Geophysical Research, 6（1）: 51 ~ 98

Kelemen P B, Kikawa E, Miller D J, *et al.* 2007. Leg 209 summary: processes in a 20-km-thick conductive boundary layer beneath the Mid-Atlantic Ridge, 14°—16°N. Proceedings of the ocean drilling program, scientific results. College Station, TX: Ocean Drilling Program, 209: 1 ~ 33

Kent G M, Harding A J, Orcutt F. 1990. Evidence for a smaller magma chamber beneath the East Pacific Rise at 9° 20' N. Nature, 344（6267）: 650 ~ 653

King S D, Anderson D L. 1995. An alternative mechanism of flood basalt formation. Earth and Planetary Science Letters, 136（3-4）: 269 ~ 279

Klein E M, Karsten J L. 1995. Ocean-ridge basalts with convergent margin geochemical affinities from the Chile Ridge. Nature, 374（6517）: 52 ~ 57

Lago B L, Rabinowicz M, Nicolas A. 1982. Podiform chromite ore bodies: a genetic model. Journal of Petrology, 23（1）: 103 ~ 125

Larson R L. 1991. Geological consequences of superplumes. Geology, 19（10）: 963 ~ 966

Leng W, Gurnis M, Asimow P. 2012. From basalts to boninites: The geodynamics of volcanic expression during induced subduction initiation. Lithosphere, 4（6）: 511 ~ 523

Liu C Z, Snow J, Hellebrand E, *et al.* 2008. Ancient, highly heterogeneous mantle beneath Gakkel ridge, Arctic Ocean. Nature, 452（7185）: 311 ~ 316

Macleod C J, Carlut J, Escart N J, *et al.* 2011. Quantitative constraint on footwall rotations at the 15° 45′ N oceanic core complex, Mid-Atlantic Ridge: Implications for oceanic detachment fault processes. Geochemistry Geophysics Geosystems, 12（5）: Q0AG03 1 ~ 29

Maffione M, Morris A, Anderson M W. 2013. Recognizing detachment-mode seafloor spreading in the deep geological past. Scientific Reports, 3（2336）: 1 ~ 6

Manatschal G，Müntener O. 2009. A type sequence across an ancient magma-poor ocean-continent transition：the example of the western Alpine Tethys ophiolites. Tectonophysics，473（1-2）：4 ~ 19

Manatschal G，Sauter D，Karpoff A M，*et al.* 2011. The Chenaillet ophiolite in the French/Italian Alps：an ancient analogue for an oceanic core complex? Lithos，124（3-4）：169 ~ 184

Martinez F，Karsten J，Klein E M. 1998. Recent kinematics and tectonics of the chile ridge. Eos Transactions American Geophysical Union，79（46）：F836

McCaig A M，Delacour A，Fallick A E，*et al.* 2010. Detachment fault control on hydrothermal circulation systems：interpreting the subsurface beneath the TAG hydrothermal field using the isotopic and geological evolution of oceanic core complexes in the Atlantic. In：Rona P A，Devey C W，Dyment J，*et al*（eds）. Diversity of Hydrothermal Systems on Slow Spreading Ocean Ridges. American Geophysical Union. 207 ~ 239

Mccarthy A，Muntener O. 2015. Acient depletion and mantle heterogeneity：Revisiting the Permian-Jurassic paradox of Alpine peridotites. Geology，43（3）：255 ~ 258

Meschede M. 1986. A method of discriminating between different types of mid-ocean ridge basalts and continental tholeiites with the Nb-Zr-Y diagram. Chemical Geology，56（3-4）：207 ~ 218

Miyashiro A. 1973. The Troodos ophiolitic complex was probably formed in an island arc. Earth and Planetary Science Letters，19（2）：218 ~ 224

Montanini A，Tribuzio R，Anczkiewicz R. 2006. Exhumation history of a garnet pyroxenite-bearing mantle section from a continent-ocean transition（Northern Apennine ophiolites，Italy）. Journal of Petrology，47（10）：1943 ~ 1971

Montelli R，Nolet G，Dahlen F A，*et al.* 2004. Finite-frequency tomography reveals a variety of plumes in the mantle. Science，303（5656）：338 ~ 343

Morgan W J. 1971. Convection plumes in the lower mantle. Nature，30（5288）：42，43

Morishita T，Hara K，Nakamura K，*et al.* 2009. Igneous，Alteration and exhumation processes recorded in abyssal peridotites and related fault rocks from an oceanic core complex along the Central Indian Ridge. Journal of Petrology，50（7）：1299 ~ 1325

Morris A，Gee J S，Pressling N，*et al.* 2009. Footwall rotation in an oceanic core complex quantified using reoriented Integrated Ocean Drilling Program core samples. Earth and Planetary Science Letters，287（1）：217 ~ 228

Moores E M. 1982. Origin and emplacement of ophiolites. Reviews of Geophysics，20（4）：735 ~ 760

Moores E M，Twiss R J. 1995. Tectonics. New York：W H Freeman and Company

Muller R D，Sdrolias M，Gaina C，*et al.* 2008. Age，spreading rates，and spreading asymmetry of the world' s ocean crust. Geochemistry Geophysics Geosystems，9（4）：Q04006

Müntener O，Pettke T，Desmurs L，*et al.* 2004. Refertilization of mantle peridotite in embryonic ocean basins：trace element and Nd-isotopic evidence and implications for crust-mantle relationships. Earth and Planetary Science Letters，221（1-4）：293 ~ 308

Natland J H，Dick H J B. 2002. Stratigraphy and composition of gabbros drilled in Ocean Drilling Program Hole 735B，Southwest Indian Ridge：a synthesis of geochemical data. Proceedings of the Ocean Drilling Program，Scientific Results，176：1 ~ 69

Nicolas A. 1989. Structures of Ophiolites and Dynamics of Oceanic Lithosphere. Dordrecht, Netherlands: Kluwer Academic Publishers. 1 ~ 367

Nicolas A. 1995. The Mid-Oceanic Ridges, Mountains Below Sea Level. Berlin-Heidelberg: Springer. 217

Ohara Y, Yoshida T, Kato Y and Kasuga S. 2001. Giant megamullion in the Parece Vela Backarc Basin. Marine Geophysical Research, 22 (1): 47 ~ 61

Okino K, Matsuda K, Christie D M, *et al.* 2004. Development of oceanic detachment and asymmetric spreading at the Australian-Antarctic discordance. Geochemistry Geophysics Geosystems, 5 (12): Q12012

Olive J A, Behn M D, Tucholke B E. 2010. The structure of oceanic core complexes controlled by the depth-distribution of magma emplacement. Nature Geoscience, 3 (7): 491 ~ 495

Osozawa S, Shinjo R, Li C H, *et al.* 2012. Geochemistry and geochronology of the Troodos ophiolite: an SSZ ophiolite generated by subduction initiation and an extended episode of ridge subduction? Lithosphere, 4 (6): 497 ~ 510

Parman S W, Grove T L, Dann J C. 2001. The production of Barberton komatiites in an Archean subduction zone. Geophysical Research Letters, 28 (13): 2513 ~ 2516

Pearce J A. 1983. The role of sub-continental lithosphere in magma genesis at destructive plate margins. In: Hawkesworth C J, Norry M J (eds). Continental Basalts and Mantle Xenoliths. Nantwich: Shiva Publications. 230 ~ 249

Pearce J A. 2003. Supra-subduction zone ophiolites: The search for modern analogues. In: Dilek Y, Newcomb S (eds). Ophiolite Concept and the Evolution of Geological Thought. Geological Society of America: Special Paper, 373. 269 ~ 293

Pearce J A, Cann J R. 1973. Tetctonic setting of basic volcanic rocks determined using trace element analysis. Earth and Planetary Science Letters, 19 (2): 290 ~ 300

Pearce J A, Lippard S J, Roberts S. 1984. Characteristics and tectonic significance of supra-subduction zone ophiolites. In: Kooelaar E P, Howells M F (eds). Marginal Basin Geology: Volcanic and Associated Sedimentary and Tectonic Processes in Modern and Ancient Marginal Basins. Geological Society of London: Special Publications. 16 (1): 77 ~ 94

Perfit M R, Fornari D J, Smith M C, *et al.* 1994. Small-scale spatial and temporal variations in mid-ocean ridge crest magmatic processes. Geology, 22 (4): 375 ~ 379

Picazo S, Manatschal G, Cannat M, *et al.* 2013. Deformation associated to exhumation of serpentinized mantle rocks in a fossil ocean continent transition: the Totalp unit in SE Switzerland. Lithos, 175-176: 255 ~ 271

Piccardo G B, Zanetti A, Müntener O. 2007. Melt/peridotite interaction in the Southern Lanzo peridotite: field, textural and geochemical evidence. Lithos, 94: 181 ~ 209

Pilot J, Werner C D, Haubrich F, *et al.* 1998. Palaeozoic and Proterozoic zircons from the Mid-Atlantic ridge. Nature, 393 (6686): 676 ~ 679

Purdy G M, Detrick R S. 1986. Crustal structure of the Mid-Atlantic Ridge at 23° N from seismic refraction studies. Journal of Geophysical Research: Solid Earth, 91 (B3): 3739 ~ 3762

Rampone E, Hofmann A W. 2012. A global overview of isotopic heterogeneities in the oceanic mantle. Lithos,

148：247 ～ 261

Rampone E，Hofmann A W，Piccardo G B，*et al*. 1996. Trace element and isotope geochemistry of depleted peridotites from an N-MORB type ophiolite（Internal Liguride，N. Italy）. Contributions to Mineralogy and Petrology，123（1）：61 ～ 76

Rampone E，Hofmann A W，Raczek I. 1998. Isotopic contrasts within the Internal Liguride ophiolite（N. Italy）：the lack of a genetic mantle-crust link. Earth and Planetary Science Letters，163（1-4）：175 ～ 189

Rampone E，Romairone A，Abouchami W，*et al*. 2005. Chronology，petrology and isotope geochemistry of the Erro-Tobbio peridotites（Ligurian Alps，Italy）：records of Late Palaeozoic lithospheric extension. Journal of Petrology，46（4）：799 ～ 827

Ranero C R，Reston T J. 1999. Detachment faulting at ocean core complexes. Geology，27（11）：983 ～ 986

Ray D，Misra S，Banejee R，*et al*. 2011. Geochemical implications of gabbro from the slow-spreading Northern Central Indian Ocean Ridge，Indian Ocean. Geological Magazine，148（3）：404 ～ 422

Raymond L A. 1995. Petrology：The study of igneous，sedimentary and metamorphic rocks. American Scientist，84（4）：398 ～ 400

Reston T J，Weinrebe W，Grevemeyer I，*et al*. 2002. A rifted inside corner massif on the Mid-Atlantic Ridge at 5°　S. Earth and Planetary Science Letters，200（3-4）：255 ～ 269

Salters V J M，Dick H J B. 2002. Mineralogy of the mid-ocean-ridge basalt source from neodymium isotopic composition of abyssal peridotites. Nature，418（6893）：68 ～ 72

Salters V J M，Zindler A. 1995. Extreme $^{176}Hf/^{177}Hf$ in the sub-oceanic mantle. Earth and Planetary Science Letters，129（1-4）：13 ～ 30

Salters V J M，Blichert-Toft J，Fekiacova Z，*et al*. 2006. Isotope and trace element evidence for depleted lithosphere in the source of enriched Ko’olau basalts. Contributions to Mineralogy and Petrology，151（3）：297 ～ 312

Schmincke H U. 2004. Volcanism. Heidelberg-Berlin：Springer. 324

Schmid S M，Pfiffner O A，Froitzheim N，*et al*. 1996. Geophysical-geological transect and tectonic evolution of the Swiss-Italian Alps. Tectonics，15（5）：1036 ～ 1064

Schroeder T，Cheadle M J，Dick H J B，*et al*. 2007. Nonvolcanic seafloor spreading and corner-flow rotation accommodated by extensional faulting at 15°　N on the Mid-Atlantic Ridge：a structural synthesis of ODP Leg 209. Geochemistry Geophysics Geosystems，8（6）：Q06015

Schubert G，Yuen D A，Turcotte D L. 1975. Role of phase transitions in a dynamic mantle. Geophysical Journal of the Royal Astronomical Society，42（2）：705 ～ 735

Schulte R F，Schilling M，Anma R，*et al*. 2009. Chemical and chronologic complexity in the convecting upper mantle：evidence from the Taitao ophiolite，southern Chile. Geochimica et Cosmochimica Acta，73（19）：5793 ～ 5819

Schwartz J J，John B E，Cheadle M J，*et al*. 2009. Cooling history of Atlantis Bank oceanic core complex：evidence for hydrothermal activity 2. 6 Ma off axis. Geochemistry Geophysics Geosystems，10（8）：Q08020 1 ～ 28

Searle R C, Cannat M, Fujioka K, *et al*. 2003. FUJI Dome: a large detachment fault near 64° E on the very slow-spreading Southwest Indian ridge. Geochemistry Geophysics Geosystems, 4(8): 9105

Sengör A M C. 1990. Plate tectonics and orogenic research after 25 years: a tethyan perspective. Earth-Science Reviews, 27(1): 1～201

Shirey S B, Bender J F, Langmuir C H. 1987. Three-component isotopic heterogeneity near the oceanographer transform, Mid-Atlantic ridge. Nature, 325(6101): 217～223

Simon N S C, Neumann E R, Bonadiman C, *et al*. 2008. Ultra-refractory domains in the oceanic mantle lithosphere sampled as mantle xenoliths at ocean islands. Journal of Petrology, 49(6): 1223～1251

Sinha M C, Constable S C, Peirce C, *et al*. 2003. Magmatic processes at slow spreading ridges: implications of the RAMESSES experiment at 57° 45′ N on the Mid-Atlantic Ridge. Geophysical Journal International, 135(3): 731～745

Sinton J M, Detrick R S. 1992. Mid-ocean ridge magma chambers. Journal of Geophysical Research: Solid Earth, 97(B1): 197～216

Sleep N H. 2003. Mantle plumes? Astronomy and Geophysics, 44(1): 1. 11～1. 13

Smith A D, Lewis C. 1999. The planet beyond the plume hypothesis. Earth Science Reviews, 48(3): 135～182

Snow J E, Schmidt G. 1999. Proterozoic melting in the northern peridotite massif, Zabargad Island: Os isotopic evidence. Terra Nova, 11(1): 45～50

Snow J E, Hart S R, Dick H J B. 1994. Nd and Sr isotopic evidence linking mid-ocean-ridge basalts and abyssal peridotites. Nature, 371(6492): 57～60

Snow J E, Schmidt G, Rampone E. 2000. Os isotopes and highly siderophile elements (HSE) in the Ligurian ophiolites, Italy. Earth and Planetary Science Letters, 175(1-2): 119～132

Standish J J, Hart S R, Blusztajn J, *et al*. 2002. Abyssal peridotite osmium isotopic compositions from Cr-spinel. Geochemistry Geophysics Geosystems, 3(1): 1～24

Steinberger B, O'Connell R J. 1998. Advection of plumes in mantle flow: implications for hotspot motion, mantle viscosity, and plume distribution. Geophysical Journal International, 132(2): 412～434

Stracke A, Snow J E, Hellebrand E, *et al*. 2011. Abyssal peridotite Hf isotopes identify extreme mantle depletion. Earth and Planetary Science Letters, 308(3-4): 359～368

Sturm M E, Klein E M, Graham D W, *et al*. 1999. Age constraints on crustal recycling to the mantle beneath the southern Chile ridge: He-Pb-Sr-Nd isotope systematics. Journal of Geophysical Research: Solid Earth, 104(B3): 5097～5114

Takahahshi E, Nakaima K, Wright T L. 1998. Origin of the Columbia River basalts: melting model of a heterogeneous plume head. Earth and Planetary Science Letters, 162(1-4): 63～80

Tucholke B E, Behn M D, Buck W R, *et al*. 2008. Role of melt supply in oceanic detachment faulting and formation of megamullions. Geology, 36(6): 455～458

Tucholke B E, Lin J, Kleinrock M C. 1998. Megamullions and mullion structure defining oceanic metamorphic core complexes on the mid-Atlantic ridge. Journal of Geophysical Research: Solid Earth, 103(B5): 9857～9866

van Acken D, Becker H, Walker R J. 2008. Refertilization of Jurassic oceanic peridotites from the Tethys ocean-implications for the Re-Os systematics of the upper mantle. Earth and Planetary Science Letters，268（1-2）：171 ～ 181

Vuagnat M. 1964. Remarques sur la trilogie serpentinites-gabbros-diabases dans le bassin de la Méditerranée occidentale. Geologische Rundschau，53（1）：336 ～ 357

Warren J M，Shimizu N，Sakaguchi C，*et al.* 2009. An assessment of upper mantle heterogeneity based on abyssal peridotite isotopic compositions. Journal of Geophysical Research：Solid Earth，114：B12203

Wignall P B. 2001. Large igneous provinces and mass extinctions. Earth Science Reviews，53（1-2）：1 ～ 33

Wilson J T. 1963. A possible origin of the Hawaiian islands. Canadian Journal of Physics，41：863 ～ 870

Wilson J T. 1966. Some rules for continental drift. Royal Society of Canada：Special Publication，9：3 ～ 17

Wilson J T. 1968. Static or mobile earth：the current scientific revolution. Proceedings of the American Philosophical Society，112（5）：309 ～ 320

Wilson M. 1989. Igneous Petrogenesis. Unwin Hyman，London：Journal of Geology. 466

Wolfe C，Barnason I，Vandecar J C，*et al.* 1997. Seismic structure of the iceland mantle plume. Nature，385（6613）：245 ～ 247

Xu S，Okay A I，Ji S，*et al.* 1992. Diamonds from DabieShan metamorphic rocks and its implication for tectonic setting. Science，256（5053）：80 ～ 82

Xu S，Su W，Liu Y，*et al.* 1992. Diamonds from highpressure metamorphic rocks in eastern Dabie Mountains. Chinese Science Bulletin，37（2）：140 ～ 145

Yaxley G M. 2000. Experimental study of the phase and meltin grelations of homogeneous basalt plus peridotite mixtures and implications for the petrogenesis of flood basalts. Contribution to Mineralogy and Petrology，139（3）：326 ～ 338

Zhao D P. 2001. Seismic structure and origin of hotspotsand mantle plumes. Earth and Planetary Science Letters，192（3）：251 ～ 265

Zheng Y D，Wang T，Ma M，*et al.* 2004. Maximum effective moment criterion and the origin of low-angle normal faults. Journal of Structural Geology，26（2）：271 ～ 285

Zhou H Y，Dick H J B. 2013. Thin crust as evidence for depleted mantle supporting the Marian Rise. Nature，494（7436）：195 ～ 200

Zhao G C，Wilde S A，Cawood P A，*et al.* 1998. Thermal evolution of the Archaean basement rocks from the eastern part of the North China Craton and its bearing on tectonic setting. International Geology Review. 40：706 ～ 721

Zhao G C，Wilde S A，Cawood P A，*et al.* 1999. Thermal evolution of two textural types of mafic granulites in the North China Craton：evidence for both mantle plume and collisional tectonics. Geological Magazine. 136：223 ～ 240

附录 1　造山带研究 28 问

1. 俯冲混杂带的主要岩石－构造组合特征是什么？

答：混杂带是识别造山带的关键大地构造单元，有关问题在第一卷第 3、第 4 章和第四卷中有详细论述。俯冲混杂带的典型特征是基质夹岩块（block-in-matrix），即俯冲混杂带的岩石组成包括两部分：①混杂带的基质，即原地岩系（autochthonous rock），主要由海沟以及海沟－斜坡盆地的浊积岩复理石和块体搬运沉积（mass-transport deposit，MTD）以及远洋沉积物组成，常含放射虫硅质岩；②包裹于复理石基质中的大小悬殊、岩性和时代各异的外来块体（allochthonous block），如洋岛（oceanic island）、海山（seamount）、洋底高原（oceanic plateau）、大洋岩石圈（蛇绿岩）等的残块，以及大陆碎片（continental fragments）、岛弧火山岩块、不同成因的碳酸盐岩（多变质为大理岩）块体等。由于俯冲深度和经历的温压条件不同，俯冲混杂带的基质和外来岩块经受不同的变质作用，从基本不变质到高压甚至超高压变质，这取决于其随俯冲带是否曾经俯冲下去过和俯冲深度以及随之折返情况。这些不同来源、不同成因和时代、不同变质程度的外来岩块（或构造岩块）与基质混杂在一起，构成俯冲混杂带。混杂带构造杂乱，变形强烈，尤其是基质，发育各类冲断构造（thrusts、duplex）、大型复式褶皱（阿尔卑斯式褶皱）和大型韧性剪切带，以及底劈构造等。此外，常发育 broken formation，地层呈现 out-of-sequence 特征。

2. 碰撞造山等挤压构造环境下能发育正断层和拆离断层等伸展构造吗？

答：造山过程的任何阶段都可以发育伸展构造。造山作用过程中，通常最大主压应力 σ_1 水平垂直于造山带方向，最小主应力 σ_3 从起初的铅直方向逐渐演化到平行于造山带的水平方向，从而引发垂直于造山带走向的正断层和伸展拆离断层以及平行于造山带的走滑逃逸构造，甚至形成变质核杂岩，如喜马拉雅造山带发育的一系列近南北走向的正断层和地堑，以及变质核杂岩；再者，以隧道流（channel flow）等方式可形成平行于造山带的大型伸展拆离断层，如喜马拉雅造山带的藏南拆离系（South Tibet Detachment，STD）；还有，碰撞作用过程中深部的构造底垫（underplating）顶托作用往往会引发浅部的伸展拆离作用。还有，如斜向俯冲和凸凹的碰撞边界的碰撞作用也会引起局部的伸展和走滑构造发育。因此，在碰撞造山带研究中，不能因为发现了一定规模的伸展构造就认为造山作用已经结束。

3. 俯冲混杂带中碳酸盐岩的可能形成环境有哪些？

答：俯冲混杂带中的碳酸盐岩有多种可能形成环境：①形成于洋中脊附近的 CCD 面（碳酸盐补偿深度）之上的远洋碳酸盐岩随洋壳扩张进入俯冲带并被刮削下来，多变质为薄层的条带状大理岩；②海山、洋岛和洋底高原顶部的碳酸盐岩在俯冲过程中进入混杂带；③变形隆起的增生楔构造高点也可堆积碳酸盐岩；④当不发育弧前盆地时，岛弧边缘的局限台地碳酸盐岩可垮塌滑落至增生楔中；⑤被动陆缘的台地碳酸盐岩会以孤立滑塌岩块方式进入深海环境，俯冲过程中进入混杂带。因此在造山带中会有形成于不同构造环境的碳酸盐岩的共存共生现象。应具体问题具体分析，确定其形成的构造环境和成因，不能看见碳酸盐岩就认为是碳酸盐台地环境，否则，会对造山带的研究造成误导（详见第一卷第3章有关讨论）。

4. 俯冲混杂带中局部会有老的陆壳物质，其可能原因有哪些？

答：大致有几种可能原因：一是大洋中往往残留有许多大陆碎片，在洋壳俯冲过程中这些带有陆壳的碎片难以俯冲下去而可能就位于增生混杂带中，或俯冲到一定深度后折返就位于俯冲混杂带中；二是洋－陆俯冲情况下，上行板片的陆壳物质可能会发生垮塌而掉入混杂带中；三是横切活动陆缘的巨大海底峡谷（canyon）会将大陆物质以碎屑形式输送到海沟以及增生楔中沉积下来，并再循环至俯冲混杂带中。也许还有其他原因。所以在造山带中发现有老的岩石或探测到老的年龄数据是正常现象，因此，在造山带中发现老的岩石或年龄，一是不要马上否定造山带的存在和时限；二是不要轻易在其前后划出两条造山带。另外，要注意区分大陆与洋中大陆碎片。洋中的大陆碎片几乎没有或只发育有很窄的陆缘沉积，而大陆却往往发育有宽阔的被动陆缘沉积。

5. 蛇绿岩的形成时代和就位时代能反映碰撞时限吗？其出露位置能代表缝合带位置吗？

答：俯冲混杂带中的任一蛇绿岩块的时代只代表该洋壳形成的时代，它既可以就位于俯冲阶段也可以就位于碰撞阶段，与俯冲作用和碰撞造山没有对应关系。大洋岩石圈从其在洋中脊处形成到在俯冲带处消亡，是一个四维连续演化过程，俯冲混杂带中不同时代的蛇绿岩残块仅表示不同时代的洋壳碎块以不同方式就位于俯冲混杂带中或其他位置。因此，蛇绿岩的形成时代和就位时代与大洋何时闭合、两侧大陆何时发生碰撞没有直接联系，不能代表碰撞造山的时代，尽管最年轻的蛇绿岩可作为大洋闭合和碰撞事件发生的下限，但往往误差较大。蛇绿岩就位有多种方式（见第一卷第4章），不同的就位方式会导致其位置不同，而且在碰撞造山作用过程中还可能经历远距离推覆，因此蛇绿岩出露位置并不能代表缝合带的位置。

6. 为什么大部分蛇绿岩都是SSZ型的？它代表什么含义？

答：蛇绿岩是大洋岩石圈残片，大洋岩石圈形成于大洋中脊，现在地球表面的大部分被大洋所覆盖，而造山带中的蛇绿岩却90%以上是SSZ型的，这一推论让人匪夷所思，无法用“将今论古”这一地质学基本原理予以解释。标准的MOR型蛇绿岩与SSZ型蛇绿岩往往见于同一套蛇绿岩中，如阿曼蛇绿岩中就可见到两种不同类型的蛇绿岩，而且两种类型蛇绿岩之间是过渡关系，仅仅是上部玄武岩的地球化学特征与弧有类似之处（钙碱性特征）。由此看来，SSZ型蛇绿岩可能并不代表该洋壳形成于俯冲带之上，也就是说与构造环境没有直接联系，或者说没有任何构造意义（详细讨论见第一卷第4章4.1、4.2节）。

7. 何为增生型造山带？何为碰撞型造山带？

答：增生型造山带是Sengör（1992）提出来的，又叫土耳其型或阿尔泰型造山带，是指因海沟不断向洋方向后撤，侧向上形成宽阔的消减—增生混杂带，其中常发育多条蛇绿岩带。随着海沟的后撤，岩浆弧也随之周期性地向洋方向跃迁，在增生楔上形成的岩浆弧即增生弧把增生楔和洋壳碎片等焊接起来的一类造山带，以发育增生弧为特征。这一类造山带可能属软碰撞。

碰撞型造山带，也叫特提斯型造山带，是以较窄的缝合带（增生混杂带）为特征，不发育增生弧。

然而，现阶段的一些文献中，将洋壳俯冲阶段即增生楔形成过程叫增生型造山带如环太平洋型造山带；而将大洋闭合，两侧大陆发生（间接或直接）碰撞作用形成的造山带叫碰撞型造山带。这种分类是按照演化阶段的纵向分类，与 Suess（1875）提出的“特提斯型造山带”和“太平洋型造山带”分类类似，即所谓“增生型造山带”就是“太平洋型造山带”，指大洋仍在俯冲、尚未闭合的情形。若如此，又如何称中亚造山带是增生型造山带呢？因为该洋早已闭合。如果按此划分，又有哪个造山带不是从增生型到碰撞型的呢？所以这种类型划分在研究古老造山带中不仅没有实际意义，而且还会造成混乱（详细讨论见第四卷）。因此，应将增生型造山带回归到 Sengör（1992）提出的本来面目。

8. 何为增生弧？有何岩石和地化特征？其大地构造意义如何？

答：增生弧（accretionary arc）是指形成于俯冲增生楔（又称俯冲混杂带、蛇绿混杂带或增生杂岩）之上的岩浆弧，是增生型造山带的重要标志。增生弧不同于洋内弧和陆缘弧，它是“岩浆弧与混杂带的共生体”，其岩浆主要来自增生楔物质（包括复理石基质和各类外来岩块）的高度不均匀混熔，这与经典的“岛弧拉斑玄武岩质岩浆以及钙碱系列岩浆来源于俯冲带之上的地幔楔的水致部分熔融”模式不同。这是因为在俯冲混杂带侧向长距离增生过程中，地幔楔不可能紧跟在俯冲消减带之上，所以增生弧的岩浆来源难以用地幔楔水致部分熔融机制来解释。有人认为，其部分熔融可能与增生楔中的大型逆冲断层的摩擦热和剪切带的剪切热有关；也有人认为地幔仍然是增生弧形成的主要热源。

因岩浆来源不同，岩石和地球化学特征必然有其特殊性。有研究发现，增生弧花岗岩普遍具有 Sr-Nd 同位素解耦现象，表现为 Nd 同位素亏损，Sr 同位素富集，这可能是因为增生弧花岗岩主要来自于增生楔复理石的部分熔融，海水富 Sr 之缘故。目前有关增生弧的研究比较薄弱。

9. 增生弧花岗岩中基性或超基性岩块的可能成因机制是什么？

答：增生弧的特征之一就是常含有来自蛇绿混杂带物质的顶垂体（roof pendant）。因由增生混杂带基质部分熔融形成的酸性或中酸性岩浆的黏度较大，但其温度往往较镁铁质和超镁铁质岩块的熔点低，所以在增生弧岩浆经过蛇绿混杂带时会把一些镁铁质、超镁铁质岩块以固体方式携带上来，形成顶垂体。这些镁铁质和超镁铁质岩块不乏大洋岩石圈残片即蛇绿岩，因此增生弧中的顶垂体是蛇绿岩就位的重要方式之一（详见第一卷第 4 章 4.1 节）。

10. 显著的退变质作用是碰撞作用的结果吗？退变质作用可以限定碰撞事件的发生吗？

答：退变质作用指的是变质岩石经历了温度（或压力）明显降低的过程。造山带中变质岩的退变质作用，通常与岩石变质环境的深度变小有关。尽管碰撞过程会发生抬升和拆离作用，从而引发退变质作用。但俯冲阶段，同样会有一些俯冲到一定深度的物质，因折返而发生退变质作用。所以，显著的退变质作用未必一定是碰撞作用的结果，因此不能用退变质的时间来限定碰撞事件的发生（详见第一卷第 3 章和第 4 章 4.4 节）。

11. 碰撞造山过程会形成显著的进变质作用吗？

答：进变质作用指的是变质岩石经历了温度（或压力）明显升高的过程。造山带中变质岩的进变质作用，通常与岩石变质环境的深度增大有关。碰撞造山过程以区域变质作用为主，可以造成进变质作用，但一般不会发生高压或超高压变质作用，因为两侧大陆碰撞过程中，再发生深俯冲的难度较大；俯冲过程更容易形成进变质作用，特别是高压和超高压变质作用。高压变质岩折返就位后形成高压变质带（详细讨论见第一卷第 4 章 4.4 节和第四卷）。

12. 高压变质峰期年龄与碰撞事件有关吗？

答：高压变质与俯冲作用关系密切，俯冲带可以将混杂带中的任何物质携带至深部发生高压变质，然后再折返就位，此时碰撞作用并未发生。所以高压变质与碰撞事件的关联并不密切（详见第一卷第4章4.4节讨论）。所谓“峰期”指的是变质岩石所经历温度或压力极大值的变质阶段，不能以此作为判别碰撞事件发生的依据。

13. 陆壳物质的高压变质作用是碰撞作用的结果吗？

答：需要具体情况具体分析，一般不是碰撞作用的结果。高压变质作用多发生于俯冲阶段，增生混杂带中的陆壳物质或者洋内的大陆碎片物质等均可能被俯冲带携带至深部，发生高压变质作用，然后再折返就位（详见第一卷第4章4.4节讨论）。相反，碰撞作用过程则很难发生深俯冲作用。因此，大陆物质的深俯冲更可能发生于俯冲阶段，而不是碰撞阶段。

14. “造山型 *P-T-t* 轨迹”代表的是碰撞造山过程吗？

答：“造山型 *P-T-t* 轨迹”传统上指的是顺时针型 *P-T-t* 轨迹，其中退变质过程可以是近等温降压（或降温降压同时发生）的过程。许多情况下，随俯冲带进入深部发生变质的岩石在快速折返过程中，压力（P）随之降低；就温度（T）而言，如果折返速度快，加之岩石是热的不良导体，能够长期保持较高温度，形成近等温降压的 *P-T-t* 轨迹。所以“造山型 *P-T-t* 轨迹”表明岩石经历了俯冲阶段的升温（还包括升压）过程，之后在折返阶段经历降压（可能还包括降温）过程，不能代表顾名思义的碰撞造山过程。

15. 造山带中的最高海相地层能作为限定碰撞事件下限指标吗？

答：不可以。因为碰撞后仍可保留局部海相沉积，如周缘前陆盆地中的磨拉石底部仍可保留一定时间的海相沉积，但它是碰撞事件发生后的沉积。最好的实例就是台湾海峡，菲律宾海板块与欧亚板块在台湾已经发生碰撞，而且碰撞作用仍在持续，台湾东部海岸山脉与中央山脉之间的纵谷就是混杂带，但现在台湾海峡（前陆盆地）仍在接受海相沉积，它反而代表了碰撞事件的上限，而不是下限（详细讨论见第一卷第3章，第四卷）。

16. 复理石与磨拉石的含义及其大地构造意义是什么？

答：复理石是巨厚的海相浊积岩地层，常发育不完整的鲍马序列，可形成于被动陆缘、活动陆缘、岛弧等构造环境，是碰撞造山前的产物。需要说明的是，湖等陆相浊积岩不属于复理石范畴。磨拉石是一套下部为海相细碎屑沉积（如台湾海峡）和上部为陆相粗碎屑沉积的巨厚沉积组合，这一组合特征与山间盆地沉积形成明显对照。磨拉石往往堆积在较早形成的复理石的前锋部位，（周缘）前陆盆地中的磨拉石是碰撞造山过程的产物。所以它们可作为限定碰撞事件发生的上、下限标志。

17. 限定碰撞事件时限有哪些有效方法？

答：从洋壳俯冲到大洋闭合和碰撞作用发生是一个连续的过程，因此没有留下任何能直接反映碰撞事件发生的物质和年龄记录，或者说任何年龄都不能代表碰撞事件发生的时间，因此只能通过碰撞前与碰撞后环境、物质的改变以及年龄记录去限定其上、下限。限定碰撞事件发生的上、下限的方法很多，但往往误差都较大。最有效的方法是，碰撞前俯冲板块如被动大陆边缘（碰撞后进入前陆褶皱冲断带）最晚的复理石地层与其上覆的（周缘）前陆盆地中最早的磨拉石地层分别作为限定碰撞事件发生的下限和上限标志。两套地层有时为连续沉积，因此可以把碰撞事件限定在很小的时间范围之内（详细讨论见第一卷第3章，第四卷）。需要注意的是，只有覆于最晚复理石地层之上，即晚于最晚复理石地层的周缘前陆盆地中最早的磨拉石地层方可作为限定碰撞事件发生的上限，其他类型的前陆盆地如弧背前陆盆地

（retro-arc foreland basin）以及增生楔顶盆地等的磨拉石地层则不能用于限定碰撞事件发生的上限。

18. 造山带中地层的不整合与碰撞事件有对应关系吗？

答：造山带中地层的不整合，即使是较大规模的角度不整合，与碰撞事件也无必然对应关系。无论是俯冲还是碰撞造山均是连续的构造过程，都会形成大量不同规模地冲褶席（duplex）、冲断席（thrust）以及褶皱构造，自然会形成遭受剥蚀的高地和接受沉积的洼地。构造规模不同，遭受剥蚀的范围就不同，加之持续的构造作用会造成岩石的强烈变形，从而形成不同规模的不整合特别是角度不整合自然是造山过程中的普遍现象，与碰撞构造事件并无对应关系，也就是说不整合并不代表有重大构造事件发生。相反，如前所述的复理石向前陆盆地磨拉石地层的转变过程可能是连续沉积，但它指示了碰撞事件的发生。因此，造山带中地层的连续沉积并不代表没有重大构造事件发生。

19. 碰撞造山过程中的大规模成矿前景如何？

答：碰撞造山过程中的（内生）成矿作用一般比较有限，因为该过程地壳加厚，深部地幔物质难以上升至浅部，所以成矿的物质基础相对匮乏，形成大规模内生矿床的可能性较小。反而，在碰撞前的俯冲阶段，尤其是洋脊俯冲会有大量地幔物质上涌，成矿物质基础丰厚，有利于大规模成矿（见第一卷第 3 章 3.3、3.7 节）；碰撞造山后的拆沉作用会引发大规模地幔物质或能量上升，加之浅部伸展拆离作用的构造配套，有利于大规模成矿。总之，碰撞前和造山后是内生矿床成矿的关键时期，反而碰撞造山作用过程中不利于内生矿床的大规模形成。

20. 造山带中发育具有"大陆型"岩石圈地幔的可能成因有哪些？

答：这里的"大陆型"岩石圈地幔是指造山带中的富集型地幔，实际上是地球化学意义上的大陆地幔。大致有三种可能成因：一是洋内大陆碎片的岩石圈地幔；二是洋岛和海山的岩石圈地幔；三是大洋核杂岩（OCC）和大洋拆离断层直接将未经洋脊玄武质岩浆抽取或少量抽取后的未亏损或轻度亏损的岩石圈地幔拆离至洋底，其地球化学特征可能与大陆型岩石圈地幔有相似之处。此外，还有一种可能就是洋盆形成初期的洋－陆过渡性地幔（OCT）。对于慢速或超慢速扩张的大洋中脊普遍发育大洋核杂岩和大洋拆离断层，其岩石圈地幔的地球化学特征与快速扩张形成的岩石圈地幔会有明显不同（详细讨论见第一卷第 4 章第 4.2 节）。

21. 造山带中的淡色花岗岩与碰撞事件有关吗？

答：淡色花岗岩是一种暗色矿物含量极低（一般不超过 5%）的花岗岩，因其颜色较浅而得名。其化学成分以高硅、过铝、富碱为特征，富含白云母、石榴石等富铝矿物。一般认为淡色花岗岩来自陆壳熔融，特别是沉积岩的部分熔融。因此，碰撞造山作用会引起陆壳部分熔融形成同碰撞的淡色花岗岩；俯冲过程中，增生混杂岩复理石基质的部分熔融也可以形成淡色花岗岩，如增生弧花岗岩中的淡色花岗岩；碰撞造山期后或之后的伸展拆离过程也会引起陆壳部分熔融形成碰撞后的淡色花岗岩。所以淡色花岗岩既与碰撞作用有关系，但又没有必然联系。因此，造山带中淡色花岗岩的出现并不能反映碰撞事件是否发生。

22. 缝合带（suture zone）与深大断裂对应吗？

答：缝合带（suture zone）是板块构造学的术语，是以水平运动为主的活动论概念，指俯冲下盘与仰冲上盘的接触部位；而深大断裂则是槽台学说的术语，属以垂向运动为主的固定论概念，指垂向上切过地壳乃至岩石圈的大断层。所以，二者无论在概念还是内涵方面都不具有对应关系。

23. 角度不整合与造山幕有对应关系吗？板块构造理论如何理解这一问题？

答：造山幕（orogenic episode）又称褶皱幕（folding episode）、构造幕（tectonic episode）。这一概念最早是由 Stille（1936）提出来的，其含义是地槽转变为褶皱带的过程都经历了一系列短时间的褶皱幕；褶皱幕之间，为比较长的、相对静止的阶段所隔开；每一个褶皱幕在整个地槽区，乃至全球所有的地槽区都是近于同时发生的，而且褶皱幕是根据地层间的角度不整合来确定的。之所以用地层角度不整合来确定造山幕，是因为地槽学说认为，造山带是地槽褶皱回返抬升的垂向运动的结果，造山带的回返抬升造成整个造山带的强烈变形和剥蚀，然后再沉降接受沉积时，就会形成地层的角度不整合。

板块构造学说认为，从大洋岩石圈的俯冲到大陆岩石圈的碰撞，以及其后的持续碰撞造山作用是一个连续的过程。在此过程中，可以形成经历变形和遭受剥蚀的高地（如冲断岩席），也可同时形成接受沉积的洼地（盆地），也就是说在同一次造山作用过程中会形成若干个角度不整合，而且一个地方遭受剥蚀形成角度不整合和另一个地方接受连续沉积是同时进行的，并不存在统一的角度不整合；再者，角度不整合的成因也是多种多样的，即使同一个角度不整合的不同位置也可能是穿时的，如日本西南部石库岛增生楔顶盆地底部的不整合。因此，**造山作用过程中并不存在造山幕；造山带中的角度不整合也不与任何所谓的造山幕有对应关系**。

自 20 世纪 60~70 年代，地球科学革命取得成功，板块构造学说范式取代地槽学说范式之后（参阅第一卷第 1，2 章），全球性的造山幕、造山运动，如加里东运动、燕山运动、喜马拉雅运动等术语已不再使用，地质学教科书中也没有了这些概念。认识这个问题并非仅仅是概念和术语的使用问题，而是如何深层次理解和准确把握板块构造学说的内涵本质和理论体系的问题，也是正确认识板块构造学说与地槽学说两个范式间的不可通约性（incommensurability）问题。至于加里东期、燕山期、喜马拉雅期之类术语仍被广泛使用，其含义也仅代表时代的概念。

24. 山脉与造山带有何区别？

答：山脉是地貌学、地理学名词，强调的是现时状态和地貌特征，关键是具有一定的高程差。可形成于任何应力环境（挤压、拉张、剪切、垂向如地幔柱等）。高程差是山脉的充分必要条件。

造山带是地质学名词，强调的是板块汇聚作用的动态过程，关键是具有汇聚板块边缘的岩石构造组合（特征是混杂带），包括俯冲造山带和碰撞造山带，可以是高山，也可以是被夷平后的平原。形成于挤压应力环境。因此，混杂带（mélange）是造山带的充分必要条件。

山脉与造山带是两个完全不同的概念，不可混淆。不具备造山带特质的山脉不能称之为造山带，如板内造山带、裂融造山带等。

思考：南美安第斯山形成于汇聚板块边缘，是造山带，那么燕山也形成于汇聚板块边缘，是造山带吗？为什么？燕山主要由燕山期的弧岩浆岩（侵入岩和火山岩）及其围岩组成，没有混杂带，因此构不成完整的造山带。

25. 夭亡裂谷与拗拉槽有何区别？

答：夭亡裂谷（aborted rift）是“三叉裂谷”中那支没有发展到大洋阶段就夭折了的大陆裂谷盆地。底部为碱性岩，其上为逐渐变浅的沉积序列，如克里特 - 西西里的晚二叠世盆地、希腊和阿尔巴尼亚的爱奥尼亚带。

拗拉槽（aulacogen）是指被卷入碰撞造山作用的夭亡裂谷，强烈变形，并接受来自于造山带的沉积物，形成与造山带高角度相交的构造带。岩石组合上发育两套岩系：下部为碱性岩 + 夭亡裂谷沉积岩系；上部为来自造山带的粗碎屑沉积岩系，如美国阿纳达科拗拉槽。

夭亡裂谷是拗拉槽的前世。

26. 混杂带中能以岩性为基础建立“群 / 组”吗？

答：混杂带（mélange）的特征是基质夹岩块（block-in-matrix），由不同岩性（沉积岩、变质岩和岩浆岩）、不同时代（可相差悬殊）、不同变质程度（不变质至高压相系变质）、不同就位时间的岩石构成，且经历强烈构造改造，变形强烈，岩层失序（out of sequence），构造破碎，形成构造破碎组（broken formation）。同种岩石可能具有不同的成岩时代、变质时代和就位时代；同时代岩石具有完全不同的岩性；各类岩石彼此杂乱堆积，构造接触，横向延伸非常有限，横向上无法对比延伸。因此，混杂带中不宜以岩性为基础建立“群 / 组”。

以往造山带中的群 / 组均是在地槽理论的基础上建立的，如秦岭造山带的“流岭群”等，不宜继续沿用。

27. 混杂带中存在基底吗？

答：基底是相对于盖层而言的，是指早期形成的、下伏于盖层之下的古老变质岩层。而混杂带中则往往岩层失序（out of sequence），因底垫作用（underplating）造成下伏岩层新而上覆岩层老；因构造作用（thrusting）导致变质程度高的岩石覆于变质程度低或未变质的岩石之上。因此，混杂带中并不存在下部岩石老、上部岩石年轻，下部岩石变质程度高、上部岩石变质程度低的规律。即使混杂带中存在大的古老变质岩块，也多是以地体（terrane）方式增生拼贴于混杂带中，与周围呈构造接触，并非“基底”。造山带中“下面老上面新、下部变质程度高上部变质程度低”的认识是地槽理论的固定论思想；按照板块构造活动论思想，混杂带并非如此，因此混杂带中并不存在“基底”之说。

28. 蛇绿岩地幔岩（又称构造岩）的强烈变形是如何发生的？

答：我们知道，蛇绿岩的地幔岩，也称构造（橄榄）岩，主要由方辉橄榄岩构成，通常发生了强烈变形，形成了面理、线理和褶皱等，与上覆的地壳单元呈构造接触，这些地壳单元却几乎不变形。通常认为，蛇绿岩地幔岩的变形主要是随着洋脊扩张，在板块大规模移动过程中岩石圈地幔随之发生的变形（地幔岩在就位过程中也可能发生变形，但相对局部）。然而，这似乎与板块构造理论不甚协调。板块构造理论认为，相对刚性的岩石圈在相对塑性的软流圈之上作大规模移动，二者黏性系数相差 1~2 个数量级。因此，当岩石圈在软流圈上作大规模移动时，发生变形的应该是软流圈而不是岩石圈。如果如此，一种可能的解释是蛇绿岩地幔岩的变形是从软流圈继承来的。当软流圈地幔（二辉橄榄岩）在洋脊处减压熔融，抽取玄武质岩浆后的残余形成大洋岩石圈地幔（主体是方辉橄榄岩）的过程中保留了之前软流圈时的变形。所以，蛇绿岩地幔岩的变形可能并非是在大洋岩石圈形成之后的板块移动过程中发生的，而是在岩石圈化之前的软流圈中发生的。这只是一种推测，还有待探索。

附录2　我国关键区域构造问题

李继亮（2010）在“求索地质学50年”一文中提出了我国亟待解决的一些地质问题，是对中国构造地质问题的很好总结。以此为基础，整理出几项我国关键的区域构造问题，以供思考和参考。

1. 中国大陆的组成

这个问题，不是说中国大陆由多少个板块构成，而是说中国大陆有多少个前寒武纪结晶基底单元？它们来自哪里？它们是什么时候、经过什么样的过程拼合在一起的？关于中国大陆有多少个前寒武纪结晶基底单元的问题，不难统计出来，至少就出露地表的前寒武纪结晶基底单元而言，不难统计。但它们的来源是个难题，不过只要下功夫去与有关地区作对比，还是可以解决的。为了研究我国活动论古地理，我们至少要搞清楚在早古生代时期，它们在什么位置？它们是什么时候拼合在一起的？可以把这个问题放在造山带问题研究中一并考虑，但通过走滑拼合的，应该另作研究。

2. 中国的显生宙造山带

中国是世界上的造山带大国，只计算显生宙时期的造山带的数量，世界上就没有一个国家可以相比。以下由北向南，简述各显生宙造山带及其存在的主要问题。

（1）天山－兴安造山带。东西走向，绵延4000km以上，类型属于中亚增生型造山带。这条造山带的碰撞时代不清楚，现在争议颇多。黄汲清先生曾认为西部于泥盆纪造山，东部为二叠纪造山。现在看来并不一定，因新近研究表明，其碰撞造山时间可能会晚些，西部可能为晚二叠世—早三叠世，东部更晚。造成不确定性的原因是前陆褶皱冲断带在哪里，尚不能确定。在西部，库尔勒一带尚有迹可寻；在东部，华北板块北缘哪里是前陆褶皱冲断带，无法定断，可能是埋在了二连盆地之下。

（2）那丹哈达造山带。在我国境内，沿乌苏里江的饶河－虎林地区出露蛇绿混杂带，在松辽盆地下伏着弧火山岩，在双鸭山附近出露有弧前盆地浊积岩。这条造山带的问题是：乌苏里江以东究竟是陆块还是岛弧？或其他？这个单元与北海道的中生代造山带有什么关系？有人认为同是白垩纪混杂带，还不能确定。

（3）昆仑－祁连－秦岭－大别造山带。绵延4000km，也应属增生型造山带。这条造山带的仰冲陆块、蛇绿混杂带和前陆褶皱冲断带表现清楚，碰撞时代为三叠纪早－中期。遗留的问题是：①大别山为什么找不到蛇绿岩？②苏鲁造山带是什么性质的造山带，它与大别山怎样相接？③该造山带往朝鲜半岛如何延伸？侯泉林等（2008）、武昱东和侯泉林（2016）提出了其向朝鲜半岛的延伸方式，有其道理，但证据还需进一步加强。

（4）班公湖－怒江造山带。普遍认为是弧后盆地闭合形成的造山带。弧后盆地北侧是羌塘陆块，南侧是拉萨－冈底斯弧。遗留的问题是：①弧后盆地的洋壳向北还是向南俯冲消减？②北羌塘和南羌塘之间还有没有一条缝合带？如果有，是什么时代？近年来的研究已取得了一些进展，但证据还不够充分。

（5）喜马拉雅造山带。拉萨－冈底斯活动大陆边缘、雅鲁藏布江蛇绿混杂带和印度前陆带基本清楚。剩余的问题只是：①有几条蛇绿岩带？②印度前陆褶皱冲断带为什么如此复杂？是板块边界几何形状复杂所致，还是混杂带与前陆冲断带界线划分不确定，或是其他问题；③其碰撞作用究竟发生于何时？这一问题近年争论较多，肖文交等（2017）认为，印度与欧亚大陆最终的碰撞拼贴时间最早不早于14Ma，与以往60Ma左右的认识相差较远。下一步应如何解决这些问题？

（6）三江造山带。这是一条非常复杂的造山带，在云南境内格局比较清楚。高黎贡山东侧有三台山蛇绿混杂带；保山陆块东侧有昌宁－孟连蛇绿混杂带，保山陆块的前陆褶皱冲断带向两侧俯冲。昌宁－孟连带东侧是兰坪－思茅陆块，它的前陆褶皱冲断带向东俯冲到哀牢山蛇绿混杂带之下，扬子板块仰冲到哀牢山混杂带之上。在四川境内，不清楚的问题很多。在金沙江蛇绿混杂带与甘孜－理塘－木里蛇绿混杂带之间，现在能够确定的只有义敦弧，其他地质格局不清楚。甘孜－理塘带与丹巴蛇绿混杂带之间，地质格局也不清楚。最近研究表明，丹巴以东则属于元古宙晋宁造山作用拼合的扬子板块的部分。所以，三江造山带还需要进行深入的研究。

（7）雪峰山造山带。这条造山带西侧具有清楚的前陆褶皱冲断带和覆于其上的前陆盆地，东侧有仰冲的湘中陆块。一个显著的问题是蛇绿岩时代与碰撞时代的协调问题。从西侧前陆褶皱冲断带看，碰撞作用应发生于三叠纪，但需要更多证据，应该通过混杂带中基质和硅质岩块的时代来解决。另一个问题是向东如何延伸。李继亮（2010）的看法是从黔阳经溆浦、常德到益阳，然后与赵崇贺等（1995）发现古生代放射虫的江西混杂带相接。看法相当简单，然而需要做的研究工作则十分繁重、复杂。

（8）那坡造山带。那坡位于广西境内，那坡及其东侧是从十万大山向西增生到此处的增生楔混杂带；西侧是云南境内的前陆褶皱冲断带。问题是这条蛇绿混杂带向哪里延伸？目前的资料很难解答这个问题，必须进行深入的研究工作。

（9）闽赣湘造山带。这是一条志留纪末期碰撞的造山带。造山带内部，从前陆褶皱冲断带到增生楔混杂带向东到前缘弧，再到弧后混杂带和仰冲的小陆块，单元十分齐全（李继亮，1993）。向北，这个带被萍乡－铅山断裂切断，不能延伸。向南可能延入广东，但是如何延伸，其地质格局如何，目前尚不清楚。

（10）浙西和闽西三叠纪造山带。这两条带具有相同的格局，西部是前陆褶皱冲断带，向东，浙江有芝溪头蛇绿混杂带；福建有戴云山混杂带。两者的仰冲陆块都不清楚。两者的碰撞时代都是早三叠世（侯泉林等，1995；肖文交，1995）。浙西带向北，过了长兴之后被太湖和第四系覆盖。向南，被浙江南部的中生代火山岩覆盖。以此，浙西和闽西造山带是否相连，目前尚不清楚。闽西带向南可能延伸到广东。到广东境内如何展布，目前也不清楚。

（11）福建沿海造山带。这条造山带出露了变质的前陆褶皱冲断带岩石和混杂带岩石（李继亮，1993）。在研究东海西湖凹陷天然气时，李继亮（1993）发现了一条向东俯冲的残留海沟的地震影像，其东侧经过该凹陷，见到一个由白垩纪安山岩组成的隆起。这说明：①福建沿海造山带延伸到东海海域；②海沟向东消减，以此不是太平洋向西俯冲的构造，应该属于特提斯构造域。还有待进一步工作。

（12）台湾海岸造山带。这里经过我国学者和美国、法国学者多年的研究，已经形成了习惯的看法：仰冲盘是菲律宾岛弧，混杂带是纵谷蛇绿混杂带，太鲁阁带是变质的前陆褶皱冲断带，台湾西部是前陆盆地。这里有很多问题，例纵谷蛇绿岩代表缝合带，恒春半岛蛇绿岩如何解释？太鲁阁变质岩已经达到角闪岩相，而海岸造山带的碰撞历史只有 3 ～ 5Ma，太鲁阁带的俯冲－变质－折返速率何其快哉？台湾的蛇绿岩为何都具有滑塌堆积的再沉积特点？这些问题目前都缺乏深入研究。

3. 中国前寒武纪造山带

我国的前寒武纪造山带，在南方，环扬子晋宁造山带已经有了比较系统的研究（Li，1993），但需要进一步精细化。我国北方的前寒武纪造山带，需要像 Hoffman（1988）研究加拿大前寒武纪造山带那样，每一个造山带都研究之后，再进行归纳。有学者开展了五台山的一些岩石地球化学工作，提出将前寒武纪造山带外推到整个华北克拉通等认识。前寒武纪，特别是早前寒武纪，陆块和岩浆弧的规模比显生宙小得多，因此必须开展相当密集地详细地质构造研究。现在华北地区的早前寒武纪造山带在五台山地区发育比较典型。需要静下心来，在五台山的相邻地区或者远离五台山的地区，一个一个均匀区去测量不同期次的面理和线理，一块一块露头地去恢复原岩，一个一个岩石组合去研究其大地构造功能及其与相邻岩石组合的构造关系，研究其大地构造指向和碰撞时代标志，研究大区域的变形特征、变形关系和岩石组合体的相互构造关系，才能厘清另一条造山带。也许用 10 年的时间，可以把华北究竟有多少条早前寒武纪造山带研究清楚。

4. 板内构造问题

华北板块的一个最引人注目的问题是缺失中奥陶统—下石炭统地层，是本来就没有沉积，还是沉积后剥蚀了？什么原因造成的？这个问题不仅对于华北的构造演化意义重大，对天然气烃源岩层也有经济价值，另外，对于华北与韩国京畿地块的构造对比及构造关系也很重要。花很多人力、物力和时间把走滑挤压造成的隆升作为板内造山去研究，远不如研究这个地层缺失事件的意义重大。

1986 ～ 1995 年，中国科学院的六个研究所与四所大学集中了地球物理、地球化学和地质学科的近 300 人的队伍，研究了我国东南地区岩石圈构造演化。其中一项重要成果就是证明了扬子板块没有出露过老于 2.0Ga 的岩石，并证明 850Ma 的晋宁造山作用中，扬子板块盖层向周边造山带下俯冲，使得扬子板块基底更加难以出露。扬子板块周边的太古宙、古元古代岩石都是晋宁造山作用期间外来的仰冲陆块（李继亮，1992，1993）。

近年来，塔里木板块的塔中隆起的深钻，证明塔中有一条元古宙的岩浆弧。在昆仑山北部也可以见到元古宙末—早古生代的岛弧残余。因此，塔里木盆地的塔中以南地区是一个弧间盆地。这个弧间盆地的靠近昆仑山的地方有一个高背斜，然后一个低背斜；继续向北，古生代和中生代地层一马平川，既无褶皱也无断层，所以给油气勘探造成了困难。所以，在塔中以南地区，要认识以洋壳为基底的盆地的岩性油气藏的特点和分布规律，才能突破困难，开拓塔里木油气区新的辉煌前景（李继亮，2010）。

5. 地幔柱问题

二叠纪峨眉山玄武岩的地幔柱成因，已经不存在疑义。需要进一步研究的是扬子板块和塔里木板块的岩石圈在峨眉山地幔柱上的运动轨迹。如果二叠纪时期，塔里木和扬子板块曾经在一个地幔柱上运动，运动距离可能相当大，时距易于超过误差范围。至少，从最远点开始定年，容易做出成果。另外两个可能的地幔柱：山东蒙阴和辽宁复县的金伯利岩，华北板块从熊耳群到大庙岩体，有待证实，更有待运动轨迹的验证。

6. 两个岛的复原

台湾岛和海南岛都已经做了详细的地质工作，积累了大量的资料。从已有资料看，它们与相邻地区的地质情况相差很多。因此，研究它们的来源，应该提上研究日程。

参考文献

侯泉林，李培军，李继亮 . 1995. 闽西南前陆褶皱冲断带 . 北京：地质出版社

侯泉林，武昱东，吴福元等 . 2008. 大别 – 苏鲁造山带在朝鲜半岛可能的构造表现 . 地质通报，27（10）：1660 ～ 1666

李继亮 . 1992. 中国东南海陆岩石圈结构与演化研究 . 北京：中国科学技术出版社 . 1 ～ 315

李继亮 . 1993. 东南大陆岩石圈结构与地质演化 . 北京：冶金工业出版社 . 1 ～ 263

李继亮 . 2010. 求索地质学 50 年 . 地质科学，45（1）：1 ～ 11

武昱东，侯泉林 . 2016. 大别苏鲁造山带在朝鲜半岛的延伸方式——基于 $^{40}Ar/^{39}Ar$ 构造年代学的约束 . 岩石学报，32（10）：3187 ～ 3204

肖文交 . 1995. 浙西北前陆褶皱冲断带的构造样式及其演化 . 中国科学院地质与地球物理研究所博士研究生论文

肖文交，敖松坚，杨磊等 . 2017. 喜马拉雅汇聚带结构 – 属性解剖及印度 – 欧亚大陆最终拼贴格局 . 中国科学：地球科学，47：631 ～ 656

赵崇贺，何科昭，莫宣学等 . 1995. 赣东北深断裂带蛇绿混杂岩中晚古生代放射虫硅质岩的发现及其意义 . 科学通报，40（23）：2161 ～ 2163

Hoffman P F. 1988. United plates of America，the birth of a craton. Annual Review of Earth and Planetary Sciences，16：543 ～ 603

Li J L. 1993. Circum-Yangtze Jinninide. Memoir of Lithospheric Tectonic Evolution Research，1：11 ～ 17

附录 3　糜棱岩与片岩和片麻岩的比较

岩石类型	糜棱岩	片岩、片麻岩
应力作用方式	剪应力	正应力（差异应力）
加载 / 卸载速率	加载速率＞卸载速率	加载速率≤卸载速率（松弛）
面理	S-C 面理	S- 面理
a- 线理	发育	不发育
变形特征	变形局部化	变形均一化
变形行为	塑性（弹黏性）	黏性
变形方式	位错蠕变	扩散蠕变
变质作用	动力变质	区域变质

附录4 符号说明

a	微裂隙的半长；应变椭球长轴，等于 X，$\sqrt{\lambda_1}$
A	常数；试件顶或底面积
$\boldsymbol{A}$	应变速率分配张量；任意张量
b	应变椭球中间轴，等于 Y，$\sqrt{\lambda_2}$
B	形态因子
$\boldsymbol{B}$	应力分配张量
B^*	临界形态因子，等于运动学涡度
c	应变椭球短轴，等于 Z，$\sqrt{\lambda_3}$
C	与温度有关的材料常数；内聚强度（也可写为 τ_0）
$\boldsymbol{C}$	弹性模量张量，是一个四阶张量
$\boldsymbol{C}_E$	包体 / 异质体中的黏度张量
$\boldsymbol{C}_M$	基质中的黏度张量
C_p，μ_p，σ_n	界面的内聚力、（内）摩擦系数和正应力
C_w	先存断裂面的内聚力，等于 τ_0
$\boldsymbol{C}^{\mathrm{sec}}$	切线黏度张量
$\boldsymbol{C}^{\tan}$	有效黏度（割线黏度）张量
$C_{ijkl}^{\tan}$	切线黏度
C_{ijkl}^{sec}	有效黏度
$\overline{\boldsymbol{C}}$	均匀对等基质 HEM 的黏度张量
$\overline{\boldsymbol{C}}_{\mathrm{inital}}$	均匀对等基质 HEM 的初始力学性质
De	德波拉数
d	伸展位移量；剪切带位移；RDE 的平均特征长度
d'	各相邻标志体中心间的距离
D	代表体积元（RVE）的特征长度

$\mathcal{D}$	整个岩石圈尺度的高应变带的特征长度
$\boldsymbol{D}$	对称的应变率张量
e	伸长度，即线段长度改变量与原长度的比值（伸长为正，缩短为负）
$\boldsymbol{e}$	包体内的弹性应变；柯西应变张量
$\boldsymbol{e}^{c}$	包体内部的应变张量
$\boldsymbol{e}^{*}$	均匀应变张量
$\bar{e}$	自然应变
$\bar{e}_{1,2,3}$	应变椭球三个主轴的自然应变
$\bar{e}_{s}$	单位八面体的自然剪应变
$\dot{e}$	应变速率
e_1，e_2，e_3	沿主方向的伸长度，也叫主应变
e_x，e_y，	横截面 x 和 y 方向的伸长度
e_z	轴向伸长度
$\dot{e}_x$，$\dot{e}_y$，$\dot{e}_z$	主应变速率，即平行于 ISA 的应变速率
$e_{z'}$	垂向对试件施压导致的轴向缩短应变
$e_{z''}$，$e_{z'''}$	相关的水平伸长应变产生的围压导致的垂向伸长应变
E	比例系数，称为杨氏模量或弹性模量
$\boldsymbol{E}$	宏观应变速率
E_0，E_i	主弹簧和附属 i 弹簧的弹性模量
f_a	先存构造活动性系数
f_{aF}	先存断裂活动性系数
f_{aW}，f_{aK}	先存构造面和库仑剪破裂面在临界库仑应力状态下的活动性系数
f_s	任意三轴应力状态下、任意方位界面的剪切活动趋势因子
f_F	断层面摩擦系数
F	试件所受轴向挤压力； 作用在预期将形成剪切带的有限小方块边界上的力
$\boldsymbol{F}$	变形梯度或位置梯度张量，是二阶张量
$\boldsymbol{F}^{\varepsilon}$	平面纯剪应变张量
$\boldsymbol{F}^{\gamma}$	简单剪切应变张量
$F_{ij}(x)$	位置梯度张量
F^{i}	第 i 个应变增量
$F^{TP}{}_{ij}$	剪切缩短情形时的纯剪应变分量
$F^{TT}{}_{ij}$	剪切伸展的应变分量

ΔF^{γ}_{ij}	无限小单剪增量
G	刚性模量；剪切模量
h	缩胀构造厚度
H	作用在预期将形成剪切带的有限小方块边界上的力臂
$\mathrm{ISA}_{1\text{-}3}$	最大 / 中间 / 最小瞬时伸长轴
$\boldsymbol{J}^{d}$	偏四阶单位张量
$\boldsymbol{J}^{m}$	平均四阶单位张量
$\boldsymbol{J}^{s}$	对称四阶单位张量
k	弗林参数，用以描述应变椭球体形态
k_x，k_y，k_z	沿 x、y、z 坐标轴的伸长或缩短量
K	Maxwell 体的松弛模量；体积模量
l_0，l_1	物体中某质点线段变形前后的长度
L	单位长线段
$\boldsymbol{L}$	速度场对质点瞬时坐标的梯度，是一个二阶张量
L_d	缩胀构造主波长
L_d/h	缩胀构造的长宽比
$L_{ij}(x)$	速度梯度张量，是一个关于空间位置 x 的函数
L^{ε}_{ij}	以坐标轴为主轴的纯剪分量
L^{γ}_{ij}	与 x_1x_3- 面平行的简单剪切分量
$\boldsymbol{M}$	基质中的场变量
M_{eff}	有效力矩
$M_{G\text{-}eff}$	泛有效力矩
M_x，M_n	碎斑长轴和短轴
n，$n^{(k)}$	应变速率敏感度；应力指数
P_c	三轴挤压实验中试件所受围压
P_f	孔隙流体压力
Q	活化能
r'	摩尔图解中椭圆的短半轴
R	气体常数；应变椭圆的长短轴比（轴率），或叫二长比
$\boldsymbol{R}$	旋转变形张量
R^*	临界二长比
R_c	临界二长比，等于刚性体最小二长比（R_m）
R_f	原始椭圆形的标志体变形后的最终轴率

R_i	椭圆形标志体变形前的原始轴率
R_m	碎斑最小轴比
R_s	应变椭圆的长短轴比（轴率），或叫二长比
s，S	长度比，线段变形后长度 l_1 与变形前长度 l_0 的比值，与 β 因子为同义语
$\boldsymbol{S}$	“对称”Eshelby 张量
$\boldsymbol{S}^E$	外部问题的“对称”Eshelby 张量
t	时间
t_m	Maxwell 松弛时间
t_r	黏弹材料的 Maxwell 松弛时间
t_{visc}	黏性流特征时间
T	温度（K 或℃）；表面张力；岩石的抗张强度
T_0	材料的单轴抗张强度；岩层的伸展强度
T_c	张应力临界值
T_H	材料的均一温度
T_m	材料熔点的绝对温度
$\boldsymbol{U}$	对称张量
v	速度；Lode 参数，具有与弗林参数（k）相似的作用
v_i（i=1, 2, 3）	速度矢量的坐标分量
$\boldsymbol{V}$	对称张量
$\boldsymbol{w}^{(k)}$	RDE 内部的微观（局部）涡度
W	涡度向量
$\boldsymbol{W}$	反对称的涡度张量
W_k	运动学涡度
$W_{k\max}$	运动学涡度最大值
W_m	平均运动学涡度
Y	剪切带宽度
$\boldsymbol{x}$	物质点在变形状态的位置矢量
X，Y，Z	最大 / 中间 / 最小应变轴
$\boldsymbol{X}$	连续体在变形前的任意一物质点的位置矢量
α	两个流脊的夹角； 膝褶带内长翼与膝褶边界的夹角，为外侧角； 界面在 σ_1-σ_3 平面上的交线与 σ_3 的夹角； 方块边界法线与 σ_1 间的夹角； 任意方位面的倾角； 标志层初始方位与剪切带的夹角

α'	先存构造面在特定的坐标系（坐标轴与三个主应力平行）中的方位，通过坐标转换可以求解 α； 标志体变形后与剪切带的夹角
β	石英 C- 组构大环带的法线与糜棱岩面理间的夹角； 膝褶带内短翼与膝褶边界的夹角，为内侧角； 薄弱面上剪应力 τ 与 EF 的夹角，当 σ_1 直立时，是侧伏角
$\boldsymbol{\varepsilon}^{(k)}$	RDE 内部的微观（局部）应变速率
$\dot{\varepsilon}$	纯剪应变速率
$\dot{\boldsymbol{\varepsilon}}$	应变速率张量，是一个二阶张量
$\dot{\varepsilon}_1$，$\dot{\varepsilon}_2$ 和 $\dot{\varepsilon}_3$	分别为沿 x_1-，x_2-，和 x_3- 轴的应变率
Δ	变形带的体积变化；体积损失因子
Δt	时间增量
$\Delta\sigma$	差（异）应力
γ	断层走向与伸展方向（σ_3）的夹角； 剪应变
$\dot{\gamma}$	剪应变速率
γ_0	断层走向与伸展方向（σ_3）夹角的临界值
$\bar{\gamma}_{\text{oct}}$	共轴变形中八面体［111］面上的剪应变
Γ	次简单剪切（一般剪切）变形矩阵的非对角项
η，$\eta^{(k)}$	黏度常数； 刚性体长轴分别在直角坐标中的取向
η^*	有效动力学黏度
η_i	阻尼的黏度
λ	平方长度比，长度比（S）的平方； 边界条件波动的特征长度；拉美常数
λ_1，λ_2，λ_3	应变椭球长、中、短轴平方长度比；变形矩阵的特征值
$\sqrt{\lambda_1}$，$\sqrt{\lambda_2}$，$\sqrt{\lambda_3}$	应变椭球体长、中、短轴轴长
μ	内摩擦系数，即摩尔包络线斜率（等于 $\tan\phi$）
μ_p	某一界面的内摩擦系数
μ_w	先存构造面或断面上的摩擦系数
ν	泊松比

θ	ISA_1 与剪切平面的夹角；长轴与剪切带的夹角，某质点线变形前与应变主轴 X 的夹角； 界面与 σ_1 的夹角； 任意方位面的倾向； 破裂面与 σ_1 的夹角，即剪裂角
2θ	共轭剪裂角
θ'	先存构造面在特定的坐标系（坐标轴与三个主应力平行）中的方位，通过坐标转换可以求解 θ； 应变椭球长轴 X 与剪切方向间的夹角； 某质点线变形后与 X 轴的夹角； 剪切带边界面理与剪切带夹角
$\theta^{\perp}$	三轴应力摩尔圆上先存断层的倾角
θ_r	先存断层的活化角
ρ	密度
σ	正应力
$\boldsymbol{\sigma}$	柯西应力张量
$\boldsymbol{\sigma'}$	偏应力张量
$\boldsymbol{\sigma}^{(k)}$	RDE 内部的微观（局部）应力场
σ_0	初始应力； 材料在各向等值拉伸条件下的抗张断裂极限
σ_1，σ_3	分别为最大和最小主应力（压应力为正）
σ_c	临界剪应力
σ_d	最大有效力矩准则的摩尔包络线与横坐标的交点
σ_H	水平主应力
σ_{ij}	张量在 i 面上沿 j 方向的分量
σ_m	平均正应力；平均压力
σ_n	受力岩石任一截面上的有效正应力； 先存断裂面上的正应力
σ^*_n	有效正应力
σ_v	垂向主应力
σ_z	垂向应力
σ_α	轴向压应力
τ	剪应力
τ_0	抗纯剪断裂极限，即抗剪强度，也称岩石的内聚力

$\tau_{\max}$	最大剪应力
τ_n	界面上的剪应力
τ_w	临界剪应力
τ_n^w	先存构造面上的临界剪应力
$[\tau_n]$	沿界面产生剪切活动时的临界剪应力
ϕ	内摩擦角； 刚性体长轴分别在极坐标系中的取向； 异质体（CE）与剪切带边界的夹角； 应力率； 剪切方向与 x_1- 轴的夹角
φ	刚性体原始长轴与应变椭圆长轴的夹角； 各向异性方向； 各向异性面与伸展方向（X 或 σ_3）间的夹角； 变形带与先存面理之间的夹角
φ'	最终椭圆长轴与应变椭圆长轴的夹角
ψ	变形前与剪切面垂直的线的旋转角度，即角剪切
ω	角速度； 应变椭球三个主轴从参考状态到变形状态的旋转，可从 **R** 求得
$\boldsymbol{\omega}$	旋转张量
$\boldsymbol{\omega}^c$	包体内部的旋转张量
$\boldsymbol{\omega}_{ij}$	无限小旋转，为无限小变形的反对称部分
ξ	变形带（剪切带）边界的法线与瞬时最小主长度或最大主应力轴的夹角； 糜棱面理或石英条带的与石英斜向面理或云母解理面的夹角
δ	剪切带与缩短轴（Z 或 σ_1）间的初始夹角
δ_d，δ_s	右行和左行断裂与施加主压应力 σ_1 间的夹角
δt	时间增量
δ_{ij}	克罗内克函数
$\boldsymbol{\Pi}$	“反对称”Eshelby 张量
$\boldsymbol{\Pi}^E$	外部问题的“反对称”Eshelby 张量
$\boldsymbol{\Sigma}$	应力场
Ω	无限延伸的均匀弹性材料包含的一个子体积
Ω^*	无限延伸的均匀弹性材料包含的一个无应力状态的子体积

附录 5　中小构造研究 25 问

1. 如何认识剪节理概念问题？

答：国外现行教材大多对节理是这样定义的：节理是具有小的伸展位移但没有或几乎没有沿壁位移的破裂。也就是说并不把具有剪切性质的破裂当作节理，或者说节理仅指具有引张性质的破裂。国内现行教材是按照力学性质将节理分为张节理和剪节理两类，并强调剪节理是剪应力作用的结果，张节理是张应力作用的结果。由此可以看出，国内外教材对“节理”的认识有较大差异，读者应对此有清楚的认识（参阅第三卷第 3 章）。

2. 自然界存在共轭的正交破裂吗？

答：水平直线型包络线破裂理论在地质条件下无法实现，因为剪破裂面上的正应力（σ_n）不可能为 0，因此要使剪裂角 θ=45° 夹角的截面发生滑动，剪应力不仅需要克服岩石的内聚力（τ_0），还需要克服该界面上的内摩擦力（内摩擦角 $\phi \neq 0$）岩石才可能发生破裂。因此，剪应力仅达到内聚力（τ_0）时，岩石不可能发生破裂，也就是说不可能形成共轭的正交破裂。反之，如果要产生共轭的正交破裂，按照库仑－摩尔破裂准则，需要平行于横坐标（σ_n）的摩尔圆包络线，该包络线与横坐标的截距（抗张强度）为无限大，而自然界根本不存在抗张强度无限大的材料（包括岩石）。所以，野外看到的正交破裂往往并非共轭，而更可能是两组非共轭的节理或剪破裂（参阅第二卷第 2 章）。

3. 破劈理是劈理吗？

答：尽管岩石容易沿劈理面裂开，但劈理间仍具有内聚力；再者，劈理的四种成因类型包括机械旋转、重结晶、压溶作用和晶体塑性变形等。然而，破劈理完全是岩石的脆性破裂行为，与岩石中的矿物排列毫无关系，其间已不具有内聚力；而且形成劈理的四种机制均无法形成破劈理。因此，无论从劈理的特征，还是成因机制来看，破劈理并不属于劈理范畴，而仅仅是密集的破裂而已。故建议摒弃“破劈理”概念（参阅第三卷第 5 章）。

4. 何为主动面理和被动面理？

主动面理（active foliation）是指由剪切条带或应力活动面如糜棱岩中的 C- 面理和 C′- 面理等构成的面理，与应变积累无关，通常与有限应变的 *XY* 面不平行，递进变形过程中通常不旋转。

被动面理（passive foliation）作为物质的均匀流动面，应变过程中随着应变积累而被动旋转如糜棱岩中的 S- 面理等大部分连续面理。理想情况下，被动面理平行或近于平行于构造应变的 *XY* 面。

区分主动面理与被动面理有利于认识变形过程中不同面理的行为（参阅第三卷第 5 章）。

5. 伸展褶劈理（C′）在递进剪切过程中旋转吗？

答：有两种不同的观点：一是按照最大有效力矩准则，认为 C′ 为一材料不变量，不管变形程度如何，不管什么岩石和变形方式，C′ 始终与 σ_1 保持约 55° 的夹角关系，即 C′ 不会因持续的简单剪切作用而旋转。另一种观点认为，当 C′ 形成时，如果剪切带为简单剪切，则 C′ 必须是总体旋转的，微劈石必然正在变形。我认为，伸展褶劈理是主动面理，其方向与剪切带的运动学涡度（W_k）有关，随着递进剪切进行，其间的微劈石会反向旋转，C′ 的应变会随之增加，但其方向不会随之改变。这一问题还没有达成共识，有待研究（参阅第二卷第 2 章和第 6 章，第三卷第 5 章）。

6. 糜棱岩的 S- 面理与有限应变 *XY* 面平行吗？

答：糜棱岩中的 S- 面起初与应变椭圆的 *XY* 面平行，即位于 ISA_1 方向。递进变形过程中，S- 面的旋转速度比 *XY* 面快，而变得不平行（参阅第二卷图 1.8）。所以通常情况下，糜棱岩的 S- 面理与有限应变的 *XY* 面不平行，但随着变形程度的增加，S- 面的旋转速度逐渐减慢，二者往往近于平行。因此，实际工作中假定平行，通常把 S- 面看作 *XY* 面（参阅第三卷第 5 章）。

7. 拉伸线理与剪切带的剪切方向一致吗？

答：理论上拉伸线理（L）与有限应变椭圆的 *X* 轴平行，因糜棱岩的 S- 面理与 *XY* 面近于平行，因此拉伸线理位于 S- 面上，而不是 C- 面上。而我们的剪切方向是沿 C- 面的剪切方向，但拉伸线理并不在 C- 面上，因此 L 与剪切方向并不一致。在简单剪切情形下，拉伸线理在 C- 面上的投影与剪切方向一致，可用于指示剪切方向。然而，自然界完全的简单剪切却几乎不存在，所以通常情况下不能用拉伸线理判别剪切方向。

研究表明，拉伸线理方向与剪切带的剪切方向之间的关系比较复杂，即使在剪切方向比较稳定的近简单剪切的高应变带中，拉伸线理的方向也会发生显著变化。因此拉伸线理的方向通常与剪切方向不平行，故不能用拉伸线理判别剪切方向（参阅第三卷第 1，6，7 章）。

8. 斜面理（oblique foliation）与 S- 面理的关系及意义如何？

答：斜面理或斜向面理（oblique foliation）是显微尺度下的一种面理，也称斜向显微面理（oblique microscopic foliation），主要由定向排列的亚颗粒构成，仅代表构造应变最后阶段的增量应变。这些小颗粒的优选方向与应变椭球 *XY* 面（近似于有限应变 S- 面）斜交。递进变形过程中，斜面理保持相对固定的方向，一般与 C- 面理夹角 ≤ 45°，角度的大小与剪切带的运动学涡度（W_k）、重结晶机理等有关。有限应变的 S- 面理与斜面理之间的组构关系犹如河床与鹅卵石的关系，实际工作中应注意区分斜面理与 S- 面理。借此可判断剪切带运动方向，计算运动学涡度（参阅第二卷第 1 章 1.3 节；第三卷第 5、7 章）。

9. 何为侧生构造？有何意义？

答：应变带或糜棱岩带中，面理或层理等标志层［即寄主元素（host element，HE）］中常常发育斜切寄主元素的脉、裂隙、小断层及剪切条带等不连续面［称为“异质体”或“斜切元素”（crosscutting elements，CE）］。研究表明，这些异质体（CE）是在糜棱岩或应变带形成过程中侵入或发育的，它们与寄主元素（HE）的相互作用可以形成一些不对称构造，称为侧生构造（flanking structures），异质体两侧的相应褶皱称为侧生褶皱（flanking-folds）。尽管看上去好像侧生褶皱被异质体所切，但实际上侧生褶皱的形成晚于异质体（CE）。侧生构造有时可作为剪切指向的判别标志，但侧生褶皱的弯曲方向受控于诸多因素如 CE 的初始方位、与围岩的黏度差，以及应变大小等，运用时需谨慎（参阅第三卷第 2 章）。

10. 如何理解变形局部化与均匀变形问题？

答：变形局部化与均匀变形分属不同的变形领域，取决于加载速率与卸载（松弛）速率的相对大小。变形局部化和均匀变形的比较见下表：（参阅第二卷；附录 3）

变形局部化	加载速率＞卸载速率	剪应力控制	位错蠕变	间隔性	共轭性	最大有效力矩准则（～110°）
均匀变形	加载速率≤卸载速率	正应力控制	扩散蠕变	透入性	单方向	连续介质力学

11. 摩尔－库仑准则与最大有效力矩准则如何相容？

答：摩尔－库仑准则是表述岩石脆性状态下，破裂面发育的位置，即与主压应力（σ_1）的夹角（通常 θ=30°），受控于剪应力（$\tau=\tau_0+\sigma_n\tan\phi$），且岩石脆性破裂的强度随围压的增大而增大，因此摩尔圆包络线为正倾斜（$\tan\phi>0$）。

最大有效力矩准则是表述岩石塑性状态下，韧性剪切带或应变带发育的位置，即与主压应力（σ_1）的夹角（$\theta\approx55°$），受控于力矩［$M_{eff}=\pm1/2\cdot(\sigma_1-\sigma_3)L\sin2\theta\sin\theta$］，且岩石塑性变形强度随围压的增加而减小，因此摩尔圆包络线为反倾斜（$\tan\phi<0$）。

可以看出，摩尔－库仑准则适用于浅层次脆性破裂面的发育，而最大有效力矩准则适用于深层次韧性剪切带的发育（参阅第二卷第 2 章）。

12. 伸展褶劈理（C′）是褶劈理吗？

答：尽管我们可能难以区分一般的伸展褶劈理（extentional crenulation cleavage，C′）与褶劈理（crenulation cleavage），但伸展褶劈理与褶皱并没有直接联系，它并非由先存面理（如 S- 面）经褶皱发展而成。S- 面在 C′- 面附近的轻度弯曲是牵引褶皱，属侧生褶皱（flanking folds），略晚于或与 C′ 近同期发育，而且 C′ 与最大缩短方向并不垂直，而褶劈理与最大缩短方向垂直。因此，伸展褶劈理（C′）既不是轴面劈理，也不是褶劈理。伸展褶劈理实际上是韧性剪切带中发育的一种平行的间隔性剪切条带，属主动面理，因此用“剪切条带”（shear bands）术语更为贴切（参阅第三卷第 5 章）。

13. 如何理解和认识应变（变位形）分配问题？

答：应变分配（strain partitioning）或变位形分配（deformation partitioning）概念的提出，是基于 20 世纪 70 年代末、80 年代初，大量的构造分析、震源机制解和水压致裂揭示，主压应力方向与走滑断层近垂直、走滑断层与逆冲推覆构造平行等。这种应力状态与运动学间的不相容导致不连续介质的变位形分配或应变分配理念的应运而生。

地壳乃至岩石圈中的不连续面几乎是随处可见，地质结构的不均一性包括原生不均一性和次生不均一性普遍存在。对于应变不均一的地质体，其应变可以用递进伸缩应变分量（共轴变形）和递进剪切应变分量（非共轴变形）来描述。这种把横跨变形带的总应变分别分配到以不同应变类型（共轴变形与非共轴变形）为主导的带或域上的过程即为应变分配。运用应变分配理论可以解释许多连续介质力学无法解释的现象，如美国加州圣安德烈斯断裂带中褶皱轴与走滑断层平行的问题（参阅第二卷第 1 章；第三卷第 9 章）。

14. 核幔构造的核与幔的矿物成分相同吗？其意义如何？

答：核－幔构造（core-and-mantle structure）也称被幔残斑（mantled porphyroclast）是由核部的单晶矿物及与其相同矿物成分的较细粒矿物构成的幔部共同构成。所以，一般情况下幔部是由核晶动态重结晶的细粒产物，理论上其矿物成分相同。但如果有流体等作用，动态重结晶会伴有化学反应，形成新的矿物，如长石会反应生成石英或云母。

核幔构造的不对称形态可指示剪切方向。不同类型的核幔构造与变形程度有关：δ- 型和复合型被幔碎斑系主要发生于高应变糜棱岩中；σ- 型被幔碎斑系主要出现于低应变糜棱岩中；裸碎斑多见于超糜棱岩，特别是高级别的超糜棱岩；ϕ- 型被幔碎斑系常见于高级别的相对粗粒糜棱岩中，但并不代表共轴流变。注意，不要将 σ- 型核幔构造与矿物鱼、S 形矿物集合体混为一谈，也不应与不对称应变影和反应边相混淆，因为每个类型都有其不同的形成机理（参阅第三卷第 7 章）。

15.（超）高压条件下能形成构造岩吗？

答：尽管高压－超高压构造岩与高压－超高压变质岩一样，是个非常重要的命题，然而与高压－超高压变质岩不同的是，高压－超高压构造岩的存在与否长期以来饱受争议。主要有两种观点：一种观点认为，在深俯冲带内，差异应力强度较低，只有几个兆帕（MPa），小于位错蠕变所需的应力强度，应变以溶解－沉淀（dissolution-precipitation）方式为主，因此无法形成（超）高压糜棱岩。另一种观点认为，在深俯冲带内差异应力强度可达几十个兆帕以上，位错蠕变仍然是矿物和岩石的主要变形机制之一，可以形成（超）高压糜棱岩。而且认为，高应变主要集中于韧性剪切带内，构成了超高压变质体的折返通道和润滑带。近期研究发现榴辉岩的强烈变形（如第一卷图 4.52）和蓝片岩的碎裂作用。这一问题尚未完全取得共识，国人应有进一步作为（参阅第三卷第 1 章）。

16. 同为长英质糜棱岩，为什么有的不发育不对称残斑构造？

答：在高级别条件下，剪切带趋于变宽，这是因为软化作用和局部化机理的效应比低级别条件下更低。如此条件下，不同矿物之间的流变性差异减小，扩散蠕变变得更为重要，差异应力降低。在低应变速率下，形成残斑很少、粒度相对较粗的层状岩石，基质中的颗粒可能呈网状，除组分层外，面理和线理的发育程度较弱。在高级别的糜棱岩中，能干性弱的矿物表现为带状伸长重结晶，而能干性强的矿物表现为对称的残碎斑晶，不显示不对称残斑构造，形成菱网状或条带状糜棱岩（参阅第二卷第 4 章图 4.8；第三卷第 1、7 章；附录 3）。

17. 韧性剪切带中会出现脆性破裂吗？与成矿作用关系如何？

答：韧性剪切带中发育脆性破裂的最著名实例是加拿大魁北克卡迪拉克（Cadillac）构造带北侧的西格玛等著名剪切带型金矿。其近水平含金电气石石英脉主要赋存于高角度逆冲型韧性剪切带中及其旁侧。脉纤维与脉壁垂直，表明为张性脉。韧性剪切带与张性脉体现的应力状态相同而岩石的变形行为迥然各异。其脆、韧性变形共存，并非构造层次的变化，而可能是孔隙流体压力和应变速率的变化所致。韧性剪切带形成过程中，晶体塑性变形和动态重结晶作用会破坏孔隙结构并使剪切带发生愈合，封闭条件下孔隙体积逐渐缩小，造成局部流体压力累积并达到静岩至超静岩压力（即高压流体）。局部高压流体所造成的岩石强度的降低和应变速率的突然增加，以及岩石能干性的差异等因素可以引发脆性破裂，往往是 R、R′ 和 T 破裂。新近研究认为，非稳态变形是“常态”，因应变速率的变化而导致岩石韧、脆性变形交叉进行是常见现象。正是由于韧性剪切带发育过程中的脆性破裂构成了剪切带型矿床形成的根本原因，其成矿过程大致为：（多期）岩体－热液流体－韧性剪切－脆性破裂（R、R′ 和 T）－应力骤降－流体闪蒸－元素析出成矿（参阅第二卷第 4 章，第四卷有关部分；及侯泉林和刘庆，2020，《剪切带型矿床成矿的岩石构造环境及力化学过程》）。

18. 韧性剪切带中未变形的岩石或矿物能作为限定变形时代的上限吗？

答：应具体情况具体分析，许多情况下不可以。因为韧性变形是非均匀变形，尽管其中的某些岩石或矿物未发生变形，但并不意味着它一定形成于变形之后。韧性剪切带成核后物质的流变性发生变化，即应变软化或硬化，这就是为什么韧性剪切带往往发育于狭长的带内（变形局部化）。其中塑性变形仅限于某些岩石或矿物，而另一些岩石或矿物并不发生变形，如糜棱岩中的残斑。这些未变形的岩石或矿物与变形的岩石和矿物并无时代差异，均形成于变形之前。因此不能用此作为限定变形时代的上限，就像不能用残斑的年龄作为变形时代上限一样。

21. 为什么伸展褶劈理（C′）常发育于强烈面理化的糜棱岩中，而不会在非面理化的均一岩层中发育?

答：研究表明，伸展褶劈理（C′）可能是递进变形过程中应变分配的结果（见问题 5 和 13），而应变分配发生的前提是各向异性的非连续介质。因此非面理化的均一岩层无法进行应变分配，也就无法发育伸展褶劈理。

22. 节理是一组张破裂，为什么常见水平节理，以及同期形成的直立正交节理系?

答：诚然，节理是一组张破裂，垂直于 σ_3 发育。我们知道，地表为一自由面，任何自由面上的剪应力 $\tau=0$，因此地表只有正应力。随着剥蚀卸载，垂向应力［$\sigma_v=\rho gz$，ρ 为密度、g 为重力加速度（常数），z 为深度］会逐渐减小而成为最小主应力（σ_3），而另外两个主应力（σ_1 和 σ_2）为水平方向。随着卸载回弹或孔隙流体压力（P_f）的作用，垂向的有效应力会逐渐减小并出现负值［（σ_v-P_f）＜ 0，张应力］。如果该张应力值超过岩石抗张强度时导致与地表平行的节理（水平节理）发育。

当岩石处于一定深度且没有额外构造应力作用下，因泊松效应（见第二卷第 3 章）垂向主应力为最大主应力（$\sigma_1=\sigma_v=\rho gz$），而 σ_2 和 σ_3 处于水平方向。在流体孔隙压力的作用下会使水平某方向的有效应力变为负值［如（σ_3-P_f）＜ 0］，即表现为张应力，当其数值超过岩石抗张强度时会发生破裂，形成一组直立节理；一旦岩石发生破裂，该方向的有效应力会迅速减小，从而可能导致 σ_3 与 σ_2 方向的有效应力互换，从而产生与第一组节理直交的另一组直立节理。

23. 为什么油气开采过程中优选强度大的砂岩层进行压裂（水压致裂），而不是选择强度低的页岩层?

答：砂岩强度较页岩大得多，因此能够承受比页岩更高的差异应力（$\sigma_1-\sigma_3$）。在同样的地质环境下砂岩和页岩的垂向主应力（σ_1）近于相同 ($\sigma_1=\sigma_v=\rho gz$)，而砂岩的 σ_3 要比页岩小，因此其应力莫尔圆较泥岩大。随着压裂的进行，孔隙流体压力不断增加从而抵消了部分围压，降低了平均应力，致使应力莫尔圆向左移动（见第三卷图 3.5）。因此，砂岩的应力莫尔圆先于页岩接触到格里菲斯破裂准则的莫尔圆包络线而产生破裂。当差异应力不太大（即应力莫尔圆大小适中）时，应力莫尔圆在左移过程中首先接触到的是莫尔包络线与横坐标轴（σ 坐标轴）的交点（抗张强度临界点），从而产生张破裂，形成节理［见第三卷图 3.5（b）］；当差异应力过大即应力莫尔圆足够大时，会优先接触到剪破裂临界点，在砂岩中产生剪破裂［第三卷图 3.1 和图 3.5（a）］。总之，尽管砂岩的强度较大，但产生节理或剪破裂所需的临界孔隙流体压力比页岩小，故更容易水压致裂，所以在油气开采过程中会优选砂岩层进行压裂。

这也是为什么强度大的砂岩比强度低的页岩（或泥岩）在抬升过程中更容易发育非构造成因节理的原因。

24. 劈理一般垂直于 σ_1 发育，那么为什么会发生折射？

答：劈理折射现象通常见于能干性有明显差异的岩层之间。如果岩层受到顺层挤压缩短，应力场(包括局部应力场)不发生变化，无论岩层能干性有多大差别，劈理均表现为与岩层垂直，不会发生折射。如果劈理形成后，岩层受到顺层剪切作用，劈理会发生旋转，旋转的量因岩层能干性不同而不同。按照应变分配原则（见问题 13），软弱岩层（非能干层）易于承担更多的简单剪切分量（非共轴变形），旋转量较大，劈理与岩层夹角较小；而能干层易于承担更多的纯剪切分量（共轴变形），旋转量较小，劈理与岩层夹角较大。因此，劈理在能干性岩层与非能干性岩层之间表现出折射现象，这种折射方式称为剪切折射效应。另一种是能干性不同的岩层在经受顺层挤压缩短过程中发生褶皱，能干性岩层的弯曲造成局部应力场的规律性变化，从而到导致劈理方向的规律变化而呈现出折射现象，称之为劈理的褶皱折射效应。可能还有其他的劈理折射效应，有待探索。

25. 片麻岩中为什么只发育 S- 面理，而不发育 C- 面理？

答：片麻岩是糜棱岩吗？这一常被问及的问题在附录 3 中有所讨论。之所以认为片麻岩不是糜棱岩主要是因为片麻岩中不发育 C- 面理。片麻岩也是强烈变形岩石，为什么不发育 C- 面理呢？一般而言，可能是因为岩石在高的温度、压力，低应变速率以及流体作用下会提升矿物的流变性能。麻粒岩的形成过程正是在此环境下，且与糜棱岩相比差异应力（σ_1-σ_3）更低，应力加载过程也比较缓慢，因此无论是石英还是长石等多发生扩散蠕变，更多地表现出黏性流变特性。这种黏性松弛作用便可以消耗掉其加载应力［即应力加载速率≤卸载速率（流变松弛）］，从而形成了这种垂直于 σ_1 方向的（流变）面理（S- 面理），而无需发育 C- 面理来消耗剪应力（也许局部会有）。当然，如果片麻岩形成过程中，某一局部所承受的差异应力超过临界值，且加载速率足够大，也可产生更多的位错蠕变和塑性变形行为，从而发育 C- 面理，形成糜棱岩化片麻岩。总之，片麻岩表现出更多的黏性变形行为和扩散蠕变，而糜棱岩则表现出更多的塑性变形行为和位错蠕变，二者是不同变形类型的岩石。这一问题并未达成共识，有人认为片麻岩也是糜棱岩，其变形过程并不表现出更多的黏性行为，还有待研究。

后　记

这套教材的撰写，既有其必然性，也有其偶然性或“故事”性。

说其必然性。一是2002年10月我从中国科学院地质与地球物理研究所调入中国科学院大学（简称“国科大”，原中国科学院研究生院）工作以来，一直讲授研究生“高等构造地质学”课程，达15年之久。其间还讲授了一些其他相关课程，有一定积累，总希望能把这些讲稿、课件系统地整理记录下来；二是在读文献、评审学位论文或参加有关学术会议时，发现对有些基本概念的理解和认识出入较大，甚至有些是误解，因此希望能编撰一部“高等构造地质学”教材，以正视听，并予以规范；三是2014年丁仲礼院士任国科大校长后，进行了一系列教学改革，鼓励任课教师撰写教材，并由副校长郭正堂院士分管负责。这二位领导都是地质学院士，我与他们于20世纪90年代同在一个研究所工作，对他们的学识和为人甚为敬佩，所以他们的号召在我心目中有很大的影响力！还有就是我从副校长岗位上退下来以后，时间也相对充裕。

说其偶然性。尽管自己长期有将多年的教学积累整理出来的想法，平时也注意收集国内外的优秀教材和文献，但总觉得自己学识所限，恐怕误人子弟，迟迟没敢动笔，更没想着出版。幸运的是，国科大地球科学学院地质学科有一个氛围十分和谐的团队，大家经常在一起研讨学术、教学以及研究生指导等问题（我们称之为“构造组会”）。我的同事吴春明教授多次建议我把有关构造特别是造山带的一些问题整理出来出版。这给我造成了压力，也给予了我动力！特别是2016年7月，利用暑假，我和吴春明、闫全人教授等带领学生一行10多人赴敦煌造山带野外考察，其间吴春明教授又几次催促我。春明的多次催促激起了我的自信和热情，回来后一直在思考这个问题，晚上睡不着觉时，就构思教材的结构和思路。初步架构和思路形成后又听取了我的老师李继亮研究员的意见。8月7日，觉得这件事不能再拖了，否则对不起同事们的热情。《高等构造地质学》第一卷“思想方法与构架”于2016年8月8日开始动笔，2017年7月底完成初稿，期近一年。我对吴春明教授开玩笑地说：“我是被你‘赶上架’的。”但无论如何，总还是有了成效，可赋师友的郊劳。

还有就是《高等构造地质学》第二卷的撰写，起源更早，也有其“故事”。2013年初，我建议北京大学郑亚东教授根据自己多年的积累整理一本构造地质学教材。郑老师听了我的建议后，同意组织编撰一本叫“新概念构造地质学”教材，由大家共同撰稿。2014 年 10 月份，郑老师将其以“最大有效力矩准则”为核心内容的手稿交给了我，然后到美国与女儿共同生活。后来由于种种原因，其他部分一直没有成稿。2016 年上半年，郑老师从美国发邮件给我，说他自己的手稿不能独立成书，建议我在撰写教材时，根据需要择其内容使用，不用署其名字。郑亚东教授是我十分崇拜和敬仰的构造地质学家！我与郑老师相识于 1986 ～ 1987 学年，当时我在北京大学地质学系作进修教师，郑老师是我的指导老师之一，选修了郑老师主讲的多门课程，如“高等构造地质学”、“岩石有限应变测量”等。他退休以后我邀请他在国科大地球科学学院讲授“构造地质学新进展”研究生课程多年。所以我在组织《高等构造地质学》第二卷“新理论与应用”内容时，充分吸纳了郑老师手稿的内容，并尽可能体现郑老师的“新概念构造地质学”思想。

这就是《高等构造地质学》系列教材第一卷和第二卷的撰写历程，以期读者有所了解。至于第三卷和第四卷何时完稿，还难以确定，我会努力！

作　者

2018 年 2 月 13 日于北京怀柔家中